普通高等教育"十一五"国家级规划教材
广西大学优质教材倍增计划资助项目
江苏高校品牌专业建设工程资助项目

信息安全概论

（第2版）

主　编　钟　诚　宋香梅
副主编　葛丽娜　杜晓玉
主　审　赵跃华

武汉理工大学出版社

内容提要

本书介绍了信息安全的基本概念、方法、技术和管理，主要内容包括信息安全的基本知识、信息安全标准与法律法规、安全信息系统设计、计算机系统实体与运行安全、信息安全模型、当代主流的密码系统、中国商用密码算法、量子密码、秘钥管理与恢复、数据库加密和安全访问机制、国产数据库系统安全、数字签名和数字水印、身份认证、信息认证、计算机病毒及其防治、网络协议安全、操作系统安全、电子邮件安全、防火墙技术、计算机网络安全、安全电子商务协议、区块链安全、云计算安全、分布式系统安全、基于主机和基于网络的入侵检测、数字内容安全、安全多方计算、敏感信息保护、人工智能伦理与安全等。

本书取材新颖、全面，内容先进、科学、精炼、实用，结构合理，理论与实践相结合，图文并茂，可读性强，各章开头给出了"内容提要""讲授要点"和"课程思政讲述要点"，末尾的习题和上机实验题配置适当。

本书可作为信息安全、网络空间安全、密码科学与技术、保密技术、信息对抗技术、计算机科学与技术、网络工程、物联网工程、软件工程、数据科学与大数据技术、电子与计算机工程、电子信息工程、通信工程、信息工程、智能科学与技术、人工智能、虚拟现实技术、服务科学与工程、电子信息科学与技术、信息管理与信息系统、信息资源管理、空间信息与数字技术、数字媒体技术、区块链工程、机器人工程、医学信息工程、智能电网信息工程、智能装备与系统、信息与计算科学、地球信息科学与技术、生物信息学、新媒体技术、电影制作、广播电视工程、网络与新媒体、数字经济、数字出版等相关专业的教材，也可供从事信息技术与管理工作的科技人员和管理人员参考。

图书在版编目(CIP)数据

信息安全概论 / 钟诚，宋香梅主编. -- 2 版. 武汉 ：武汉理工大学出版社，2025. 1. -- ISBN 978-7-5629-7149-8

Ⅰ. TP309

中国国家版本馆 CIP 数据核字第 2024Q9L174 号

项目负责人:王兆国
责 任 编 辑:王兆国　马首鳌
责 任 校 对:雷红娟
排 版 设 计:芳华时代
出 版 发 行:武汉理工大学出版社
社　　　址:武汉市洪山区珞狮路 122 号
邮　　　编:430070
网　　　址:http://www.wutp.com.cn
经　　　销:各地新华书店
印　　　刷:武汉乐生印刷有限公司
开　　　本:850×1168　1/16
印　　　张:19.75
字　　　数:537 千字
版　　　次:2025 年 1 月第 2 版
印　　　次:2025 年 1 月第 3 次印刷
定　　　价:49.00 元

凡购本书，如有缺页、倒页、脱页等印装质量问题，请向出版社发行部调换。

本社购书热线电话:027-87391631　87664138　87523148

序

21 世纪是信息社会、数字社会，信息化、数字化在国民经济建设、社会发展、国防和科学研究等领域的作用日益重要。信息安全是整个国家安全的重要组成部分，它已成为影响国家全面发展和长远利益的关键方面之一。一个国家的信息安全保障能力是 21 世纪综合国力、国际竞争力的重要组成部分。

为顺应时代发展需要，我国开办了信息安全、网络空间安全、密码科学与技术、保密技术、信息对抗技术等专业，计算机科学与技术、网络工程、物联网工程、软件工程、数据科学与大数据技术、电子信息工程、通信工程、信息工程、信息管理与信息系统、信息资源管理等专业也开设了信息安全技术的相关课程，教授信息安全基本知识、理论、方法和技术。

《信息安全概论》教材第一主编钟诚是我培养的博士，我对他相当熟悉。钟诚教授的主要研究方向是并行算法、网络信息安全与可信软件、生物医学信息计算，他一直在高校教学科研一线辛勤耕耘，他主编出版的 2 本教材（包括本教材第 1 版）入选了普通高等教育“十一五”国家级规划教材。应钟诚和武汉理工大学出版社之邀，我欣然为本书作序。

《信息安全概论》第 2 版是编者在许多年信息安全教学科研实践的基础上编写修订而成的。相比第 1 版，该书第 2 版具有如下特点：一是与时俱进，内容更全面、更丰富，增加了信息安全法律、中国商用密码算法、量子密码、应用程序安全、数字内容安全、安全多方计算、人工智能伦理与安全、敏感信息保护、电磁泄漏、信息防护、局域网环境信息安全模型、工作流可伸缩信息安全模型、云计算安全、区块链安全、分布式系统安全、基于机器学习和深度学习及区块链框架的入侵检测等知识点；二是体例新颖，每章开头既给出了“内容提要”“讲授要点”，又给出了“课程思政讲述要点”，以方便教师备课授课；三是在相关章末配置“上机实验题”，以方便理论和实践相结合。全书层次结构合理，图文并茂、可读性强。

希望本书的出版能够为我国信息安全教育事业发展做出更大的贡献。

中国科学院院士 首届国家级教学名师 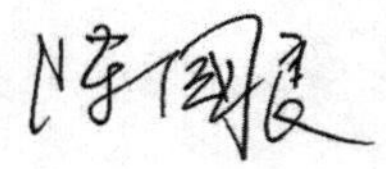

2024 年 6 月

前　言

人类已经迈入网络时代、信息时代、数字时代。在这个新的时代里，信息、数据与我们息息相关。信息安全是国家总体安全的重要组成部分，是确保国家安全的重要基石之一；信息安全的相关技术是其他领域安全的实现基础。确保信息安全至关重要，没有信息安全、数据安全、网络空间安全就谈不上信息、数据的安全应用。随着国家对安全领域的高度重视、对普及信息安全教育的重视，学习、研究和应用信息安全的基本知识、方法和技术已成为新时代高等教育的一个重要方面。信息安全、网络空间安全、密码科学与技术、保密技术、信息对抗技术、计算机科学与技术、网络工程、物联网工程、软件工程、数据科学与大数据技术、服务科学与工程、电子信息工程、通信工程、信息工程、信息管理与信息系统等专业学生以及工程技术人员学习信息安全的基本理论和技术十分迫切。

本书第 1 版出版发行以来，国内不少高校将它选作教材，并且本书入选了普通高等教育“十一五”国家级规划教材，曾经获得广西高校优秀教材奖一等奖。高等教育专业人才培养必须突出课程思政，知识体系需要适应时代发展。相应地，教材建设也需要跟上形势要求，及时更新。为此，根据学科专业发展趋势，我们开展了《信息安全概论》教材修订改版工作。

本书第 2 版删除了部分陈旧内容，从知识点内容、体例、形式上进行更新和扩充。内容上增加了信息安全法律法规、数据安全、安全芯片、中国商用密码算法、量子密码、国产操作系统安全、国产数据库系统安全、应用程序安全、数字内容安全、安全多方计算、人工智能伦理与安全、敏感信息保护、电磁泄漏信息防护、打印机安全防护、局域网环境信息安全模型、工作流可伸缩信息安全模型、区块链安全、云计算安全、分布式系统安全、基于机器学习和深度学习的异常检测与误用检测、基于区块链框架的混合入侵检测等方面的内容。在每章开头给出了“内容提要”“讲授要点”和“课程思政讲述要点”，以方便教师备课、指导教师授课；同时，在相关章末配置“上机实验题”，以提升学生学习运用信息安全技术解决实际问题的能力。形式上，采取部分重点知识讲解、发展趋势拓展阅读、典型实例等以文档、微课、微视频的形式呈现，以方便学生自学。

本课程可安排 32～48 学时进行教学。具体讲授时，教师可依据不同专业的要求和听课对象，自行选取具体授课内容和考核方式。本书配置了教学课件，供教师授课时参考使用。

本书第 2 版由中国科学院院士、首届国家级教学名师陈国良教授作序，广西大学钟诚、江苏大学宋香梅担任主编，广西民族大学葛丽娜、河南大学杜晓玉担任副主编，江苏大学赵跃华担任主审。钟诚编写第 1～3 章，宋香梅编写第 4～5 章，杜晓玉编写第 6～7 章，葛丽娜编写第 8～9 章。钟诚对全书进行统稿，赵跃华审阅全书。

本书编写时参考并引用了一些专家学者的文章和著作，在此一并致谢。

本书第2版的出版得到了广西大学优质教材倍增计划项目、江苏高校品牌专业建设工程二期项目、江苏省本科高校产教融合型品牌专业建设项目（江苏大学信息安全专业）的资助。

编者学术水平有限，书中如有不妥之处，敬请读者批评、指正，以便今后进一步修订完善。

编　者

2024年6月

目　　录

1 引论

内容提要

信息安全是确保国家安全的重要基石之一，没有信息安全、数据安全、网络空间安全就谈不上信息、数据的安全应用。学习、研究和应用信息安全的基本知识、理论、方法、技术和管理是新时代高等教育的一个重要方面。

本章首先阐述学习、研究信息安全的必要性和紧迫性，指出信息安全是国家安全的重要基础之一；其次，从教育、管理和技术等方面介绍信息安全的有关内容，并简介信息安全相关的法律法规；最后从学科专业的角度列出与信息安全有关的相关课程知识。

讲授要点

强调在信息社会、数字社会确保信息安全、数据安全、网络空间安全的重要性；讲述安全信息系统涉及的人员安全、实体安全、运行安全、安全计算机、安全操作系统、密码技术、数据库系统安全、数字签名、身份认证与信息认证、网络安全与安全网络协议、计算机病毒检测与防治、防火墙技术、入侵检测、应用程序安全、人工智能安全、数据安全与数据主权安全等基本概念和知识；简述网络安全法、密码法、数据安全法、个人信息保护法等内涵和核心内容；简述与信息安全学科专业密切相关的有关课程知识。

课程思政讲述要点

在教学过程中，强调要站在国家安全的高度认识和重视信息安全问题，弘扬科学精神，发扬“两弹一星”精神，介绍我国在自主可控信息安全系统（国产芯片、国产操作系统、国产密码系统、国产数据库管理系统等）产品研发取得的成就，增强爱国情怀和民族自豪感；强调人们在学习、工作和生活中，时刻要严格遵守包括信息安全法律（密码法、网络安全法、个人信息保护法、数据安全法等）在内的法律法规，做一个遵纪守法的公民。

1.1 信息安全是国家安全的重要基础

21世纪以来，由计算机技术与通信技术相结合而诞生的计算机互联网络迅速发展和广泛应用，打破了传统的时间和空间的局限性，极大地改变了人们的思维方式、工作方式和生活方式，促进了经济和社会的发展，提升了人们的工作水平和生活质量。计算机网络和数据通信成为促进信息化、数字化社会发展的最活跃的因素。然而，任何事物的发展都具有二重性。计算机互联网络的国际化、社会化、开放化、个性化的特点，使得它在向人们提供信息共享、资源共享和技术共享的同时，也带来了安全隐患。信息安全问题已威胁到国家的政治、经济、社会、民生和国防等领域。因此，很早就有人提出了“信息战”的概念并将信息武器列为继原子武器、生物武器和化学武器之后的第四大武器。信息的泄露、篡改、假冒和重传，黑客入侵，非法访问，计算机犯罪，计算机病毒传播等对信息网络已构成重大威胁。如果这些问题不解决，国家安全将会受到威胁，电子政务、电子商务、网络银行、网络科研、网络教育、网络医疗、数字制造、数字农业、数字经济等将无法正常开展起来，个人的敏感和隐私信息也得不到保障。

信息不仅是一种十分重要的公用资源和商业资源，更是一种重要的战略资源。国际上围绕信息的获取、使用和控制的斗争已经展开并正在逐步深入。一些国家正在利用其经济和军事优势下的信息技术相对优势，极力推行信息霸权主义。一方面，一些国家不断地向其他国家大肆倾销其信息产品，掠取别国财富；另一方面，在其出口的许多信息系统中植入“陷阱”和“后门”，以控制、破坏和截取别国的秘密信息。美国著名的未来学家阿尔温·托夫勒声称：“计算机网络的建立与普及将彻底改变人类生存及生活的模式，而控制与掌握网络的人就是人类未来命运的主宰。谁掌握了信息、控制了网络，谁就将拥有整个世界。”美国前总统克林顿坦言：“今后的时代，控制世界的国家将不再是依靠军事实力，而是信息能力走在前面的国家。”

信息资源的争夺和信息领域的斗争，使我们充分认识到在信息社会、数字社会中只讲信息应用是不够的，必须同时考虑信息安全问题。信息安全是整个国家安全十分重要的组成部分，它已成为影响国家全面发展和长远利益的重大关键方面之一。信息安全不但可以确保信息革命带来的高效率、高效益，而且它是对抗信息霸权主义、抵御信息侵略的重要屏障。

信息安全、网络空间安全、密码科学与技术、保密技术、信息对抗技术等相关学科专业是近年来迅速发展起来的新兴交叉学科专业，由于其战略地位十分重要，各国都高度重视，并给予极大的关注和投入。在我们国家，为加强党中央对涉及党和国家事业全局的重大工作的集中统一领导，强化决策和统筹协调职责，成立了中国共产党中央网络安全和信息化委员会，其办事机构是中央网络安全和信息化委员会办公室。这些年来，我国信息安全、网络空间安全研究与开发和教育事业取得了长足的发展，逐步确立了我国自主、创新、整体的信息安全理论体系，构筑起了我国自主可控的网络空间安全系统。

1.2 信息安全的主要内容

随着全球信息化、数字化的飞速发展，我国大量建设的各种信息化系统也已成为国家关键基础设施，它们有力支撑着电子政务、电子商务、网络金融、网络会议、数字媒体、网络科研、网络教育、网络制造、网络医疗和社会保障等方面。网络化、信息化、数字化的特点使得这些系统均与保密或敏感以及隐私信息有关，运作方式有别于传统模式，所以这些信息基础设施的安全维护显得格外重要。要保证信息系统的安全性和有效性，除了需要制定出相适应的政策、法律法规和管理规范外，还需要通过信息安全技术来提供安全保障。信息安全是构建整个社会信息化、数字化的根本保证。

信息安全保障应当总体规划，不仅要在技术上统筹计划，还要强调信息保障研究跨学科的性质。更重要的是强调信息系统规划建设和管理，加强信息安全教育，重视对信息系统使用的法律与道德规范问题，将法律法规和各种规章制度融合到信息安全解决方案之中。总之，信息安全保障和信息安全的根本在于思想观念上的主动防御而不是被动保护；信息安全保障涉及管理、制度、人员、法律和技术等方面。解决信息安全的基本策略是综合治理。

信息安全涉及的内容相当广泛，包括信息人员的安全性、信息管理的安全性、信息设施的安全性、信息自身的保密性(确保信息不泄露给未经授权的机构或人)、信息传输的完整性(防止信息未经授权被篡改、插入、删除或重传)、信息的不可否认性(确保发送和接收信息的双方不能事后否认他们自己所做的操作行为)、信息的可控性(对信息和信息系统实施安全监控管理,防止非法用户利用信息和信息系统)和信息的可用性(确保信息和信息系统确实能为授权者所用,防止由于计算机病毒或其他入侵行为造成信息系统的拒绝服务)等。本书着重对下列问题予以介绍。

(1)人员安全

信息最终是由人类控制与利用的。因此,确保信息安全的首要条件是对信息人员进行审查,加强对有关人员的信息安全教育,建立和完善各种信息安全的法律法规和规章制度,严格按照法律法规和规章制度来管理和使用信息(如涉密信息不上网、上网信息不涉密,个人敏感信息要特别处理,等)。

(2)实体安全

实体安全就是保护计算机设备、网络以及其他设施免遭人为破坏、地震、水灾、火灾、有害气体和其他环境事故破坏的措施和过程。它包括三个方面:环境安全,指对信息系统所在环境的安全保护;设备安全,指对信息系统设备的安全保护,如设备的防盗和防毁、防止电磁泄漏、防止线路截获、抗电磁干扰以及电源保护等;介质安全,指对介质的安全保管(包括介质的防盗、防毁、防霉等),目的是保护存储在介质上的信息。

(3)运行安全

运行安全是信息安全的重要环节,是为保障信息系统功能的安全实现,提供风险分析、审计跟踪、备份与恢复和应急等一套安全措施来保护信息处理过程的安全。

风险分析是指对信息系统进行人工或自动的分析。在设计和系统运行前首先进行风险分析,以便发现系统潜在的安全隐患;其次对系统进行动态分析,即在系统运行过程中进行测试、跟踪并记录相关的活动,目的在于发现系统运行期间的安全漏洞;最后是系统运行后的分析,并提供相应的系统脆弱性分析报告。

审计跟踪是指对信息系统进行人工或自动跟踪、保存审计记录和维护详尽的审计日记。其安全功能可归纳为三个方面:记录和跟踪各种系统状态的变化;实现对各种安全事故的定位,如监控和捕捉各种安全事件;保存、维护和管理审计日记等。

备份与恢复则是指对系统设备和系统数据的备份与恢复。可以使用多种介质(比如磁盘、光盘、纸介质、缩微胶卷等)备份和恢复系统的数据。它的安全功能包括提供场点内高速度、大容量、全自动的数据存储、备份和恢复,提供场点外的数据存储、备份和恢复,以及提供对系统设备的备份等。

应急是指在紧急事件或安全事故发生时,保障信息系统继续运行或紧急恢复的措施。应急的安全功能包括紧急事件或安全事故发生时的影响分析、应急计划的总体设计和详细设计、应急计划的测试与完善等三个方面。

(4)安全计算机

数字化信息存储在计算机系统中,可以通过计算机网络传输。为确保这些数字化信息的安全,首先要求存储和处理信息的计算机系统是安全的,包括安全芯片、容错计算机、安全存储介质等方面。我国已经开发出多种具有自主知识产权的安全芯片,例如通用芯片有中科龙芯系列芯片、魂芯系列芯片、威盛系列芯片、神威系列芯片、飞腾系列芯片、申威系列芯片等,嵌入式芯片有星光系列芯片、众志系列芯片、中芯系列芯片、万通系列芯片、方舟系列芯片、神州龙芯系列芯片等。容错计算机的基本特点:电源稳定可靠、能够预知故障、保证数据的完整性、数据备份与恢复等。即使在某个可操作的子系统遭到破坏后,容错计算机也能够继续正常地运行。也就是说,当出现操作错误和电源掉电等之类的故障时，容错系统能够及时发现、及时补救，保护文件数据，恢复和维持其运行。容错系统由故障检测、故障隔离、运行恢复和动态冗余切换等特殊模块组成。容错计算系统在国防军事、航天航空航运、高铁、电力等领域起到十分关键的作用。

(5)安全操作系统

操作系统是计算机系统的核心，它管理和控制计算机系统的资源。虽然通常的操作系统(Unix 及其变种、Linux、Solaris、Windows、VAX/VMS、IBM MVS、IBM VM/370 等)都在一定程度上具有访问控制、安全内核和系统设计等安全功能，但是为了适应更高安全环境要求，有必要设计一些专用的安全操作系统。比较常见的安全操作系统有 Honeywell 公司的 SCOMP 系统、UCLA 安全 Unix 操作系统、内核化的 VM/370 等。我国已经研发出具有自主知识产权的安全操作系统，例如，红旗 Linux 操作系统、Kylin 操作系统、鸿蒙操作系统、航天航空专用操作系统、supOS 工业操作系统等。特别需要说明的是，从国家安全、军事和经济安全的角度考虑，非常有必要开发我国具有独立自主知识产权的安全操作系统。我国具有快速集中全国人力、物力和无可比拟的财力办大事的制度优势，因此，我们确信通过弘扬科学精神，继续发扬“两弹一星”精神，团结一致、奋发努力、勇于实践，完全有能力设计和开发出具有自主知识产权的先进的安全操作系统。

(6)密码技术

利用数学变换保护秘密信息是密码最原始、最基本的功能。密码作为运用于军事和政治的一种技术，历史悠久，无论在古希腊时代还是在现当代都发挥了非常重要的作用。随着信息技术的发展，现代密码学不仅用于解决信息的保密性问题，而且用于解决信息的完整性、可用性、可控性和不可抵赖性等方面问题。可以说，密码是保护信息安全的最有效的手段，密码技术也是保护信息安全的关键技术。过去密码的研制、生产、使用和管理都是在封闭的环境下进行的。20 世纪 70 年代以来，随着社会、经济和信息技术的发展，密码应用范围日益扩大，社会对密码的需求愈加迫切，密码研究领域不断拓宽，密码研究也从专门机构扩展到社会和民间，密码技术得到了空前发展。

密码技术是保障信息安全最基本、最核心的技术措施和理论基础。密码技术不仅在保护国家秘密和机密信息中具有十分重要的、不可替代的作用，同时也广泛应用于诸如电子政务、电子商务、电子邮件、即时通信软件、网上招生录取、网络银行、数字媒体、网络教育、网络科研、网络医疗、数字出版等领域中。可以这样来比喻，芯片是细胞、计算机是大脑、网络是神经系统、智能是营养、信息是血浆、信息安全是免疫系统。也有人把密码技术看作信息高速公路、数据安全的保护神。

到目前为止，已经公开发表的各种密码算法多达数百种。如果按照收发双方密钥是否相同来分类，那么可以将这些密码系统分为私钥密码系统(对称密码系统)和公钥密码系统(非对称密码系统)两类。

在私钥密码系统中，发送方和接收方使用一个相同的秘密的密钥，即加密密钥和解密密钥是相同或等价的。除了以代换密码和转轮密码为代表的古典密码，比较著名的私钥密码系统有：DES 密码系统及其各种变形(Triple DES，GDES，NewDES)、AES 密码系统、IDEA 密码系统、TEA 密码系统、FEAL-N、LOK1-91、Skipjack、RC4、RC5 密码系统等。其中 DES(Data Encryption Standard)为美国国家标准与技术研究所(NIST)公布的商用数据加密标准，几十年来得到了广泛的应用。从发展形势来看，DES 密码系统的密钥长度偏短。虽然三重 DES 密码系统可以解决密钥长度的问题，但是 DES 密码系统的设计主要是针对硬件来实现的。而在许多领域却需要针对软件实现相对有效的算法。美国国家标准和技术研究所于 1997 年 4 月 15 日发起征集高级密码标准(AES，Advanced Encryption Standard)算法的活动，并成立了 AES 工作组。其目的是确定一个非保密的、公开披露的、全球免费使用的密码算法，用于保护下一世纪政府的敏感信息，也希望能够成为秘密和公开部门的数据加密标准。AES 密码算法的基本要求是比三重 DES 密码算法快，且至少和三重 DES 密码算法一样安全，分组长度是 128 比特，密钥长度为 128 比特、192 比特和 256 比特。NIST 于 1998 年 8 月 20 日召开了第 1 次 AES 候选会议，并公布了 15 个 AES 候选者。这些候选算法分别是：加拿大的 Carlisle Adams 提交的 CAST-256 算法；韩国的 Chae Hoon Lim 提交的 CRYPTON 算法；加拿大和挪威的 Richard Outerbridge 等人提交的 DEAL 算法，基于 Vauenary 的抗相关攻击技术设计的 DFC 算法；日本 NTT 公司提交的 E2 算法、非规整结构的 FROG 算法、任意的明文分组长度和密钥长度的 HPC 算法、LOKI97 算法、MAGENTA 算法，IBM 公司提供的 MARS 算法，RC6 算法；比利时的 Joan Daemen 和 Vincent Rijmen 提交的 Rijndael 算法、SAFER+ 算法，Anderson 等人提交的 SERPENT 算法；美国的 Bruce Schneier 等人提交的 Twofish 算法。

我们国家推出了中国商用密码算法 SM2、SM3、SM4、SM9，这些分组密码算法已经成为 ISO/IEC 国际标准，此外，我国的祖冲之 ZUC 序列密码算法也成为 ISO/IEC 国际标准，它们在国民经济社会发展各领域得到了广泛应用。

在公钥密码系统中，接收方和发送方使用的密钥互不相同，即加密密钥和解密密钥是不相同的，加密密钥公开而解密密钥保密，而且几乎不可能由加密密钥推导出解密密钥。比较著名的公钥密码系统有：RSA 密码系统、椭圆曲线密码系统 EEC、背包密码系统、McEliece 密码系统、Diffe-Hellman 密码系统、零知识证明的密码体制和 ElGamal 密码等。最有影响的公钥密码体制是 RSA 密码系统和 ECC 密码系统，它们能够抵抗到目前为止已知的所有密码攻击。RSA 密码系统的安全性是基于大整数素因子分解的困难性。ECC 密码系统的安全性是基于求解椭圆曲线离散对数问题的困难性。RSA 密码系统、ECC 密码系统已经在数字签名、身份认证和信息认证等领域得到广泛应用。

(7)数据库系统安全

数据库应用是信息社会、数字社会中一个十分重要的应用领域。数据库系统由数据库和数据库管理系统两部分组成。安全数据库的基本要求可归纳为：数据库的完整性（物理上的完整性、逻辑上的完整性和库中元素的完整性）、数据库的保密性（用户身份识别、访问控制和可审计性）、数据库的可用性（用户界面友好，在授权范围内用户可以便捷地访问数据）。

当前，实现数据库安全的方案有用户身份认证、访问控制机制和数据库加密等多层安全机制。在大多数的数据库系统中，第一层安全机制就是用户身份认证。每个需要访问数据库的用户都必须创建一个用户账号。用户账号管理是整个数据库安全的基础，它由数据库管理员（DBA）创建和维护。在创建账号时，DBA 指定新用户以何种方式进行身份验证以及用户能够使用哪些数据库系统资源。当用户需要连接数据库时，他们必须向服务器验证身份，服务器使用预先指定的验证方法验证用户的身份。

当前的主流数据库管理系统 Oracle、SyBase、Informix、Jasmine、DM、OpenBASE、CBDB、KingbaseES、OSCAR、OceanBase&PolarDB、TDSQL、GaussDB、GBASE、iBASE、TiDB、HBase、MongoDB、SQL Server、Access 等都支持多种身份验证方案。验证方案主要有基于密码的验证、基于主机的验证、基于公钥基础设施 PKI（Public Key Infrastructure）的验证以及其他基于第三方组件的验证方案（例如 基于 Keberous、Distributed Computing Environment 和智能卡的认证方案等）。其中 DM、OceanBase&PolarDB、OpenBASE、CBDB、KingbaseES、OSCAR、TDSQL、GaussDB、GBASE、iBASE、TiDB、HBase、MongoDB 为国产数据库管理系统。

访问控制策略是所有数据库管理系统的主要安全机制。它基于特权的概念，一个主体（例如一个用户或一个应用程序)只有在被赋予了相应数据库对象访问权限的时候,才能访问该对象。访问控制是许多安全方案实现的基础,可以通过创建特殊视图以及存储过程来限制对数据库表内容的访问。目前,数据库管理系统访问控制具体分为以下 4 类:①任意访问控制模型,它主要采用的身份验证方案有“消极”验证、基于角色和任务的验证以及基于时间域的验证。②强制访问控制模型,它基于信息分类方法,通过使用复杂的安全方案确保数据库免受非法入侵。③基于高级数据库管理系统(例如面向对象的数据库管理系统、对象关系数据库管理系统)的验证模型。对象数据模型包括继承、组合对象、版本和方法等概念。基于关系数据库管理系统的自主和强制访问控制模型要经过适当扩展才能处理这类新增加的概念。④基于高级数据管理系统及应用(例如万维网WWW、数字图书馆)的访问控制模型。万维网是一个动态更新、高度分布的巨型网络。基于万维网的访问控制模型带来一些新的技术问题,例如用户认证证书、安全数据浏览、匿名访问、分布式授权和验证管理等。基于数字图书馆的访问控制模型不仅需要解决数据通信保密问题,而且要解决基于数据内容的验证和保证数据完整性问题,此外,也必须实现分布式授权访问、验证以及密钥管理。

目前的数据库管理系统提供了数据库加解密的支持。数据库加密、解密的最主要问题是密钥管理问题。基于密钥管理方案的不同,主要有下列 4 种数据库加密方案:第一种,基于口令的数据库加密。所有的关系数据库管理系统都能实现根据口令机制来验证用户。口令机制的一个缺点是当用户改变其口令时,所有使用旧口令加密的数据都需要解密并用新口令来重新加密,这显然是一个很大的计算开销。第二种是基于公钥的数据库加密。公钥密码和 PKI 机制可以提供更健壮、有效的安全方案。PKI 是有效使用公钥技术的基础。然而,基于公钥的加密方案保证安全的基础是用户必须保证个人私钥的绝对安全,并且不能将私钥保存在传统的数据库中。第三种是基于用户提供密钥的数据库加密。这是一种最灵活的加密方法,数据库加密的密钥由用户动态提供。这种方法通常是非常安全的,排除了其他人窃取其密钥的可能性。这种加密方案将密钥的管理寄托在用户自己身上,因此加重了用户的负担。第四种是群加密。它是为满足分布式环境下多个用户共享访问加密数据而使用的方案。群加密方案基于多重公钥加密技术,其安全性依赖于公钥加密技术的安全性。

(8)数字签名

数字签名的概念最早由 Whitfield Diffie 和 Martin Hellman 于 1976 年提出,其目的是使签名者对电子文件也可以进行签名并且无法否认,验证者无法篡改文件。自此之后,各种数字签名方案先后被提出:Rivest、Shamir 和 Adleman 提出了基于 RSA 公钥密码算法的数字签名方案,Shamir 提出了一种基于身份识别的数字签名方案,ELGaml 提出了一种基于离散对数的公钥密码算法和数字签名方案,Schnorr 提出了适合智能卡应用的有效数字签名方案,Agnew 提出了一种改进的基于离散对数的数字签名方案,NIST 提出了数字签名标准 DSA,Scott Vanstone 提出椭圆曲线数字签名算法 ECDSA 等。此外,针对实际应用中大量特殊场合的签名需要,数字签名领域转向对特殊签名和多重数字签名的广泛研究与应用。

数字签名技术的目的在于确保数据来源的可靠性和其输入时间的不可否认性,一般由签名算法、数字信封结构、公钥机制(PKI,普遍采用的标准为 ITU-T X.509)等部分组成。数字信封结构把待签名的数据、时间和数字签名结合成一个不可分割的整体,以抵抗重放攻击和代换攻击,确保签名的法律效力。数字签名算法一般由公钥密码算法(RSA、ECC、DSA、ECDSA 等)、私钥密码算法(DES、AES 等)和单向散列函数(MD4、MD5 或 SHA 等)构成。

在签名过程中,签名方使用单向散列函数计算得到待签名文件的散列值,使用私钥密码算法将源文件加密，然后用公钥密码算法生成数字签名并加密私钥密码算法中所使用的密钥，最后将加密后的源文件、签名、加密私钥和时间戳放在一个信封中发送出去。验证签名过程则相反，验证方首先用公钥密码算法计算获得签名方发送的密码私钥和文件的散列值，然后使用这个私钥解密文件并使用单向散列函数生成一个散列值，若该散列值与签名方发送的散列值相等，则签名被验证。

当一般数字签名方案不能满足某些特别的签名需要时，便需要借助特殊数字签名。常用的特殊数字签名方案有：

①盲签名。当签名者签署一份不知道内容的文件时，就需要使用盲签名。由于盲签名具有匿名的性质，因而在电子货币和电子投票系统中得到了广泛的应用。

②双重签名。它是安全电子交易(SET)协议使用的一种数字签名方案。当签名者希望验证者只知道报价单，中间人只知道授权指令时，能够让中间人在签名者和验证者报价相同的情况下进行授权操作。

③群签名。允许一个群体中的成员以整个群体的名义进行数字签名，并且验证者能够确认签名者的身份。群签名中最重要的是群密钥的分配，需要能够高效处理群成员的动态加入和退出。一般的群密钥的管理可以分为两大类别：集中式密钥管理(密钥管理员产生密钥并分发给每一个群成员)和分散式密钥管理(由所有群成员共同建立群密钥)。

④门限签名。在有 n 个成员的群体中，至少有 t 个成员才能代表群体对文件进行有效的数字签名。门限签名通过共享密钥方法实现，它将密钥分为 n 份，只有当将超过 t 份的子密钥组合在一起时才能重构出原密钥。门限签名在密钥托管技术中得到了很好的应用，某人的私钥由政府的 n 个部门托管，当其中超过 t 个部门决定对其实行监管时，便可重构密钥。

⑤代理签名。它允许密钥持有者授权给第三方，获得授权的第三方能够代表签名持有者进行数字签名。代理签名的概念由 Mambo 于 1996 年首次提出。目前有全权代理、部分代理和授权代理三种代理机制。

⑥门限代理签名。为了控制代理签名中授权的第三方不会乱用签名，此方案将密钥分配给 n 个代理者，只有超过 t 个代理者联合时才可以重构密钥。通过这样的方法可以限制代理者的权限。门限代理签名实际上是门限签名和代理签名的综合应用。

⑦不可否认的门限代理签名。它用来防止门限代理签名中的 t 个签名者合谋重构签名，该方案中参与代理签名的 t 人均不可否认其签名。

⑧多重数字签名。随着分布式网络系统的发展，在分布式的环境中实现高效率、抗攻击能力强的多重数字签名显得尤其重要。1983 年，Ltakurak 首次提出多重数字签名的概念并提出一个签名次数固定的签名方案。目前较流行的多重数字签名方案有广播多重数字签名和有序多重数字签名两种。多重数字签名是一种需要多人对同一文件进行签名后文件才生效的数字签名。多重数字签名与门限签名不同，多重数字签名中的签名者均有自己不同的一对密钥，而门限签名中的签名者多人共享一个密钥；多重数字签名中的签名者以个人的名义签名，而门限签名中的签名者代表集体签名。在广播多重数字签名技术中，发送方将消息同时发送给每一位签名者进行数字签名，签名完毕后将结果发送到签名收集者计算整理，最终发送给签名验证者。而有序多重数字签名，是指消息发送方预先设计一种签名顺序，将这种签名按顺序发送到每一位签名者进行数字签名，最终发送给签名验证者。

在经典的多重数字签名协议方面，Chou 和 Wu 于 1996 年提出了两种基于 ID 号的多重数字签名协议，分别适用于广播多重数字签名和有序多重数字签名。这些签名算法的安全性基于大整数素因子分解的困难性，它们使用了认证机构。Lee 于 1999 年提出了对这两种多重数字签名协议进行攻击的方法。Harn 则于 1999 年提出签名权限各异的多重数字签名方案，其特征是参与签名的各人均持有不同的签名权限。因此，系统可以识别每个签名者，但是不能保证每个签名者只有一个签名权限。Chang 于 2000 年提出了自鉴定公钥的 ELGamal 型多重数字签名算法，它通过验证多重数字签名来进行公钥的鉴定，优点是减少了一般签名算法将公钥保存在 PKI 中而验证时必须先从 PKI 中检索得到公钥的过程，缺点是需要较多的参数。2001 年，Wu 提出了基于文件分解的多重数字签名方案。当对一个内容广泛、包含不同主体的文件进行多重数字签名时，可以按主题将文件分解为一些不相交的子文件，让各个签名者分别对自己熟悉的部分而不是对整个文件进行签名，验证时可以通过群体的公共密钥进行验证。该方案的安全性基于求离散对数问题的困难性。这种方案的优点是即使有很多人参与签名，但每个人仅对子文件签名，不会使签名后的文件变得很大，并且由于仅仅在网络中传输给每个签名者需要签名的子文件，所以对网络的通信带宽要求也很低；其缺点是每次签名前必须人工将文件分割成不同领域的子文件并将其分别传输给不同领域的签名者。Motomi 和 Miyaji 于 2001 年提出 Internet 上的有序多重数字签名方案，该方案允许签名者修改文件，并且签名顺序任意，还可以增加或减少签名者人数。这种方案的优点是适应在 Internet 上对文件进行签名的特点：签名人数和顺序可能事先无法估计，使多重数字签名变得灵活。数字签名技术是身份认证与信息认证技术的基础。

(9)身份认证与信息认证

信息认证技术通过严格限定信息的共享范围来防止信息被非法伪造、篡改、假冒和重传。安全的信息认证方案应该能使：①合法的接收者能够验证其收到的消息是否真实；②发送者无法抵赖自己发出的消息，接收者也无法抵赖自己已接收了消息；③除了合法的发送者外，别人无法伪造消息；④发送和接收双方发生争执时可由第三方仲裁。按照其具体的目的，信息认证系统可分为信息认证、身份认证和数字签名。信息认证使约定的接收者能够验证信息是否是约定发送者发送出来的，且在传输过程中未被插入、修改、删除和重传。身份认证技术使得合法用户的身份能够被确认。最简单常用的身份认证方法有个人识别 ID 号、口令认证、生物特征（如指纹、视网膜、DNA 基因）认证、行为特征认证等，此外还有基于智能卡的身份认证机制、基于 RSA 密码算法的身份认证机制、Keberous 身份认证机制、移动环境下的身份认证机制、基于椭圆曲线密码体制的认证技术等。用于信息认证中的常用算法有数字签名标准（DSS）、ElGamal 签名、One-time 签名、Undeniable 签名、Fail-Quisquater 认证方案、Snefru 签名、Nhash 签名、MD4 和 MD5 算法、SHA 算法、基于椭圆曲线密码体制的数字签名算法等。

不同的身份与信息认证技术适用于不同的场景，为增强灵活性和方便性，在实际应用中也可能同时使用多种认证技术。例如，人们常用的智能手机就同时应用了数字密码（图形）识别、面部识别、指纹识别等认证技术，其中面部识别、指纹识别属于生物技术认证，数字密码（图形）识别属于口令认证技术。

(10)网络安全与安全网络协议

信息（数据）在 Internet 互联网、城域网、Intranet 企业网、局域网等网络系统上是否能够安全传输，很重要的一个因素是计算机网络系统自身是否安全。网络系统的安全强度实际上取决于所使用的网络协议的安全性。安全网络协议的设计和改进有两种方式：①对现有网络协议（如 TCP/IP）进行修改和补充；②在网络应用层和传输层之间增加安全子层，如安全套接层（SSL）协议、安全超文本传输协议（HTTPS）、专用通信协议（PCP）和安全电子邮件协议等。安全网络协议是实现身份鉴别、数据加密、密钥分配、防止信息重传和不可否认等安全机制的基础。设计并开发出适应性更强、更安全的网络协议需要许多基础理论问题的重大突破来支撑。随着量子信息技术的发展，近些年来基于量子密钥分发协议的量子信息保密通信研究与开发工作取得了显著进展，我国研发了世界上第一颗量子通信卫星、第一个量子城域网、第一次量子洲际通信、第一台量子计算机、第一个量子雷达系统。

(11)计算机病毒检测与防治

人们在使用计算机、网络过程中，遇到的一个普遍的信息安全问题是计算机病毒问题。计算机病毒(computer virus)，俗称电脑病毒，本质上是一种在计算机系统运行过程中具有传染和侵害功能的计算机程序。计算机病毒的传染途径主要有磁盘(U 盘、移动硬盘)、光盘和网络等。它造成的危害主要表现在以下 9 个方面：①格式化磁盘，致使信息丢失；②删除可执行文件或者数据文件；③破坏文件分区表，使得无法读取磁盘上的信息；④修改或破坏文件中的数据；⑤改变磁盘分配，造成数据写入错误；⑥病毒本身迅速复制或磁盘出现假“坏”扇区，使磁盘可用空间减少；⑦影响内存常驻程序的正常运行；⑧在系统中产生新的文件；⑨ 更改或重写磁盘卷标。由于计算机病毒具有传染的泛滥性，病毒侵害的主动性，病毒程序外形检测和病毒行为判定的难以确定性、非法性、隐蔽性、衍生性、激发性等特性，使得计算机病毒防治工作成为信息安全领域的一个具有挑战性的重要课题。2003 年 1 月 25 日，星期六，一种新产生的蠕虫王病毒，利用 Windows 2000/SQL Server 的缓冲区的一个溢出漏洞，以 UDP 方式通过 1434 端口对网络上的其他系统发起拒绝服务攻击，大量消耗网络资源，导致网络访问速度变慢，甚至导致整个网络瘫痪。据统计，那天全球上网的几乎所有的 Windows 系统都受到此病毒不同程度的侵害，影响很大，教训十分深刻。为了减少遭受计算机病毒的侵害，一方面要在计算机(包括智能手机)上安装反病毒软件；另一方面，应注意尽量不使用来路不明的 U 盘、移动硬盘、光盘等，也不要轻易点击陌生的网络链接、下载文件等。

(12)防火墙技术

防火墙(fire wall)是一种允许接入外部网络，但同时又能够识别和抵抗非授权访问的网络安全技术。防火墙扮演的是“网络交通警察”角色，控制网络信息合理有序地安全流动，同时也处理网络拥挤之类的“网络交通事故”。防火墙可分为外部防火墙和内部防火墙。外部防火墙在内部网络 Intranet 和外部网络 Internet 之间建立起一个保护层，从而防止网络“黑客”的侵袭，其方法是监听和限制所有进出的数据通信，抵挡外来非法信息的渗透并控制内部敏感信息的泄露。内部防火墙将内部网络分隔成多个局域网，从而限制外部攻击所造成的损失。网络防火墙主要分为过滤型防火墙、应用代理型防火墙和复合型防火墙三种。防火墙技术包括包过滤技术、加密技术、防病毒技术、代理服务器技术。市场上已有各种网络防火墙产品问世，并发挥了积极的作用。“协同防护”理念是下一代网络防火墙系统的研发方向之一。

(13)入侵检测

入侵检测(intrusion detection)是对入侵行为的发觉，它通过对计算机网络或计算机系统中的若干关键点收集信息并对其进行分析，以从中发现计算机系统或网络中是否有违反安全策略的行为和被攻击的迹象。入侵检测系统(intrusion detection system，IDS)是进行入侵检测的软件与硬件的有机组合。在 20 世纪 80 年代早期，Anderson 使用了与入侵含义相同的“威胁”这个术语，将入侵企图或威胁定义为未经授权蓄意尝试访问计算机(网络)系统信息、篡改信息，使系统不可靠或者不能使用。后来，Heady 将“入侵”定义为：入侵是指有关试图破坏资源的完整性、机密性及可用性的活动。1986 年，Denning 等人提出了入侵检测专家系统模型，该模型是入侵检测领域的里程碑，标志着入侵检测问题的研究进入了新的阶段。

随着 Internet 的大发展与迅速普及，网络入侵检测问题变得尤为突出。国际上关于入侵检测方面的研究和开发工作异常活跃，每年都有有关组织举办专门研讨入侵检测的国际学术会议。主要的入侵检测方法有基于模式匹配和统计方法的入侵检测技术、基于专家系统推理方法的入侵检测技术、基于神经网络方法的入侵检测技术、基于数据挖掘的入侵检测技术、基于生物免疫方法的入侵检测技术、基于分布式计算的入侵检测技术等。进一步地，从建立深度学习模型和设计分布式并行高性能算法的角度，开发高效、实时、自适应性强的网络入侵检测系统是一项值得持续努力的挑战性工作。

(14)应用程序安全

应用程序安全(Application Security)是指使用计算机硬件和软件方法来防止应用程序遭受外部威胁以及使得应用程序可以容错安全运行。设计与开发应用程序时，通过在应用程序内部设置一些安全措施(如访问控制程序模块)来增强应用程序的安全性，以尽量避免黑客操纵、访问、窃取、修改或删除敏感数据；通过增加一些程序代码段检测应用程序运行时输入数据的合法性、操作的合理性(如检测输入的二月份日期数据是否出现不应该有的30或31日)，以实现应用程序在运行过程中即使遇到一些异常情况仍然能够容错运行。

(15)人工智能安全

人工智能安全是信息安全的一个新领域。人工智能有不确定性、不透明性、难以解释、事实性错误等能力局限。诸如ChatGPT(Chat Generative Pre-trained Transformer)之类的人工智能大模型(Large Model)加速了数字世界和物理世界的深度融合，引领人工智能进入新的发展阶段。国内也推出了多个人工智能大模型平台，并在相关领域得到初步的应用。

以ChatGPT等大模型平台为代表的人工智能应用，若被不当使用或滥用很有可能影响到国家安全、政治安全、社会稳定、平台及供应链安全、企业利益和个人用户权益等方面。人工智能开发者和服务提供者利用用户数据进行优化训练，可能涉及在用户不知情情况下收集个人信息、商业秘密等敏感数据。人工智能技术可被用于算法引导、平台渗透、网络监控、内容生成等环节，由大模型驱动的文本创作工具可能产生颇具影响力或说服力的信息，使得虚假信息不易被识破，负面舆情传播速度加快，进而导致侵犯他人合法权益、扰乱经济和社会秩序，甚至危害国家安全和社会公共利益。人工智能的自动生成代码功能使黑客技术的习得过程更为容易，使网络攻防的更新频率大幅提升。利用人工智能大模型可以帮助机器学习识别更加复杂的文本及实体，或将扩大无人军用智能装备的应用、增大军事对峙摩擦，对国家安全带来严峻挑战。人工智能应用可能伴生社会伦理风险，可能引发人工智能代替人的失业恐慌情绪，可能引发人工智能生成内容知识产权问题等。因此，必须建立健全人工智能安全治理体系，对人工智能技术本身所致的内生安全、人工智能应用中的衍生安全以及影响和决定人工智能前景的发展安全问题进行系统性治理，确保人工智能安全、可靠、可控。

为使得人工智能更好地服务于人类，一方面，需要遵循我国发布的《新一代人工智能治理原则——发展负责任的人工智能》《新一代人工智能伦理规范》，加大力度建立健全人工智能安全治理机制、增强法治保障能力和人工智能技术治理能力，并结合《互联网信息服务算法推荐管理规定》《互联网信息服务深度合成管理规定》《生成式人工智能服务管理暂行办法》和《科技伦理审查办法(试行)》等人工智能安全相关规定，强化对人工智能技术滥用等的法律约束；另一方面，需要加强人工智能安全防护体系建设，强化人工智能技术滥用防范意识，提升软硬件实力，实现高端芯片与人工智能框架自主可控，设计与开发安全的人工智能模型和算法技术等。

(16)数据安全与数据主权安全

现在社会已经进入数字时代。在数字时代，数据安全、数据主权安全尤为重要。数据安全是指通过采取必要措施，确保数据处于被有效保护和合法利用的状态，以及具备保障持续安全状态的能力。数据主权安全包括数据管辖权安全和数据所有权安全。随着数字经济的发展，尤其是随着跨境电子商务的快速发展，数据跨境流动日益广泛和频繁，海量的数字商贸和数字服务信息以惊人的速度在互联网中传输、存储和处理，跨境数据流动为经济社会发展带来了巨大效益，但也存在入境“取”数据和出境“流”数据的安全风险，此时数据主权安全问题突显。为避免数据主权安全受到侵害，除了需要研究制定并实施相关的法律法规之外，在技术层面，需要深入开展研究解决跨境数据流动平台安全管理、跨境数据流动所引发的数据安全、数据主权和隐私保护以及如何平衡数据开放与数据安全等问题。

1.3 信息安全法律法规

国家安全法要求国家安全工作要坚持总体国家安全观，国家总体安全观包含网络安全。

面对社会信息化、数字化发展过程中网络、信息、数据方面的安全性问题，我们国家先后颁布了《中华人民共和国网络安全法》《中华人民共和国密码法》《中华人民共和国数据安全法》和《中华人民共和国个人信息保护法》4 部法律，从法律层面明确相关主体的权利与责任，规范相关主体行为。这 4 部法律以国家安全为统领，相互衔接、融会贯通，共同构成有机的制度体系或法律体系。

2016 年 11 月 7 日，中华人民共和国第十二届全国人民代表大会常务委员会第二十四次会议通过《中华人民共和国网络安全法》，本法自 2017 年 6 月 1 日起施行。《中华人民共和国网络安全法》共由 7 章组成：第一章，总则；第二章，网络安全支持与促进；第三章，网络运行安全；第四章，网络信息安全；第五章，监测预警与应急处置；第六章，法律责任；第七章，附则。根据网络安全法的界定，网络是指由计算机或者其他信息终端及相关设备组成的按照一定的规则和程序对信息进行收集、存储、传输、交换、处理的系统。根据《中华人民共和国网络安全法》定义，网络数据是指通过网络收集、存储、传输、处理和产生的各种电子数据。网络安全是指通过采取必要措施，防范对网络的攻击、侵入、干扰、破坏和非法使用以及意外事故，使网络处于稳定、可靠运行的状态，以及保障网络数据的完整性、保密性、可用性的能力。

2019 年 10 月 26 日，中华人民共和国第十三届全国人民代表大会常务委员会第十四次会议通过《中华人民共和国密码法》，本法自 2020 年 1 月 1 日起施行。《中华人民共和国密码法》共由 5 章组成：第一章，总则；第二章，核心密码、普通密码；第三章，商用密码；第四章，法律责任；第五章，附则。密码工作直接关系国家安全。密码分为核心密码、普通密码和商用密码，实行分类管理。核心密码、普通密码用于保护国家秘密信息，属于国家秘密，由密码管理部门依法实行严格统一管理。商用密码用于保护不属于国家秘密的信息，公民、法人和其他组织均可依法使用商用密码保护网络与信息安全。国家鼓励商用密码技术的研究开发和应用，健全商用密码市场体系，鼓励和促进商用密码产业发展；规定了商用密码标准化制度；建立了商用密码检测认证制度，并鼓励从业单位自愿接受商用密码检测认证等。国家鼓励和支持密码科学技术研究、交流，依法保护密码知识产权，促进密码科学技术进步和创新，建立密码工作表彰奖励制度；国家加强密码宣传教育。

2021 年 6 月 10 日，中华人民共和国第十三届全国人民代表大会常务委员会第二十九次会议通过《中华人民共和国数据安全法》，自 2021 年 9 月 1 日起施行。《中华人民共和国数据安全法》共由 7 章组成：第一章，总则；第二章，数据安全与发展；第三章，数据安全制度；第四章，数据安全保护义务；第五章，政务数据安全与开放；第六章，法律责任；第七章，附则。数据安全法将数据定义为任何以电子或者其他方式对信息的记录。信息与数据的关系：信息是数据的内容，数据是信息的载体。数据作为信息的载体，加强数据治理，构建完善的数据保护体制，实现数据安全，实际涵盖了信息保护内容。数据安全是指通过采取必要措施，确保数据处于被有效保护和合法利用的状态，以及具备保障持续安全状态的能力。随着《中华人民共和国数据安全法》的颁布施行，在工作实践中产生了一种新的从事数据保护工作的职业——数据保护专员 Deputy DPO(Data Protection Officer)。

2021 年 8 月 20 日，中华人民共和国第十三届全国人民代表大会常务委员会第三十次会议通过《中华人民共和国个人信息保护法》，自 2021 年 11 月 1 日起施行。《中华人民共和国个人信息保护法》共由 8 章组成：第一章，总则；第二章，个人信息处理规则；第三章，个人信息跨境提供的规则；第四章，个人在个人信息处理活动中的权利；第五章，个人信息处理者的义务；第六章，履行个人信息保护职责的部门；第七章，法律责任；第八章，附则。《中华人民共和国个人信息保护法》中将个人信息定义为以电子或者其他方式记录的与已识别或者可识别的与自然人有关的各种信息，不包括匿名化处理后的信息。《中华人民共和国网络安全法》中将个人信息定义为以电子或者其他方式记录的能够单独或者与其他信息结合识别自然人个人身份的各种信息。《中华人民共和国个人信息保护法》第六十二条强调对“人脸识别”制定专门的个人信息保护规则、标准。人脸识别信息是指通过抓取人的面部特征等进行一定技术处理后形成的能识别到特定自然人的信息。人脸识别技术应用生成了海量的数据，有力推动了数字经济发展。人脸识别技术进一步推动了权利需求、权利本身属性的变化，涉及公民的人格权、隐私权、个人信息权等权益保护问题。在个人信息权利保护法治理念指导下，全社会都要规范人脸信息的收集、存储、保管、加工、使用、共享、转让等行为，以有力保障数字社会健康发展。在网络时代、信息时代、数字时代，研究如何实现长效保护个人信息尤其重要。个人敏感信息(包括文字、图像和声音信息)得到有效保护是免受网络(电信)诈骗的重要基础。

随着上述 4 部法律的颁布施行，以及信息化、数字化、社会民主化进程加快，一方面，要求组织机构、公民在学习、工作、生活中自觉遵守这 4 部法律；另一方面，也促使政府理念由管理理念转向治理理念。为此，产生了“网络治理”“数据治理”的新概念。网络治理、数据治理的目的在于确保可持续的网络安全、数据安全和个人信息安全，保障组织机构和公众合法权益，维护国家网络空间主权，促进经济社会高质量发展。

1.4 信息安全学科专业的相关课程

信息安全涉及近世代数、数论、概率与统计、运筹学、数理逻辑、形式语义学、心理学、管理学、法律、信息论、编码理论、计算复杂性、数据结构与程序设计、信息安全理论、计算机密码学、计算机体系结构、算法设计与分析、计算机网络安全、数据库系统安全、操作系统安全、编译系统安全、人工智能安全、通信系统安全等，是一门综合性的交叉学科专业。信息安全理论与技术处于不断发展过程中。

多年来，我国许多高校和科研院所培养了从事信息安全、网络空间安全、密码学研究的硕士研究生和博士研究生，一大批高校开设了信息安全、网络空间安全、密码科学与技术、保密技术、信息对抗技术等本科专业。信息安全学科专业系统的培养目标、培养模式、培养方案日趋成熟。没有信息安全就谈不上信息的安全应用。因此，信息安全、网络空间安全、密码科学与技术、保密技术、信息对抗技术、计算机科学技术、网络工程、物联网工程、软件工程、数据科学与大数据技术、智能科学与技术、人工智能、信息工程、电子信息工程、电子信息科学与技术、通信工程、自动化、大数据管理与应用、信息管理与信息系统、信息资源管理、空间信息与数字技术、医学信息工程、数字媒体技术、数字经济、网络与新媒体、数字出版等专业开设“信息安全概论”课程，学习并了解基本的信息安全的管理、理论与技术十分必要和迫切，具有十分重要的现实意义。

本章小结

新世纪,信息技术、数字技术的发展为其他高新技术产业的发展起到十分重要的带动和示范作用,并为传统产业转型升级赋能。信息技术、数字技术的应用和发展离不开信息的安全、数据的安全,信息安全、数据安全是构建我国整个社会信息化、数字化的根本保证。只有实现了信息的安全、数据的安全,才能更有效地确保国家安全、社会安全、组织机构安全和个人安全,才能确保国防军事、电子政务、电子商务、网络科研、网络金融、数字教育、数字医疗、数字工业、数字交通、数字农业、数字媒体、数字出版、数字艺术等信息系统的安全稳定运行,真正造福于人类。

本章首先阐述了信息安全的重要意义,指出在信息社会、数字社会中树立和加强信息安全的必要性和紧迫性;其次对从信息的存储到信息的传输以及信息的接收过程所涉及的安全问题进行了概括性的介绍;最后列出了学习和研究信息安全所需的相关课程知识。为达到信息安全的目的,我们强调必须从如下三方面来抓:一是全民尤其从事信息处理的人员应树立牢固的信息安全观念和意识;二是大力加强信息安全教育和管理,从源头上杜绝安全隐患和漏洞,确保信息安全;三是制定并实施相关的信息安全法律法规,在技术层面实现数据加解密、身份认证、信息认证、操作系统安全、数据库系统安全、编译系统安全、计算机安全、网络与分布式系统安全、数字内容安全、电子邮件安全、应用程序与软件安全、数据安全与数据主权安全等。

希望读者通过本章的学习,能牢固地树立信息安全的意识,并在今后的学习、工作、生活中,不断将信息安全的知识、理论和技术付诸实践,为我国的经济社会高质量发展做出自己的贡献。

习 题

1. 试述信息安全的重要性。
2. 试举出您所知道的若干个涉及信息安全的例子。
3. 你认为为了确保信息安全,关键要做的事情是什么?
4. 现代密码体制(系统)有两种类型,各自特点是什么?
5. 各种特殊数字签名方案分别适用于哪种应用场景?
6. 数据加密与身份认证、信息认证有何关系?
7. 数字签名在身份认证与信息认证技术中的作用是什么?
8. 请总结归纳 Microsoft SQL Server 数据库系统提供的加密与安全功能。
9. 你知道微软 IE 浏览器等浏览器中配置的电子邮件系统所提供的加密功能是由什么密码系统实现的吗?
10. 你知道平时使用的即时通信软件(如 QQ 软件)是使用什么密码算法对传输的数据进行加解密的吗?
11. 请你列出一些在日常学习、工作、生活中可能遇到的信息安全问题(情况)。
12. 试列举一些你知道的查杀计算机病毒软件、防火墙产品和入侵检测产品。
13. 如果你是信息安全、网络空间安全、密码技术、计算机类相关专业的学生,请想一想你所学的课程中哪些知识与信息安全理论与技术有关。如果你是数学、应用数学、计算数学专业的学生,那么你所学的课程中哪些知识与信息安全理论与技术有关。如果你是电子信息、通信工程类相关专业的学生,那么你所学的课程中哪些知识与信息安全理论与技术有关。如果你是管理学相关专业的学生,请想一想你所学的课程中哪些知识与信息安全理论与技术有关。
14. 我国颁布的与信息安全相关的法律有哪些? 分别从何时开始实施?
15. 试述如何确保数据主权安全。

2 信息安全的基本概念和技术

内容提要

信息安全的目的是向合法的服务对象提供准确、正确、及时和可靠的信息服务；而对其他任何人员和组织，不论信息所处的状态是静态的、动态的还是传输过程中的，都要保持最大限度的信息的不透明性、不可获取性、不可接触性、不可干扰性和不可破坏性。

信息安全的研究要根据信息资源的特点，全面系统地将信息系统内所有元素或成分作为有机的整体来进行。本章首先从整体角度介绍信息安全的一些基本概念，简要说明信息安全系统的设计原则与设计方法；其次，重点讨论实体安全、运行安全、信息保护安全和安全管理的技术，具体包括环境安全、设备安全、介质安全、风险分析技术、信息系统的检测监控与审计跟踪、应急措施和备份与故障恢复、容错与冗余、灾难恢复计划、病毒检测与防治、标识与认证、标记与访问控制、客体安全重用、安全审计、数据完整性、电磁泄漏信息防护、打印机安全防护、安全管理制度、信息安全教育等安全技术；最后，简要介绍信息安全标准、信息安全标准橘皮书 TCSEC/TDT。

讲授要点

强调从整个信息系统角度研究信息安全问题和基本要求；讲述信息系统防护过程、安全体系结构，安全信息系统的设计原则、方法和步骤并举例说明；讲述机房环境（电源保护、防电磁干扰、防电路截获等）、计算机、打印机、网络、存储介质等实体安全措施；讲述信息系统的检测、监控与审计跟踪，容错与网络冗余、备份与故障恢复、灾难恢复计划、病毒检测与防治等运行安全措施；讲述信息系统标识与认证、标记与访问控制、客体安全重用、审计、数据完整性、电磁泄漏、信息防护等技术；讲述信息安全管理原则，民用、商用和军用信息安全标准，TCSEC/TDT 安全标准。

课程思政讲述要点

在教学过程中，强调要加强以人为本的信息安全管理与教育，高度重视信息系统从规划到硬软件设备采购、机房建设，硬软件系统设计、开发到运行、维护的全过程的安全制度执行和安全技术运用，强调相关重要行业和单位的信息系统建设要选用国产信息系统和安全设备，信息系统建设要遵守执行民用、商用和军用信息安全标准要求。

2.1　信息安全概念与信息系统安全

1. 信息安全问题

随着计算技术在各行各业的广泛应用以及与数据通信技术的融合，人们迫切需要研究解决以计算机、网络为中心的信息系统的安全问题。信息安全将关注信息本身的安全，而不管是否应用了计算机、网络作为信息处理的手段。信息安全管理与技术保护信息资产，以防止偶然地或未授权对信息的恶意泄露、破坏、插入、删除、修改、重传，从而导致信息的不完整、不可靠或无法处理等。

信息的存储或驻在形式有：①纸介质，这种存储形式较安全；②磁介质和光电介质（磁盘、光盘、磁带）、未联网的计算机系统，其安全问题仍易解决；③计算机网络（局域网、城域网、企业内部网和互联网），此时网络的信息安全变得复杂了。

信息安全的静态定义是为计算机系统、数据处理系统建立和采取的技术与管理的安全保护，使得系统的硬件、软件和数据不被偶然或故意地泄露、破坏、插入、删除、修改等。信息安全的动态定义则增加了对信息系统能连续正常工作（包括检测网络传输的数据信息是否被重传）的要求。

信息安全的目的是向合法的服务对象提供准确、正确、及时和可靠的信息服务；而对其他任何人员和组织，不论信息所处的状态是静态的、动态的还是传输过程中的，都要保持最大限度的信息的不透明性、不可获取性、不可接触性、不可干扰性和不可破坏性。

信息安全要保证 CIRA：Confidentiality，保密性——防止非授权访问；Integrity，完整性——不被插入、修改、删除、不被破坏和不丢失；Reliability，可靠性——信息完整性的信赖程度；Availability，可用性——能否及时存取所需信息（攻击者不能占有所有资源而阻碍授权者的访问）。

信息采集时要保证其真实性，信息使用时要保证其可控性，信息使用后要保证其不可否认性。

信息安全有两层含义：一是对信息系统整体的安全保护，即确保信息处理系统安全、可靠地不间断运行，为信息系统的所有用户提供应有的有效服务；二是对信息系统中信息的安全保护，即对系统中以各种形式存在的信息提供应有的保护，使其不会因为内部或外部的原因，遭到泄露、破坏、增删改或重传。

总之，信息安全要求在为合法用户提供正确、可靠、有效的信息服务的同时，不允许任何人以任何非法手段窃取、破坏或增删改系统中的信息，或对系统的运行造成威胁。

2. 信息安全的研究范畴

信息安全研究的对象是整个信息系统而不是单个元素，即将信息系统内所有元素或成分作为一个有机的整体进行研究。

从技术的角度，研究内容包括人员安全、计算机安全、操作安全、信息本身的安全、通信安全、工业安全、资源保护和实体安全等；而从更大范围的角度，研究内容还包括管理和法律法规等内容。所有这些形成一个研究结构和层次，而且这些研究领域的发展不能失调。

信息安全问题的一个基本原则是“气球”原则，信息系统安全保密追求并强调均匀性。

信息系统中的实体分为主体与客体。主体是操作发起者，客体是主体操作的一个工作域。发生存取关系的每对主体-客体是一对进程与工作域的偶对＜进程，工作域＞。

信息安全研究控制和限制主体对客体存取权限、存取控制抽象化、模型化和安全模型等内容。通过访问控制机制阻止非授权用户进入信息系统以保证可用性；使用授权机制实现对用户的权限控制，使得不该看的“不可看”、不该操作的“不能操作”、不该拿走的“拿不走”，再结合内部审计机制，实现“可控性”；运用加密机制确保信息不泄露和“看不懂”，以实现保密性；应用完整性鉴别机制使其他人“改不了”、“不能重传”,即使改了、重传了也能发现,以保证完整性;运用审计、监控和防抵赖等机制,使攻击者、破坏者、抵赖者“走不脱”,实现可追溯性、可审查性。

信息安全研究内容包括物理条件的实体安全(entities security)、运行时信息系统安全(system security)、数据安全(data security)、软件安全(software security)。

信息系统安全性措施包括:用户身份验证(Authentication);授权(Authorization);审计(accountability);保证(assurance);预防和避免(Avoidance),如防火墙等技术;转移(Transfer),如假目标等技术;减少脆弱性(reduction of vulnerability),通过对计算机、网络系统日志文件分析找出脆弱点;实时监控(real time detection),以发现正在攻击的事件;非实时监控(Non-real time detection),对计算机、网络系统日志文件的事后分析;减少威胁(reduction of threat),对信息系统运行进行态势分析、入侵检测分析,以减少系统可能受到的安全威胁;减少影响(reduction of impact),减少入侵者攻击成功所造成的损失,可采用双机热备份技术;实时恢复(real time recovery),采用磁盘镜像、双工等技术实时恢复系统运行;非实时恢复(non-real time recovery),如后备技术。

3. 信息系统安全的基本要求

早期的信息系统安全只是指传输中的安全,现在的含义是信息保障,即除要求对计算机、网络系统、存储介质中以各种形式存在的信息进行安全保护,避免遭受各种攻击和破坏外,还要求信息系统能安全、可靠、不间断地运行。

信息系统对安全的基本要求是保密性、完整性、可用性和可控性;信息存取控制必须提供包括策略和责任,以及如何保证系统真正建立一个可信的计算机、网络系统之上的技术支持体系。

4. 信息防护过程

信息系统受到的主要威胁:一是对信息的威胁,二是对设备的威胁。威胁的形式有:自然灾害、意外事故、人为因素、黑客入侵、内部泄密、外部泄密、信息丢失、协议缺陷、应用程序和软件缺陷、计算机犯罪、电子间谍、信息战等。

安全威胁来自自然因素和人为因素,其中人为因素分人为的恶意攻击和人的操作失误。人为的恶意攻击是入侵者利用应用程序、软件中存在的漏洞与“后门”进行攻击,恶意攻击包括主动地破坏有效性、完整性、真实性和被动地破坏保密性。具体的人为攻击有:①非授权访问;②信息泄漏或丢失;③破坏完整性,抵赖;④破坏协议、拒绝合法服务请求、设置陷阱和重传攻击等。

信息系统受到安全威胁的原因有:①信息系统设计、软件开发未充分考虑安全因素;②形成权力巨大的系统管理员;③系统兼容性、开放性与安全的矛盾;④网络协议 TCP/IP 目的是互通、互操作而不是安全。

因此,信息防护目标应包括以下几个方面:①安全保护——包括保护存储、处理、传输和使用中的信息不因内部或外部的原因遭到泄露、破坏或增删改;②运行监测——通过一定硬软件手段,检查和测试系统的运行情况,及时发出各种入侵和破坏的警报;③异常情况的快速反应——对系统运行中出现的各种异常情况,能及时做出反应;④信息系统的故障恢复——当系统遭到破坏或系统不能正常运行时,能及时恢复。

为了达到信息系统安全的目标,信息防护应从整体角度来考虑,其过程如图 2.1 所示。

信息系统防护的重点:①检测已建信息系统、新建信息系统的安全漏洞,采用“补丁”堵漏,这涉及漏洞的侦测技术、易损分析、安全评估和定位技术等;②信息系统运行中监视、检测攻击事件,这涉及威胁分析、损坏评估、安检和恢复技术等;③在信息系统受攻击并损坏(部分)时,能及时隔离故障,恢复信息系统以支持关键职能的运行,这涉及抗攻击、健壮系统结构、动态资源重组与功能恢复、数据设备与恢复以及防治病毒等。

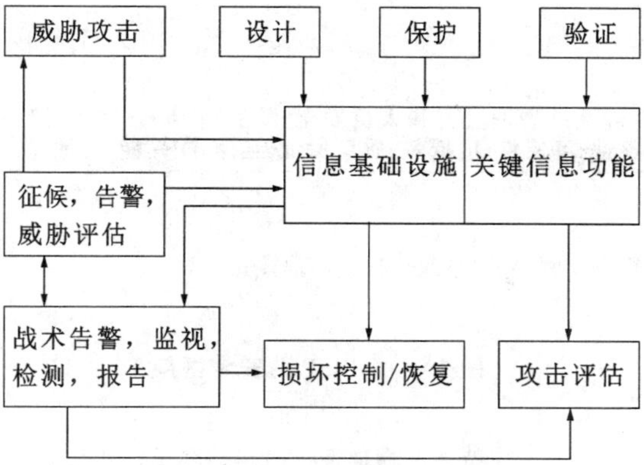

图 2.1 信息防护过程

5.信息系统安全体系

信息系统安全体系包含安全保密技术体系、协议安全性及安全协议体系和系统安全的体系结构。安全保密系统由下列技术手段形成技术体系：密码设置、数字签名、数据完整性、身份鉴别、访问控制、信息流填充、路由控制、公证、审计追踪和信息过滤、病毒防治、信息泄露防护和安全评估等，以实现信息的保密性、可用性、完整性和可控性。

协议安全性的目标：安全性强，兼容性好，不影响系统整体性能。安全协议的功能：除协议自身功能外，还需有身份鉴别、密钥分配、数据加密、防信息重传和双方不可抵赖等功能。协议安全性的判别方法：一是利用 BAN 逻辑、GNY 逻辑和 SVO 逻辑等进行严格的形式化分析证明，但是形式化分析证明过程很复杂，折中一下，可以对协议的主要部分做验证；二是利用强度测试、模拟入侵等进行协议漏洞检测，但这无法证明其安全性。

系统安全体系结构是为设计和集成安全和控制产品提供基础的结构，它提供一个安全环境。安全体系结构的特点：①可对敏感数据实施可接受和可行的控制措施；②用户的使用不因控制和安全措施的实施而受到消极的影响；③安全体系结构的实施不能对系统的技术升级产生影响；④所有硬件（不管如何放置和如何连接）、所有软件（不管是操作系统、编译系统、数据库管理系统还是应用软件）和所有数据库应纳入该体系结构。

国际标准化组织 ISO 颁布了 ISO 7498-2 安全体系标准，它呈三维体系结构，如图 2.2 所示。

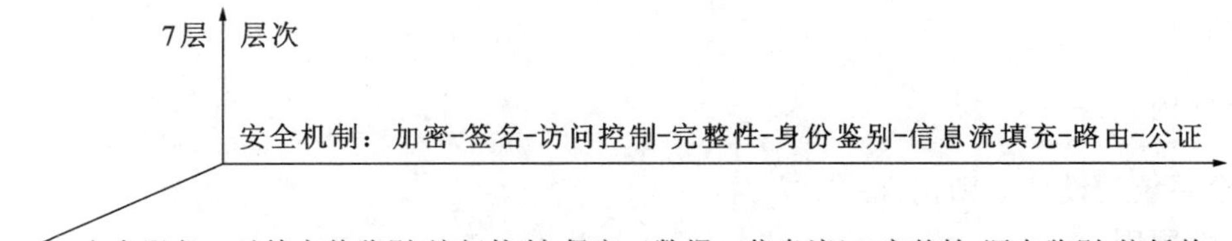

图 2.2 OSI 安全体系

美国国防系统安全计划 DISSP 的安全框架如图 2.3 所示。

6.信息安全的内容

有些文献将信息安全的内容分为 5 个方面：物理安全、网络安全、系统安全、应用安全和安全管理。本书从可理解性、可操作性、分层次性将信息安全的内容分 4 个方面：物理安全/实体安全、运行安全、信息保护和安全管理，它们构成一个整体，其关系如图 2.4 所示。

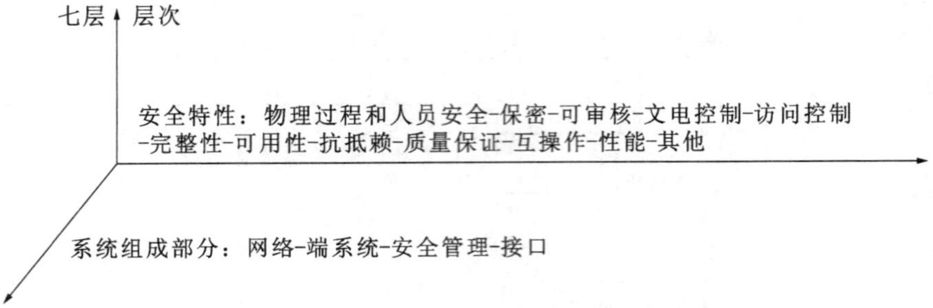

图 2.3 DISSP 的安全框架

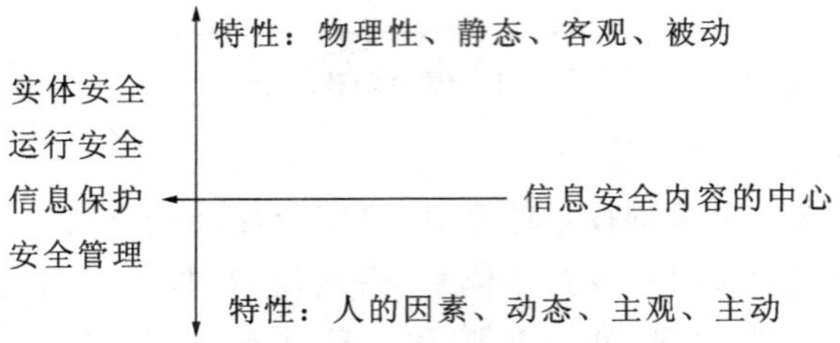

图 2.4 信息安全内容的关系

2.2 安全信息系统的设计

信息安全已从信息的安全传输扩展到信息保障，包含：①信息保护——保护系统中的信息不因内部或外部原因遭到泄漏、破坏或者增删改；②运行检测——通过一定硬软件设备和技术手段，检测和测试信息系统的运行情况，及时发现各种入侵和破坏、信息重传等行为；③异常反应——对于信息系统运行出现的异常情况，能及时作出反应预警；④快速恢复——当信息系统遭到破坏或系统不能正常运行时，能及时进行恢复。

为达到信息系统安全的目标，需要快速、方便地为用户提供其权限允许的服务，而不为任何用户提供其权限以外的任何服务；同时应考虑人的因素，许多事务需人参与解决，没有可信、安全的管理操作人员，安全的信息系统只是空话。

因此，应当在信息系统的各环节设计必要的安全机制，构成一个完整的安全体系，以实现信息系统的安全运行。

2.2.1 设计原则

信息安全系统的设计原则包含 6 个方面：

(1)安全性原则

从实际出发，根据相对性原理，对信息系统确定适当的安全强度要求，要确保选购的产品、开发的系统自身的安全可信，选用的产品(密码系统产品等)要正规、有批文。

(2)整体性/全面性原则

统一管理，把分散的安全机制连接成完整的系统安全机制；系统设计要满足“木桶原理”，即安全机制功能相对一致，不留薄弱环节。

(3)投资保护原则

在已有信息系统上做安全系统设计时，需考虑已有投资的保护和利用，要满足其兼容性。

(4)实用性原则

它包含透明性——安全的设置与运行对用户透明,友善性——安全、简洁、方便,有效性——系统中新增部分的系统开销少,但能达到安全要求。

(5)可适应性原则

功能可扩充,安全性能提高,以适应不断增强的安全性要求。

(6)技术与管理相结合原则

良好的管理才能发挥出技术的特性,凡涉及与人有关的人机界面部分,都必须明确操作要求和注意事项,要制定完备的规章制度和切实可行的操作规程并不折不扣地贯彻执行。

2.2.2 设计方法

设计方法主要采用外挂式设计和内核式设计两种。①外挂式设计方法对现有信息系统进行改造,通过增加安全机制来增强系统的安全性,如 ACWNT 和 ACX(for Unix)。②内核式设计方法在设计信息系统的同时,设计安全机制,以提供系统的安全性,即从安全内核逐层向上扩展,此方式可较完整地实现系统信息安全,如 B2 级 MULTICS 和 A1 级的 SCOMP 系统。

2.2.3 设计步骤

信息安全系统的设计步骤一般需要经过下列 5 个阶段:

(1)需求分析与风险评估

确定信息价值、对安全需求进行分析、评估系统设计需求的风险。

(2)确定安全目标要求和对策

按风险评估所明确的安全风险,以动态变化的眼光来确定信息安全系统的安全目标要求和相应的安全对策,此外,安全对策的确定应尽量选择成熟的、经国家有关主管部门批准的安全产品。

(3)安全系统设计

由所选择的安全机制和安全产品,按可信计算基(TCB)的设计要求实现有机集成,以构成完整的安全运行系统。

(4)明确相应的安全管理要求

安全管理是信息系统实现安全运行的重要组成部分,是所设计的安全功能得以实现的重要保证,它是安全功能的重要补充,特别是对一些安全需求,若使用现有产品和机制无法实现或不能完全实现时,则必须由安全管理加以补充。

(5)安全系统测试和试运行

这是检验信息系统是否达到所设计的安全设计目标的重要步骤。在实际工作中注意要以动态变化的眼光来测试和试运行。首先进行自测,然后由主管部门进行测试、使用单位验收,最后试运行、维护、升级。

2.2.4 安全信息系统的设计示例

首先介绍 Windows NT 4.0 的安全设计(其他版本的 Windows 系统的安全设计类似)。Windows NT 4.0 通过了美国国防部 TCSEC C2 的安全认证。它的安全特性有身份鉴别、自主访问控制、客体重用和安全审计(仅适用于 Windows 单机系统,不提供处理跨多个系统的与安全有关的事件)。

Windows 安全系统由本地安全授权 LSA、安全账户管理 SAM 和安全访问监控器 SRM 组成。

其中 LSA 产生令牌，执行本地安全管理，提供交互登录认证服务，控制安全审查策略；SAM 负责管理维护安全账户数据库 SAMDB，包含所有用户及其所属组的信息，提供用户登录认证，并为通过者分配安全标志符；SRM 提供客体的安全属性（由安全控制项 ACE 描述）、全部客体的 ACE 组成（由 SAM 产生审查信息）、访问控制表 ACL，检查主体（用户账号等）的访问权限，以决定主体对客体的访问是否被允许，提供用户图形界面 GUI 以供管理员操作。

Windows NT 4.0 安全系统组成关系如图 2.5 所示，它提供了如下安全机制：

①身份鉴别，以保证实体的唯一性、真实性，具体地提供有不可被重用的、唯一的安全标志符 SID 和口令机制（存储在 SAMDB 中，并由自主访问控制机制保护）。

②自主访问控制 DAC 的控制粒度到单个用户，访问时进行权限检查，系统为每一个命名客体设置相应的自主访问权限表 DACL。

③客体重用，具体有分配资源前清除残留信息，完全初始化激活的进程；对于一个客体的一次使用，系统只允许读取其所写入的部分；为保护正在处理中的信息，系统对硬件寄存器、Cache 和用户态的进程设计成不可访问。

④安全审计其内容包括设置、记录、查看（安全日志只有在 DAC 许可情况下才可访问）；审计对象为系统、登录/退出、特权使用、详细跟踪、策略变化和账户管理事件等。

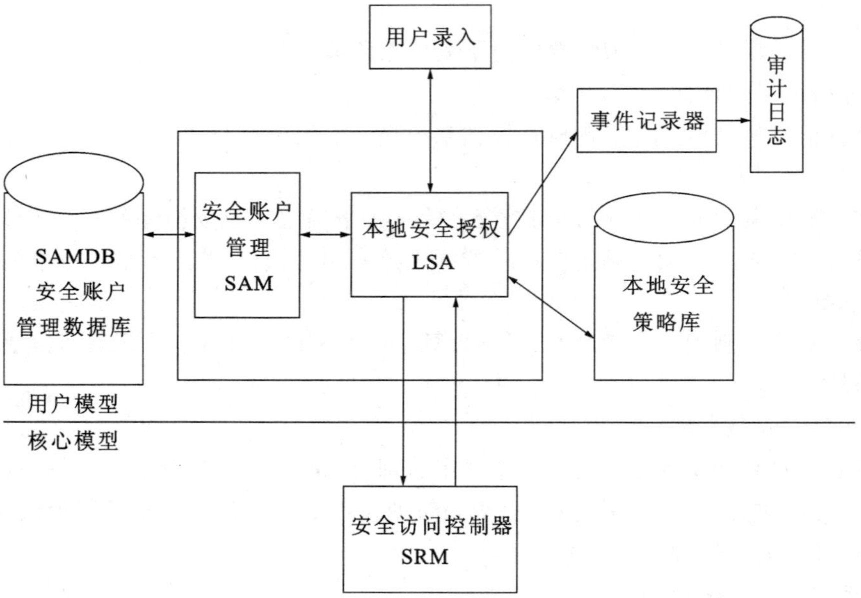

图 2.5 Windows NT 4.0 **安全系统的组成关系**

虽然 Windows NT 4.0 提供了较好的安全机制，但是仍存在部分安全漏洞：①RAS 运行访问服务时会出现溢出；②ASP 等调用 ISM 和 DLL 在处理 HTR（用于远程管理用户密码）时使用未验证的缓冲器；③易获得 Administrator 的账号；④FrontPage 可能将用户硬盘暴露（for Windows 95/98 中存在）；⑤在 Outlook 中激活 JavaScript 时，有恶意用户能执行任意代码的漏洞；⑥Excel 宏可执行 DLL 文件。

下面讨论基于 Windows NT 和 Unix 的安全操作系统平台的特征、功能和结构。

在 C2 级的 Windows NT、Unix 上，增加了安全管理软件 SMS/OS，使之具有 B1 级的安全特征。①强制访问机制，三权分立（管理员、安全员、审计员），安全审计等；②提高了可用性，SMS/OS 的运行开销在整个系统中所占比例≤15%，其响应延时不为用户所感觉；③兼容性较好，除增加安全员界面、审计员界面等系统操作界面外，系统与原来完全一样。

系统提供了如下安全功能：

①强制访问控制——使用访问监督器，实现多级化控制。

②按最小授权原则，实现管理员、安全员、审计员的三权分立。

③对注册表做安全保护，以免被非授权用户更改。

④安全审计——记录审计日志，并对违规事件作出相应的处理。

⑤SMS/OS 自身的保护——不可更改、删除系统的文件和数据，仅授权人员才可启动、终止系统的运行。

SMS/OS 的组成结构及原理如图 2.6 所示。

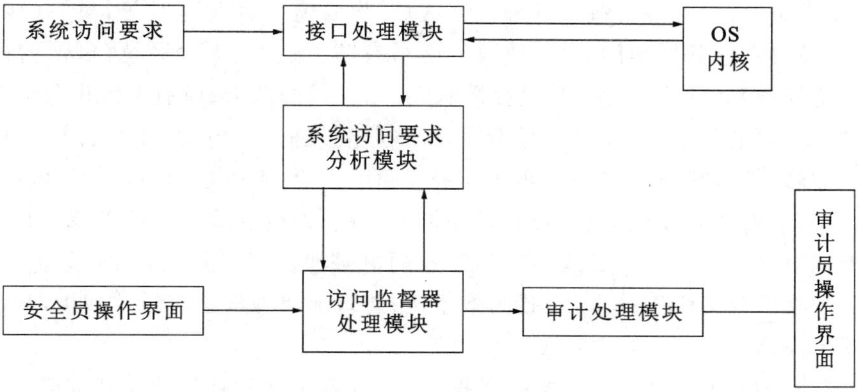

图 2.6　SMS/OS 组成结构及原理

其中接口处理模块负责截获访问要求，然后进行强制访问控制检查，并平滑无缝连接传送给操作系统 OS 内核；系统访问要求分析模块寻找出访问的主体和客体及操作形式，返回给接口处理模块；访问监督器模块以数据表加上规则（函数）所规定的访问形式，监督访问要求分析过程的合法性；审计处理模块担负记录事件和审计报警（内有自主访问控制的检查）的任务。

除了上述介绍的常见安全系统外，美国国家计算中心设计开发了第一个达到 A1 级的操作系统 OS 产品 SCOMP，它有加强型 CPU 和特殊保护模块等。

SCOMP 特征是系统呈环状结构，由 4 个套环所组成，其中 0、1 号环构成系统的安全内核，2 号环驻留普通操作系统 OS 的常用功能，而 3 号环驻留用户使用的应用程序。

SCOMP 系统安全内核采取内核＋外核的形式，真正安全特性由内核完成，但是内核必须依靠外核来工作，系统中的可信软件为其提供实现安全策略所需的数据。

SCOMP 系统设计了一些特权使得较小特权进程可调用较大特权的模块来请求服务，而较大特权模块可使用（调用它的那个进程的）访问权限去访问传送给它的变量；提供自主＋强制访问控制；允许用户设置可直接访问安全核、外核可信软件的可信路径。

2.3　实体与运行安全

2.3.1　实体安全

实体安全又称物理安全，这是信息系统安全的基础。实体安全是指，为保证计算机及网络信息系统安全可靠运行，确保其在对信息进行采集、存储、处理、传输和使用过程中，不致受人为和自然因素的危害而使信息丢失、泄露或破坏，对计算机、网络设备、设施、环境和人员等所采取的安全措施。

实体安全内容包括：①环境安全，涉及计算机机房的安全，计算机网络系统平台的安全和计算机、网络的环境条件对信息系统安全的影响等；②计算机、打印机、网络等设备安全，涉及主客观地对各类设备的保护、电源保护、防电磁干扰、防电路截获等；③存储介质安全，涉及对介质（纸质、磁介质、光电介质等）上所记录的数据和介质本身采取的安全保护等。

为了达到实体安全的目标，可采取下列技术措施：

（1）环境安全措施

从计算机机房地址的选择、通信线路的建设、建筑物结构的抗御自然灾害能力等方面来考虑安全措施。具体要求是：机房场地要避开各种灾害区域，设置避雷针和地线等，重要（涉密）的计算机机房地址的选择还要考虑其周围的环境；建筑物必须有防火通道、灭火系统（摄像监视）、防漏水渗透系统等，有一定的预测、预报、告警、自动排除火情、水灾情的能力；所有关键设备应放置在合适的物理位置，并进行必要的备份；服务器要考虑完善的容错措施——电源、硬盘、内存和 CPU 等在线冗余，减少单点故障，带电热插拔实现不间断的更换和维护等；主机与其他设备供电应分开，配备支撑设备（供电、空调等），要有断电应急措施，设备柜需上锁，人员变动应换锁等；利用屏蔽、抗干扰器等技术，采用低辐射产品，如屏蔽罩、线、室，防设备的电磁泄漏；使用锁、口令、智能卡、指纹、声音、图像、笔迹签名和视网膜等识别技术，设置门禁系统；建筑上单独设置接线井和柜，并上锁等。

（2）设备安全措施

它涉及计算机、打印机、网络等设备的保护技术，以避免客观或人为的破坏因素，包括以下方面：①电源保护技术，以避免电压、频率和容量等干扰而引起的设备非正常工作甚至设备损坏；②静电保护技术，以避免来自设备内/外的静电干扰冲击；③防电磁泄漏技术，以避免信息的电磁泄漏；④防线路截获、防短路/断路和防并联窃听等技术。

（3）存储介质安全措施

存储介质安全措施可从介质类型、介质拓扑和介质保护等方面来考虑。

纸介质、磁介质（磁盘、移动硬盘、硬盘、磁带）、光电介质（光盘）信息安全措施平时要注意防水、防火、防拷贝、防窃和防病毒入侵等。

传输介质类型与安全有关，应尽量使用光纤（传输距离一般为 100km，当超距时所用的复制器是安全薄弱处）；或者使用加压电缆，它密封于塑料中，埋置于地下，并在线的两端加压，用带报警的监视器测试压力，纤芯屏蔽在波纹铝钢包皮内，使线路无电磁发射；使用光学时域反射计算机测试仪 OPTR（Optical Time Domain Reflectometer）或时域反射计算机测试仪 TDR（Time Domain Reflectometer）对光纤或同轴电缆定期检查电缆总长度，以防短路、断路和并联窃听等。

介质拓扑应结构化设计，埋设深度应大于 1 m（或埋入混凝土中）等。此外，使用数据复制、异地存放、建立介质库等技术实现良好的现场介质保护及远地备份介质保护。

有关实体安全的标准可查阅中华人民共和国公共安全行业标准规定的计算机信息系统安全专用产品分类原则、中华人民共和国国家电子计算机机房设计规范、计算站场地技术条件、计算站场地安全要求等。相关内容可在国家标准馆、国家数字标准馆网站（https://www.ndls.org.cn）上查阅。

2.3.2 运行安全

（1）运行安全的概念和安全内容

为保障计算机、网络信息系统安全运行而采取的各种检测、监控、分析、审计、备份及容错等方法和措施，以及采用软件、硬件、装置或设备，确保信息系统不因人为或偶然的攻击或破坏而无法正常运行，即为保证计算机、网络信息系统能连续地不间断运行，所采取的一系列安全措施称为运行安全。

运行安全对信息系统安全提供强有力支持。运行安全内容包括：

①风险分析。涉及静态分析、动态分析、总结分析，以发现信息系统的潜在隐患、安全漏洞和系统脆弱性等。

②检测、监控与审计跟踪。涉及攻击分析与响应、误操作分析与响应、漏洞分析与响应、漏洞形势分析与响应等安全监测分析。

③容错与网络冗余。利用外加硬件、软件资源的冗余技术或容错方法来达到掩蔽故障的影响，从而自动地恢复系统运行或达到安全停机的目的。

④应急措施、备份与故障恢复。它是确保信息系统在遇到各种不测事件受到破坏时，能尽快投入再使用的重要保证，利用备份技术来修复系统的故障。

⑤灾难恢复计划。从最坏情况来考虑如何充分利用现有资源，制订恢复计划及执行该计划的计划，要证实计划的确实可行性，并要求尽快、最小化灾难损失地进行恢复。

⑥病毒检测与预防。研究检测病毒方法及其应用技术，设计开发病毒防火墙等软硬件系统。

(2)风险分析技术

风险分析的目的是通过对影响信息系统安全运行的诸多因素的了解和分析，明确系统存在的风险，找出克服这些风险的方法。在信息系统设计前、试运行前、运行期及运行后都应进行风险分析。进行风险分析时，一般采用相应的风险分析工具，收集数据，进行分析，得出结果，从而确定风险的严重性以及发生风险的可能性及其对策。

常见的信息安全风险有后门或陷阱门、拒绝使用、辐射、盗用、伪造、假冒、逻辑炸弹、破坏活动、越级处理、偷窃行为、搭线窃听和计算机病毒等。

对于信息安全风险的分析和评价，不同国家有不同的方法和工具，我国的军用标准是按风险严重性和风险可能性划分风险的级别，进行风险评估，并决定对已判定的风险进行处理的方法。

信息安全风险严重性等级分为：Ⅰ级：灾难的——人员死亡或系统报废；Ⅱ级：严重的——人员严重受伤，严重职业病或系统严重破坏；Ⅲ级：轻度的——人员轻度受伤，轻度职业病或系统轻度破坏；Ⅳ级：轻微的——轻于Ⅲ级的损伤。

信息安全风险可能性定性度量见表2.1。

表2.1　信息安全风险可能性定性度量

级别	个体	系统总体
A级 频繁	频繁发生	连续发生
B级 很可能	在寿命期内出现若干次	经常发生
C级 有时	在寿命期内可能有时发生	发生若干次
D级 极少	在寿命期内不易发生，但有可能	不易发生但预期可能
E级 不可能	很不易发生，可认为不会发生	不易发生

信息系统及其安全需求的复杂性要求风险分析人员对系统十分了解，有权威、可信度高。风险分析人员分为分析员、用户、安全管理人员、网络支持人员及管理人员。他们的职责分别是：①分析员负责汇总各类采集信息，提供安全防护的最佳选择；②用户为提高风险分析及其安全方案的准确

性，向分析员提供涉及安全的各种信息并支持其他诸如人事、建筑工程、物理安全等功能；③安全管理人员、网络支持人员向分析员提供有关软硬件和程序功能的各种信息；④管理人员负责组织、协调风险分析工作。

信息安全风险分析人员通常借助风险分析工具进行系统安全规划与分析。信息安全风险分析工具的基本要素如下：

①收集数据。数据来自几个方面：一是资产的鉴定和评估，资产包括信息、设备、产品、人员、固定资产和收入等；二是威胁性评估，威胁性有可能使资产的安全性大打折扣；三是要害的评估，了解可能导致威胁的要害点，这是估算损失的重要因素；四是安全装置的有效性，即考虑当前使用的控制和安全装置的相对有效性，它们包括管理安全、物理设备安全、软件安全、硬件安全、人员安全、环境安全和通信安全等。

②分析数据。分析的内容有分析资产、威胁性、要害点及其他可能的各要素之间的关系，以确定潜在损失。分析测算损失的技术有量级估计、模糊推理、事件树图和错误树图等。

③输出结果。输出风险分析结果。

常用的风险分析方法(工具)有：

①自动 Livermore 风险分析方法(ALRAM)。它能进行定量分析、筛选资产/威胁事件的组合，但仅对具有严重后果的风险进行分析。该工具的重点在于所建议的安全控制的效用上和已安装的安全控制的效用上。它分为项目计划、风险分析和做出决定 3 个工作阶段。

②自动风险评估系统(ARES)。它是一种定量分析工具，用规则推理工具和菜单驱动系统，为所需鉴定进行风险分析。该工具使用菜单式清单填空方式收集用户数据：数据的最高分类、系统用户的批准层次、计算机系统的信用水平(内务事项、口令管理)等。该工具最后输出封面、鉴定书(附参考文献的潜在风险目录)，并向最高管理者提供接受或修改的选择报告。

③CCTA 风险分析管理方法学(CRAMM)。它是一种定性分析工具。它利用正规化的风险管理方法学分 3 个阶段进行分析，每个阶段由一组问题和指标来支持。具体方法是对考察的计算机、网络信息系统进行威胁风险估算、对各评估组的威胁和脆弱性进行分析、提出有关安全装置的选择(由大于 900 种安全装置的装置库支持)。

④国防安全技术/风险分析管理程序(IST/RAMP)。该程序可以实施定量和定性分析，可计算出年损失预期值和单独发生的损失值。

⑤Love Alamos 脆弱性与风险评估工具(LAVA)。该工具可以进行定量和定性分析，它考虑 3 种威胁：自然和环境灾难、意外和有意的现场人为威胁、非现场人为威胁。该工具通过询问以确定从口令管理到人员安全和内部审查事务等 34 个范围内所缺少的安全设置。

(3)系统的检测、监控与审计跟踪

所谓检测是指通过扫描分析来发现信息系统的弱点和漏洞。检测内容包括账户是否有差异、数据是否被修改和删除、系统运行性能、异常通信模式、异常系统使用时间、登录系统失败的次数等；检测方法包括统计分析法和基于规则推理的方法，一般使用软件工具定期或不定期地进行检测。

监控是指通过实时监测计算机、网络系统服务器运行状态，发现入侵行为，并采取一定的应急防范处理措施。

审计是一种保证安全运行的重要措施。它可对计算机、网络信息系统的工作过程进行详尽的审计跟踪，同时保存审计记录和审计日志。

安全监测分析是指对网络系统、操作系统、防火墙和信息系统等进行安全性检测与分析。所基于的技术有：①基于审计信息的检测技术；②基于规则推理(如有限状态机 FSM、判决树和专家系统技术等)的入侵检测技术;③基于统计方法的入侵检测技术;④基于数据挖掘的入侵检测技术;⑤基于神经网络、深度学习的入侵检测技术。

一个完善的检测分析系统应具备的条件有:无人值守下能连续运行,但不是黑匣子;能容错;系统开销小;监测并能及时报告;易于定制知识库等;对各种环境(如系统操作等)适应好;用户很难绕过检测分析功能;可保证系统自身的安全,如不能任意打开或关闭、阅读系统文件等。

以下是几类常用的重要的检测分析系统:

①网络安全检测分析系统。它通过自动扫描来分析网络系统,检查并报告网络系统中存在的缺点和漏洞,提出补救措施,以达到增强网络系统安全性的目的。

②操作系统安全性分析系统。这是网络安全性分析系统的补充。它从操作系统角度,以管理员身份评估文件、文件宿主、网络服务设置、账户设置,评估程序真实性以及与用户有关的安全点、入侵迹象等,从而检测和分析操作系统的安全性。

③防火墙安全性分析系统。这是通过重复高速地逐个对防火墙和宿主系统上的数百个已知的和未知的安全性进行测试,实现对防火墙可靠性分析的目的。

下面讨论信息系统安全监测的组成、功能和原理。

系统安全监测是通过某种设置的探测点,实时监测各种入侵行为,并具有一定的控制功能。

系统安全监测主要分为基于网络和基于主机两种方式:

①基于网络环境的安全监测将实时监听网络数据流;监视并记录内、外用户出入网络的相关操作以发现违规模式和未授权访问;当出现违规模式和未授权访问时,报告监测中心,监测中心由安全策略作出反应,并进行审计、报告、事件记录和报警。监测中心具有一定的远程管理功能,能对探测器进行远程参数设置、远程数据下载、远程关闭、启动和封锁等。

②基于主机的安全监测由安全监测管理中心和分布式探测器(置于通信枢纽或计算机主机内部)所组成。它的原理与基于网络环境的类似,只是系统上不同位置的探测器的具体探测任务、探测的数据种类与类型不同而已。

实现信息系统安全监测的关键技术有:攻击分析和响应技术实时监控行为、识别攻击特征和病毒、侦探行为、未授权修改系统存取控制的可疑行为。误操作分析和响应技术对内部资源的误操作进行分析并作出相应的处理。漏洞分析和响应技术由软件自动扫描、找出安全策略的漏洞(包含物理的、软件的、不兼容的漏洞)。漏洞表现方式有溢出、资源耗尽、轻易信赖、错误的默认值和大接口等。漏洞形势分析和响应(扩充)技术通过软件自动地分析有威胁的行为和漏洞的状态。实时响应(扩充)技术负责通知安全员、重新配置设备、拒绝存取、发警告消息、自动更正和发出警告邮件等。

信息系统安全策略的深度及与实时性的平衡关系如图2.7所示。

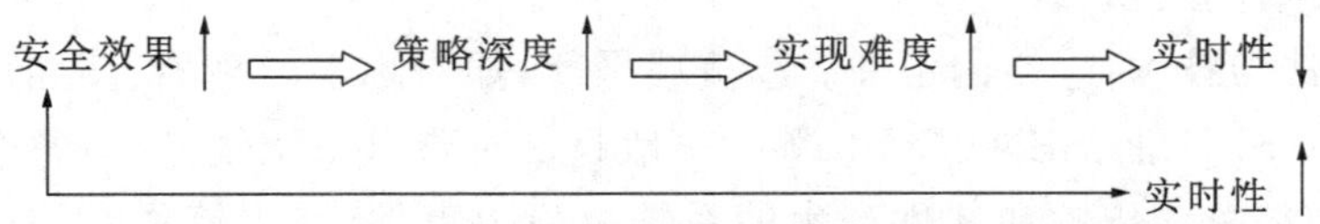

图2.7　信息系统安全策略的深度及与实时性的平衡关系

下面是一些重要的计算机、网络安全监测系统(产品):

①INTERNET SCANNER系统。该系统的特性:一是审核基于防火墙底层的操作系统,检测防火墙和协议是否有漏洞;二是检测互联网,并提出一些可行的方法来评定TCP/IP的安全设置;三是可"学习",以适应不同网络环境;四是检测Web服务器的配置,评估Web应用程序和检查CGI脚本。

②REAL SECURE系统。该系统能自动识别、实时监测分布式系统网络上活动事件，寻找有攻击企图和未授权的行为，如检测到则记录之，并自动切断信号、报告检测信息。

③SYSTEM SECURITY SCANNER系统。其功能是监视主机系统的安全描述文件，测定系统的文件存取权限、文件属性、网络协议配置、账号设置、程序可靠性、与用户直接有关的安全问题（易猜的口令，没限制登录次数等）等，并且寻找黑客潜入系统内部痕迹的功能。

④绿盟工业网络安全监测系统NSFOCUS INSP。该系统通过大数据分析及可视化展示的手段，提供工业网络安全态势监控、安全威胁实时预警、安全事故紧急响应等功能；通过自适应的体系架构，高效地结合情境做上下文分析，协助安全专家快速发现和分析安全问题；利用威胁情报和智能分析技术，为用户发布早期预警信息，预防潜在的安全隐患，避免核心业务系统遭受攻击。

⑤东软NetEye网站安全监测系统NWSM。该系统通过预先漏洞扫描可以主动地发现网站存在的安全漏洞，既防患于未然以降低风险，又可以实时对网站进行安全监测，发现网页挂马、敏感内容、网页篡改等各类安全事件，为提高业务的可持续性提供保障，进一步加强网站安全的响应机制。

其他网络监测系统还有奇安信网络空间安全态势感知与协调指挥系统、绿盟网络入侵检测系统NIDS、瑞星网络安全预警系统、神州网安下一代威胁感知系统（神眼）、360网站云监测系统、Omni Guard/Intruder Alert、NetRawger、COPS、Crack、IERS、Kane Security Meniter、CyberCop、SATAN、Snoop、NetPcowle、Tripware、Stalkers等。

(4)容错与网络冗余

性能、价格、可靠性是评价一个信息系统的三大要素。提高系统可靠性的技术有避错与容错。所谓避错是构造一个“完美”系统，使得其尽可能地不出故障，而所谓容错是指当系统出现某些硬/软件错误时，系统仍能执行规定的一组程序；或者说程序不会因系统中的故障而中断或被修改，并且执行结果也不会包含系统中故障所引起的差错。

实现容错的基本思想是在系统体系结构上精心设计，利用外加资源的冗余技术来达到屏蔽故障的影响，从而自动地恢复系统或达到安全停机的目的。显然，容错与网络冗余的目的是及时发现故障，及时补救、保护文件数据，恢复和维护系统的正常运行。

自冯·诺依曼（Von Neuman）于1952年在美国加州理工学院作了5个有关容错理论研究的报告以来，容错与网络冗余技术随着系统的不断复杂化而向芯片容错、动态冗余技术、分布式容错、智能容错、容错性能评价、容错系统和综合方法论等方向发展。

容错系统可以分为：①高可用度系统，这一般面向军事、金融、商业等要求尽量少修改的场合，它使用充分冗余技术。②长寿命系统（5年以上），这一般用于卫星、飞船等，它使用高度冗余、足够备件、能经受多次故障冲击、自动/遥控管理等技术。③延迟维修系统，这一般用于飞机、轮船、坦克、车载、机载和舰载计算机系统。

实现容错的方法与技术：①空闲备件。②负载平衡，如对称多处理器、多路电源供电等。③镜像技术，如NetWare SFT Ⅲ、SENTINEL等。一般只是对磁盘系统镜像，对整个系统的镜像则富有挑战性，因为对内部总线传输和软件产生的系统故障等事件，使用镜像有一定困难。④延迟镜像，由于存在一定的时间延迟，所以是非精确的、非实时的镜像。⑤冗余系统配件，对关键配件（如主处理器、电源、I/O通道和设备）实现冗余。⑥存储系统冗余，包括磁盘镜像，其特点是增加写时间，但减少读时间（一个盘在读时，另一盘可磁头定位）；磁盘双工，它将减少写时间（两个I/O控制器）；磁盘阵列RAID，其中0级——4盘条状化数据且不带校验，盘坏后不能恢复数据，无内置冗余，仅起到高速传输作用，物理上可连接3～32个盘，但逻辑上表现为1个盘；1级——全盘镜像，数据不条状化，逻辑表现为2个盘；3级——4盘条状化数据，一盘校验，一盘坏时，可恢复数据；5

级——与 3 级类似，但 20%的盘空间用于冗余。⑦网络冗余技术，如双 Token Ring、双 Ethernet、FDDI，双核心交换机、路由器以及其他——VRRP 虚拟冗余路由（双路由互为备份），OSPF 协议（旁路故障），热插拔——电路板、模块，Pipes 软件——通过智能出错控制功能，可以动态、透明地绕过故障的线路。

（5）应急措施、备份与故障恢复

任一个系统都可能会遇上安全事件，可能是物理安全事件（如自然灾害、意外事故等）；可能是信息安全事件（如敏感信息丢失、口令泄露、系统崩溃等）；也可能是网络安全事件（如黑客入侵系统、病毒感染系统等）。为了尽量减少各种安全事件可能造成的损失，应采取一些预防和应急措施，平时以预防为主，及早制订计划，要体现处理速度最快、损失最小的特点，对不同破坏要有不同的恢复备份方法。要体现以人为本的理念。要选择集网络与信息安全知识、良好交流技巧、良好人际关系、了解系统及所在单位的业务、良好的分析技能、平和性情等于一身的英才去执行预防计划和应急措施。当出现故障时，处理事故的最基本一个目标是恢复对受影响系统的控制，并限制入侵的进一步破坏，在最坏情况下，关闭系统或者从网上隔离系统。

处理系统故障的一般原则：

①区分操作的优先次序。符合相关安全策略，按人身安全、法律、敏感和机密数据、重要数据、预防、防扩散和传播等排出操作优先次序。

②评估系统入口。从系统日志统计中检查公共访问点是否有不正常的行为；在关键服务器上验证基础设施设备和操作系统的校验和，查看系统是否受到威胁；在基础设施设备和服务器上验证配置的更改，以确认是否有人篡改过它们；检查敏感数据，查看是否被非法访问或更改过；检查通信量日志，查看是否有从某个来源或通信流发往同一目的地的大量（异常）的通信量；在网上检查所有新的或未知的设备；在关键系统上检查口令，以确保无人更改过（此时更改口令要谨慎）等。

③报告和报警过程。可参见场站安全手册 RFC2196，按法律程序进行处理以取得证据，然后进行报告及相应的处理等。

为使得信息系统一旦出现故障时，仍能正常地运行，通常需要进行备份与恢复工作。这是信息系统安全的重要组成部分，是确保信息系统在遇到各种不测事件受到破坏或损坏时，能尽快投入再使用的重要保证。不测事件有物理损坏、人为错误、黑客入侵、病毒感染、盗窃、自然灾害、电源浪涌和电磁干扰等。

按信息系统的受损程度，需采用不同的恢复措施，对备份要求也有所不同。备份系统的目的是尽可能快地恢复计算机或计算机网络系统所需要的数据和系统信息。备份系统恢复的不仅是各计算机文件备份，实际还包含了整个网络信息系统的一套备份体系，具体实施时把握备份系统的复杂性、折中性。备份系统的内容有文件备份与恢复、数据库备份与恢复、系统灾难恢复和备份任务管理等。

系统备份技术及其特点是：①全盘备份——直接，操作简单，设备需求大，它备份所有文件；②增量备份——有效，性能与容量的统一，它备份已更新的文件，例如有 A、B、C 文件，若更新了 B 文件，则备份 B′文件（B′＝B＋增量更新部分），但这需按文件的系统属性来识别做过改变的文件，这可能会导致一定的副作用；③全盘及增量备份——组合了全盘备份和增量备份的特点；④差别备份——备份上次全盘备份之后更新过的所有文件（可根据数据文件属性的改变来操作），也可根据对更新文件的追踪来进行，这仅需 2 组磁盘（磁盘阵列），一组保存最后一次全盘备份，另一组保存最后一次差别备份，例如，有 A、B、C 文件，若更新了 B 文件，则备份 B′、B 文件；⑤按需备份——在正常备份安排之外，额外进行的备份；⑥排除——使不想备份的文件保证不会被拷贝到介质上去的一类办法。

系统恢复技术及其特点：①全盘恢复。一般在灾难发生后或系统升级和系统重组及合并时使用，操作之后，应检查最新的错误登记文件（日志、审计记录文件），以免漏掉有关文件。②个别文件恢复。采用文件系统列表（仅需一次搜索）或文件登录排序（需建立登录索引）方法，选择待恢复的文件。③重定向恢复。恢复到系统另一位置或不同系统上，具体技术有全盘恢复和个别恢复。

一般地，恢复操作较备份操作容易出问题，因为它需要知道较多信息（容量、权限和被覆盖等）。备份系统的组成比较复杂，它由下列部分组成：

①物理主机系统——主要的备份逻辑在其上执行的机器。

②逻辑主机系统——在备份系统中服务的操作系统。

③I/O 总线——机器的内部/外部总线（SCSI、PCI、EISA 等）。

④外部设备——磁盘、磁带、光盘、RAID 等驱动器。

⑤设备驱动软件——与设备接口的底层代码，用于控制设备运行的方式。

⑥备份存储介质——磁盘、磁带、光盘、RAID 等。

⑦备份计划——决定每天备份时需做什么，对什么文件/数据进行备份。

⑧操作执行者——备份工具，即一组备份操作的代码和程序。

⑨物理目标系统——数据从其上拷贝的机器。

⑩逻辑目标系统——又称代理，在上面运行操作系统和应用软件的系统。

⑪网络连接——路由器、网桥、开关、集线器、线缆等。

⑫网络协议——TCP/IP、IPX/SPX 等，对不同的服务及其服务可靠程序使用不同的协议。

⑬系统日志——可认为是一个数据库文件，它记录哪些文件被备份到哪个设备上、什么时候被备份，这些文件的系统属性是什么及其他管理和开发者认为重要的任何信息。

⑭系统监控——为一个管理员界面，它运行在 GUI 界面的客户机上，而备份存储设备则安装在系统服务器上。

⑮系统管理——观察备份系统的状态。

目前基本的备份系统分为独立服务器备份和工作站备份、常用的服务器到服务器的备份和专用网络备份服务器等。备份系统的功能是保证信息完整性，实施对介质的管理；支持多种备份方式，并实现定时自动化备份；支持多种校验手段（如字节校验、CRC 校验、快速磁带扫描等）；提供联机备份功能；支持 RAID 容错技术、图像备份功能等。

为提高备份性能，可以采用如下技术进行备份：

①RAID 技术——数据是“带状”地通过多个存储设备。

②设备流方式——读写时，驱动器以最优速度移动存储设备到所处的状态。

③磁盘/磁带间隔——将来自几个目标的数据连在一起，并写入同一驱动器中的同一盘带上。

④压缩技术——内置方式，由硬件实现。

设计备份系统时，应从保留时间、是否在线备份、成本、是否需要自动恢复机制、恢复时间需求、对监控程序运行的要求、对备份系统自动化要求和对前端机器要求等方面考虑，分析备份系统，选择合适的操作系统、数据库管理系统、应用系统、网络结构及服务器。

【例 2.1】 设有 2 台 NetWare 服务器，一台为文件服务器，另一台为数据库服务器，运行 Betrieve，要求设计一个实现整个网络的数据备份和系统备份的方案。

①方案一：将数据库服务器作为备份服务器，ARC Server 配置 ARC Server for NetWare 和 Disaster Recovery Option。该方案的备份功能有：整个网络中非活跃文件备份、数据库关闭状态备

份、系统关键信息(NDS 或 Bindery)备份和系统灾难恢复。

②方案二:将数据库服务器作为备份服务器,ARC Server 配置 ARC Server for NetWare 和 Disaster Recovery option 以及 Backup Agent for Betriere。这样的备份方案使得系统提供整个网络中非活跃文件备份、数据库打开状态备份、系统关键信息(NDS 或 Bindery)备份和系统灾难恢复等功能。

方案一和方案二的结构如图 2.8 所示,其中"NW-S"代表网络文件服务器、"数据库 S"代表数据库服务器。

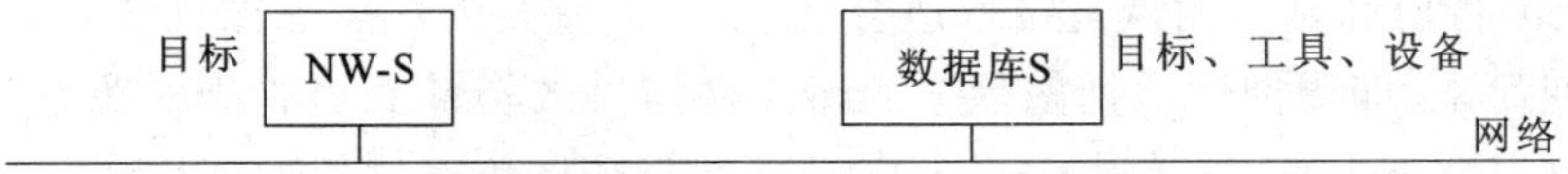

图 2.8 方案一和方案二的备份系统

③方案三:将数据库服务器作为备份服务器,用磁带库作为备份硬件,ARC Server 配置 ARC Server for NetWare、Disaster Recovery option、Backup Agent for Betrieve、Backup Agent for open files 和 TAPE Library。这种方案的功能包括整个网络文件备份、活跃文件备份、数据库打开状态备份、系统关键信息(NDS 或 Bindery)备份、系统灾难恢复、备份数据的 RAID 容错和无人值守备份。

其结构图如图 2.9 所示。

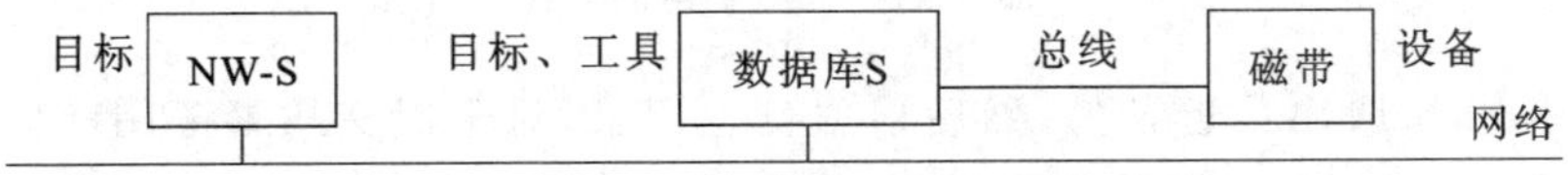

图 2.9 方案三的备份系统

数据库备份与恢复在整个系统的备份与恢复过程中占据十分重要的地位。下面将详细地讨论数据库的备份与恢复问题。数据库备份与恢复的特殊性是面向多用户使用、高可靠性、需备份窗口、频繁更新、数据文件较大,当打开备份数据文件时,可能会存在数据完整性问题,如图 2.10 所示。

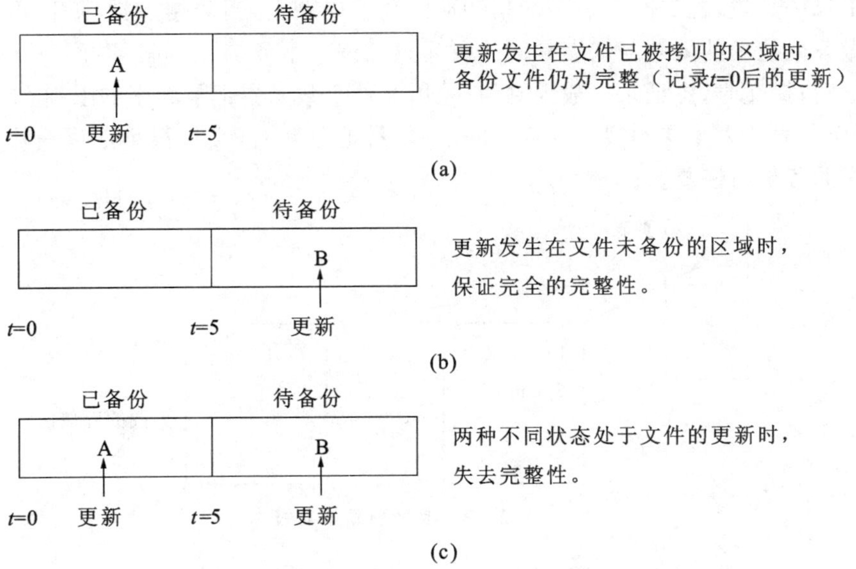

图 2.10 数据库备份与数据完整性

数据库备份的方法有冷备份和热备份两种。冷备份简单但效果较差，而热备份则相反。

一种热备份方案是按日志文件进行。进行备份时，日志文件将需要更新或更改的指令“堆起来”。此备份技术的风险性较大，系统在备份时可能崩溃而使日志文件丢失，也可能出现日志文件占满存储空间等问题；另一方面，此技术比较复杂，需要考虑协调日志文件自身的备份。另一种热备份方法是逻辑备份，它使用软件技术从数据库中提取数据并将结果写入输出文件，即逆 SQL 技术。此技术耗时，但效果好。

数据库的恢复则有单纯以备份为基础、以备份和运行日志为基础、基于多备份和易地更新恢复 4 种技术。单独以备份为基础的恢复技术适合小型、不太重要的数据库的恢复，这种技术由文件系统恢复技术演变而来，即周期性地把磁盘上的库文件拷贝或转储到磁带上。为缓解恢复的量的问题，可采用增量转储(incremental dumping，ID)法，即只转储更新过的物理块。

以备份和日志为基础的恢复技术使用日志来记录数据库的运行情况，其中包含前像(before image，BI)、撤销动作 Undo、后像(after image，AI)、重做动作 Redo 和操作事务状态等信息，这些信息的关系见图 2.11。

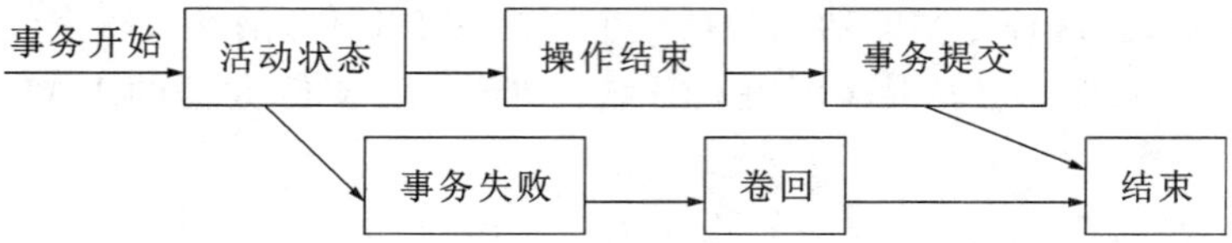

图 2.11 操作事务的变迁

当数据库失效时，取出最近备份，然后根据日志记录，对未提交的事务用前像卷回，即向后恢复；对已提交的事务，必要时做后像重做，即向前恢复。以备份和日志为基础的恢复技术的缺点是运行记录的存储量大，且影响数据库的正常工作性能。

基于多备份的恢复技术是基于分布式数据库的，要求每一备份必须具有独立的失效模式(各备份不至于因同一故障而一起失效)，这才能实现互为备份以实现恢复。

易地更新恢复技术见图 2.12。具体处理方法是：每个关系有一页表，页表中每一项是一指针，指向关系中每一页块，提交时把页表的指针从旧页拨向新页，当数据库损坏时，需用备份和人工智能方法重做。此技术的限制与缺点是同一时间只允许一事务提交；同一时间一文件只允许一事务对它进行更新；提交时，主记录一般限制为一页，文件个数受主记录大小的限制；文件大小受页表大小的限制，而页表的大小受到缓冲区大小的限制；易地更新时，文件很难连成一块。此技术适用于小型数据库的备份与恢复。

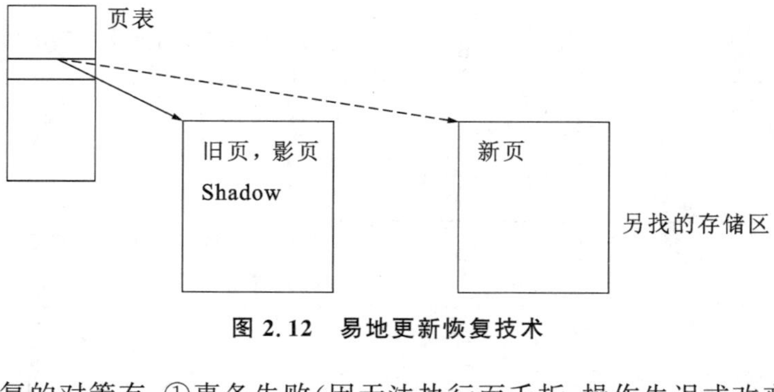

图 2.12 易地更新恢复技术

失效类型及恢复的对策有：①事务失败(因无法执行而夭折，操作失误或改变计划，因调度而终止)——消息管理丢弃该事务的消息队列，因需要而撤销或从活动事务表中删除该事务标识。②系统失败(掉电,除数据库外的硬、软件故障)——重启动操作系统和数据库管理系统,恢复数据库到一致状态(未提交事务做 Undo;已提交事务执行 Redo)。③介质失败(受损、划盘、磁头破损等数据库故障)——先修复系统后重启动,然后加载最新备份,再按日志进行后像重做(Redo)。

(6)信息系统灾难恢复计划

制订信息系统灾难恢复计划的目的是当信息系统发生安全问题时,以最小损失尽快地使系统恢复正常工作。为此,制订恢复计划时,应从最坏情况来周密地考虑,充分利用现有的人力、物力资源,制订执行恢复计划的计划以应对突发的紧急的状态。制订灾难恢复计划之后,应对计划做测试和试用,以验证计划的可行性;同时将计划进行分发和维护,以保证该知晓的人员知道该计划,而不该知晓的人员对该计划一无所知。

信息系统灾难恢复计划实际上是一个文件,它应当包含:①数据备份技术——需考虑执行与检查其备份的完整性、异地存储措施,熟悉使用备份系统进行数据恢复等。②风险分析过程——设想面临的种种风险,并列出各灾难恢复所需的全部软/硬件备件;预计哪些方面会出问题,应做必要的预防、演练;估计发生可能性的大小;并做好财务准备。③风险评估——评估损失所带来的更换设备的实际费用、生产损失、机会损失(含销售收入损失、市场机构的收入损失)和信誉损失等。④由应用程序及子系统的轻重缓急来确定其优先级别,以便作选择性恢复。⑤建立恢复需求时间目标(Recovery Time Objective,RTO)。⑥生成实际灾难恢复文本,其中包括人员通知清单(电话号码、电子邮件、地图、地址),优先级别(责任、关系、安装过程与操作步骤),设备获得和购买信息(供货商名称及地址、运输方式等信息),网络的示意图及信息系统配置、备份等内容,并列出管理支持。应定期调整或更新灾难恢复计划文本,以适应环境的变化。

(7)病毒检测与防治

计算机病毒本质上是一种"计算机程序",它不仅能破坏计算机信息系统,并且能传播或感染到其他系统。计算机病毒具有隐藏性、复制性、破坏性、"准时"性、动态性、随机性、寄生性、可执行性、不易取证性,其表现特征为感染、变异、触发、破坏及隐身、多态等。

常见的计算机病毒分为文件病毒、引导区病毒、多裂变病毒(文件和引导区病毒的混合)、异性病毒(随时间变异)、宏病毒(用宏语言编号)、脚本病毒、木马病毒、蠕虫病毒和邮件病毒等。

病毒是可以检测的,病毒的检测方法有:①特征代码法,特点是适应性差、静态、开销大、不能检出隐蔽病毒;②校验和法,其缺点是易误报;③行为监测法,它体现动态性检测;④软件模拟法,优点是适应性好;⑤比较法;⑥分析法。

避免和消除预防计算机病毒危害应以预防为主,应防杀结合,重在预防,将防病毒、防黑客、灾难恢复等综合考虑。具体来说,就是严格管理,控制各种外来的 U 盘、光盘、磁盘等的使用,对外来的设备必须先查杀病毒后使用,不轻易下载、运行来路不明的文件(程序),不轻易点击来路不明的网络链接等;防杀结合,需注意新病毒的入侵,杀病毒软件及时升级换代;预防为主,整体考虑,减少管理环节,强化管理内涵;与网管集成,实现全面化抗病毒;多层防御,将病毒检测、多层数据保护和集中式管理集成化;重点防御网关、服务器等关键部分。

2.4 信息保护

2.4.1 信息保护的内容

信息保护是确保计算机及网络系统中的信息不被非授权访问、泄露、破坏、插入、更改、删除或使之不可用。实体安全是信息安全的基础,运行安全是信息安全强有力的支持,而信息保护则是核心和目标。信息的形式不同,则信息保护的技术和机制也不同。其中,存储和处理的信息由安全的操作系统和安全的数据库管理系统加以保护;传输中的信息由加密、信息隐藏和安全的网络传输协议加以保护;此外,还要防止入侵等。

所谓操作系统安全是指操作系统对计算机信息系统的硬件和软件资源进行有效控制,能为所管理的资源提供相应的安全保护。《军用计算机安全评估准则》GJB2646－96 规定操作系统的安全内容包括安全策略、主体识别、客体标记、可检查性、安全保证和连续保护等。为使系统中的信息(数据)得到切实的保护,必须明确安全策略,对已标识的主、客体,使用规则集来确定某一给定的主体(用户、程序、进程等)是否可访问特定的客体(文件、数据库、数据表等)。控制规则一般有自主访问控制和强制访问控制两种策略。

此外,必须唯一而可靠地识别每一主体,主体经身份验证后才能访问客体。每次访问应明确识别何种主体,访问哪个安全级别的信息。同时给每个客体赋予一标号,用以指明该客体的安全级别以及访问类型。在实现可检查性时,应有选择地保护审计信息,并注意使检查的开销最小;另外审计数据必须得到保护,以避免被破坏和未授权的修改。安全的计算机系统应包含可被独立评估的软/硬件装置,以提供上述功能。该装置可嵌入操作系统中,并以安全方式执行,以保证其可信度。通过可信装置连续保护实施这些基本要求,防止被损害或未授权的更改。

数据库安全的核心是作计算机保存数据和记录信息的数据库管理系统,应当提供对信息(数据)安全访问的服务,即在向授权用户提供可靠的信息(数据)服务的同时,又要拒绝非授权用户对数据的存取访问请求,保证数据库系统管理下的数据的可用性、完整性和保密性,进而保护数据所有者和使用者的合法权益。

所谓可用性(availability)是指当授权用户访问其有权使用的信息(数据)时,数据库管理系统一定能提供这些信息。而完整性(integrity)确保只有授权用户才能修改信息,不允许作非法的修改。机密性(confidentiality)则使得只有授权用户才能访问信息。

操作系统已提供的安全功能,数据库管理系统一般可不必再考虑,但操作系统中的对象为文件——粒度较粗,而数据库管理系统支持的应用是更为精细的数据粒度(如数据表行元素、数据表列元素、单个数据元素)。与操作系统安全相比,数据库安全有其特点,它所处理对象的特点是数据信息种类多、待保护的客体多、保护的程度不完全相同,数据的生命期长、能提供长期的安全保护;在广域、分布、开放的数据库系统中,数据共享度高而使安全问题尤为突出;数据客体是复杂的逻辑结构,且许多复杂的逻辑结构可能映射到同一物理数据客体上;数据语法和语义严格,任何疏忽都可导致数据库的安全漏洞;可能会存在隐蔽信道,即存在进程以违反安全策略的方式传输信息的通信信道。

流动的信息才是有价值的信息,因此对计算机网络传输中的信息必须加以保护。网络传输中的信息安全问题有搭线窃听、电磁泄漏、假冒合法用户、非法接入攻击、密钥失密、计算机病毒攻击、人为失误影响和自然因素影响等。这些安全问题可分别通过人员安全、实体安全、运行安全及信息安全来解决。对传输信息采取的安全措施有身份及信息认证、网络访问控制、通信信息加密、密钥管理、网络安全协议、鉴别技术、数字签名、信息隐藏、安全审计等技术。

2.4.2 信息保护技术

信息保护技术是为确保信息在计算机及网络系统中存储、处理和传输过程中的安全所采取的安全措施。信息保护技术的讨论是在已提供物理安全和运行安全的前提下,在存储、传输、处理环节进行的。

安全信息系统是从计算机安全、计算机网络安全、安全服务器到服务器安全，从安全硬件（安全芯片、安全介质）、安全操作系统、安全数据库管理系统到安全应用软件逐步考虑建立的，它在C/S（客户/服务器）、B/S（浏览/服务器）、S—S（服务器之间）构架上，为电子邮件、电子商务、电子政务、网络教育、网络科研、网络医疗等提供安全功能。

信息保护技术涉及标识与认证、标记与访问控制、客体安全重用、安全审计、数据完整性、信息加密和防火墙等，其中信息加密保护是确保信息安全的关键。

(1)标识与认证

标识与认证是计算机及网络系统中进行识别身份的重要技术，它可以识别用户身份、设备真伪等。标识与认证是身份识别的两种方法。标识是用来表明用户的身份，确保用户在系统中的唯一性、可辨认性，它由用户名和标识符ID来标明，属于公开的明文信息。认证是对用户身份的真实性进行鉴别，认证信息不公开，难以仿造。认证信息（它在传输中需加密）有口令（密码）、指纹、视网膜、声频信息和智能卡等。下面介绍几种标识与认证技术。

1)安全口令S/Key

S/Key由Bellcore提出，它是基于MD4、MD5消息摘要算法技术的一次性客户/服务器标识与认证，使客户(C)和服务器(S)具有相同口令字和循环数（即执行哈希Hash函数的次数）。安全口令S/Key的工作过程分为初始交换、计算和认证3个阶段（详见RFC1760）。

①初始交换

S←C的初始化数据包；

C←S的应答（含种子号、序号）。

②计算（在C中）

种子号和C的密码口令；

64位当前口令←循环执行Hash函数（种子号和C的密码口令）。

③认证（在S中）

S←C当前的64位口令；

结果←计算Hash函数（C当前的64位口令）值；

IF（结果与上次口令匹配）THEN认证成功且存储本次口令ELSE认证失败。

2)令牌口令

令牌口令是另一种标识与认证技术，它常采用智能卡或令牌卡，也可使用软件来实现。它分为挑战-应答、时间-同步认证两种方法。

①挑战-应答方法

C接入S；

C←S提示输入用户ID；

S←C的用户ID；

C←S的质询，这是一随机数；

令牌卡←质询数；

S←C的应答（使用用户的加密密钥对质询数加密的结果）；

S也使用用户加密密钥计算相应的结果作为S的应答；

IF（S的应答与C的应答匹配）THEN认证成功。

②时间-同步认证方法

令牌和 S 执行 1 个专用算法，以生成随时间而变化的相同数字序列（从挑战-应答中省去传送质询数步骤，其他与挑战-应答方法类似）。

3）数字签名

数字签名确保信息完整性和发送者的真实性。它的基本原理与过程如下：①发送方使用算法 MD5（128 位摘要散列函数）对原信息计算处理生成"摘要"信息；②发送方使用私密钥加密摘要信息；③发送签名信息——原信息和加密后的摘要信息；④接收方接收信息；⑤接收方使用公开密钥解密出摘要信息，将此摘要信息和对原信息计算得到的摘要信息比较，进行签名验证以确认信息的完整性和发送者的真实性。

（2）标记与访问控制

标记是实施强制访问控制的基础。系统应维护与主体及其控制的客体（进程、文件、设备、数据信息）相关的敏感标识。通过这些标识，把主体、客体与一定的安全属性联系起来，并在系统运行的全过程起作用。而访问控制一是限制访问系统的人员；二是限制进入系统的用户所做的工作（操作）。访问控制分为自主访问控制 DAC 和强制访问控制 MAC 两种技术。

自主访问控制的特点是用户能自主地将存取权限授予其他的主体，而拒绝那些非授权的访问。自主访问控制的方法与技术有目录表访问控制、访问控制表、访问控制矩阵和能力表等。强制访问控制是系统为每个主体、客体分配一个确定的安全属性，这些安全属性通常不可更改。在实施访问时，系统通过比较主体和客体的安全属性来决定主体能否存取客体。强制访问控制的特点有：①强制性——所有实体的安全属性由系统安全员统一进行划分和标识；②限制性——该访问控制是不可回避的，甚至用户对自己的客体的访问也是一样；③简易性——访问控制的主体与客体间的关系是十分清晰的。

访问控制目标与内容有：①保护被访问的客体；②对访问权限的确定、授予和实施；③在保证信息系统安全的前提下，最大限度地共享系统资源。

实施访问控制的安全原则是：①最小特权原则；②对存取访问的监督检查；③实体访问权限的时效性；④访问控制的可靠性；⑤存取权分离原则；⑥最小共享存取原则；⑦设计的安全性；⑧用户的承受能力和经济性。

通过标记与访问控制技术可使得信息保密性与信息完整性得到保证。这里，使用常用的 Bell-la Padula 模型和 Biba 模型来作简要说明（此两种访问控制模型将分别在第 3.3 和 3.4 节详细介绍）。Bell-la Padula 访问控制模型的核心是：多级安全模型、安全等级、安全范畴（安全属性）、访问监督器和规则集等。Bell-la Padula 访问控制模型的信息保密性、Biba 访问控制模型的信息完整性的安全策略分别见图 2.13 和图 2.14。

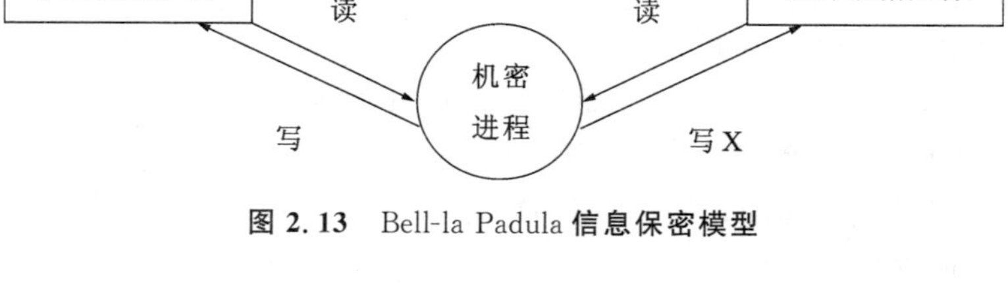

图 2.13 Bell-la Padula **信息保密模型**

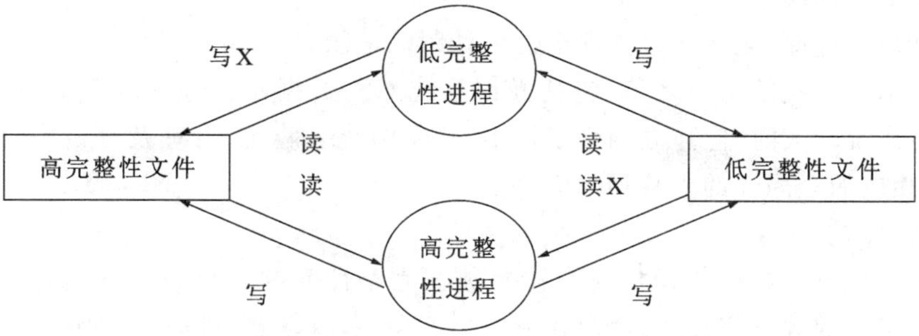

图 2.14　Biba 信息完整性模型

(3)客体安全重用

客体安全重用是指各种动态使用的资源(客体)在被释放前必须将其中的残留信息全部清除，以防止敏感信息丢失(泄露)，即清除一切痕迹。因此，要求系统确保已被删除或被释放的信息不再是可用的，并且新生成的客体确实不包含该客体以前的任何有形的或无形的信息内容。当某客体在释放资源时，同时清除其内存缓冲区；关闭文件后，清除磁盘缓冲区；通信结束，则清除通信缓冲区；为避免剩磁，所谓清除内存区域不是清 0，而是写入随机数等。

(4)信息安全审计

信息安全审计是信息系统安全运行的重要支持工具。审计会被规定一个"责任"范围。它的作用是让企图侵犯者感到一种威慑力量，让其畏惧，且可准确反映信息系统运行中所发生的与安全有关的事件。

信息安全审计要能识别、记录、存储、分析与安全相关的活动和有关的信息；要确保可查性；要减少系统开销，有安全方便的操作界面。审计的信息可用来检测、判断发生了哪些活动，以及这些活动由哪个用户负责。应明确规定可审计事件，例如安全机制的成功使用、对所涉及的安全机制以及关于安全属性的相关信息的所有使用、对机制的任何配置改变(包括改变前后的实际配置数据值)等。

信息安全审计内容包括：

①安全审计的自动响应，当检测到可能有安全侵害事件时，在基于侵害事件分析基础上，自动做出响应，并采取相应的行为(操作)。

②安全审计数据的产生，记录信息系统运行中发生的安全相关事件出现的情况，并按确定的审计级别明确审计事件的类型，记录相关审计信息的最小集合，以及将可审计事件与引起该事件的用户相关联。每个审计记录至少记录事件的日期和时间、事件类型、主体身份、事件的结果(成功、失败)等与审计相关的信息。

③安全审计分析，寻找可能的或真正的安全侵害，对信息系统活动和审计数据进行分析。安全审计分析可由入侵检测系统(技术)来支持，并对即将来临的安全侵害作出自动响应。

④安全审计评估提供给授权用户查阅审计数据的能力(审计查阅、有限审计查阅、可选审计查阅等)。它要求能提供从审计记录中读取信息的能力，即为授权用户提供获得或解释审计信息的能力；要求审计的解释信息可读懂，对外 IT 实体应是无歧义；要求审计的解释信息可选化，即由相关准则来选择审计数据，并具有根据某种逻辑关系的标准提供对审计数据进行搜索、分类和排序的能力。

⑤安全审计事件选择，在信息系统运行期内，从一系列可审计事件集中选取合适的安全审计事件，并排序。审计事件可按客体身份、用户身份、主体身份、事件类型等属性进行，此外也参考作为

审计选择性依据的附加属性。

⑥安全审计事件存储,创建并维护安全的审计跟踪记录。

审计渗透于信息系统的每一环节,包括操作系统 OS、数据库管理系统 DBMS、计算机和网络设备等。当信息系统较大时,应建立网络审计中心,实施统一收集、管理及分析来自各方的审计信息,并及时作出相应的全局性的决策和响应。

(5)数据完整性技术

计算机系统在执行写或修改操作时会涉及数据完整性问题。数据完整性问题从层次角度考虑,有实体、用户定义的数据完整性;从存在形态角度考虑,有存储、传输、处理的数据完整性。影响完整性的因素有硬件故障、网络故障、软件逻辑问题、自然灾难事件、人为因素等。

确保数据完整性的两种办法与技术是预防与恢复,具体技术有数据备份、归档、转储、镜像、分级存储、奇偶校验、灾难恢复、预前分析、电源调节和系统安全程序等。

数据完整性技术包含存储数据完整性、传输数据完整性和处理数据完整性三个方面。存储数据完整性是对以文件(File)形式或以数据库形式存储在计算机系统中的数据进行完整性保护,使其不因内部或外部的原因遭到不应有的破坏;进行完整性监测(读写时利用校验码),以及如数据遭到破坏时,应采取冗余和纠错措施。

传输数据完整性的含义与存储数据完整性类似,其方法是检测数据是否被篡改(校验码)、其纠错方法一般为重传方法。

处理数据完整性涉及操作系统、数据库管理系统和应用软件系统的支持,具体技术是事务完整性技术;此外还涉及系统故障容错和恢复处理,包括硬软件故障容错机制、日志和备份技术等。

对于分布式系统,处理数据完整性问题变得更加复杂,主要技术有两阶段提交方法和复制服务器方法。

①两阶段提交方法,即严格一致性策略,其处理过程分 2 个阶段。在第一阶段,主服务器向所有相关服务器发出“准备提交”命令,各相关服务器按命令要求做好提交准备,并将该事务在本地运行的操作过程记入日志文件中。如果提交准备成功,那么返回给主服务器“ok”,否则返回“not ok”。第二阶段,主服务器收到所有相关服务器的回答后,进行判断,如果全为“ok”,则决定提交,并向所有相关服务器发“提交”命令;否则决定回退,并向所有相关服务器发“退回”命令。各相关服务器根据主服务器的命令,最后完成事务提交或回退到事务执行前的状态。

②复制服务器原理,它分为预定义和事务级两种。预定义复制是指当对有重复分布的数据或有相关一致性(参照完整性)要求的数据进行修改时,会产生复制要求。而事务级复制是指当有复制要求时,产生复制事务,并发送到相关服务器,在这些服务器上执行相关事务,以实现相关数据的修改、保证数据一致性。

利用存储技术和前滚技术保证对出现的故障进行处理、系统恢复后,复制事务立即执行。如果网络或某服务器发生故障,复制事务无法送到相关服务器时,让这些事务排队等待;当排除故障,服务器恢复连接,一旦连接上,排队事务立即被发送到恢复运行的服务器,并首先执行之,以使该服务器的数据在正式使用之前与相关服务器的数据保持一致。

(6)密码技术

密码技术早期多用于传输通信中,而现在对敏感信息的各种形态(如某些文件、敏感字段等)都有采用加密方法进行保护的要求。可构建各种层次、各种类型的加密平台,包括文件形式的存储加密平台,数据链路层、网络层、传输层、应用层上的传输加密平台和数据库加密平台等。

密码体制分为对称密钥密码体制和非对称密钥密码体制,也可分序列密码体制和分组密码体制。评价密码体制优劣的标准是密码安全性和保密性、用户使用方便性、加/解密算法效率、密钥生成与管理简便性等。

常用的密码系统有分组密码系统 DES、分组密码系统 AES、分组密码系统 TEA、分组密码系统 IDEA、公钥密码系统 RSA、椭圆曲线密码系统 ECC 和背包公钥密码系统等。

(7)防火墙技术

防火墙技术的作用是隔离,通过粗粒度的访问控制方法控制不安全服务、控制访问网点,实现集中安全性控制,以达到保护信息的目的。防火墙技术的发展方向是在网络级和应用级防火墙之间最终形成一个快速注册稽查系统。

防火墙的组成包括:①网络安全策略——防火墙设计策略要明确何种访问,以设计用于实施服务访问策略的规则,确定服务访问策略要明确措施,以实现资源保护;②验证工具;③包过滤——可通过基于路由器或主机来实现;④应用网关,它可克服包过滤的不足,能过滤服务,隐藏系统内部信息,可对应用信息流作可靠的验证和记录,且过滤规则不太复杂;⑤电路层网关,它可中继 TCP 连接,在会话层上过滤数据包,实现 IP 地址转移和映射;⑥规则检查。

防火墙分为分组过滤防火墙、双宿网关 Dual-humed 防火墙、甄别主机 Screened host 防火墙和甄别子网 Screened Subnet 防火墙等。

(8)入侵攻击与防护

入侵是非法用户(黑客)恶意地攻击未经授权的计算机及网络信息系统的一种破坏性行为。

一些常见的攻击及其防护方法:①可用加密、标识和认证等技术来对付口令攻击;②IP 欺骗——放弃以地址为基础的验证及信任策略,其防护方法是不使用 R * 类的远程调用命令,进行包过滤和加密,使用随机化的初始序列号等;③对于 BACK Orifice-特洛伊木马攻击,可监视 UDP31337 端口或注册表,发现后立即删除;④对缓冲器溢出及非法 shell,可强制写正确代码(如 Linux 系统在堆栈段中放置执行代码),对数组边界、程序指针进行完整性检查等;⑤对分布式拒绝服务攻击,可要求 ISP 协助合作,优化路由和网络结构,优化对外开放的主机(多 IP 主机),确保主机是安全的,周期性地审计系统、检查文件完整性等。

(9)电磁泄漏信息防护

瞬态电磁辐射标准 TEPEST(transient electromagetic pulse emanation standard)技术起源于 20 世纪 50 年代。信息处理电路电流的变化会产生电磁场发射。电磁发射时,由携带涉密信息的红信号的电流变化引起的发射被称为电磁泄漏发射。电磁泄漏按照传播介质主要分为辐射和传导两种类型。从信号的传输方式分为并行数据泄漏和串行数据泄漏。由于计算机系统的并行信号泄漏发射之间形成同频相关干扰,因此要从中获取红信号十分困难,这种信号泄漏对信息安全影响很小。计算机的显示器、键盘、RS232 通信线等产生串行信号泄漏发射对信息安全威胁较大。

数字电子计算机采用高速脉冲数字电路工作,它只要处于工作状态就会向机器外辐射含有可以解读的内容的电磁波。辐射源包括视频信号辐射(计算机显示卡、连接线、CRT 视放电路)、无线电元器件辐射(计算机数据总线、地址总线、控制总线元器件)、电源线路辐射(计算机的开关电源、时钟频率、倍频和谐频)、寄生振荡(计算机电子线路中的分布电容、布线电感在特定条件下,对某一频率谐振而产生的振荡)。信息设备红信号在电源线和其他信号线上的泄漏,包括泄漏源通过线缆辐射的传导泄漏和空间电磁辐射泄漏,在电源线上交叉耦合后形成线上传播的交叉耦合泄漏,这两部分组成了电源线和其他信号线上的泄漏辐射,随着线路距离的增加衰减较小,可以通过电流钳进行线上信号的接收,使用视频信息窃收设备进行红信号的复现。

计算机显示器的显示信号通过移位寄存器转化为串行序列,通过显示接口发送给显示器。这种串行发送的方式是导致视频信息泄漏发射的主要原因。视频信号的频率越来越高、辐射的频率范围越来越宽，发射强度也不断增强，对视频信息的威胁也在不断增大。目前专用的接收机能接收到计算机正常工作环境下的文字处理画面。此外，通过计算机电源线和通信线会产生传导泄漏辐射，电话机、手机、打印机、复印机和传真机处理信息的方式以串行为主，也会产生电磁泄漏，这些线路和电子信息设备都可能构成信息安全威胁。

当探测和截获到相应的辐射电磁波并提取携带的数字信号时就可以复原原始信息，导致信息泄漏。据报道，可以在 1 公里以外接收还原计算机电磁辐射信息的设备已经被研制出。

除了电磁信息发射可能造成信息泄漏之外，攻击者通过事先植入目标计算机的程序窃取计算机内存和外存中的数据，以隐蔽的方式通过信息设备产生的电磁波发射出去，然后利用接收机还原设备接收隐蔽的数据。这种攻击方法称为 Soft-TEMPEST，由剑桥大学两位学者提出，它适合于攻击物理隔离的计算机系统。声光信号也会造成信息泄漏威胁。剑桥大学学者利用光敏器件接收显示器荧光经过墙面的反射并经过简单的算法还原了显示器屏幕数据。另外，通过点阵式打印机击打打印纸发出的声音能够复原出打印的字符。

为有效防止涉密信息电磁泄漏，一方面，使用涉密设备的场所需要按照国家保密局等有关部门制定的《涉密信息设备使用现场的电磁泄漏发射防护要求》进行建设。另一方面，可以通过对计算机系统的显示器信号、打印机的驱动信号、键盘的输入/输出信号以及信号线上的输入输出信号，采用整体屏蔽、部件屏蔽和元器件屏蔽方法、滤波技术、噪声法来防止电磁泄漏。其中采用噪声法通过将能够产生噪声的干扰机放在计算机设备旁，使干扰噪声与原计算机设备的信号辐射混合在一起向外辐射，以降低辐射信息被接收后还原的可能性；或者通过产生大量的与视频显示器辐射信号具有相同特性的伪随机视频干扰信号，以使辐射信号和干扰信号在空间混合后形成一种复合信号，破坏原辐射信号的形态，使攻击者难以还原发送的信号。也可以使用软件 TEMPEST 技术通过给视频字符添加高频“噪声”并伴随发射伪字符，使攻击者无法正确还原真实信息，同时加入专用的攻击（反击）程序，当有人企图截获发射的信息时，计算机系统自动保护并进行反击，以达到涉密信息防护的目的。

利用电磁脉冲辐射在电源线上进行注入，形成注入式干扰，对视频信息窃收设备性能进行阻塞和破坏，这种方式又称为电磁脉冲反攻击，从而可以起到防护电磁信息的目的。下面是一些防护电磁信息泄漏的专用设备与措施。

①屏蔽室不仅可以防止室内电子计算机和其他电子信息设备所处理的保密信息随电磁波泄漏出去，而且可以防止外部来的比较强的电磁干扰。

信息中心、数据中心等计算机机房的电磁辐射信息防护的措施包括：设置一个接地电阻小的数据接地；机房地面涂刷防尘和防静电金属油漆以防静电；机房地板采用导电性能良好的金属静电地板；布设机房等电位汇流排与地网，在机房抗静电地板下面用 3×35 的紫铜带绕机房四周一圈，且与接地线紧固连接。

②屏蔽机柜能够有效抑制计算机电磁信息泄漏和防止外部强电磁干扰影响计算机正常工作。路由器、交换机、服务器等设备集中放置于屏蔽机柜中，所有进出屏蔽机柜的各种缆线都必须经过机柜下部的波导管。进入屏蔽机柜的数据通信与电源线缆等需要进行滤波处理，以保证屏蔽机柜内的信号不因线缆的进出而造成泄漏，数据通信线路最好使用光纤。

③信息设备的电源系统，应采取红黑电源单独供电方式，红电源回路应与黑电源回路单独供电。若条件受限做不到单独供电，则红电源回路与黑电源回路之间必须采取符合技术指标要求的滤波隔离措施。此外，可以使用红黑电源隔离插座，以防止通过市电电源线泄漏高频信号（信息）。

红黑电源隔离插座的一端连接公共电源，另一端以插座形式向涉密信息设备供电。

(10)打印机安全防护

打印机自身内置有操作系统、存储设备和IP协议栈等软硬件，具有独立数据处理能力，能够和主机交互进行数据传输，且具备一定的数据存储功能。打印机存在如下安全风险：打印机系统抗网络攻击抵御病毒能力弱，打印机主控芯片、打印机数据控制板及板载固件程序存在安全隐患，打印机缓存信息安全性设计缺陷，打印机硒鼓及墨盒安全隐患，打印耗材芯片具有存储空间可能存在无线发射模块、存储影像等后门，打印数据传输部分存在安全隐患(PostScript和PCL这两种打印语言的文件被截获后，可以通过专用的工具轻易打开读取内容)，打印机无有效的身份认证授权手段。打印机的安全风险来自打印机与计算机端组成的打印作业系统相关的模块或组件，例如打印机驱动程序、打印机接口协议等。

可以通过采用可信计算信任链传递安全防御机制，构建打印机硬件平台到主控单元嵌入式操作系统的信任链传递模型，在打印机芯片和耗材存储芯片中预制公钥认证机制，在打印机控制板中嵌入可信计算芯片，植入可信固件替换原有BIOS，在打印机内部实现可信启动度量和可信运行控制，在计算机主机端实现打印接入身份认证、打印作业信息传输加固、打印语言和传输协议加固、可信安全管理，实现打印信息从计算机端到网络端打印机端的全流程安全保护。

2.5 信息安全管理

信息安全管理是确保计算机及网络信息系统安全的非“技术”的技术，体现以人为本。它包含安全制度和教育两方面的内容。威严的法律、先进的技术、严格的管理，才能保证信息系统的安全。

信息安全管理的目的是阻止非法用户进入，减少受破坏可能性；快速检测非法行为，迅速测定非法入口位置；审计追踪，以最大限度减少损失，并促进系统恢复；有效监控破坏者的每个操作，并惩治破坏者。

信息安全管理涉及硬件、软件和政策等，应综合考虑安全立法、安全教育、人员安全筛选和综合管理等，设置安全管理中心，实施统一分层和统一管理。

为此，必须建立和完善信息安全立法、人员安全筛选，建立安全管理中心，从行政、安全、人员等方面加强管理和审计。

信息安全立法能起到威慑作用。目前，国内外对信息安全等方面进行了立法。我们国家先后颁布了密码法、网络安全法、数据安全法、个人信息保护法等法律法规。

此外，必须建立和完善管理制度：①等级保护制度——对信息、人员、信息系统、单机和网络环境划分等级，并加以保护；②有害数据防治管理制度——对病毒和入侵等行为采取有效措施，以防止其侵入和传播；③安全管理规章制度——包括工作机制(进出计算机机房、数据中心等)，各类人员责任制，人员安全管理(等级管理、访问控制)，运行安全管理(机房、场地、操作、审计、口令管理、特殊程序管理、启动程序管理、重要数据管理、密钥管理等)，安全技术管理(计算机及网络通信设备、备份、应急、常备工具配件管理)等规章制度。④商用密码管理和商用密码应用安全性评估管理(对重要网络与信息系统使用商用密码技术、产品和服务的合规性、正确性、有效性进行检测分析和评估验证)等管理制度。

实施分级、分区的行政管理。管理资金的投入应占维护费的一定比例。行政管理包含制定、审查、确定安全措施，确定安全措施实施的方针、政策、策略和原则，组织实施安全措施并协调、监督、检查安全措施的执行情况。行政管理实施者有领导、专业技术人员、安全管理员、审计员、系统管理员和其他保安员等。

信息安全管理的三项原则:①多人负责原则,即至少应有两人实施安全管理;②任期有限原则,即应不定期循环任职、轮岗,或强制休假;③职责分离原则,编程与操作、信息传送与信息接收、操作介质与介质保密、系统管理与安全管理、应用程序编制与系统程序编制、访问证件管理与其他工作等实施分离。

明确人员安全职责和权限:①管理员任务是启动/停止系统、安装系统软件、增/删用户和系统扩充等,以防止未授权存取、防泄密、防止用户拒绝系统管理、防止丢失系统的完整性;②超级用户应有其合适的特权,并对其有监督措施。③对用户需设置口令、分配权限。④对程序员要求可改变指定文件的属性、有限制地存取安全属性和执行加/解密操作等。

根据实际情况,可设置信息安全管理中心,以集中管理与信息系统安全有关的所有方面,并由专人负责。信息安全管理中心由网络管理中心、数据中心、审计与风险分析中心、检测与监控中心、认证中心、密钥管理中心、防火墙管理中心和防病毒管理中心等组成。

加强信息安全审计收集、分析和处理等工作。审计的功能和内容包括:选择用户、文件操作和命令等对象进行审计,定义审计文件并能实现自动转换,定期检测文件系统完整性,定义审计信息的格式和输出媒体,列出系统、报警阈值的设置和选择,对审计日志及数据做安全保护。审计过程有人工、半自动和自动三种方式。

国际信息处理联合会 IFIP 倡导安全教育,阐述其重要性。大多数信息系统的威胁许多时候是来自人,尤其是内部人员,因此必须加强人事管理。人事管理包括人事审查和录用,岗位和职员范围的确定,人事档案的管理,工作评价/提升/调动/免职等。

从领导到技术人员,直至一般用户都要了解和遵守信息安全法律法规和制度,并掌握一定的信息安全知识。除基本的、普适的安全内容外,安全教育应按对象与内容分门别类,有的放矢地进行,对不同类型的人作相应的教育。例如,对网络安全人员应教授安全技术、对威胁和脆弱性进行评估的方法学,选择控制标准和实施安全控制。安全教育方式可多样化,如普法、基础教育、专业培训等内容,以及定期和不定期、集中和分散、教授和自学、走出去和请进来、理论与实践相结合等形式。

2.6 信息安全的标准

2.6.1 信息安全标准的发展

在国际上,20 世纪 60 年代末、70 年代初,美国出现有关信息安全的论文,之后提出可信 Trusted、评测级别等概念;1970 年,Tast Force 等人提出《计算机系统的安全控制》报告;1970 年 2 月,美国发表计算机系统的安全控制条例;1972 年,美国发表 DoD5200.28 条令;1972 年,美国 DoD 制定《自动数据处理系统的安全要求》报告;1973 年,美国 DoD 推出《ADP 安全手册——实施、撤销、测试和评估安全的资源共享 ADP 系统的技术与过程》;1973 年,美国发表 DoD5200.28-M 指南;1976 年,美国 DoD 公布《主要防卫系统中计算机资源的管理》;1978 年,MITRE 公司发表《可信计算机系统的建设技术评估标准》;1983 年,美国发布“可信计算机系统评价标准 TCSEC”橘皮书(1985 年正式版 DoD85);1991 年,欧洲四国英、法、德、荷发布“信息技术安全评价标准 IT-SEC”;1993 年,加拿大发布“可信计算机系统评价标准 CTCPEC”;国际标准化组织 IEEE/POSIX 颁布了 FIPS 和 X/OPEN;1994 年 4 月,美国国家计算机安全中心 NCSC 颁布 TDI 可信计算机系统评估标准在数据库管理系统的解释;1994 年,美、加、欧提出信息技术安全评测公共标准 CC V0.9。

早年影响较大的信息安全标准有：美国 TCSEC 橘皮书及红皮书（橘皮书在网络环境下的解释），美国信息系统安全协会 ISSA 的 GSSP（一般接受的系统原则），日本的《计算机系统安全规范》、英国制订的安全控制和安全目标的评估标准（1989 年），德国（原西德）信息安全部门的信息安全技术的安全评价标准（1989 年），等。

下面重点介绍可信计算机系统评价标准橘皮书 TCSEC（Trusted Computer System Evaluation Criteria），它是美国于 1983 年发布的，1985 年发布正式版 DoD85。它提供一个可信度评估的标准、提供制造原则，并提供可信数据库解释 TDI（Trusted Database Interpretation）和可信网络解释 TNI（Trusted Network Interpretation）等有关方面的解释。

TCSEC 分为 4 组（division）7 个等级（class）：D、C（C1、C2）、B（B1、B2、B3）、A（后又有超 A）。它们兼容向下、层次化、积聚性。其中，D 表示最小保护（Minimal Protection）；C1 表示自主安全保护（Discretionary Security Protection）；C2 代表受控制的存取保护（Controlled Access Protection），用户能对各自的行为负责使用 LOG-ON 登录，审计跟踪与安全性有关的事件和资源隔离；B1 表示带标记的安全保护（Labeled Security Protection），B 级开始要求使用标记机制对特定的客体进行强制存取控制和形式化模型的应用；B2 代表结构化保护（Structural Protection）；B3 表示安全域（Security Domains）；A1 表示设计的形式化验证（Verified Design），要求形式化描述、验证，形式化隐秘通道（Covert Channel）分析等。TCSEC 设计目标是将可信计算基 TCB（Trusted Computing Base）——硬件与支持不可信应用及不可信用户的操作系统组合体做得尽可能少，它只考虑系统安全性，不考虑系统中与系统安全无关的其他因素。

我国也制订颁布过许多有关信息安全方面的标准。例如，相当于 ISO 7498-2：1989 的 GB/T 9387.2—1995 标准，GJB 2646—96 军用计算机安全评估准则——相当于橘皮书；GB 17859—1999《计算机信息系统安全保护等级划分准则》，它分为第 1 级——用户自主保护级，第 2 级——系统审计保护级，第 3 级——安全标记保护级，第 4 级——结构化保护级，第 5 级——访问验证保护级；GB 1743.1—2022 信息技术设备的安全（IEC950）；GB 9254—2021《信息技术设备、多媒体设备和接收机 电磁兼容》和 GB 9361—2011《计算机场地安全》；GB/T 9387.2—1995——相当于 OSI 的第二部分安全体系结构 ISO 7498-2：1989；GB/T 15278—1994 信息处理 64 位块加密算法——对应于 ISO 8372：1987；GB/T 15278—1994《信息处理（数据加密，物理层互操作性要求）》——相当于 ISO 9160：1988；GB 15851.3—2018《信息技术（安全技术，带消息恢复的数字签名方案 第 3 部分：基于离散对数的机制）》——相当于 ISO/IEC9796：1991。

中国国家标准化管理委员会批准发布了 2011 年 2 月 1 日起实施的 18 项信息安全标准：（1）公钥基础设施安全支撑平台技术框架；（2）证书认证系统密码及其相关安全技术规范；（3）电子签名卡应用接口基本要求；（4）信息系统安全等级保护实施指南；（5）简易在线证书状态协议；（6）X.509 数字证书应用接口规范；（7）XML 数字签名语法与处理规范；（8）基于角色的访问控制模型与管理规范；（9）服务器安全测评要求；（10）电子签名格式规范；（11）签名生成应用程序的安全要求；（12）信息安全产品类别与代码；（13）信息安全管理体系审核认证机构的要求；（14）使用安全网关的网间通信安全保护；（15）远程接入的安全保护；（16）使用虚拟专用网的跨网通信安全保护；（17）术语；（18）信息系统等级保护安全设计技术要求。

随着电子商务、电子政务、工业信息化、数字经济的飞速发展，中国国家市场监督管理总局、国家标准化管理委员会发布了 2020 年 3 月 1 日起实施的 28 项信息安全标准：（1）路由器安全技术要求；（2）数据库管理系统安全评估准则；（3）操作系统安全技术要求；（4）数据库管理系统安全技术要求；（5）虹膜识别系统技术要求；（6）网络交换机安全技术要求；（7）网络安全等级保护实施指南；

(8)Web 应用安全检测系统安全技术要求和测试评价方法;(9)数据交易安全服务要求;(10)工业控制系统专用防火墙技术要求;(11)工业控制网络安全隔离与信息交换系统安全技术要求;(12)可信计算规范—可信软件基;(13)网络存储安全技术要求;(14)工业控制系统网络审计产品安全技术要求;(15)桌面云安全技术要求;(16)移动终端安全管理平台技术要求;(17)工业控制网络监测安全技术要求及测试评价方法;(18)工业控制系统漏洞检测产品技术要求及测试评价方法;(19)数控网络安全技术要求;(20)网站安全云防护平台技术要求;(21)工业控制系统产品信息安全通用评估准则;(22)个人信息去标识化指南;(23)智慧城市安全体系框架;(24)云计算服务运行监管框架;(25)大数据安全管理指南;(26)工业控制系统安全检查指南;(27)数据安全能力成熟度模型;(28)消息鉴别码:采用泛杂凑函数的机制。

近些年来,工业信息化、数字制造业快速发展,工业信息安全尤其重要。工业信息安全包括工业设备安全、工业控制系统安全、工业物联网安全、工业互联网安全、工业云安全和工业数据安全等方面。与工业信息安全相关的信息安全标准有:GB/T 39204—2022《信息安全技术 关键信息基础设施安全保护要求》,GB/T 25068.4—2022《信息技术 安全技术 网络安全 第 4 部分:使用安全网关的网间通信安全保护》,GB 42250—2022《信息安全技术 网络安全专用产品安全技术要求》,GB/T 25068.3—2022《信息技术 安全技术 网络安全 第 3 部分:面向网络接入场景的威胁、设计技术和控制》,GB/T 41871—2022《信息安全技术 汽车数据处理安全要求》,等。

除了商用、民用的信息安全标准之外,还有军用信息安全标准体系。军用信息安全体系是在军事电子信息系统内结合安全技术与安全管理,以实现信息系统多层次安全保证的应用体系。军用信息安全体系的关键要素包括总体技术、多级安全技术体系(多级安全算法、多级访问控制技术、多级通信安全技术、多级安全管理技术、多级动态安全技术、多级数据安全技术)、多级人才队伍体系和多级安全管理体系(多级密钥管理、多级 CA 认证、多级系统安全管理)等。

2.6.2 TCSEC/TDT 安全标准

(1)安全标准的说明

TCSEC/TDT 安全标准分安全策略、责任、保证、文档四方面来说明。

①R1 安全策略

R1.1 自主存取控制

R1.2 客体重用

*R1.3 标记(加*的是带有针对 DBMS 的专门解释。下同。)

R1.3.1 标记完整性

R1.3.2 标记信息的扩散

R1.3.3 主体敏感度标记

R1.3.4 设备标记

R1.4 强制存取控制

②R2 责任

R2.1 标识与鉴别

R2.1.1 可信路径

*R2.2 审计

③R3 保证

R3.1 操作保证

*R3.1.1 系统体系结构

R3.1.2 系统完整性

R3.1.3 隐蔽信道分析

R3.1.4 可信设施管理，以区分操作员、系统管理员和安全管理员等的不同功能

R3.1.5 可信恢复

R3.2 生命周期保证

R3.2.1 安全测试

*R3.2.2 设计规范和验证

R3.2.3 配置管理

R3.2.4 可信分配，以保证主数据与其现场拷贝之间映射的完整性

④R4 文档

R4.1 安全特性用户指南

R4.2 可信设施手册

R4.3 测试文档

R4.4 设计手册

在 TESEC/TDT 安全标准中，相邻的安全级之间随级别升高，安全性能指标的标识是从无到有标 New、相同标 Same、改变标 Change、新增标 Add。安全要求见表 2.2。

表 2.2　TCSEC/TDT 安全要求

安全	1 安全策略				2 责任		3 保证		4 文档			
级别	1.1	1.2	1.3 .1.2.3.4	1.4	2.1 2.1.1	2.2	3.1 .1.2.3.4.5	3.2 .1.2.3.4	4.1	4.2	4.3	4.4
C1	N				N/—		N N	N	N	N	N	N
C2	CA	N			A/—	N	A S	A	S	A	S	S
B1	S	S	N N	N	C/—	C	A S	N N	S	A	S	A
B2	S	S	S S N N	C	S/N	A	C S N N	C CA N	S	A	A	C
B3	CA	S	S S S S	S	S/C	A	A S C A N	CA S	S	A	S	A
A1	S	S	S S S S	S	S/S	S	S S A S S	C CA CA N	S	S	A	A

(2)安全级别的介绍

下面按安全策略、责任、保证和文档对每组各级作简要介绍。

1)D 组——最低安全类，仅实现最小保护。

2)C 组——自由选择性安全保护，实现自主保护，引入审计功能，可对主体行为进行审计。

①C1 级实现自主安全保护，对用户和数据的分离，保护或限制用户权限的传播。但系统管理员的安全有问题，因为更多人会知道根口令。

②C2 级——比 C1 更精细(自主存取控制)，实现受控安全保护，以个人身份注册负责，实施审计和资源隔离。C2 级安全策略包含自主存取控制和对象重用。C2 级自主存取控制能保护对象以避免非授权存取，对存取权限的传播提供控制，存取控制粒度达到单个用户。C2 级对象重用是指当系统资源被回收并重新利用时，先前在资源上存储的信息不被现在的资源拥有者所看到。

C2 级责任包含标识与验证、审计。C2 级标识与验证能实现当用户要求可信计算基(TCB)完成某工作时，TCB 首先应当要求用户提供身份证明，再使用某种保护机制(如口令)来验证用户所

提供的身份证明，并将责任落实到个体，即将标识操作与可审计的动作关联起来。C2 级的审计能建立、维护 TCB 以及保护审计记录不被更改、破坏或受到非授权存取，并能通过对个体的识别，有选择地审计任何一个或多个用户。它能记录使用标识和验证机制、向用户地址空间所引入的对象和删除的对象、操作员/管理员/安全主管发出的动作以及其他与安全有关的事件。它的审计项有事件发生的日期与时间、涉及的用户、事件类型、事件成功或失败。

C2 级保证包含操作性保证、生命周期保证：C2 级操作性保证能实现有关系统完整性——用硬件或软件可周期地对 TCB 的正确性作出验证。它将涉及系统结构——TCB 为自己的操作维护一个域，从而防止外部的干涉或篡改。C2 级生命周期保证能实现安检以符合标准，保证没有明显的旁路可绕过或欺骗 TCB 的安全保护机制，能检查是否存在明显的漏路(违背对资源的隔离，造成对审计或验证数据的非法操作)。

C2 级文档包含安全特性用户指南，可信设备手册和测试文档。C2 级安全特性用户指南中说明一个系统提供了什么机制，如何使用以及这些机制之间的关系。C2 级可信设备手册(系统管理员用)说明对控制的职责和特权提出的建议，说明如何检查和维护审计文件以及详细审计记录结构的程序。C2 级测试文档将解释保护策略及其如何应用到 TCB 上，当 TCB 由多个模块组成时，还应对模块间接口进行描述。

3)B 组——强制性安全保护，实现强制保护，定义及保持标记的完整性，引用监视的概念。

①B1 级——标识安全保护。B1 级安全策略包含自主存取控制和对象重用(与 C2 级的完全相同)、有关标记的内容和强制存取控制。

B1 级有关标记的内容是 TCB 能维护所有敏感标识控制下的主体和客体(极端例子是每一对象都上一把锁，以形成用户标识、加密标记的双重保护)，它涉及标识完整性和被标识信息的导出方式(TCB 设置每信道、I/O 设备，或设置为单一安全级别或多重安全级别，而且这种级别的改变由手工完成)。

TCB 要求授权用户提供无标识数据的安全级别，并且要求与之相关的动作都可审计。

强制存取控制是 B1 级区别于 C 组的最重要特征，是 B 组安全机制的关键所在。B1 级责任包含标识和认证、审计。B1 级标识和认证能维护认证数据，清除和授权信息。它为每个用户提供唯一的身份并与相应个体的所有可审计动作关联起来。

B1 级审计功能与 C2 差别不大，只是增加了审计任何试图违反可读输出标记的行为。

B1 级保证包含操作保证和生命周期保证。B1 级操作保证对系统结构方面，TCB 通过控制独立地址空间来维护进程的隔离；在身份完整性方面，B1 与 C2 完全相同。B1 级生命周期保证能提供设计文档、源代码以及目标代码，以便彻底地分析和测试；确保任何用户不会使 TCB 陷入无法和其他用户通信的境地；能清除或补救系统缺陷，并再次测试以证明所有漏洞确实被清除，且没有引入新漏洞。

B1 级的模型可以是形式化的，也可以是非形式化的。

B1 级文档包含安全特性文档(与 C2 完全相同)、可信设备手册、测试文档(与 C2 完全相同)和设计文档。B1 级可信设备手册将描述责任，包括改变用户的安全机制、说明安全标识对普通用户是不可变更的、可赋予特权(即后门)等。B1 级设计文档描述 TCB 所实行安全策略的模型，它可形式化，也可非形式化，且验证该模型满足安全策略的需求。

②B2 级——结构化保护。B2 级系统实现形式化，能找出隐秘通道(监控对象在不同安全环境下的移动过程，如两进程间的数据传递，具体有定时、存储两种类型的隐秘通道)，加强了验证机制，有更安全的评测、更严格的配置控制，可多级安全标记。

③B3 级——安全域保护。B3 级系统必须满足访问监控器要求，其审计跟踪能力更强，提供系统恢复过程；能抗篡改（保证自身安全），TCB 足够小以利分析和测试，支持安全管理员角色，引用监视器参与所有主体对客体的存取（保证不存在旁路），用户终端必须通过一条可信途径连接到系统上。B3 级系统采用安装硬件的方法来加强域，如用内存管理硬件来防止无授权访问，用基准监控器追踪对象的使用情况等。

4）A 组——验证设计。验证设计给出形式化设计说明和验证。A 组系统有系统安全管理器，使用设计、控制、验证和创建的安全模型，而且 A 组系统的所有部件来源有安全保证，在其销售/运输中严密跟踪，使用中有严格的配置管理。

本章小结

信息安全的研究要根据信息资源的特点，全面系统地将信息系统内所有元素或成分作为有机的整体。本章所介绍的基本安全技术不能割裂开来理解，它们之间相互渗透、相互补充，读者要建立系统、整体化的信息安全框架；另外，读者也要以动态的观点来学习各种信息安全技术，因为所谓的“安全”概念是相对的、发展的，攻击与防护是一对矛盾，人们可以从双向角度学习、研究和正确使用信息安全技术。

本章所介绍的信息安全技术大多属于被动性的、以物为主的，但不能偏离，要从安全问题的源头——人出发，高度重视主动性的、以人为本的信息安全管理理念和技术。

通过本章的学习，要掌握安全问题的一些概念：保密性、完整性、可用性和可控性、信息安全，信息安全的研究范畴、安全系统的目的和基本要求；熟悉信息防护的过程，了解国际标准化组织化 ISO、中国的信息安全体系标准；理解物理安全/实体安全、运行安全、信息保护和安全管理之间的关系；了解电磁信息泄漏的原理、信息防护设备和手段。

读者应重点掌握并能运用信息安全系统的设计原则及设计步骤，风险分析的 3 个基本步骤（系统的检测、监控与审计跟踪技术），安全监测的 4 种关键技术（容错方法与技术、备份与恢复技术，数据库备份与恢复技术的特殊性）；攻击及其防护技术，安全口令 S/Key 和令牌口令，数字签名过程；自主访问控制与强制访问控制的关系及实施访问控制的安全原则；信息保密性与信息完整性的关系；确保数据完整性的两阶段提交方法和复制服务器方法；确保实体安全、防御信息泄漏方法。了解 TCSEC/TDT 等级的划分和可信计算基 TCB 的说明。

习　题

1. 解释下列概念：

（1）保密性；

（2）完整性；

（3）可用性；

（4）可控性；

（5）信息安全。

2. 信息安全的研究范畴是什么？

3. 安全系统的目的和基本要求是什么？

4. 请叙述 ISO 的安全体系标准。

5. 物理安全/实体安全、运行安全、信息保护和安全管理之间的关系如何？

6. 信息安全系统的设计原则及设计步骤是什么？

7. 在进行风险分析时，需注意什么？

8. 请谈谈数据库备份与恢复的特殊性以及处理方法。

9. 请叙述安全口令 S/Key 和令牌口令的工作过程，并分别解释。

10. 试比较自主访问控制与强制访问控制两种控制方法。

11. 信息保密性与信息完整性的关系如何？

12. 数据完整性技术包含哪些内容？

13. 请叙述两阶段提交方法和复制服务器方法这两种数据完整性技术，它们的异同点是什么？

14. 为你所接触到的计算机网络（如宿舍、班级、系部、实验室、图书馆的网络系统），设计并分析一个安全防御体系。

15. 为你所接触到的任一信息系统（如选课系统、教务管理系统、学生管理系统、会议室管理系统、设备管理系统、实验室管理系统、宿舍管理系统），设计并分析一个达到保密性、完整性和可用性要求的安全系统。

16. 防护电磁信息泄露的设备与措施有哪些？

17. 如何确保打印机使用的安全？

18. 中国国家标准化管理委员会批准发布了 2011 年 2 月 1 日起实施的 18 项信息安全标准包括哪些内容？

19. 中国国家市场监督管理总局、国家标准化管理委员会发布的 28 项信息安全标准从何时开始实施？

20. 简述信息安全管理的三项原则。

3　信息安全模型

内容提要

建立信息安全模型的目的在于为信息系统设计者提供一个不依赖于软件实现、在高层次上反映一定安全策略的概念框架。信息安全模型采用形式化方式描述，以达到模型实现与验证的可行性。信息安全模型分为自主型访问控制安全模型和强制型访问控制安全模型两种。

本章介绍自主型访问控制安全模型的代表：哈里森-罗佐-厄尔曼存取矩阵模型、动作-实体模型；强制型访问控制安全模型的代表是：贝尔-拉帕都拉模型以及改进的贝尔-拉帕都拉模型、基于角色的信息安全模型。此外，介绍具有确保信息完整性特性的伯巴模型、适合同一实体具有不同安全级别的多值问题的史密斯-温斯莱特模型、基于信息流控制的格模型、工作流可伸缩信息安全模型。同时，在授权状态、存取方式、操作、授权管理、模型结构和变换规则等方面重点讨论动作-实体模型、贝尔-拉帕都拉模型及其改进模型、局域网环境的信息安全模型、史密斯-温斯莱特模型，并通过举例方式帮助读者更好地理解这些模型的内涵。最后，对若干安全模型作简要讨论。

讲授要点

讲述哈里森-罗佐-厄尔曼存取矩阵模型的存取方式、赋予和回收授权、添加和删除主体、添加和删除客体操作，动作-实体模型的静态和动态存取方式、准许/撤销、授予/回收授权、动作-存取模型的静态授权和动态授权及其示例、动作-实体模型的一致性和转换规则及其示例，贝尔-拉帕都拉模型的操作和规则，局域网环境的信息安全模型的访问控制，史密斯-温斯莱特模型的存取规则、多级关系及其查询、插入、更新和删除操作，基于角色的信息安全模型的层次结构和多级安全控制。

课程思政讲述要点

要实现信息系统的安全稳定、可靠运行，相关部门、单位以及人员在规划、设计、开发、运行使用信息系统的各阶段均需要遵循相关信息安全要求。在系统设计开发阶段，人们应当按照信息安全模型的要求设计信息的分级、分层控制功能。在运行信息系统过程中，要遵守授权原则，没有得到授权不操作，仅在得到授权范围内进行相关操作，只有经过授权才可以访问相关信息系统的功能模块、文件、数据(集)等。

3.1 哈里森-罗佐-厄尔曼存取矩阵模型

哈里森-罗佐-厄尔曼存取矩阵模型 HRU 使用存取控制表 ACL 来实现信息系统的访问控制。HRU 模型简单直观,应用于操作系统 OS 和数据库管理系统 DBMS 的安全控制。

3.1.1 授权状态

存取矩阵模型利用矩阵来表达信息系统中的主体、客体和每个主体对每个客体所拥有的访问权限之间的关系。安全控制机制/系统的授权状态由三元组 $Q=(S,O,A)$ 描述,其中 S 为主体,代表用户、用户名、域 Domain 等;O 为客体,代表文件、内存空间、进程(线程)、数据库、关系、属性、记录、字段等;A 为权限矩阵 $A(S,O)$,表示 S 主体对 O 客体可操作的关系;Q 为该信息系统的某种特定的安全策略和授权。

在此安全控制机制/系统的授权状态中,可增加诸如数据控制、时间控制、上下文控制、组合控制、历史记录控制部分约束条件,以避免逐步缩小范围而查询出敏感的数据/执行的操作。

3.1.2 存取方式

哈里森-罗佐-厄尔曼存取矩阵模型 HRU 中的存取方式分为静态存取和动态存取两种。静态存取方式有读、写、执行和拥有等;而动态存取方式有对进程(线程)的控制权、赋予/收回权限等。

3.1.3 HRU 模型的操作

哈里森-罗佐-厄尔曼存取矩阵模型 HRU 的操作是指对存取矩阵执行的操作,也就是可以改变信息系统的安全策略或授权情况的操作,因此信息系统的授权状态能动态地适应系统的变化。

HRU 模型的操作有 6 条,操作后状态变换表示为 $Q\vdash_{op} Q'$。

(1)赋予授权

命令形式:Enter r into $A[s_i,o_j]$,r 为权限,$s_i\in S$,$o_j\in O$

操作顺序:$S'=S$,$O'=O$;

$A'[s_i,o_j]=A[s_i,o_j]\cup\{r\}$,$A'[s_m,o_k]=A[s_m,o_k]$,$m\neq i,k\neq j$

(2)回收授权

命令形式:Delete r from $A[s_i,o_j]$,r 为权限,$s_i\in S$,$o_j\in O$

操作顺序:$S'=S$,$O'=O$;

$A'[s_i,o_j]=A[s_i,o_j]-\{r\}$,$A'[s_m,o_k]=A[s_m,o_k]$,$m\neq i,k\neq j$

(3)添加主体

命令形式:Create Subject s_i,$s_i\notin S$

操作顺序:$S'=S\cup\{s_i\}$,$O'=O\cup\{s_i\}$, $A'[s,o]=A[s,o]$,$s\in S$,$o\in O$

$A'[s_i,o]=\varnothing$,$o\in O'$; $A'[s,s_i]=\varnothing$,$s\in S'$

(4)删除主体

命令形式:Destroy Subject s_i,$s_i\in S$

操作顺序:$S'=S-\{s_i\}$,$O'=O-\{s_i\}$

$A'[s,o]=A[s,o]$,$s\in S'$,$o\in O'$

(5)添加客体

命令形式:Create Object o_j,$o_j \notin O$

操作顺序:$S'=S, O'=O\cup\{o_j\}$; $A'[s,o]=A[s,o], s\in S, o\in O$;

$A'[s,o_j]=\varnothing, s\in S'$

(6)删除客体

命令形式:Destroy Object o_j,$o_j\in O, o_j \notin S$

操作顺序:$S'=S, O'=O-\{o_j\}$; $A'[s,o]=A[s,o], s\in S', o\in O'$

3.1.4 授权管理

从第3.1.3节介绍的操作中可看出主体能够生成客体,从而该主体可拥有对该客体的最高权限,由此容易实现自主存取控制。这表明该主体"拥有"特权,但同时也反映了只能由客体的属主才能执行对该客体的回收操作。

在HRU模型中存在特权衰减原则(Attenuation of privilege),这表明在授权操作过程中,体现为除客体的属主外,被授权主体的"特权"必弱于授权主体的特权。HRU模型授权管理的优点是逻辑关系明确,操作、管理方便;缺点是效率低,因为每次访问时需要扫描整个存取矩阵,此外存取矩阵是一个稀疏矩阵,其空间浪费较大。解决效率低的常用方法有对用户进行分组等。

3.2 动作-实体模型

动作-实体模型AE(Action-Entity model)分别由Bussiolati等人于1983年和Fugini Matella于1984年提出并发展。该AE模型将信息系统中的存取授权和权限管理分开表示,并强化系统的权限管理和授权,其目的是纠正HRU模型和另一种存取矩阵模型——取-予模型中的权限管理无选择性,加强了对权限传输流的控制。

3.2.1 动作-实体模型的存取方式

实体是一个与安全相关的元素,它能表示资源(组)和相应的授权或保护要求。系统实体是需要特别授权和保护的特定的系统元素。实体比一般客体表示的范围大、内涵多。

动作就是存取方式,它包括静态存取和动态存取两种方式。静态存取方式是不修改系统的授权状态的动作;而动态存取方式是可以修改系统的授权状态、进行增删权限的动作。

静态存取方式涉及两个实体,存取方式有:①Use:使用者和被使用者;②Read:读取一实体的内容;③Update:修改或处置一实体;④Create:增加一实体;⑤Delete:删除一实体。

静态存取方式的级别是:Create/Delete(4级,最高);Update(3级);Read(2级);Use(1级,最低)。

动态存取方式将涉及3个实体,存取方式有准许/撤销、授予/回收两种:

(1)Grant/Revoke——准许/撤销

若实体E_i持有对实体E_j的Grant/Revoke以动态存取方式m访问实体E_k的权限,则允许实体E_i授予/回收实体E_j对实体E_k的存取方式m,如图3.1所示。

当且仅当一实体具有某个权限时,它才能管理这个权限,而E_k被称为授权的参数。

(2)Delegate/Abrogate——授予/回收

若实体E_i持有对实体E_j的Delegate/Abrogate以动态访问方式m访问实体E_k的权限,则

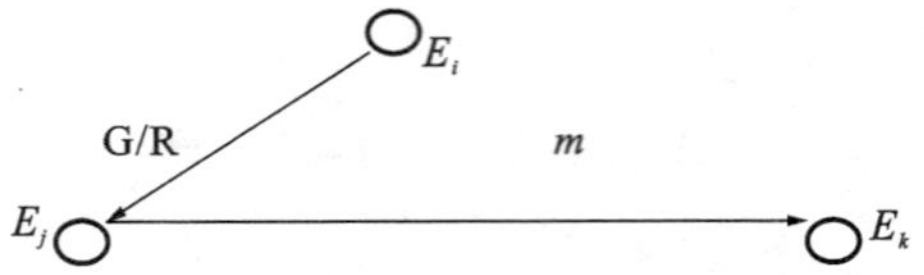

图 3.1 动作-实体模型的 Grant/Revoke 动态存取方式

允许实体 E_i 授予/回收实体 E_j 关于实体 E_k 上存取方式 m 的动态授权 Grant/Revoke 的权限。若 E_i 并不持有对 m 的权限,则会自动授予此权限。其授予/回收过程如图 3.2 所示。

授予/回收能实施对管理者的管理,E_k 被称为授予参数。被授予此权限的只限于少数系统实体。

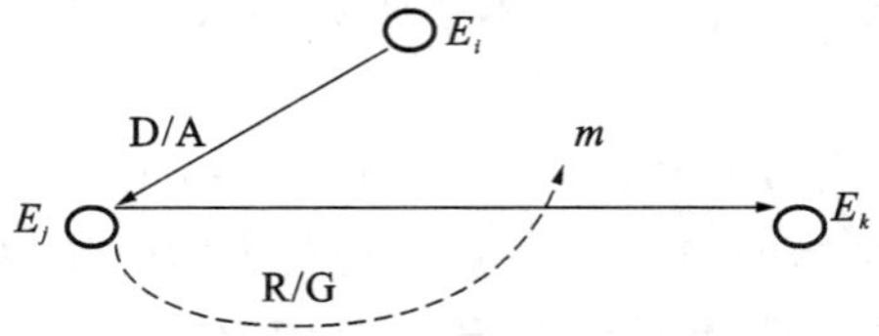

图 3.2 动作-实体模型的 Delegate/Abrogate 动态存取方式

动态存取方式的级别分为权限 D/A(Delegate/Abrogate)——1 级和 G/R(Grant/Revoke)——2 级两种,2 级的级别比 1 级高。

存取方式的级别确定了一种包含及隐含关系。如果实体 E_i 被授予级别 L' 的方式存取 E_j,则 E_i 也默认以级别 $L''\leqslant L'$ 的所有存取方式存取 E_j。利用级别可简化对存取权限的授予与回收工作,实现按级别管理,呈宝塔形管理,从而可提高安全性。这类似于强制安全策略(将在后续节中介绍)中的允许安全。

若实体 E_i 具有对 E_j 的最高静态存取方式(Create/Delete)并具有对 E_j 的 D/A 权限,则 E_i 是 E_j 的属主 Owner。要求实体的 Owner 是唯一的,也即 D/A 存取方式的授权是排他地授予属主的。

3.2.2 动作-实体模型的授权

授权是两个实体间的二元关系,它表示两个实体、存取方式、方向和谓词等属性。例如,G/R、D/A 存取方式表明了一种授权。所谓谓词是指满足所允许的所有存取条件,它是附加在存取方式上的条件。

静态授权涉及管理实体 i、被授权实体 j:

$$A_{ij}=a\sim\{p_{ij}\}$$

其中 a 表示存取方式(权限),$\{p_{ij}\}$ 表示谓词(时间、位置、数据条件)。

对于每个施加在给定实体内容(如某种具体形式的数据)上的条件,访问控制模型视情况将实体分为两种:一种实体包含满足条件的数据,另一种包含不满足条件的数据。从而,若对一个实体的授权包含一个依赖于数据值的条件,则可定义一个恰当的、只包含满足条件的数据的实体(这样的实体称为子实体),这样访问存取仅对此子实体进行。

比如,授予用户可读"职工"数据表中的"工资"低于某个给定值的元组的权限,便可定义一个新的子实体,其中元组是"职工"数据表中工资低于给定值的元组,然后授予用户存取这个子实体的权限。

动态授予访问权限的方式为：

$$A_{ij/k}=a\sim\{p_{ij}\}$$

其中 a 表示存取方式(权限)，$\{p_{ij}\}$表示谓词(时间、位置、数据条件)，i 为管理实体，j 为被授权实体，k 代表参数实体。

对于实体集 E_i，可定义它的两个授权状态实体集 $S_a(E_i)$和保护状态实体集 $S_p(E_i)$。$S_a(E_i)$是 E_i 所持有的在信息系统实体上的所有授权，而 $S_p(E_i)$是由信息系统其他实体持有的对 E_i 的所有授权。

$S_a(E_i)$和 $S_p(E_i)$的形式表示如下：

$$S_a(E_i)=\{A_{ij}^{h_j},E_i\},j=1,\cdots,N,j\neq i,h_j\geqslant 1$$

$$S_p(E_i)=\{A_{ji}^{m_j},E_i\},j=1,\cdots,N,j=i,m_j\geqslant 1$$

其中 N 表示信息系统中实体的总数，$A_{ij}^{h_j}$ 代表E_i 在E_j 上的第h 个操作，$A_{ji}^{m_j}$ 代表E_j 在E_i 上的第 m 个操作；$S_a(E_i)$式中的j 表示E_i 可对某个操作执行的所有实体的数目，其值可组成一个集合 J；$S_p(E_i)$式中j 表示可在E_i 上执行操作的所有实体的数目，其值可组成一个集合R；h_j 表示$S_a(E_i)$中实体 E_i 与E_j 之间的操作数，即 $|S_a(E_i)|=\sum_j h_j,\forall j\in J$；$m_j$ 表示$S_p(E_i)$中实体E_i 与E_j 之间的操作数，即 $|S_p(E_i)|=\sum_j m_j,\forall j\in R$。

动作-实体模型中的实体在$S_a(E_i)$和$S_p(E_i)$基础上进行分类，分为主动实体、被动实体和混合实体。主动实体是能在信息系统的其他实体上执行操作的实体，即满足 $S_a(E_i)\neq 0$ 的实体，如 *root*(源实体)等。被动实体是只能受信息系统其他实体执行操作的实体，自身不能执行操作，即满足 $S_p(E_i)\neq 0$ 的实体，如数据文件、数据项(目的实体 / 受实体)等。混合实体是既能执行操作又能接受其他实体执行操作的实体，即满足$S_a(E_i)\neq 0$和$S_p(E_i)\neq 0$的实体，如程序、进程(线程)、数据库业务(有源有目的实体)等。

3.2.3　动作-实体模型的结构

首先介绍静态和动态动作授权图，然后讨论安全级别表、实体状态表和动作层次表问题。

静态动作授权 SG 如图 3.3 所示，弧上标有静态访问 DA 权限(说明：弧上打×表示有谓词约束)。

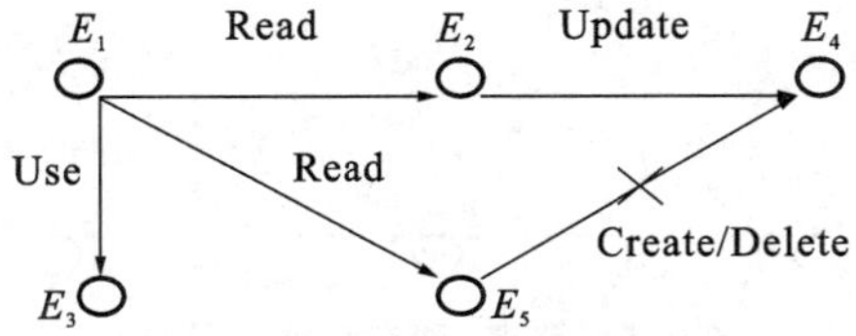

图 3.3　静态动作授权 SG

E_1—用户；E_2—应用程序；E_3—外设；E_4—数据记录；E_5—应用程序

例如，A_{13}=use～{p}表示如果“{p}——在早上 8:00 到中午 12:00 的时间内”，则“E_1 用户”可以“Use 使用”“E_3 外设”。

动态动作授权 DG 见图 3.4，弧上打×表示有谓词约束。类似地，弧上标有静态访问 SA 和动态访问 DA，必要(仅用于 Delegate 和 Abrogate)时应标明{p}，它表示可在其上执行传递管理权限 Grant 的实体。

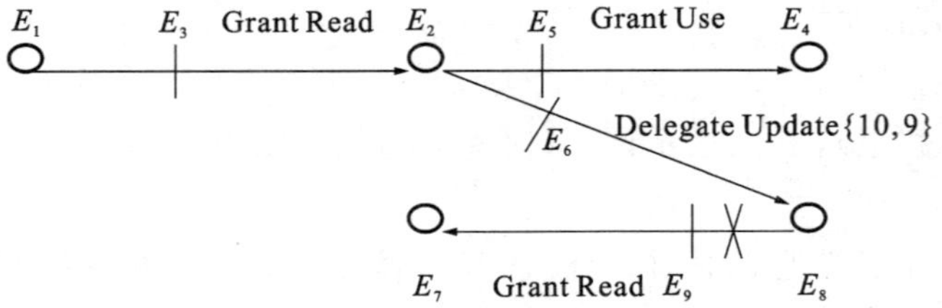

图 3.4 动态动作授权 DG

E_1、E_2(E_{10})—用户；E_3—数据文件；E_5—外设；E_6—数据记录、字段；E_4、E_7、E_8、E_9—应用程序

例如，$A_{12/3}$=Grant-Read～{p}表示如果"{p}——E_2 用户属于某工程的用户"，则"E_1 用户"将"Grant 授予"对"E_3 数据文件"的"Read 读权限"给"E_2 用户"。

动态动作的授权具有传递性。安全级表用于为每个实体分配一个授权级别和一个保护级别，它为每个实体 E_i 提供静态动作 A_i^+ 和动态动作 A_i^-。

实体 E_i 的静态动作 A_i^+ 表示实体 E_i 能在信息系统实体上执行的最高级别的静态动作，又称 E_i 的主动潜能(Active Potentiality)。实体 E_i 的动态动作 A_i^- 表示信息系统实体能在实体 E_i 上执行的最低级别的动态动作，又称 E_i 的被动潜能(Passive Potentiality)。主动/被动潜能由安全管理员定义。在分配过程中，要求对被动实体不能定义主动潜能，对主动实体不能定义被动潜能。

【例 3.1】 设安全级表如下：

实体	潜能	动作	实体性质
E_1	A_1^+	Update	用户
	A_1^-	—	
E_2	A_2^+	Update	应用程序
	A_2^-	Create/Delete	
E_3	A_3^+	Create/Delete	外部设备
	A_3^-	Use	
E_4	A_4^+	—	数据记录
	A_4^-	Create/Delete	
E_5	A_5^+	Create/Delete	应用程序
	A_5^-	Create/Delete	

静态/动态动作示意图见图 3.5。

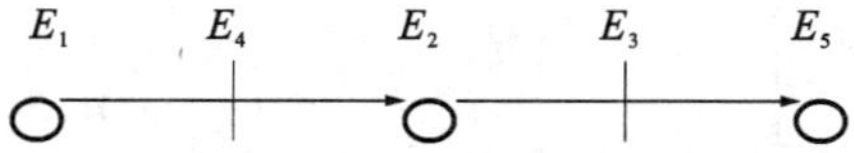

图 3.5 静态/动态动作示意图

实体状态表用于验证对动态动作的授权/回收要求的合法性。它给出信息系统中拥有其他实体的实体，并列出它们所拥有的实体。

【例 3.2】 设实体状态表如下：

属主实体	所拥有的实体
E_1	E_5，E_7，E_8
E_4	E_6
E_7	E_2，E_3，E_4

则其实体状态示意图见图 3.6。

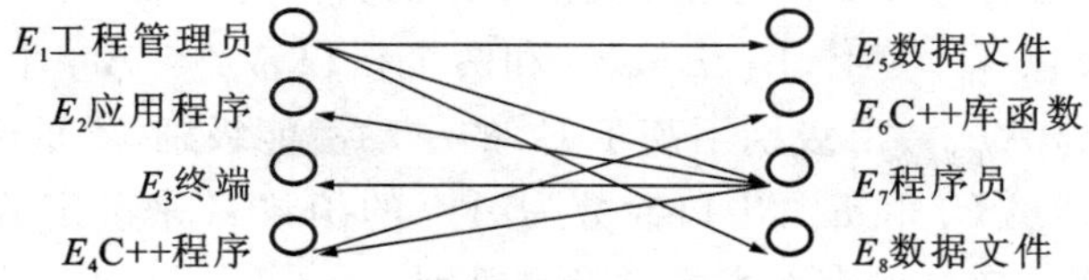

图 3.6 实体状态示意图

动作层次表反映模型中动作的层次级别，它能分别给出静态/动态动作的级别，可将安全级别表和实体状态表看作动作-实体模型的动作层次表。

3.2.4 一致性与变换规则

动作-实体模型在其生命周期必须遵守以下 3 种一般规则：

①内部一致性规则——保证 SG 图与 DG 图的结构与所表示的保护系统在结构、性质和安全关系上是一致的。静态动作授权 SG 内部一致性规则是表达系统中说明的授权的操作含义，它要保证由于新的授权而修改了的 SG 图与安全级别表是一致的，即一实体只能执行或接受与其在信息系统中类型、角色相容的存取方式。操作含义应有清晰的解释。具体实现的方法是使用过滤 filter 函数，它对每一修改 SG 的请求进行检查，对照安全级别表和实体状态表以保证 SG 的内部一致性。

动态动作授权 DG 内部一致性规则保证动态授权与由系统策略确定的管理权限的要求一致。

②相互一致性规则——保证 SG 图与 DG 图在所表示的授权上是一致的，它反映对信息系统的保护策略，例如权限的授予者不具有某个权限，则不能传播这个权限。

③变换规则——控制间接的授权和存在授权的传播。

动作-实体模型必须遵守的规则：

①规则 3.1(排他性规则)。设实体 E_j 是实体 E_k 的属主，并设有其他任一实体 E_i($\forall i, k \neq j$, $k \neq i$)能够持有 Grant *SA* 类型的授权 $A_{ij/k}$(其中 *SA* 是任一静态动作)，也就是 E_j 是 E_k 的属主，E_j 能执行最高级别的存取方式(Create/Delete)，但其他实体都不能管理 E_k 上的授权。

②规则 3.2(属主性规则)。仅当 E_i 是 E_k 的属主(或间接属主)时，E_i 才能被授予对于 E_k 的 Delegate/Abrogate 权限，也就是说，只有实体的属主才能管理所属实体的授权。

③规则 3.3。设实体 E_j 持有授予另一实体 E_m 级别为 L' 的静态动作的权限，且授权的参数为 E_k，实体 E_i 是 E_k 的属主，那么仅当 $L(SA)>L'$ 时，E_i 能在 E_j 上执行 Delegate *SA* 类型的动态动作 $A_{ij/k}$。

④规则 3.4。实体 E_j 通过 Delegate 动作接受一个级别为 L 的静态动作 *SA*，E_j 仅能向那些主动潜能为 A^+ 的且级别 $L'>L$ 的实体 E_m 授予此静态动作 *SA*。

规则 3.3 和 3.4 的示意图见 3.7。

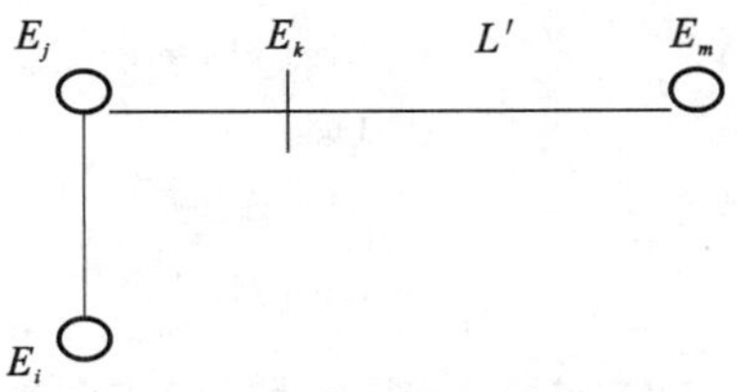

图 3.7 规则 3.3 和 3.4 的示意图

下面讨论动作-实体模型的SG变换规则。SG变换规则直接指派为显式的授权动作，但有时存在隐式即间接的授权，此规则的目的是通过变换来指出实体间间接的所有权限。

SG变换规则是定义在3个实体E_i、E_j、E_z和两个授权A_{ij}与A_{jz}上，由此确定一条授权链$A_{ij}—A_{jz}$执行的静态动作A_{iz}。A_{iz}级别不高于E_i的主动潜能级别，不低于E_j的被动潜能级别。可设计入口参数为A_{ij}、A_{jz}、E_i和E_z，出口参数为A_{iz}的函数F来确定A_{iz}。此函数F与E_i和E_z的性质角色一致，依赖于实体的存取方式类型和级别。

设$L(A)$是A的级别，则可用下列方法(程序语句)处理函数F以确定$L(A_{iz})$的值：

if($L(A_{ij})>L(A_{jz})$)then $L(A_{iz})=L(A_{jz})$

else //比较安全级别表中E_i的潜能

　　if ($L(A_{ij})>L(A_i^+)$)then $L(A_{iz})=L(A_i^+)$

　　else $L(A_{iz})=L(A_{jz})$。

在检查A_{jz}的级别时，无需考虑E_j的潜能，它保证不会违反规则中对被动潜能的要求。若A_{ij}和A_{jk}是由谓词P_{ij}和P_{jk}约束的，则导出的授权A_{iz}的谓词P_{iz}是P_{ij}与P_{jz}的交，即$P_{iz}=P_{ij}\wedge P_{jz}$。当$E_i$与$E_j$之间的路径包括多个实体时，则将两个实体组成一组，函数F每次处理一组。

【例3.3】 设静态/动态动作如图3.8所示。

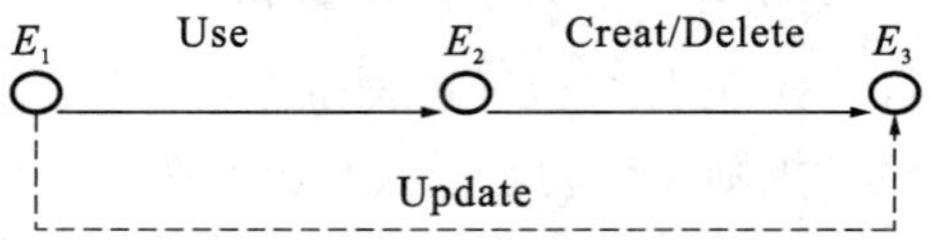

图3.8 例3.3的静态/动态动作

执行函数F前的安全级表为：

实体	潜能	动作	实体性质
E_1	A^+	Update	用户组
	A^-	—	
E_2	A^+	Creat/Delete	外设
	A^-	Use	
E_3	A^+	—	数据文件
	A^-	Creat/Delete	

那么，执行函数F后的安全级表为：

实体	潜能	动作	实体性质
E_1	A^+	Creat/Delete	用户组
	A^-	—	
E_2	A^+	Creat/Delete	外设
	A^-	Use	
E_3	A^+	—	数据文件
	A^-	Creat/Delete	

接下来，考虑动作-实体模型的DG变换规则。对于由DG变换规则控制系统中的权限流(即由于执行了动态动作而引起的静态和动态动作流)，通过执行多个动态动作所导致的授权称为间接

授权，此时必须检查它与安全要求是否一致。比如，用户 E_1 能授予另一用户 E_2 更新数据文件 E_3 的权限，且用户 E_2 能授予应用程序 E_4 读数据文件 E_3 的权限，于是 E_1 能通过 E_1、E_2 和 E_4 链，间接地授予 E_4 某个权限。

定义在 3 个实体 E_i、E_j、E_z 以及两个动态动作 $A_{ij/k}$ 和 $A_{jz/k}$（E_k 是参数实体）的变换规则就是确定间接授权 $A_{jz/k}$。当 $A_{jz/k}$ 依赖于 $A_{ij/k}$ 或者执行 $A_{jz/k}$ 的可能性需要从属于执行 $A_{ij/k}$ 的可能性时，定义间接授权。

Grant *SA* 类型的动态授权 $A_{jz/k}$ 从属于另一授权 $A_{ij/k}$ 的条件有 3 条：①在静态图 SG 中，E_j 与 E_k 没有任何授权 A_{jk} 相链接；②在静态图 SG 中，有一授权 A_{ij}，则 $L(A_{jk})<L(SA)$；③通过 $A_{ij/k}$"Grant"或"Delegate"的静态动作 SA 的级别 $L'\geqslant L(SA)$。

DG 变换的规则是：给定一个 Delegate SA'' 或 Grant SA'' 类的授权 $A_{ij/k}$ 和一个从属于 $A_{ij/k}$ 的 Grant SA' 类授权 $A_{jz/k}$，那么间接授权 $A_{iz/k}$（如存在）的计算由 $SA=F(SA'',SA',E_i,E_z)$ 给出。其中，F 为四元函数，处理 F 函数的方法与 SG 变换规则类似。因为从属动作必须满足条件②，*SA* 总是通过处理函数 F 的第二步计算，因此 $SA=SA'$。

若原始授权有谓词约束，则间接授权的谓词是通过谓词的交运算得到。可以运用此规则到一条授权链上，此链有 2 条性质：一是在链中，只有第一条弧的标号可以是 Delegate *SA*，这是因为 Delegate/Abrogate 类的授权是不能从属授权的；二是沿链的静态授权层次级别不能增加，这可由从属条件③推出。

【例 3.4】 不能导出任何间接授权例，如图 3.9 所示。

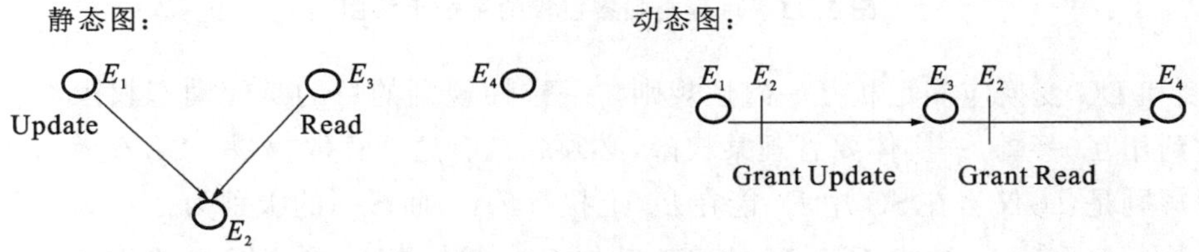

图 3.9 不能导出任何间接授权的示意图

E_1——用户组；E_2——数据文件；E_3——外设；E_4——应用程序

【例 3.5】 可导出间接授权例，见图 3.10。

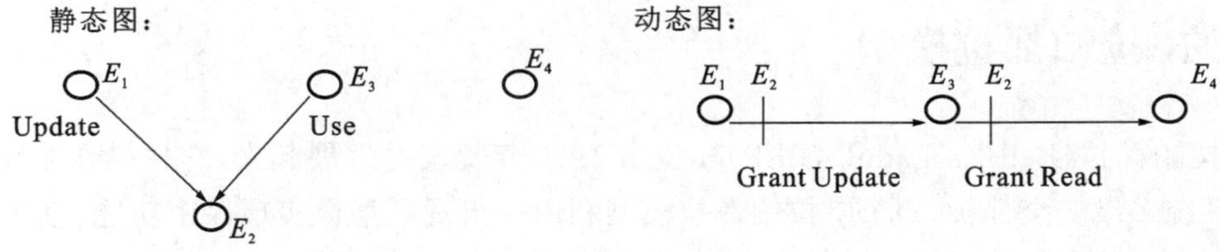

图 3.10 可导出间接授权的示意图

E_1——用户组；E_2——数据文件；E_3——外设；E_4——应用程序

一个实体如果要授予其他实体某个存取方式，那么它必须自己首先持有这种存取方式，而间接授权是追溯的，它依赖于使它满足这一要求的另一授权动作，称为从属动作。

在例 3.4 和例 3.5 中，$A_{34/2}$ 即一个从属动作，因为 E_3 并不持有对 E_2 的"读"权。只有当 E_1 授予 E_3 的"Update"权限后，E_3 才能授予 E_4"Read"权限。

【例 3.6】 可导出间接授权的另一例，见图 3.11。

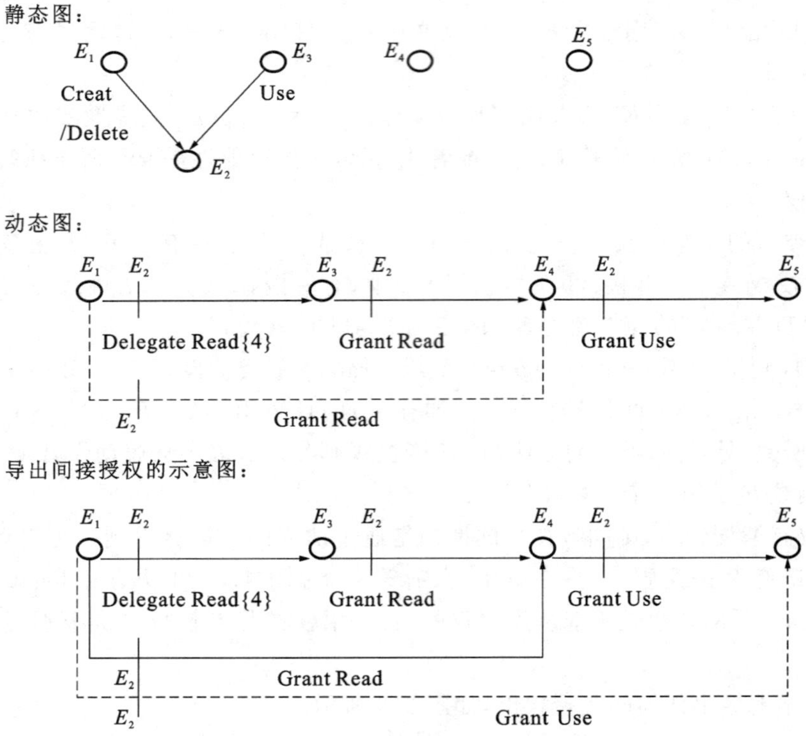

图 3.11 可导出间接授权的另一示意图

SG 变换和 DG 变换应满足相互一致性规则。一致性规则的目的是使动态权限与存取方式的授权状态达到相互一致。一实体要管理某权限，必须先持有这一存取权限。SG 变换和 DG 变换的相互一致性规则是：①仅当在 SG 中 E_i 能在 E_k 上执行 SA'，而 SA' 的级别为 L' 时，则 E_i 才能授予 E_j 在 E_k 上执行级别为 L（要求 $L' \geqslant L$）的静态动作 SA；②如果 E_j 能执行一级别为 L 的静态动作 A_{jk}，则在 DG 中 E_i 能授予 E_j 在 E_k 上的、只执行级别为 $L' > L$ 的静态授权的权限；③对每个 Delegate SA 类型的授权 $A_{ij/k}$，相应的 Create/Delegate 类型的授权 A_{ij} 必须在 SG 图中存在，对实体存取方式的 Delegate/Abrogate 权限，只能由此实体的属主执行。

3.3 贝尔-拉帕都拉模型

贝尔-拉帕都拉(Bell-La Padula，BLP)模型于 1973 年提出并发展起来，它在操作系统 OS 层面提供信息系统多级安全保护。贝尔-拉帕都拉模型利用一组规则集合实现保密功能，基于强制存取控制策略来实现数据安全。

3.3.1 贝尔-拉帕都拉模型的基本概念

贝尔-拉帕都拉模型将信息系统中的实体分为主体和客体两类。主体(Subject)是主动的、能执行动作的元素。每个主体被指派一个允许操作的保密级和完整级范围：最小/最大保密级和最小/最大完整级，并将[最小保密级，最大完整级]称为主体的写级，而将(最大保密级，最小完整级)称为主体的读级。客体(Object)是一个包含有信息的被动元素的容器，它不是数据库的抽象结构，而是底层操作系统中的单个文件。每个客体分配一个固定的唯一的标识符和唯一的存取级别，必须对其进行存取控制。

主体又可以进一步细分为可信主体和不可信主体。可信主体是读级严格支配写级的主体，不可信主体是读级等于写级的主体。对不可信主体需加强访问监控。

对于信息系统元素密级，即安全级别 Security Level 可定义为：$L=(C,S)$，C 为密级(Classification)，S 表示范围 Categories（系统中非分层元素集合的一个子集）。密级分为绝密（Top Secret）、机密（Secret）、秘密（Confidential）和公开（Unclassification）4 种，并满足全序关系，即"$>$"关系。安全级别将满足偏序的格称为支配（dominate），即满足"$\geq$"关系。

设安全级别 $L_1=(C_1,S_1)$、$L_2=(C_2,S_2)$，则 L_1 支配 L_2 成立（记 $L_1 \geq L_2$），当且仅当 $C_1 \geq C_2$ 和 $S_1 \supseteq S_2$ 成立；类似有：$L_1 > L_2$ 成立，当且仅当 $C_1 > C_2$ 和 $S_1 \supset S_2$ 成立；$L_1 < L_2$ 成立，当且仅当 $C_1 < C_2$ 和 $S_1 \subset S_2$ 成立；$L_1 \leq L_2$ 成立，当且仅当 $C_1 \leq C_2$ 和 $S_1 \subseteq S_2$ 成立。

若对于给定的 L_1 和 L_2，如 $L_1 \geq L_2$ 与 $L_1 \leq L_2$ 均不成立，则称 L_1 与 L_2 不可比较（inmcomparable）。

贝尔-拉帕都拉模型 BLP 对信息系统中的每个用户（主体）分配一个安全级别，称为允许安全级（clearance），即对用户的置信度；同时，贝尔-拉帕都拉模型对信息系统中的每个客体也分配一个安全级别，以反映信息的敏感度和对数据的损害度。

贝尔-拉帕都拉模型 BLP 中主体对客体可执行的存取（访问）方式有 4 种：①只读（Read-only）；②添加 Append；③执行 Execute；④读写 Read-Write。

贝尔-拉帕都拉模型支持基于隶属关系的分散管理，即客体的建立者是客体的属主。属主拥有对此客体的存取权限，并可将这些权限授予/回收其他用户，但隶属关系不变。

3.3.2　信息系统状态

在贝尔-拉帕都拉模型中，使用四元组(B,M,F,H)来描述信息系统的状态，其中 B 表示当前存取集合，形如〈主体，客体，存取方式〉（即$\langle S,O,M\rangle$）；M 为存取矩阵 $M(S,O)$，用以描述主体 S 以何种方式存取（访问）客体 O；F 是与信息系统中各主体和各客体及它们安全级别相联系的一个级别函数，即 $F:S\cap O \rightarrow L$，其中 S、O、L 分别是主体、客体、安全级别的集合；H 为当前客体的层次结构，是一棵带根有向树，其节点与客体对应，未激活或不可存取的客体不包含在其中。

每个客体只有一个（建立时赋予的）安全级别，记为 F_0；而每个主体可以有 2 个安全级别：允许安全数 F_s 和当前安全数 F_c（可变的，注册时使用），并且成立 $F_s(S) \geq F_c(S)$。

3.3.3　贝尔-拉帕都拉模型的操作

贝尔-拉帕都拉模型提供 8 个操作：①Get access：按要求的方式对客体的存取进行初始化，实现在当前存取集 B 中增加三元组；②Release access：终止之前 get 开始赋予的存取方式，实现在当前存取集 B 中删除三元组；③Give access：授予一个主体对一个客体的某种存取方式，它修改存取矩阵 M，即在存储矩阵中插入一项；④Rescine：回收之前由 Give 开始授予的存取方式，它修改存取矩阵 M，即在存储矩阵中删除一项，它有强制 Release 的作用，即删除当前存取集 B 的三元组（要求回收授权的主体对操作所涉及的客体的父节点应具有存写权）；⑤Create object：激活一个客体，将其变为可存取（可访问），此操作修改当前客体的层次结构 H，即在节点有向树中增加一节点（客体）；⑥Delete object：将客体状态转为未激活状态，它修改当前客体的层次结构 H，即在节点有向树中删除一节点（客体）及其后续节点（客体），并修改当前存取集 B，使能存取该客体的主体以存取此客体的方式终止；⑦Change subject security level：改变主体的当前安全级别（在允许安全级别下)，它修改安全级别函数 F；⑧Change object security level：修改客体(未激活的)的安全级别，并修改安全级别函数 F(只能增加安全级别，但必须满足 $F_s \geqslant F_o$)。

3.3.4 贝尔-拉帕都拉模型的规则

贝尔-拉帕都拉模型有 6 条具体的安全规则。

(1)简单安全规则 SS

简单安全规则 SS 的含义是仅当一主体的安全级别支配另一客体的安全级别时，主体才能具有对此客体的存取权限(Read-only 和 Read-Write)。如果读和写存取方式的元素 $M(S,O)$ 均有 $F_s(S) \geqslant F_o(O)$，那么 $V=(B,M,F,H)$ 满足 SS 规则。简单安全规则 SS 的目的是防止主体读取安全级别比它的允许安全级别高的客体中的信息，阻止主体直接从不允许它存取的级别的客体中存取信息。

(2) * 规则

* 规则的含义是：①仅当此客体的安全级别支配主体的当前安全级别时，一个不可信主体可对一个客体具有“添加”权限；②仅当此客体的安全级别等于主体的当前安全级别时，一个不可信主体可对一个客体具有“写”权限；③仅当此客体的安全级别受主体的当前安全级别支配时，一个不可信主体可对一个客体具有“读”权限。

一个信息系统的状态 $V=(B,M,F,H)$满足 * 规则，当且仅当对每个主体 $s \in S'$(S'是不可信主体的集合，$S' \subseteq S$)，且对所有客体 $o \in O$，有：

$$\text{append} \in M[s,o] \Rightarrow F_c(s) \leqslant F_o(o);$$
$$\text{write} \in M[s,o] \Rightarrow F_c(s) = F_o(o);$$
$$\text{read} \in M[s,o] \Rightarrow F_c(s) \geqslant F_o(o)。$$

对不可信主体，* 规则包括了简单安全规则 SS，其证明如下：设 s'是不可信主体，o 是一客体，$m \in M[s,o]$是满足 * 规则的存取方式授权(从全部 4 种操作来考虑)。首先，若 $m=$append 或 $m=$execute，则 m 一定满足 SS 规则，这是因为 SS 规则没有对其施加任何限制；此外，若 $m=$write，因为 m 满足 * 规则，所以 $F_c(s')=F_o(o)$，又因为 $F_s(s') \geqslant F_c(s')$，所以 $F_s(s') \geqslant F_o(o)$，因此 SS 规则成立；最后，若 $m=$read，因为 m 满足 * 规则，所以 $F_c(s') \geqslant F_o(o)$，又因为 $F_s(s') \geqslant F_c(s')$，所以 $F_s(s') \geqslant F_o(o)$，因此 SS 规则成立。

上述两规则的适用范围不同，SS 规则要求对所有主体均成立，而 * 规则仅要求对不可信主体成立。

利用简单安全规则 SS 和 * 规则可推出两条基本规则：①No Read-Up secrecy：一个主体仅能读取其安全级别受此主体安全级别支配的客体的信息；②No Write-Down secrecy：一个主体仅能向其安全级别支配此主体安全级别的客体写信息。

这 2 条基本规则体现了强制存取控制策略，它控制了系统中信息的流动，以确保在没有所需的允许安全级别时，主体不能存取(访问)它不应存取(访问)的信息。

(3)稳定规则(tranquility principle)

稳定规则的含义是不能随意激活客体，目的是使信息系统稳定。它规定允许一个主体能修改、激活客体的密级。

(4)自主安全规则(discretionary security property)

自主安全规则的含义是一个主体只能在获取了所需的授权后才能执行相应的存取操作，也就是在存取矩阵中有相应的项。

当且仅当对任何一个主体 s、客体 o 和存取方式 m，有：

$$<s,o,m>\in B \rightarrow m\in M(s,o)$$

则称信息系统状态满足自主安全规则。

规则(1)～(4)为基本规则，满足它们的信息系统认为是安全的。

(5)未激活客体的不可存取性规则(non-accessibility of inactive objects)

未激活客体的不可存取性规则的含义是一个主体不能读取一个未激活客体的内容。该规则的形式化表示系统状态 $V=(B,M,F,H)$满足未激活客体的不可存取性规则，当且仅当对任一主体 s、任一未激活客体 o，成立：

$$s,o,p\in B\rightarrow p\neq\text{“read”}\wedge p\neq\text{“write”}。$$

(6)未激活客体的重写规则(rewriting of inactive objects)

未激活客体的重写规则的含义是使每次激活时，其初始状态都不同，也就是每个新激活客体均被赋予一个独立于前一次激活状态的初始状态。

贝尔-拉帕都拉模型主要适用于安全操作系统。在 BLP 模型中，需要给主体和客体分配安全标记，并根据安全标记与访问权限控制矩阵，实时监控主体对客体的每一次存取(访问)操作，以确保存取(访问)操作符合 BLP 模型的安全特性。局域网自身缺乏集中控制机制，网内主机具有自主性、其他主机无法监控其内部的行为，网络拓扑结构多样容易导致泄密，对总线式网络拓扑结构可进行网络监听非法获取数据，网内主机之间的通信协议灵活多样，无法针对所有协议进行防护，这使得泄密行为更加难以控制。这表明，BLP 模型难以适用于网络环境。

3.4 局域网环境信息安全模型

司天歌等人对贝尔-拉帕都拉模型 BLP 进行改进，给出一个 L-BLP 模型以使其适用于局网环境的信息安全访问控制。

在 L-BLP 模型中，形式化地将局域网表示为(C,G,P,W)，其中：(1)$C=\{c_i\}$表示网络中计算机集合，c_i 表示网络中第 i 台计算机，若$|C|=1$，则表示此时网络仅由单台计算机组成。令 e 表示与该局域网互通的外部网络，并将其视作一个特殊的计算机。如果 L-BLP 与外网相连，则 $e\in C$，否则 $e\notin C$。(2)$G=\{g_i\}$表示动态监控设备集合。(3)$P\{p_i\}$表示资源服务器集合。(4)$W\subseteq(C\cup G\cup P)\times(C\cup G\cup P)$表示实体的直接通信关系。$\forall\ a,b\in C\cup G\cup P$，$(a,b)\in W$ 表示 a 可向 b 直接发送数据，$(a,b)\notin W$ 表示 a 不可向 b 直接发送数据。(a,b)是有序对，并规定$(a,a)\in W$。(5)$(a,*)=\{x\mid(a,x)\in W,x\in C\cup G\cup P\setminus\{a\}\}$，$(*,a)=\{x\mid(x,a)\in W,x\in C\cup G\cup P\setminus\{a\}\}$分别表示可与 a 直接通信的设备集合。

在 L-BLP 模型中，把网络中的每个主机作为一个受控的主体，即系统的主体集合 SC。L-BLP 控制的资源包括两部分：一部分是包括主体需要的各种程序和数据文件目录等静态资源；另一部分是主体之间通信数据的动态资源。对于静态资源，管理员可以直接根据资源标识划分密级，把资源作为客体直接进行机密性控制，但要求这些资源位于主体之外，否则将无法对这部分客体进行监控，同时这也满足了应用中提出的对重要数据进行集中管理的需求，可将这部分静态数据集中存放于集合 P 的元素中。对于动态资源，系统无法对内容未知的通信数据划分密级，但可转为对可划分密级的通信行为(即通信关系)进行控制。客体集合 $O=W\cup\{p_i$ 对外提供的数据$\}$。

在 L-BLP 模型中，由 G 与 P 共同监控主体对客体的访问：G 负责控制主体对客体中动态部分(即通信关系)的访问操作，g_i 与交换机设备类似，可连接多个主体完成它们之间的数据转发工作，

同时 g_i 记录所有主体的敏感标记信息，并根据主体的敏感标记信息，动态地决定主体之间的通信关系；P 负责控制主体对静态客体资源的访问操作，p_i 记录自身存储的静态资源的敏感标记信息，并根据主体和客体的敏感标记以及 BLP 模型的安全属性决定是否授权主体对客体的访问操作。

在 L-BLP 模型中，访问控制矩阵、静态客体资源、主客体的敏感标记等信息分别保存在新的实体 G 和 P 中，系统还要控制主体之间的动态客体资源。当 L-BLP 模型进行状态转换时，按适应网络环境的状态转换规则进行控制。这些状态转换规则包括：任一主体 s 存取（访问）P 上存储的客体 c 的规则、主体 s_2 向主体 s_1 经过 P 上传输静态客体 c 的规则、主体 s_2 向主体 s_1 进行数据通信的规则。

3.5 伯巴模型

伯巴（Biba）模型于 1977 年提出，它类似于贝尔-拉帕都拉模型。该模型提出自主的安全策略——主体、客体统一处理安全级别，非自主的安全策略——主体、客体有各自的安全级别。伯巴模型通过防止非授权的信息扩散来保证安全性，但不能防止非授权修改。

伯巴模型的非自主安全策略包括：①主体的下限标记策略，它的特点是主体自己动态地降低安全级别，缺点是不具有原先的权限。②客体的下限标记策略，它的特点是客体动态地降低自己的安全级别，缺点是易泄漏信息，且不能调回原级。③下限标记完整审计策略，它是策略②的修改，在策略②中客体级别是相对固定的，而在本策略中客体级别是可变化的，该策略的缺点是需审计并记录违反的操作。④环策略，特点是固定主体、客体安全级别，该策略的缺点是低级别信息会流向高级别主体，然后可执行级别高的操作。⑤严格完整性策略，包含 No Read-Down 和 No Write-Up 两条完整性规则。

伯巴模型的自主安全策略的实现过程是，首先将各种权限形成一个同心的环簇（环号越小，表示其权限越高），然后对每个主体分配一个权限属性（即环号），同时将所有客体组成层次结构、形成带根树，最后利用存取控制列表，给客体分配一个表以指定存取控制的权限。

3.6 史密斯-温斯莱特模型

史密斯-温斯莱特模型是 Swith 和 Winslet 于 1992—1994 年提出并完善的。它基于置信（belief）概念，能解决同一实体具有不同安全级别的多个值问题，适于数据库应用。

3.6.1 史密斯-温斯莱特模型的存取规则和多级关系

史密斯-温斯莱特模型的存取规则包括：①更新存取——插入、删除、修改，对应贝尔-拉帕都拉模型的 No Write-Down，但其约束强，即不允许主体更新比自己安全级高的数据库中的数据，只允许主体更新自己所置信的数据。②读访问——读取，对应贝尔-拉帕都拉模型的 No Read-Up，安全级为 L 的主体仅能存取其安全级受 L 支配的数据库中的数据。

史密斯-温斯莱特模型只对关键属性和整个元组划分安全级，这能消除数据库更新所引起的元组增长问题。

在多级关系的数据库中，主体与客体之间的关系见图 3.12。

多级关系的定义为：$R(K, KC, A_1, \cdots, A_n, TC)$，其中偶对 (K, KC) 为实体标识 EID，K 表示关键属性集合，KC 为关键属性密级，TC 为元组 $(A_1, \cdots, A_n)$ 密级。

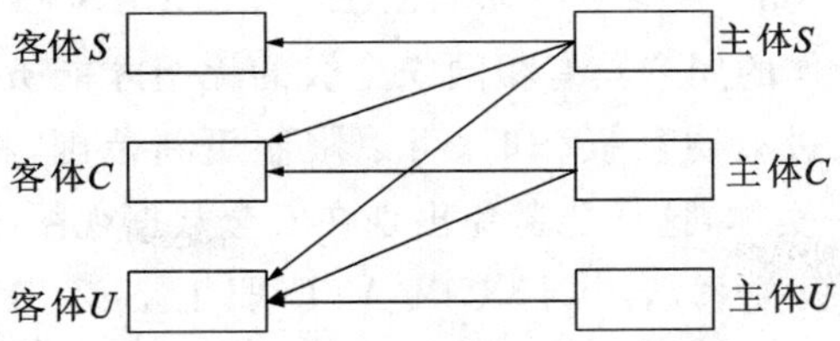

图 3.12 多级数据库中主体与客体之间的关系

例如，对于多级关系数据库表：

姓名	KC	部门	工龄	TC
鲍华	U	生产	10	U
李林	U	生产	15	U
安林	U	信息	20	C
赵明	S	信息	20	S

机密级 S 元组实例为：

赵明	S	信息	20

秘密级 C 元组实例为：

安林	U	信息	20

公开级 U 元组实例为：

鲍华	U	生产	10
李林	U	生产	15

相同关键属性值和不同关键密级的元组是不同的实体；关键属性值和关键属性密级相同，但非关键属性的密级不同的元组是同一实体的不同置信。

3.6.2 多级关系的存取

多级关系的存取操作由查询、插入、更新和删除操作组成。

(1)查询操作

格式：SELECT A_i[,A_j] FROM R_k[R_j] WHERE p [BELIEVED BY L]

例如，对第 3.6.1 节中的多级关系执行 SELECT ALL FROM 职工 WHERE 姓名＝“安林” BELIEVED BY Anyone 命令，则如果执行此命令的是安全级为 C 或更高的用户，那么可查询得到元组＜李林(U)，生产，15(U)＞和＜安林(U)，信息，20(C)＞；如果执行此命令的是安全级为 U 的用户，那么查询得到的元组为＜李林(U)，生产，15(U)＞。

(2)插入操作

格式：INSERT INTO R[(A_i[,A_j])] VALUES V

说明：只有原来多级关系中没有具有相同实体标识 EID 的基本元组才可执行插入操作。例如，对第 3.6.1 节中的多级关系执行 INSERT INTO 职工 VALUES“安林，信息，20”命令，若用户为 S 安全级，则由于原关系中不存在要插入的元组，插入操作的结果增加一行新元组＜安林(S)，信息，20(S)＞。

(3)更新操作

格式：UPDATE SET $A_i=a_i[A_j=a_j]$ WHERE p [BELIEVED BY L]

说明：只有与要求更新操作的用户具有相同安全级的元组才能被更新。若不存在可更新的元组，则插入一个新的元组。在进行更新操作时，可以限制更新范围，将其缩小到由 WHERE 说明的、仅由一个 EID 满足的单一实体，这样能避免出现在安全数据视图中存在的元组激增问题。

对于第 3.6.1 节中的多级关系，若执行 UPDATE 职工 SET 工龄＝“25” WHERE 工龄＝“20” BELIEVED BY Anyone 命令，并设用户为 S 安全级，则虽有“安林”的元组符合 WHERE 条件，但安全级 S 用户不信任此元组的存在，即此元组对安全级为 S 的用户是不可见的，从而以 S 级插入一个新的安林元组；另一个满足条件的赵明元组可直接更新。更新之后的元组结果变为：

	鲍华	U	生产	10	U
	李林	U	生产	15	U
	安林	U	信息	20	C
新插⟶	安林	U	—	25	S
更新⟶	赵明	S	信息	25	S

(4)删除操作

格式：DELETE FROM $R_k[R_j]$ WHERE p [BELIEVED BY L]

执行删除操作后，更高一级用户仍能相信被删除实体的存在。对于第 3.6.1 节中的多级关系，若执行 DELETE FROM 职工 WHERE 姓名＝李林 BELIEVED BY Anyone 命令，并设用户为 U 安全级，则执行删除操作后元组结果为：

鲍华	U	生产	10	U
安林	U	信息	20	C
赵明	S	信息	20	S

3.7 基于信息流控制的格模型

前面介绍的信息安全模型是针对信息的直接存取控制而不是针对信息的流动控制提出的。安全信息流要求用户不仅不能直接存取未经授权的数据，而且不能经由其他系统用户或客体存取未经授权的数据。Denning 于 1975—1978 年提出并完善了信息流关系(flow relations)的概念。

3.7.1 信息流安全模型

信息流安全模型 FM 定义为五元组 $FM=\langle N, P, SC, \oplus, \rightarrow\rangle$，其中 $N=\{a, b, \cdots\}$ 为包含信息的客体集合，可以是逻辑结构、物理结构和系统用户；$P=\{p, q, \cdots\}$ 是进程集合，即存取客体的主动实体，所有信息流经由此产生；$SC=\{A, B, \cdots\}$ 表示相应于系统中离散的信息安全级的安全级集合，系统中每个客体 a 被分配一个存取级，而客体分为静态的(生命期中不变的)和动态的(生命期中变化的)客体；$\oplus$ 是一个对安全级作组合操作的二元操作符，它服从交换律、结合律，且是封闭的；$\rightarrow$ 用于定义安全级偶对上信息从一个客体到另一个客体的流关系。

一个信息流模型 FM 是安全的，当且仅当其中各操作的结果不产生违反 $\rightarrow$ 关系的流，即操作 $a_1\oplus a_2\cdots\oplus a_n$ 必须满足安全流关系$\rightarrow$的要求。$\rightarrow$流关系具有传递性。单个操作是安全的就意味着任何后续操作也是安全的。

3.7.2　格导出

信息流关系是一致的：如果 $a \to b$，$b \to c$ 均是安全的，则 $a \to c$ 也是安全的。由此，三元组 $\langle SC, \to, \oplus \rangle$ 形成一个泛界格(lattice，由一个偏序关系的元素有限集和定义在此集合上的最小上界与最大下界运算组成的结构)。

$\langle SC, \to \rangle$ 是一个格，因为：① $\langle SC, \to \rangle$ 是一个偏序集，它满足自反性($\forall \alpha \in SC$ 有 $\alpha \to \alpha$)、传递性($\forall a, b \in SC$ 有 $a \to b$ 且 $b \to c \Rightarrow a \to c$)、反对称性($\forall a, b \in SC$ 有 $a \to b$ 且 $b \to a \Rightarrow a = b$)；② SC 是有限的，即安全级的数目是有限的；③ SC 具有一个下界 $LL \to A$(对所有的 $A \in SC$)；④ $\oplus$ 是定义在 SC 上的最小上界操作符，它满足：如果 $a \to a \oplus b$ 且 $b \to a \oplus b$，则操作数可流入由它所产生的结果中；$a \to c$ 且 $b \to c \Rightarrow a \oplus b \to c$ 成立。

【例 3.7】　有序线性格有 $(C1, S1) \leqslant (C2, S2) \Leftrightarrow C1 \leqslant C2$ 和 $S1 \subset S2$，C 为安全集合，S 为范围集合，$\oplus$ 为最小上界操作符，$\odot$ 为最大下界操作符。

$(C1, S1) \oplus (C2, S2) = (\max(C1, C2), S1 \cup S2)$

$(C1, S1) \odot (C2, S2) = (\min(C1, C2), S1 \cap S2)$

$L = (Unclassified, \{\ \})$

$H = (\text{Top Secret}, S)$

$SC = \{a_1, \cdots, a_n\}$

if $i \leqslant j$ then $A_i \to A_j$

$A_i \oplus A_j = a_{\max(i,j)}$

$A_i \odot A_j = a_{\min(i,j)}$

$L = A_1$

$H = A_n$

则此线性格描述了流关系：

$$A_1 \to A_2 \to \cdots \to A_{n-1} \to A_n$$

【例 3.8】　$S = \{x, y, z\}$ 子集的格。

$SC = \text{powerset}(S)$

if $A \subseteq B$ then $A \to B$

$A \oplus B = A \cup B$

$A \odot B = A \cap B$

$L = \Phi$

$H = S$

S 子集的格描述如图 3.13 所示。

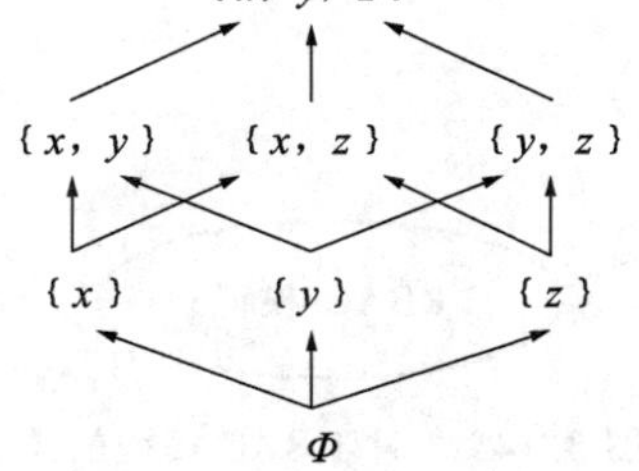

图 3.13　$S = \{x, y, z\}$ 子集的格描述

3.7.3 显式流与隐式流

若导出的数据是直接传送的，则为显式流；而执行一组条件指令而产生的流，则为隐式流。例如，条件语句 if $a=0$ then $b:=c$，当 $a=0$ 时，执行赋值语句，产生一个从 c 到 b 的显式流；而且还产生一个从 a 到 b 的隐式流，而不论 $a=0$ 是否为真。

如果任何由基本指令 S 产生的显式流是安全的，则称 S 是安全的；如果每个 $S_k(1\leqslant k\leqslant n)$是安全的且所有由 C 产生的隐式流是安全的，则条件结构 $S=C:S_1,S_2,\cdots,S_n$ 是安全的。

3.8 基于角色的存取控制模型

3.8.1 基于角色的存取控制模型的要求与特点

首先介绍基于角色的存取控制模型(RBAC)涉及的几个有关概念：用户组——仅作为用户的一个集合来看待，并不涉及它的授权许可。角色既是一个用户集合，又是一个授权许可集合，它是业务系统中的岗位、职位、分工等；一个角色有其权限(Authority)和职责(Responsibility)。

RBAC 模型要求在信息系统中对客体强制性设置若干“角色”。系统管理员所负责的对系统/数据的存取权限是按角色来分配的。引入角色机制之后，存取控制具有可操作性好、可管理性好、简单等特点，这是因为角色的变动远低于个体的变动。

在 Unix 操作系统中，用户组是在两个文件/etc/passwd 和/etc/group 中定义的，授权则以组为单位进行，每个文件或目录与这些组确立了存取访问的授权关系，且这种授权可以传递授受。

RBAC 模型要求在进行操作/管理角色的授权许可时，所花费的时空代价应与操作/管理角色的从属关系的代价大致相等；此外，要求对两种存取控制类型的操作和管理工作应当能够集中到少数几个管理员。

RBAC 模型在不同的系统配置下可显示不同的安全控制功能，既能构造具备自主存取控制类型的信息系统，又可构造强制存取控制类型的信息系统，甚至可构造同时具备这两种存取控制类型的信息系统。

3.8.2 基于角色的存取控制模型的构成

基于角色的存取控制模型(RBAC)共有 RBAC0～RBAC3 模型 4 种，它们的关系如图 3.14 所示。

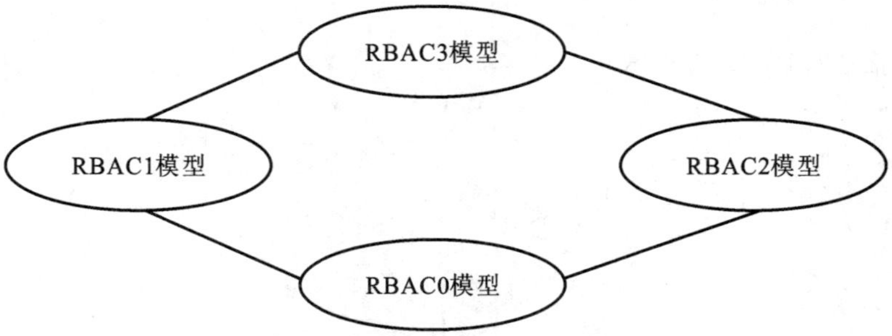

图 3.14 4 种 RBAC 模型的关系

(1)基本模型 RBAC0

基本模型 RBAC0 由用户 U、角色 R、会话 S 和授权 P 组成,它的关系是多对多关系,对每个角色设多个授权关系,包括授权 Authoriation、Access right、Privilege 和 Permission。设置授权关系时也可以设置负授权,即令某用户在某条件下不能访问某个数据资源,负授权也称为约束条件(constraint)。

RBAC 模型进行授权时,将客体的存取访问的权限在可靠的控制下连带角色所需操作一起提供给角色所代表的用户。一个角色可进行多个授权,一个授权可赋予多个角色;一个角色可接纳多个用户,一个用户可扮演多个角色。

RBAC 模型引入会话以增强在一个信息系统中并存 2 个以上存取控制机制的灵活性:①每个用户进入信息系统得到自己的控制时,就得到一个会话,它是动态的,从属于某个用户;②一个会话可能激活的角色是该用户的全部角色的一个子集;③对某个用户,他在一个会话内可获得全部被激活的角色所代表的授权;④一个用户可同时打开多个会话。

在系统中设置角色与会话,就容易实现最小特权原则(Least-Privilege Principle),它决不会授予给用户已超过执行任务所需特权以外的特权。

RBAC0 模型可由七元组($U,R,P,S,PA,UA,roles$)定义,其中 U、R、P 以及 S 分别表示用户、角色、授权与会话,$PA \subseteq P \times R$ 表示 PA 是授权到角色的多对多关系,$UA \subseteq U \times R$ 表示 UA 是用户到角色的多对多关系,$roles(S_i) \subseteq \{r \mid (user(S_i), r) \in UA\}$,$user(S_i)$是一个将各会话 S_i 映射到用户 U 的函数,即 $S \rightarrow U$,$roles$ 是将各会话 S 与角色集合连接起来的映射,即 $S \rightarrow 2^R$。

(2)角色层次结构模型 RBPA1

角色的特权一般呈现出层次结构,体现出多级安全,构成树状连通图。多级安全分为:公开、秘密、机密、绝密 4 种。

安全策略的要求是如果想合法存取信息,那么提出存取请求的用户的存取类的级别要大于信息的存取类级别;另一要求是能支持范畴的安排,即满足范畴的包含性,所谓范畴是相互独立的、无序的存取类的"总"体。

类似地,RBAC1 模型可由八元组($U,R,P,S,PA,UA,RH,roles$)定义,其中 U、R、P、S、PA、UA 的定义同 RBAC0 模型,$RH \subseteq R \times R$ 为角色上的一个偏序关系,即角色层次关系、支配关系,记为$\geqslant$,$roles(S_i) \subseteq \{r' \mid (r' \geqslant r)((user(S_i), r) \in UA)\}$。

(3)约束模型 RBAC2

RBAC2 模型与 RBAC1 模型互不相干,它能实现强制安全控制。此外,RBAC2 模型增加对用户与角色的对应限制,例如一个用户不能拥有会计和出纳两个角色。

(4)RBAC3 模型

RBAC3 模型包含了 RBAC0 模型的所有基本特征,并增加了对 RBAC0 模型的所有组成元素的核查过程,只有拥有有效值的元素才可被接受。

(5)角色互斥及其他常用约束

角色的互斥(授权的互斥)是指在两个互斥的角色集中只能分配给某个用户其中一个集合的角色。角色的前提约束即为角色的先后限制,例如,一个用户为董事长角色,则他必须先进入董事会成为董事角色。角色的附加数量约束是对某角色的用户数限制。

所有这些对用户指派约束的缺点是:如果对同一用户分配两个以上的用户 ID,则系统就难以做出合理的逻辑判断,从而导致约束的失效。

3.9 工作流可伸缩信息安全模型

所谓工作流可伸缩信息安全模型，是指模型中任何角色都被赋予执行一定的任务，每个任务都被授予一定的访问权限，任务的性质决定了角色的配置，当工作流中业务流程发生变化时动态配置任务和角色间的分派关系，通过角色执行授权的任务，角色可以得到相应授权任务的访问权限，任何用户都可被赋予特定的角色，用户可通过角色获得不同的访问控制权限，实现对业务流程的安全访问。可伸缩信息安全模型是基于多角色和授权随工作流中任务实例变迁而变化的动态访问控制模型，它可实现多角色定制、动态任务授权以及多角色之间的授权和认证。

本章小结

本章介绍了若干种自主型和强制型访问控制安全模型，包括哈里森-罗佐-厄尔曼存取矩阵模型，它是基本的存取矩阵模型，以及改进发展后的动作-实体模型、贝尔-拉帕都拉模型和史密斯-温斯莱特模型等。

自主型访问控制模型是一种基于用户鉴别和用户定义存取访问规则的信息安全模型。它的优点是灵活，缺点是易旁路、不能提供确实的保证以满足对于信息系统的保护要求，也没有对信息的传播加以控制。强制型访问控制模型是基于标识的高级安全认证，对信息流进行追踪的一种信息安全模型。它的优点是安全性好，缺点是太严格、应用面较窄。自主型与强制型相结合的访问控制模型（如安全的数据视图）可调和各自的矛盾。这与一般数据库管理系统 DBMS 解决物理存储形式与用户看到的不一致的矛盾而采取数据视图的原理是一样的。

贝尔-拉帕都拉模型利用一组规则集合来实现保密功能，它采取强制存取控制策略来达到实现数据安全的目的。史密斯-温斯莱特模型的主要优点是能解决同一实体具有不同安全级别的多个值问题，适用于数据库。基于信息流控制的格模型针对信息流动进行控制，而不是对信息的直接存取控制。引入“角色”机制具有可操作性好、可管理性好和简单等特点，因为角色的变动远低于个体的变动。

希望读者理解授权状态、存取方式、操作、授权管理、模型结构、变换规则等，重点掌握哈里森-罗佐-厄尔曼存取矩阵模型，动作-实体模型的授权、结构、规则，贝尔-拉帕都拉模型及改进模型的操作、安全级别和规则，史密斯-温斯莱特模型的对多级关系的存取，信息流形式定义、格导出，基于角色存取控制模型，工作流可伸缩信息安全模型等内容。

习　题

一、简答题

1. 哈里森-罗佐-厄尔曼存取矩阵模型的特点是什么？
2. 解释哈里森-罗佐-厄尔曼存取矩阵模型的 6 条操作。
3. 动作-实体模型的特点是什么？
4. 试比较动作-实体模型的静态和动态存取方式。
5. 试比较动作-实体模型中的静态和动态授权。
6. 解释动作-实体模型的排它性规则及意义。
7. 解释动作-实体模型的属主性规则及意义。

8. 解释动作-实体模型的规则 2.3 和规则 2.4 及意义。

9. 解释动作-实体模型的 DG 变换规则和 SG 变换规则，指出它们的异同点。

10. 解释动作-实体模型 SG 和 DG 的相互一致性规则及意义。

11. 贝尔-拉帕都拉模型的特点是什么？

12. 什么是可信主体、不可信主体？

13. 解释贝尔-拉帕都拉模型的 8 个操作。

14. 解释贝尔-拉帕都拉模型的简单安全规则 SS 及意义。

15. 解释贝尔-拉帕都拉模型的 * 规则及意义。

16. 证明对不可信主体，* 规则包含 SS 规则。

17. 在贝尔-拉帕都拉模型 BLP 中，No read-up secrecy 与 No write-down secrecy 的关系如何？

18. 改进的贝尔-拉帕都拉模型 L-BLP 为什么可以适用于局域网环境？

19. 伯巴模型的特点是什么？

20. 伯巴模型的非自主安全策略是什么？

21. 伯巴模型是如何实现自主安全的？

22. 试比较史密斯-温斯莱特模型和贝尔-拉帕都拉模型。

23. 在史密斯-温斯莱特模型中，执行删除操作后，为什么更高一级用户仍能相信此实体的存在？

24. 基于信息流控制的格模型的特点是什么？

25. 简述基于角色的存取控制模型的特点。

26. 工作流可伸缩信息安全模型的主要特点是什么？

二、上机实验题

1. 哈里森-罗佐-厄尔曼存取矩阵模型实验。设有一个班级同学信息数据库表(bjxx)，其中数据库表属性(字段)有：姓名(xm)、性别(xb)、学号(xh)、身份证号(id)、民族(mz)、血型(xx)、出生日期(csr)、出生地(csd)、籍贯(jg)、政治面貌(zzm)、联系电话(tel)、电子邮件(e-mail)、家庭联系电话(jttel)、家庭地址(jtdz)，请首先在 Access/SQL Server/MySQL 等数据库管理系统环境下，建立此数据库表 bjxx，然后运用哈里森-罗佐-厄尔曼存取矩阵模型对数据库表 bjxx 建立信息安全模型——存取矩阵 bjfw，其中假设班主任(bzr)具有对班级所有学生全部属性(字段)进行“查询、增加、修改、删除”操作的权限；假设班长(bz)、团支书(tzs)具有对自己的全部属性(字段)进行“查询、增加、修改、删除”操作的权限，并且具有对其他同学除了“家庭联系电话(jttel)、家庭地址(jtdz)”之外的其他属性(字段)进行“查询”操作的权限；假设其他任一同学(xs_i)具有对自己的全部属性(字段)进行“查询、增加、修改、删除”操作的权限，并且具有对其他同学除了“身份证号(id)、家庭联系电话(jttel)、家庭地址(jtdz)”之外的其他属性(字段)进行“查询”操作的权限，$i=1,2,3,\cdots,n$，n 为班级学生人数。

2. 动作-实体信息安全模型实验。对于第 1 题的学生数据库表以及关于班主任、班长、团支书、任一同学拥有的操作权限，请运用动作-实体模型建立其信息安全模型，其中班长(bz)、团支书(tzs)的操作权限由班主任授权，其他任一同学(xs_i)的操作权限由班长(bz)、团支书(tzs)授权，$i=1,2,3,\cdots,n$，n 为班级学生人数。

3. 史密斯-温斯莱特信息安全模型实验。对于第 1 题的学生数据库表以及关于班主任、班长、团支书、任一同学拥有的操作权限，请运用史密斯-温斯莱特模型建立其信息安全模型，要求除了建立“查询/增加/修改/删除”操作的权限之外，还要求给“身份证号(id)、家庭联系电话(jttel)、家庭地址(jtdz)”3 个属性(字段)建立安全级别：机密级别 S，给“学号(xh)、出生日期(csr)、联系电话(tel)、电子邮件(e-mail)”4 个属性(字段)建立安全级别：秘密级别 C，给其他属性(字段)建立安全级别：公开级别 U。

4 密码系统

内容提要

在这个充满机遇和挑战的数字时代，密码系统的地位显得尤为重要。从个人的银行交易信息到企业的商业机密，从国家的军事秘密到全球的网络基础设施，无不依赖于密码系统来保护其信息安全。密码系统作为信息安全领域的重要支柱，一直承担着确保数据机密性和完整性、身份和信息认证等关键任务。密码学是信息安全领域最重要的理论和技术基础，学习密码理论、研究密码算法、应用密码技术对于个人和社会都具有十分重要的意义和价值。

本章首先介绍对称密码体制和公钥密码体制的代表性密码系统；其次，结合中国商用密码发展现状，介绍中国商用密码的代表算法及标准体系；再次，从量子计算对密码学的影响、量子密码理论基础和安全性基础等方面，简介量子密码学和量子密钥分发体制；然后，介绍密钥管理及密钥恢复技术的一些基本原理和方法；最后，围绕数字时代先进信息技术发展及信息安全服务需求阐述密码系统发展趋势。

讲授要点

讲述目前广泛应用的对称密码系统和公钥密码系统（非对称密码系统），包括 DES 系统、RSA 系统、基于椭圆曲线的密码系统及 MH 背包密码系统；讲述中国商用密码算法及标准，包括 SM4 分组密码、祖冲之序列密码、SM3 哈希算法、SM2 公钥密码；简述量子密码学基础以及 BB84、E91、B92 量子密钥分发协议；简述密钥的生成、分发、恢发等密钥管理技术。

课程思政讲述要点

在教学过程中，强调密码技术是构建国家网络空间主权安全的基石，介绍我国在自主设计研制 SM 系列密码算法及商用密码国际标准化方面取得的成就，为密码技术在全球范围的发展与应用提供了中国方案，介绍我国密码专家提出的密码哈希函数碰撞攻击理论，增强爱国情怀和民族自豪感，培养维护国家网络空间安全的主人翁意识和提供信息安全服务的社会责任意识。同时强调，为确保安全，任何新发明的密码系统在投入使用之前，都要经过严格的数学证明和充分的实践检验。

4.1 DES 私钥密码系统

DES(data encryption standard)私钥密码系统在密码学中具有重要的地位和作用。它为人们提供了一种可靠的数据保护机制，同时也为人们提供了理解私钥(对称)密码系统的重要视角。虽然随着技术进步,DES 密码系统暴露出其局限性,但它仍然是密码学领域的一个重要里程碑。DES 密码系统的设计原则和算法实现方式,对于人们理解对称密码算法的原理和应用具有重要意义。

4.1.1 DES 密码系统简介

DES 密码系统由 IBM 公司的沃尔特·塔奇曼(W. Tuchman)和卡尔·迈歇尔(C. Meyer)于 1971—1972 年研制成功。DES 密码算法于 1975 年 3 月公开发表,1977 年被美国国家标准局(现美国国家标准与技术研究所)在联邦信息处理标准(FIPS)出版物第 46 号颁布为数据加密标准(data encryption standard)。DES 密码是一个国家级的标准,是为美国联邦政府各机构在非军用场合需要密码保护的计算机系统或网络使用的数据加密标准。1980 年,DES 密码又成为美国标准化协会(ANSI)的标准。

自 DES 密码公布以来,它一直成为国际上商用保密通信和计算机通信的最常用的密码系统。原先规定 DES 密码使用期为 10 年,但当时新的加密标准尚未完成,因而 DES 密码超长服役了很长时间。许多年来,DES 密码一直活跃在国际数据保密通信的舞台上,扮演十分重要的角色。进入 20 世纪 90 年代以后,密码技术的进步使得密钥搜索的时间进一步缩短,DES 密码系统受到了威胁,但迄今为止还没有发现任何数学上可行的解析破译方法。DES 密码系统诞生之后,涌现出许多密码系统,它们的基本原理与 DES 密码相似。因此,一旦人们了解掌握了 DES 密码系统的工作原理,那么对于其他与之相似的密码系统就不难理解了。

在现阶段及可以预见的将来,对于信息安全、网络空间安全、密码科学与技术、保密技术、信息对抗技术、计算机科学与技术、软件工程、数据科学与大数据技术、智能科学与技术、网络工程、物联网工程、人工智能、服务科学与工程、区块链工程、电子信息工程、通信工程、信息管理与信息系统等相关专业的学生、科研人员、工程技术人员和信息系统管理人员,学习和掌握 DES 密码技术仍然很有必要。

DES 密码系统是一种分组密码,是为二进制数据设计编码、对数据进行数学运算以实现安全保护的系统。DES 密码将明文信息分为多个组,每组由 64 位的二进制信息组成。DES 密码通过密钥对 64 位的二进制信息进行加密,将明文的 64 位信息加密成密文的 64 位信息。DES 系统的加密算法是公开的,其加密强度取决于密钥的保密程度。加密后的信息可用加密时所用的同一密钥进行求逆运算,变换还原出对应的明文信息。

在 DES 密码系统的设计中,将 64 位密钥中的 56 位用于加密过程,其余 8 位用于奇偶校验。确切地说,将密钥分成 8 个字节,每一个字节中的前 7 位用于加密,第 8 位用于奇偶校验。在 DES 密码系统中,其解密过程是加密过程的逆过程。事实上,对于 DES 密码体制,共有 2^{56} 个密钥可供用户选择。2^{56} 相当于 7.6×10^{16}。若采用穷举法进行攻击试图破解 DES 密码的密钥,假如 1 微秒可以穷举一个密钥,也需要用 2283 年的时间,即使穷举一个密钥只需 0.001 微秒,那么也需要用 2 年多的时间。通常情况下,在计算机和有关的通信装置中 DES 密码系统是用硬件技术实现的。

DES 密码系统主要由 DES 加密算法和解密算法两大部分构成。

4.1.2 DES 加密算法的过程

①将明文分组,每个分组是 64 位的明文。

②初始置换(IP)。初始置换过程是与密钥无关的操作,仅仅对 64 位信息进行移位操作。

③迭代过程，共 16 轮运算，这是一个与密钥有关的对分组信息进行加密的运算。

④逆初始置换（IP^{-1}），它是第 2 步中 IP 变换的逆变换，这一变换过程同样不需要密钥。

⑤输出 64 位的密文。

初始置换和逆初始置换是简单的移位操作。DES 加密算法属于分组密码体制，在迭代过程中，替代是在密钥控制下进行的，而移位是按固定顺序进行的，它将数据分组作为一个单元来进行变换，相继使用替代法和移位法加密，从而具有增多替代和重新排列的功能。迭代过程是 DES 加密算法的核心部分。

设 B_i 是第 i 次迭代的结果，L_i 和 R_i 是 B_i 的左半部分和右半部分，K_i 是第 i 次迭代的 48 位子密钥，函数 f 执行替代、置换及密钥异或等运算，则 DES 数据加密算法流程如图 4.1 所示。

初始置换 IP 在第一轮迭代运算之前执行，对输入 64 位分组数据实施如图 4.2 所示的变换。例如，初始置换将明文的第 58 位交换到第 1 位的位置，将第 50 位交换到第 2 位的位置，将第 42 位交换到第 3 位的位置，等。其中的一次迭代过程见图 4.3。

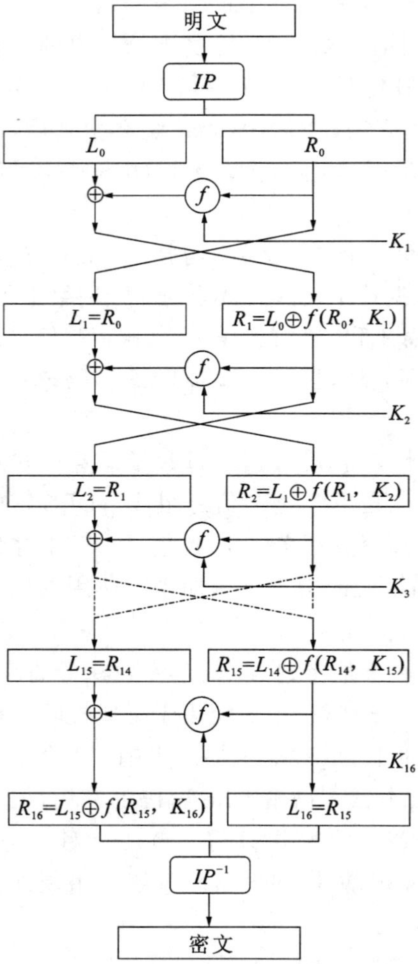

图 4.1 DES 数据加密算法流程

58,	50,	42,	34,	26,	18,	10,	2,
60,	52,	44,	36,	28,	20	12,	4,
62,	54,	46,	38,	30,	22,	14,	6,
64,	56,	48,	40,	32,	24,	16,	8,
57,	49,	41,	33,	25,	17,	9,	1,
59,	51,	43,	35,	27,	19,	11,	3,
61,	53,	45,	37,	29,	21,	13,	5,
63,	55,	47,	39,	31,	23,	15,	7

图 4.2 初始置换（IP）

密钥置换的结果是生成 16 轮迭代所需的 16 个 48 位的子密钥，其过程如图 4.4 所示。

在置换的开始，由于不考虑每个字节的第 8 位，所以先进行 PC-1 置换，将 DES 的密钥由 64 位减至 56 位，如图 4.5 所示。

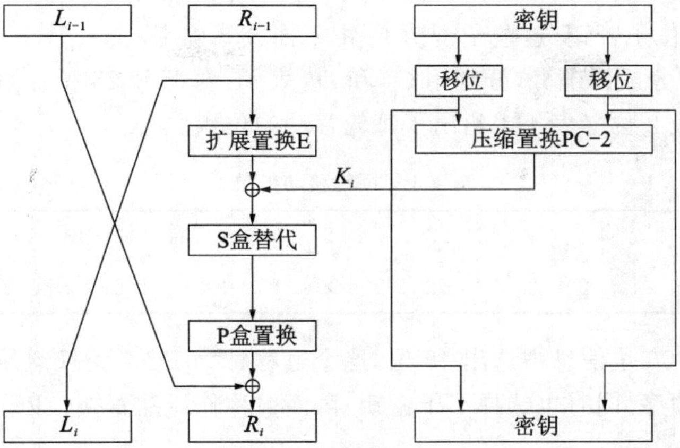

图 4.3 一轮迭代过程

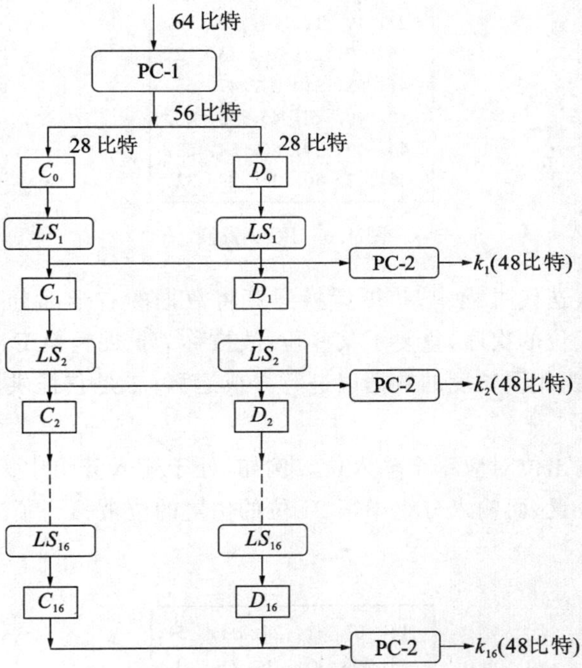

图 4.4 密钥置换流程

57，	49，	41，	33，	25，	17，	9，
1，	58，	50，	42，	34，	26，	18，
10，	2，	59，	51，	43，	35，	27，
19，	11，	3，	60，	52，	44，	36，
63，	55，	47，	39，	31，	23，	15，
7，	62，	54，	46，	38，	30，	22，
14，	6，	61，	53，	45，	37，	29，
21，	13，	5，	28，	20，	12，	4

图 4.5 PC-1 置换

每个字节的第 8 位作为奇偶校验以确保密钥不发生错误。在 DES 的每一轮迭代中，从 56 位密钥产生出不同的 48 位子密钥，这些子密钥 k_i 由下面方式确定。

首先，56 位密钥被分成两部分，分别用 C_i 和 D_i 表示，每部分 28 位。然后，根据轮数，这两部分分别循环左移 1 位或 2 位。表 4.1 给出了每轮移动的位数。

表 4.1 每轮移动的位数

轮	1	2	3	4	5	6	7	8	9	10	11	12	13	14	15	16
位数	1	1	2	2	2	2	2	2	1	2	2	2	2	2	2	1

执行移位后，就从 56 位信息中选出 48 位，这个过程称为 PC-2 置换或压缩置换。因为这个运算不仅置换了每位的顺序，同时也选择了子密钥，因而被称作压缩置换。PC-2 置换如图 4.6 所示。

14,	17,	11,	24,	1,	5,
3,	28,	15,	6,	21,	10,
23,	19,	12,	4,	26,	8,
16,	7,	27,	20,	13,	2,
41,	52,	31,	37,	47,	55,
30,	40,	51,	45,	33,	48,
44,	49,	39,	56,	34,	53,
46,	42,	50,	36,	29,	32

图 4.6 PC-2 **置换**

在图 4.3 所示的一次迭代过程中，扩展置换运算将数据的右半部分 R_i 从 32 位扩展到了 48 位。由于这个运算改变了位的次序，重复了某些位，故被称为扩展置换 E。这个操作有两个方面的目的：一是它产生了与密钥相同长度的数据以进行异或运算；二是它提供了更长的结果，使得在替代运算时能进行压缩。

图 4.7 给出了哪个输出位对应哪个输入位。例如，处于输入分组中第 3 位的位置的位被移到了输出分组中第 4 位的位置，而输入分组中第 21 位的位置的位被移到了输出分组中第 30 和第 32 位的位置。

14,	17,	11,	24,	1,	5,
3,	28,	15,	6,	21,	10,
23,	19,	12,	4,	26,	8,
16,	7,	27,	20,	13,	2,
41,	52,	31,	37,	47,	55,
30,	40,	51,	45,	33,	48,
44,	49,	39,	56,	34,	53,
46,	42,	50,	36,	29,	32

图 4.7 扩展置换

压缩后的密钥与扩展分组异或以后，将 48 位的结果送入 S 盒，进行替代运算。替代由 8 个 S 盒完成。每个 S 盒都有 6 位输入，4 位输出，且每个 S 盒是不同的。48 位的输入被分为 8 个 6 位的分组，每一分组对应一个 S 盒替代操作：分组 1 由 S 盒 1 操作，分组 2 由 S 盒 2 操作，如此等等，如图 4.8 所示。

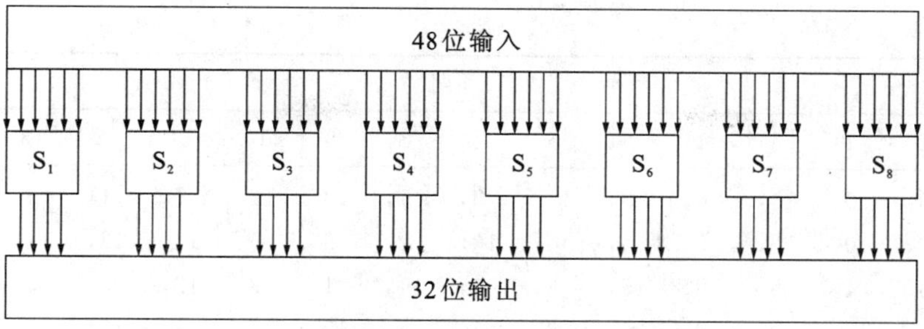

图 4.8　S盒代替

每个 S 盒是一个 4 行、16 列的表。盒中的每一项都是一个 4 位的数。S 盒的 6 个位输入确定了其对应的输出在哪一行哪一列。假定 S_i 盒的 6 个输入端为 $b_1b_2b_3b_4b_5b_6$，在 S_i 表中找出 b_1b_6 行和 $b_2b_3b_4b_5$ 列的元素，$S_i(b_1b_6, b_2b_3b_4b_5)$便是盒的输出。

表 4.2 列出了所有 8 个 S 盒的内容。下面举例说明 S 盒替代操作：

【例 4.1】　假设 S_2 的输入为 010001，则 $b_1=0, b_6=1, b_1b_6=(01)_2=1, b_2b_3b_4b_5=(1000)_2=8, S_2(1,8)=12$，所以 S_2 的输出为 1100。

S 盒的输出是一个 32 位的分组。对这 32 位分组将进行下一步的操作：P 盒置换。该置换将每位输入位映射到输出位，任意位不能被映射两次，也不能被略去，这个置换叫作直接置换或简称置换。图 4.9 给出了每位需移至的位置。例如，第 21 位被移到了第 4 位处，同时第 4 位被移到了第 31 位处。

16,	7,	20,	21,
29,	12,	28,	17,
1,	15,	23,	26,
5,	18,	31,	10,
2,	8,	24,	14,
32,	27,	3,	9,
19,	13,	30,	6,
22,	11,	4,	25

图 4.9　P 盒置换

最后，将 P 盒置换的结果与 64 位分组的左半部分异或，然后将左、右两半部分交换，接着开始下一轮的变换过程。

表 4.2　S 盒

行	列																
	0	1	2	3	4	5	6	7	8	9	10	11	12	13	14	15	
0	14,	4,	13,	1,	2,	15,	11,	8,	3,	10,	6,	12,	5,	9,	0,	7,	S_1
1	0,	15,	7,	4,	14,	2,	13,	1,	10,	6,	12,	11,	9,	5,	3,	8,	
2	4,	1,	14,	8,	13,	6,	2,	11,	15,	12,	9,	7,	3,	10,	5,	0,	
3	15,	12,	8,	2,	4,	9,	1,	7,	5,	11,	3,	14,	10,	0,	6,	13,	
0	15,	1,	8,	14,	6,	11,	3,	4,	9,	2,	13,	12,	7,	0,	5,	10,	S_2
1	3,	13,	4,	7,	15,	2,	8,	14,	12,	0,	10,	6,	1,	9,	11,	5,	
2	0,	14,	7,	11,	10,	4,	13,	1,	5,	8,	12,	6,	9,	3,	2,	15,	
3	13,	8,	10,	1,	3,	15,	4,	2,	11,	6,	7,	12,	0,	5,	14,	6,	

续表 4.2

行	列																
	0	1	2	3	4	5	6	7	8	9	10	11	12	13	14	15	
0	10,	0,	9,	14,	6,	3,	15,	5,	1,	13,	12,	7,	11,	4,	2,	8,	S_3
1	13,	7,	0,	9,	3,	4,	6,	10,	2,	8,	5,	14,	12,	11,	15,	1,	
2	13,	6,	4,	9,	8,	15,	3,	0,	11,	1,	2,	12,	5,	10,	14,	7,	
3	1,	10,	13,	0,	6,	9,	8,	7,	4,	15,	14,	3,	11,	5,	2,	12,	
0	7,	13,	14,	3,	0,	6,	9,	10,	1,	2,	8,	5,	11,	12,	4,	15,	S_4
1	13,	8,	11,	5,	6,	15,	0,	3,	4,	7,	2,	12,	1,	10,	14,	9,	
2	10,	6,	9,	0,	12,	11,	7,	13,	15,	1,	3,	14,	5,	2,	8,	4,	
3	3,	15,	0,	6,	10,	1,	13,	8,	9,	4,	5,	11,	12,	7,	2,	14,	
0	2,	12,	4,	1,	7,	10,	11,	6,	8,	5,	3,	15,	13,	0,	14,	9,	S_5
1	14,	11,	2,	12,	4,	7,	13,	1,	5,	0,	15,	10,	3,	9,	8,	6,	
2	4,	2,	1,	11,	10,	13,	7,	8,	15,	9,	12,	5,	6,	3,	0,	14,	
3	11,	8,	12,	7,	1,	14,	2,	13,	6,	15,	0,	9,	12,	4,	5,	3,	
0	12,	1,	10,	15,	9,	2,	6,	8,	0,	13,	3,	4,	14,	7,	5,	11,	S_6
1	10,	15,	4,	2,	7,	12,	9,	5,	6,	1,	13,	14,	0,	11,	3,	8,	
2	9,	14,	15,	5,	2,	8,	12,	3,	7,	0,	4,	10,	1,	13,	11,	6,	
3	4,	3,	2,	12,	9,	5,	15,	10,	11,	14,	1,	7,	6,	0,	8,	13,	
0	4,	11,	2,	14,	15,	0,	8,	13,	3,	12,	7,	9,	5,	10,	6,	1,	S_7
1	13,	0,	11,	7,	4,	9,	1,	10,	14,	3,	12,	5,	2,	15,	8,	6,	
2	1,	4,	11,	13,	12,	3,	7,	14,	10,	15,	8,	6,	0,	5,	9,	2,	
3	6,	11,	13,	8,	1,	4,	10,	7,	9,	5,	0,	15,	14,	2,	3,	12,	
0	13,	2,	8,	4,	6,	15,	11,	1,	10,	3,	14,	9,	5,	0,	12,	7,	S_8
1	1,	15,	13,	8,	10,	3,	7,	4,	12,	6,	11,	5,	0,	14,	9,	2,	
2	7,	11,	4,	1,	9,	12,	14,	2,	0,	10,	13,	6,	15,	3,	5,	8,	
3	2,	1,	14,	7,	4,	10,	8,	13,	15,	12,	9,	0,	3,	5,	6,	11	

置换 IP^{-1} 是初始置换 IP 的逆过程,图 4.10 列出了该置换的内容。

40,	8,	48,	16,	56,	24,	64,	32,
39,	7,	47,	15,	55,	23,	63,	31
38,	6,	46,	14,	54,	22,	62,	30,
37,	5,	45,	13,	53,	21,	61,	29
36,	4,	44,	12,	52,	20,	60,	28,
35,	3,	43,	11,	51,	19,	59,	27
34,	2,	42,	10,	50,	18,	58,	26,
33,	1,	41,	9,	49,	17,	57,	25

图 4.10 末置换 IP^{-1}

在最后一轮的 DES 迭代中,左半部分和右半部分并不交换,而是将 R_{16} 与 L_{16} 并在一起形成一个分组作为置换的输入,置换的输出为最终结果。

下面举一个例子说明DES加密过程：

【例4.2】 设明文 M=0123456789ABCDEF(十六进制表示)

密钥 K=133457799BBCDFF1(十六进制表示)

明文和密文的二进制表示为：

M=00000001 00100011 01000101 01100111 10001001 10101011 11001101 11101111

K=00010011 00110100 01010111 01111001 10011011 10111100 11011111 11110001

则加密过程(二进制表示)如下：

步骤1:生成16个48位的子密钥

①64位的初始密钥：

K=00010011 00110100 01010111 01111001 10011011 10111100 11011111 11110001 经过PC-1置换后得到56位的密钥：

$K+$=1111000 0110011 0010101 0101111 0101010 1011001 1001111 0001111

②将 $K+$ 分成 C_0 和 D_0 两部分，每部分28位，再由 C_0 和 D_0 按照表4.1进行循环左移生成16对 C_i 和 D_i，$1\leqslant i\leqslant 16$，结果如下：

C_0=1111000011001100101010101111 D_0=0101010101100110011110001111

C_1=1110000110011001010101011111 D_1=1010101011001100111100011110

C_2=1100001100110010101010111111 D_2=0101010110011001111000111101

C_3=0000110011001010101011111111 D_3=0101011001100111100011110101

C_4=0011001100101010101111111100 D_4=0101100110011110001111010101

C_5=1100110010101010111111110000 D_5=0110011001111000111101010101

C_6=0011001010101011111111000011 D_6=1001100111100011110101010101

C_7=1100101010101111111100001100 D_7=0110011110001111010101010110

C_8=0010101010111111110000110011 D_8=1001111000111101010101011001

C_9=0101010101111111100001100110 D_9=0011110001111010101010110011

C_{10}=0101010111111110000110011001 D_{10}=1111000111101010101011001100

C_{11}=0101011111111000011001100101 D_{11}=1100011110101010101100110011

C_{12}=0101111111100001100110010101 D_{12}=0001111010101010110011001111

C_{13}=0111111110000110011001010101 D_{13}=0111101010101011001100111100

C_{14}=1111111000011001100101010101 D_{14}=1110101010101100110011110001

C_{15}=1111100001100110010101010111 D_{15}=1010101010110011001111000111

C_{16}=1111000011001100101010101111 D_{16}=0101010101100110011110001111

③由这16对 C_i 和 D_i，$1\leqslant i\leqslant 16$，经过PC-2置换生成16个48位的子密钥：

K_1=000110 110000 001011 101111 111111 000111 000001 110010

K_2=011110 011010 111011 011001 110110 111100 100111 100101

K_3=010101 011111 110010 001010 010000 101100 111110 011001

K_4=011100 101010 110111 010110 110110 110011 010100 011101

K_5=011111 001110 110000 000111 111010 110101 001110 101000

K_6=011000 111010 010100 111110 010100 000111 101100 101111

K_7=111011 001000 010010 110111 111101 100001 100010 111100

K_8=111101 111000 101000 111010 110000 010011 101111 111011

K_9=111000 001101 101111 101011 111011 011110 011110 000001

K_{10}=101100 011111 001101 000111 101110 100100 011001 001111

K_{11}=001000 010101 111111 010011 110111 101101 001110 000110

K_{12}=011101 010111 000111 110101 100101 000110 011111 101001

K_{13}=100101 111100 010111 010001 111110 101011 101001 000001

K_{14}=010111 110100 001110 110111 111100 101110 011100 111010

K_{15}=101111 111001 000110 001101 001111 010011 111100 001010

K_{16}=110010 110011 110110 001011 000011 100001 011111 110101

步骤 2:对 64 位的数据块 M 进行初始的 IP 置换

M=0000000100100011010001010110011110001001101010111100110111101111

IP=1100110000000000110011001111111111110000101010101111000010101010

经过 IP 置换后得到 L_0 和 R_0

L_0=1100 1100 0000 0000 1100 1100 1111 1111

R_0=1111 0000 1010 1010 1111 0000 1010 1010

步骤 3:进行以下 16 轮迭代过程:

$L_i=R_{i-1}$

$R_i=L_{i-1}+f(R_{i-1},K_i)$,$1\leqslant i\leqslant 16$。

第 1 轮迭代过程:

K_1=000110 110000 001011 101111 111111 000111 000001 110010

$L_1=R_0$=1111 0000 1010 1010 1111 0000 1010 1010

$R_1=L_0+f(R_0,K_1)$

因为 R_0=1111 0000 1010 1010 1111 0000 1010 1010

$E(R_0)$=011110 100001 010101 010101 011110 100001 010101 010101

$K_1+E(R_0)$=011000 010001 011110 111010 100001 100110 010100 100111.

$f(R_0,K_1)$=0010 0011 0100 1010 1010 1001 1011 1011

所以 $R_1=L_0+f(R_0,K_1)$

=1100 1100 0000 0000 1100 1100 1111 1111

+0010 0011 0100 1010 1010 1001 1011 1011

=1110 1111 0100 1010 0110 0101 0100 0100

第 2 轮迭代:$L_2=R_1$,$R_2=L_1+f(R_1,K_2)$,方法同第一轮迭代。这样经过 16 轮迭代后得到 $R_{16}L_{16}$

L_{16}=0100 0011 0100 0010 0011 0010 0011 0100

R_{16}=0000 1010 0100 1100 1101 1001 1001 0101

$R_{16}L_{16}$=00001010 01001100 11011001 10010101 01000011 01000010 00110010 00110100

步骤 4:对 $R_{16}L_{16}$ 进行逆初始置换 IP^{-1},得到密文

$C=IP^{-1}$=1000010111101000000100110101010000001111000010101011010000000101,

将 C 表示成十六进制:85E813540F0AB405,即:明文 M=0123456789ABCDEF,使用密钥 K=133457799BBCDFF1 加密,得到的密文 C=85E813540F0AB405。

4.1.3 DES 解密算法的过程

DES 的解密过程使用与加密过程相同的算法,解密时每一轮迭代所使用的密钥与对应的加密

迭代轮次所使用的密钥是相同的，但是每一轮迭代所使用的子密钥先后顺序不同。也就是说，如果各轮加密的子密钥分别是 $K_1, K_2, K_3, \cdots, K_{15}, K_{16}$，那么各轮解密的子密钥就是 $K_{16}, K_{15}, \cdots, K_3, K_2, K_1$。解密时为各轮产生密钥的算法循环右移的位数依次是 0,1,2,2,2,2,2,2,1,2,2,2,2,2,2,1。DES 解密过程见图 4.11。

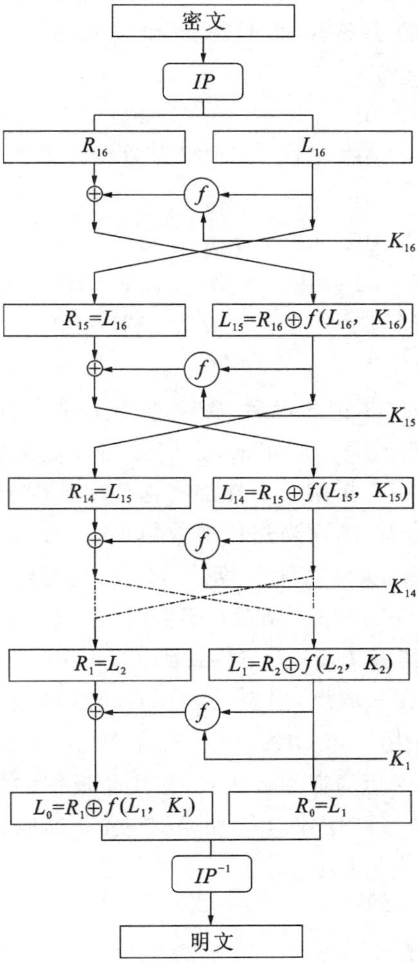

图 4.11 DES 解密过程

4.1.4 DES 密码系统的安全性

DES 加密算法重复迭代地使用替代法和置换法来抵御对密码系统所进行的各种统计分析。DES 算法的设计者认为：替代法可将输出变换成输入的非线性函数，而置换法则是一种线性变换，它扩散了输出对输入的依赖性。通过连续使用这两种变换，将一种弱的密码变换变成一种强的密码变换。

(1)弱密钥和半弱密钥

DES 系统的密钥置换所产生的 16 个子密钥有可能是弱密钥。若每次迭代所产生的子密钥均相同，则这种密钥称为弱密钥。当密钥全是 1、全是 0，或者一半是 1 而另一半是 0 时，此密钥将是弱密钥。以下给出 4 种十六进制的弱密钥(每个的第 8 位是奇偶校验位)：

01	01	01	01	01	01	01	01
1F	1F	1F	1F	0E	0E	0E	0E
E0	E0	E0	E0	F1	F1	F1	F1
FE	FE	FE	FE	FE	FE	FE	FE

如果一个密钥能够解密用另一个密钥加密的密文，那么这样的一对密钥称为半弱密钥，它们的16轮迭代仅仅产生了2个不同的子密钥，而不是16个不同的子密钥。以下是6对十六进制半弱密钥(每个的第8位是奇偶校验位)：

01	FE	01	FE	01	FE	01	FE	和	FE	01	FE	01	FE	01	FE	01
1F	E0	1F	E0	0E	F1	0E	F1	和	E0	1F	E0	1F	F1	0E	F1	0E
01	E0	01	E0	01	F1	01	F1	和	E0	01	E0	01	F1	01	F1	01
1F	FE	1F	FE	0E	FE	0E	FE	和	FE	1F	FE	1F	FE	0E	FE	0E
01	1F	01	1F	01	0E	01	0E	和	1F	01	1F	01	0E	01	0E	01
E0	FE	E0	FE	F1	FE	F1	FE	和	FE	E0	FE	E0	FE	E1	FE	E1

(2)DES系统的破译和安全使用

研究表明，DES加密算法经过8轮迭代后，密文基本上是所有明文和密钥位的随机函数。既然这样，为什么还要采用16轮迭代呢？近年来，人们试图降低加密的迭代轮数，但都已被成功攻破。Biham和Shamir的差分密钥分析阐明了在加密迭代次数少于16次的情况下，对任意DES密码的已知明文的攻击比穷举攻击有效，而当迭代次数是16次时，采用穷举攻击才是最有效的。

DES密码系统的密钥长度短，实际密钥长度才56位，它已经受到实际的威胁。在1994年的世界密码学大会上，M. Matsui提出一种攻击DES系统的"线性密码分析法"，在一台普通的工作站上，使用2^{43}个已知的明文及其密文，50天之内找到了DES系统的密钥。

虽然DES系统存在一些潜在的弱点，但至今未被真正攻破，在实际应用中人们可以采用许多加固DES系统安全的措施：①采用三重DES(3-DES)加密，这样相当于将DES系统的密钥长度增加到112位，可以有效地防止对密钥的穷举攻击；②采用带反馈的加密方式，可以提高保密性能；③经常更换密钥，也就是说将DES系统用于会话加密，DES会话密钥用公钥加密密钥加密传递，这样可以经常改变会话密钥，以保证信息安全。

4.2 RSA公钥密码系统

私钥(对称)密码系统要求保密通信双方使用的密钥是通过秘密信道传送的。将私钥密码系统用于大量用户的网络通信会给密钥的管理和更换带来极大的不便。例如，若有n个网络用户需要进行两两之间的保密数据通信，则需要$C(n,2)=n(n-1)/2$个密钥，当$n=1000$时，$C(1000,2)\approx 500000$，则每个用户必须记下与其他$n-1$个用户通信所用的密钥，这本身就是极不安全的。

1976年，斯坦福大学两名学者Diffle和Hellman在《密码学研究的新方向》这篇论文中提出了公钥密码的思想：若用户A有一个加密密钥k_a，一个解密密钥k_b，k_a公开而k_b保密，要求k_a的公开不至于影响k_b的安全。若用户B要向用户A秘密地送去明文m，则他首先查询获得A的公开密钥k_a，然后使用k_a对m加密得密文c：

$$c \equiv E_{k_a}(m)$$

当A收到密文c后，使用只有A自己掌握的解密密钥k_b对c进行解密还原得到明文m：

$$m \equiv D_{k_b}(m)$$

这种加密密钥公开、解密密钥保密的密码体制就是公钥密码体制。由于加密密钥不同于解密密钥，所以公钥密码体制也称作非对称密码体制。

1977 年，受 Diffle 和 Hellman 公钥密码算法思想的启发，麻省理工学院 3 位年轻的博士 Ronald L Rivest、Adi Shamir 和 Leonard Adleman 设计了一个公开密钥密码算法，并以他们姓氏的首字母将算法命名为 RSA 公开密钥密码算法。RSA 密码算法利用了数论领域的一个关键事实：虽然把两个大素数相乘得到一个合数是件很容易的事，但是要将一个大合数分解为两个素数相乘却十分困难。大合数分解目前仍然是数学领域尚未解决的一大难题，没有行之有效的计算方法。

4.2.1　RSA 密码算法

假设 m 为要传送的报文，RSA 密码算法可以描述如下：

(1)密钥的生成

①任选两个秘密的大素数 p 与 q；

②计算 n，使得 $n=p\times q>m$，公开 n，n 作为公钥；

③选择正整数 e，使得 e 与 $\psi(n)=(p-1)\times(q-1)$ 互素，公开 e；

④计算 d，使 $e\times d \bmod \psi(n)=1$，$d$ 保密，d 作为私钥。

(2)加密过程

$c=E(m)\equiv m^e \bmod n$，c 即对应明文 m 的密文，"$\equiv$"表示同余运算。

(3)解密过程

$m=D(c)\equiv c^d \bmod n$，m 即对应于密文 c 的明文。

RSA 密码算法的两个关键要素是：

(1)正整数求余运算

求余运算是数论中一种非常重要的运算，具有广泛的应用。日常生活中的 24 小时制，就用到了 24 求余运算。例如，现在是 17 时整，18 小时以后是几时？显然不是 35 时，而是 35 mod 24＝11 时。在正整数求余的同时，还保持了读者熟悉的指数运算的性质，读者不难自行证明。例如，$(m^e \bmod n)^d \bmod n \equiv m^{e\times d} \bmod n$，$m^{(a+b)} \bmod n \equiv (m^a \bmod n)(m^b \bmod n) \bmod n$。

(2)推广的欧拉定理

它是整个 RSA 公钥密码算法的核心。对于正整数 r，$\psi(r)$定义为小于 r 且与 r 互素的正整数的个数。例如 $\psi(6)=2$(互素数为 1 和 5)，而 $\psi(7)=6$(互素数为 1，2，3，4，5 和 6)。欧拉在公元前 300 多年就发现了 ψ 函数的一个有趣性质：对任意小于 r 且与 r 互素的正整数 a，$a^{\psi(r)} \bmod r$ 总是等于 1。例如，$5^{\psi(6)} \bmod 6 \equiv 5^2 \bmod 6 \equiv 25 \bmod 6 = 1$。换句话说，在对 r 求余运算的情形，$\psi(r)$指数具有周期性。

定理 4.1　欧拉定理：对任何小于 r 并与 r 互素的正整数 a，$a^{\psi(r)} \equiv 1 \bmod r$。

当 r 很小时，计算 $\psi(r)$并不难。但当 r 很大时，计算 $\psi(r)$就十分困难，其运算量与判断 r 是否为素数的情况相当。但是在特殊情况下，利用 ψ 函数的性质，可以极大地减少运算量：

①如果 p 是素数，那么 $\psi(p)=(p-1)$；

②如果 p 与 q 均为素数，那么 $\psi(p\times q)=\psi(p)\times\psi(q)=(p-1)\times(q-1)$。

为了在公钥 e 和私钥 d 之间获得数学关系式，欧拉定理被推广如下：

定理 4.2　推广的欧拉定理：若 $a\equiv b \bmod r$，则对于任意幂 k，有 $a^k \equiv b^k \bmod r$。于是有：

$$a^{k\psi(r)} \equiv 1 \bmod r$$

下面剖析一下 RSA 密码算法的工作原理：

①密钥生成过程；

假设 m 为需要加密的信息，任选两个大素数 p 与 q，使得 $n=p\times q>m$。

选择 e，使得 e 与 $\psi(n)=(p-1)\times(q-1)$ 互素。

计算 d，使得 $e\times d \bmod \psi(n)=e\times d \bmod ((p-1)\times(q-1))=1$，即 $(e\times d)$ 可表示为 $e\times d=k\times\psi(n)+1$，$k$ 为某个正整数。

公钥为 (e,n)，其中没有包含任何有关 n 的因子 p 和 q 的信息。

私钥为 (d,n)，显然 d 中隐含有因子 p 和 q 的信息。

②加密过程：

$c\equiv m^e \bmod n$，c 为加密后生成的密文。

③解密过程：

$$
\begin{aligned}
c^d \bmod n &\equiv (m^e \bmod n)^d \bmod n \\
&\equiv m^{e\times d} \bmod n \\
&\equiv m^{k\times\psi(n)+1} \bmod n \\
&\equiv (m^{k\times\psi(n)} \bmod n)\times(m \bmod n) \\
&\equiv m
\end{aligned}
$$

m 是从密文 c 中恢复出来的明文。

为了让读者更好地理解 RSA 密码算法的实质，下面就有关问题进行说明：

①要求 e 与 $((p-1)\times(q-1))$ 互素，是为了保证 $e\times d \bmod ((p-1)\times(q-1))$ 有解。计算 d 则采用了欧几里得的求两个整数最大公因子的辗转相除法。

②在实际应用中，通常首先选定 e，再找出素数 p 和 q 使得 $e\times d \bmod ((p-1)\times(q-1))=1$ 成立。常用的 e 有 3 和 65537，这两个数都是费马序列中的数。费马序列是以 17 世纪法国大数学家费马命名的序列。

③虽然破译者可以通过将 n 分解成 p 和 q 的办法来解密，但是目前无法证明这是唯一的办法。换句话说，不能证明能否完成破译密文与能否完成 n 的因子分解这两个命题是等价的。

④因子分解研究是一个不断发展的领域。自 RSA 密码算法发明以来，越来越多的因子分解方法不断被发现，降低了破译 RSA 密码算法的难度，但是至今还未达到动摇 RSA 算法根基的程度。在 RSA 密码算法中，n 的长度是控制算法可靠性的重要因素。1024 位 RSA 算法虽然在过去被广泛使用，但现在被认为不够安全，容易受到攻击。2048 位 RSA 算法是目前推荐的最小密钥长度，提高了较好的安全性，适合大多数应用。

4.2.2 RSA 密码系统加解密举例

下面举一个例子阐述 RSA 密码系统的加密和解密过程，以帮助读者理解它的实质。

【例 4.3】 用 RSA 密码算法对明文信息 public key encryption 进行加密和解密还原。

设素数 $p=43$，素数 $q=59$，则 $n=p\times q=43\times 59=2537$，$\psi(n)=42\times 58=2436$，选取 $e=13$，解方程 $e\times d \bmod 2436=1$ 得 $d=937$。

将明文 public key encryption 以两个字符为一组进行分组：

pu　bl　ic　ke　ye　nc　ry　pt　io　ns

若用 00 表示 a，01 表示 b，02 表示 c，…，23 表示 x，24 表示 y，25 表示 z；则将上述分组字符进行数字化成如下形式：

1520 0111 0802 1004 2404 1302 1724 1519 0814 1418

首先讨论对明文数字 $m=1520$ 的加密：

$c=E(m)\equiv m^e \pmod n=1520^{13} \pmod{2537}=(1520^2)^6\times 1520 \pmod{2537}$

因为 $(1520^2)\equiv 1730 \pmod{2537}$

所以 $c\equiv (1730)^6\times 1520 \pmod{2537}$

$=(1730^2)^3\times 1520 \pmod{2537}$

但是 $1730^2\equiv 1777 \bmod (2537)$

因此，$c\equiv (1777)^3\times 1520 \pmod{2537}$

$=(1777)^2\times(1777\times 1520) \pmod{2537}$

又 $1777^2\equiv 1701 \bmod (2537)$

$1777\times 1520\equiv 1672 \pmod{2537}$

于是，密文 $c\equiv 1701\times 1672 \pmod{2537}\equiv 95 \pmod{2537}=0095$。

应用上述类似的过程和方法，可求得其他数字明文对应的密文。因此，对明文信息 public key encryption 加密后，得到数字密文序列为：

0095 1648 1410 1299 1365 1379 2333 21321751 1289

对于经过上述加密处理之后获得的数字密文，可用类似于加密的方法进行解密操作。例如，对密文数字 c=0095 的解密过程如下：

$$
\begin{aligned}
D(c)&\equiv c^d \bmod n\\
&\equiv 95^{937} \bmod 2537\\
&\equiv (95^2)^{468}\times 95 \pmod{2537}\\
&\equiv (1414)^{468}\times 95 \pmod{2537}\\
&\equiv (1414^2)^{234}\times 95 \pmod{2537}\\
&\equiv (240)^{234}\times 95 \pmod{2537}\\
&\equiv (240^2)^{117}\times 95 \pmod{2537}\\
&\equiv (1786)^{117}\times 95 \pmod{2537}\\
&\equiv (1786^2)^{58}\times 1786\times 95 \pmod{2537}\\
&\equiv (787)^{58}\times 1786\times 95 \pmod{2537}\\
&\equiv (787^2)^{29}\times 1786\times 95 \pmod{2537}\\
&\equiv (341)^{29}\times 1786\times 95 \pmod{2537}\\
&\equiv (341^2)^{14}\times 341\times 1786\times 95 \pmod{2537}\\
&\equiv (2116)^{14}\times 341\times 1786\times 95 \pmod{2537}\\
&\equiv (2116^2)^{7}\times 341\times 1786\times 95 \pmod{2537}\\
&\equiv (2188)^{7}\times 341\times 1786\times 95 \pmod{2537}\\
&\equiv (2188^2)^{3}\times 2188\times 341\times 1786\times 95 \pmod{2537}\\
&\equiv (25)^{3}\times 2188\times 341\times 1786\times 95 \pmod{2537}\\
&\equiv (25)^{2}\times 25\times 2188\times 341\times 1786\times 95 \pmod{2537}\\
&\equiv 625\times 25\times 2188\times 341\times 1786\times 95 \pmod{2537}\\
&\equiv 625\times 25\times 341\times(2188\times 1786)\times 95 \pmod{2537}\\
&\equiv 625\times 25\times 341\times(2188\times 1786 \bmod 2537)\times 95 \pmod{2537}\\
&\equiv 625\times 25\times 341\times 788\times 95 \pmod{2537}
\end{aligned}
$$

$\equiv(625\times25\times95 \bmod 2537)\times341\times788 \pmod{2537}$

$\equiv230\times341\times788 \pmod{2537}$

$\equiv230\times2323 \pmod{2537}$

$\equiv1520 \pmod{2537}$

$=1520$。

4.3 椭圆曲线密码系统

在采用公钥密码体制的密码系统中，公钥密码算法的加密、解密速度直接影响系统的执行速度。在已有的公钥密码系统中，大部分使用 RSA 密码算法。为确保安全要求，RSA 密码系统的密钥的长度不断增加。为求得安全和速度的平衡，人们迫切需要新的公钥密码系统。1985 年，华盛顿大学的 Koblitz 和 IBM 公司的 Miller 各自第一次独立地提出将椭圆曲线应用于密码系统的设计，产生了椭圆曲线密码体制(Elliptic Curve Cryptosystem，ECC)。ECC 具有在相同密钥长度下更快的加密、解密速度以及更高的密码强度的特性，加上其良好的安全性和广泛的曲线选取范围，使其应用前景越来越广泛。ECC 的标准化进程取得显著进展，IEEE P1363 就是其中之一。

4.3.1 椭圆曲线

作为代数/几何对象，人们对椭圆曲线的研究已经有一百多年的历史，并得出了与之相关的一系列丰富而精深的理论。椭圆曲线可以用来形成椭圆曲线群。

(1)实数域上的椭圆曲线群

实数域上的椭圆曲线是指满足方程：

$$y^2=x^3+ax+b \quad (x,y,a,b\in R, R\text{ 是实数})$$

的点(x,y)所形成的平面曲线(通常称为 E)。若 $4a^3+27b^2\neq0$，则椭圆曲线 $y^2=x^3+ax+b$ 可以形成一个群。实数域上的椭圆曲线群由椭圆曲线上的点，加上一个称为无穷远点的特殊点 O 组成。例如，对于曲线 $y^2=x^3+x+1$，$a=1$，$b=1$，$4a^3+27b^2=31\neq0$，其图像如图 4.12 所示。

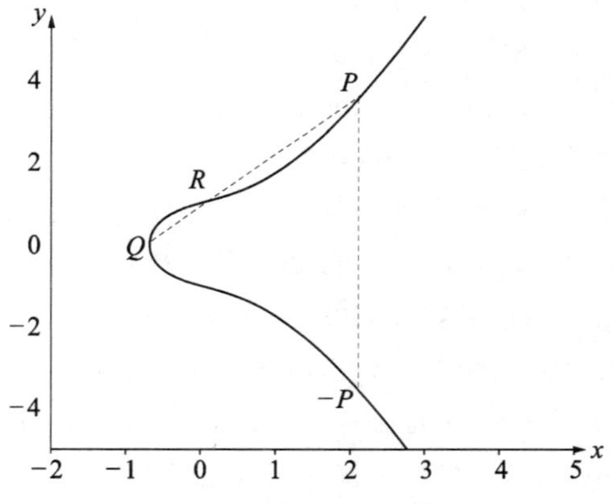

图 4.12 椭圆曲线 $y^2=x^3+x+1$

定理 4.3 椭圆曲线 E 上的点及其上的无穷远点 O 构成加法阿贝尔群。设 P 和 Q 是 E 上任意两点，O 是 E 的无穷远点，P 和 Q 相加的加法法则如下：

对所有的 $P,Q\in E$，有

(a)$O+P=P$ 并且 $P+O=P$,即 O 是恒元。

(b)$-O=O$。

(c)若 $-P$ 是 P 的逆元,则有 $P+(-P)=O$。

(d)如果 $P\neq O,Q\neq O,Q\neq -P$,R 是 P、Q 连线($P\neq Q$ 时)交椭圆曲线 E 所得的另一交点,或曲线 E 在点 P 的切线($P=Q$ 时)交曲线 E 所得的另一交点 R,那么 $P+Q=-R$。

①点加公式

设 $P=(x_p,y_p)$,$Q=(x_Q,y_Q)$是椭圆曲线 $E:y^2=x^3+ax+b$ 上任意两点,且 $P\neq O,Q\neq O$,$Q\neq -P$,P、Q 连线交椭圆曲线E 于$R=(x_R,y_R)$,如果沿 x 轴作关于R 的对称点,那么将得到另一个点,称该点为 $P+Q=-R$,$-R=(x_R,-y_R)$。

设经过点 P 和Q 的直线L 为:

$$y=kx+b$$

其中,$k=(y_Q-y_P)/(x_Q-x_P)$,$b=y_P-k\times x_P$。

将此式代入曲线 E 的方程得:

$$(kx+b)^2=x^3+ax+b$$

即 $x^3-(kx+b)^2+ax+b=0$

因为点$(x,kx+b)$是曲线 E 上的点,根据根与系数的关系有:

$$x_P+x_Q+x_R=k^2$$

所以 $x_R=k^2-x_P-x_Q=((y_Q-y_P)/(x_Q-x_P))^2-x_P-x_Q$,$-y_R=-(kx_R+b)=-y_P+k(x_P-x_R)=-y_P+(y_Q-y_P)/(x_Q-x_P)(x_P-x_R)$。

因此,$P+Q=(x_R,-y_R)=\{[(y_Q-y_P)/(x_Q-x_P)]^2-x_P-x_Q,-y_P+(y_Q-y_P)/(x_Q-x_P)(x_P-x_R)\}$。

【例 4.4】 对于椭圆曲线 $y^2=x^3-5x+4$,若 $P=(0,2)$,$Q=(1,0)$,求 $P+Q$。

解:因为 $k=(y_Q-y_P)/(x_Q-x_P)=(0-2)/(1-0)=-2$,$x_R=k^2-x_P-x_Q=(-2)^2-0-1=3$,$-y_R=-y_P+k(x_P-x_R)=-2+(-2)\times(0-3)=4$,所以 $P+Q=(x_R,-y_R)=(3,4)$。

②倍点公式

当 $P=Q$ 时,$P+Q=P+P=2P$,称点 $2P$ 为点 P 的倍点。过点 P 作椭圆曲线 E 的切线,则切线必定与椭圆曲线 E 相交于且仅相交于另一点,称相交点为 R 点。作 R 点关于 x 轴的对称点,得到椭圆曲线上的另一个点,也即是 P 的倍点 $2P$。若过点 P 的椭圆曲线 E 的切线垂直于 x 轴,那么切线交椭圆曲线 E 于无穷远点,此时 $P+P=O$,也就是说点 P 是一个阶为 2 的点(P 点的阶为 2)。

设 $P=(x_P,y_P)$,且 $y_p\neq 0$,并设过点 P 的切线L 为:$y=kx+b$。

对方程 $y^2=x^3+ax+b$ 求 x 的导数:

$$2y\frac{\mathrm{d}y}{\mathrm{d}x}=3x^2+a$$

$$\frac{\mathrm{d}y}{\mathrm{d}x}=(3x^2+a)/2y$$

因此,$k=(3x_P{}^2+a)/2y_P$。

将切线 L 的方程代入曲线 E 方程,得:

$$(kx+b)^2=x^3+ax+b$$

根据根与系数的关系有:

$x_P + x_P + x_R = k^2$,

$x_R = k^2 - 2x_P = ((3x_P^2 + a)/2y_P)^2 - 2x_P$,

$-y_R = -(kx + b) = -y_P + ((3x_P^2 + a)/2y_P)(x_P - x_R)$。

因此,$2P = \{[(3x_P^2 + a)/2y_P]^2 - 2x_P, -y_P + [(3x_P^2 + a)/2y_P](x_P - x_R)\}$。

3)点乘操作

倍点是将椭圆曲线 E 上的点自身相加得到的点。若将椭圆曲线 E 上的一个点自身相加若干次,则该操作称为点乘。点乘操作定义如下:给定一条椭圆曲线 E 和曲线上的一点 P,曲线 E 上点 P 的点乘 xP 定义为点 P 与自身相加 x 次之和,即 $xP = P + P + \cdots + P$,共 x 个点 P 相加。点乘操作(包含有倍点和点加操作)是椭圆曲线密码系统中最耗时的算术操作。域 F_q 上椭圆曲线 E 的有理点的点数称为椭圆曲线 E 的阶,记为 $\# E(F_q)$;使等式 $nP = O$ 成立的最小的整数 n 称为点 P 的阶。E 上各个点的阶 n 均能整除椭圆曲线 E 的阶 $\# E(F_q)$。

(2)有限域上的椭圆曲线群

在实数域上进行计算耗时较长且由于四舍五入往往会带来误差,而加密应用需要快速且精确的算法,因此,在实际应用中人们关心的是有限域上模 p 的椭圆曲线群,其中 p 为素数。有限域上的椭圆曲线群定义如下:满足 $y^2 = x^3 + ax + b \pmod p$ 的点 (x, y) 以及无穷远点 O 构成椭圆曲线群,记为 $E_p(a, b)$,p 为素数,x、y、a 和 b 为非负整数,a、$b < p$ 且 $4a^3 + 27b^2 \pmod p \neq 0$。

【例 4.5】 设 $p = 23$,对于椭圆曲线 $y^2 = x^3 + x$ 有 $a = 1$、$b = 0$,则点(9,5)为椭圆曲线上的点,这是因为 $5^2 \bmod 23 = (9^3 + 9) \bmod 23$。满足条件的这样的点有以下 23 个:

(0,0),(1,5),(1,18),(9,5),(9,18),(11,10),(11,13),(13,5),(13,18),(15,3),(15,20),(16,8),(16,15),(17,10),(17,13),(18,10)(18,13),(19,1),(19,22),(20,4),(20,19),(21,6),(21,17)。

下面给出有限域上模 p 的椭圆曲线群上的点加公式和倍点公式。

①$E_p(a, b)$上的点加公式

若 $P = (x_1, y_1)$,$Q = (x_2, y_2)$,$P \neq Q$,$P + Q = (x_3, y_3)$,则

$$x_3 = (k^2 - x_1 - x_2) \bmod p$$

$$y_3 = (-y_1 + k(x_1 - x_3)) \bmod p$$

其中,$k = (y_2 - y_1)/(x_2 - x_1)$

②$E_p(a, b)$上的倍点公式

若 $P = (x_1, y_1)$,$y_1 \neq 0$,则

$$P + P = 2P = (x_3, y_3)$$

$$x_3 = (k^2 - x_1 - x_2) \bmod p$$

$$y_3 = (-y_1 + k(x_1 - x_3)) \bmod p$$

其中,$k = (3x_1^2 + a)/(2y_1)$。

【例 4.6】 已知椭圆曲线 $y^2 = x^3 + x + 7$,$p = 17$,$P = (2, 0)$,$Q = (1, 3)$是其上的两点,求 $P + Q$、$2Q$ 和 $3Q$。

解:

因为 $k = (y_2 - y_1)/(x_2 - x_1) \bmod p = (3 - 0)/(1 - 2) \bmod 17 = -3 \bmod 17 = 14$

$x_3 = (k^2 - x_1 - x_2) \bmod p = (14^2 - 2 - 1) \bmod 17 = 6$

$y_3 = (-y_1 + k(x_1 - x_3)) \bmod p = (0 + 14 \times (2 - 6)) \bmod 17 = -56 \bmod 17 = 12$

所以 $P+Q=(6,12)$

又因为 $k=(3x_1^2+a)/2y_1 \bmod p=(3\times1^2+1)/(2\times3)=4\times6^{-1} \bmod 17=4\times3 \bmod 17=12$

$x_3=(k^2-x_1-x_2) \bmod p=(12^2-2-1) \bmod 17=141 \bmod 17=5$，

$y_3=(-y_1+k(x_1-x_3)) \bmod p=(-3+12\times(2-5)) \bmod 17=-39 \bmod 17=12$

所以 $2Q=(5,12)$

因为 $3Q=2Q+Q$

$k=(y_2-y_1)/(x_2-x_1) \bmod p=(3-12)/(1-5) \bmod 17$

$=(9/4) \bmod 17$

$=9\times4^{-1} \bmod 17$

$=9\times30 \bmod 17=15$，

$x_3=(k^2-x_1-x_2) \bmod p=(15^2-5-1) \bmod 17=15$

$y_3=(-y_1+k(x_1-x_3)) \bmod p=(-5+15\times(5-15)) \bmod 17=-155 \bmod 17=15$

所以 $3Q=(15,15)$。

4.3.2 椭圆曲线密码系统的加解密过程

椭圆曲线密码系统的安全性是基于求解椭圆曲线离散对数问题的困难性，亦即椭圆曲线离散对数问题（elliptic curve discrete logarithm problem，ECDLP）是椭圆曲线密码系统的基础。椭圆曲线离散对数问题是指对于有限域上的椭圆曲线 $E_p(a,b)$，有两点 P 和 Q，P、$Q\in E_p(a,b)$，P 的阶为 n，寻找一个整数 k，$0\leqslant k\leqslant n-1$，使 $Q=kP$，则 k 称为 Q 对于基 P 的离散对数问题。若 k 和 P 已知，则计算 kP 就很快，而仅知道 P 和 Q 却很难计算出 k。求解椭圆曲线离散对数问题目前尚无多项式级时间复杂度的算法。

在椭圆曲线密码体制中，前面提到的点加操作相当于模乘运算，点乘操作相当于指数模运算。就像 RSA 密码算法利用大整数分解的难解性来构造 RSA 公钥密码体制一样，可以利用椭圆曲线离散对数问题求解困难性来构造椭圆曲线密码系统。

下面首先介绍基于椭圆曲线的 Diffie-Hellman 密钥交换协议，然后讨论椭圆曲线密码系统的加解密方法。

利用椭圆曲线来实现 Diffie-Hellman 密钥交换协议的方法如下：用户 A 和 B 协商选择素数 p，构造椭圆曲线 $E_p(a,b)$，在 $E_p(a,b)$ 上选择生成元 $G(x_1,y_1)$，且使得 G 的阶 n 是一个大素数。这样，用户 A 和 B 的基于椭圆曲线的密钥协议描述为：

①A 选择 $x<n$，计算 $P_A=xG$，将 x 作为私钥保存，将 P_A 发送给 B；

②B 选择 $y<n$，计算 $P_B=yG$，将 y 作为私钥保存，将 P_B 发送给 A；

③A 计算 $xP_B=x(yG)=xyG$；

④B 计算 $yP_A=y(xG)=yxG=xyG$。

这样用户 A、B 双方获得了一个共享会话（通信）密钥（xyG）。Diffie-Hellman 密钥交换协议的安全性依赖于椭圆曲线离散对数问题。

基于椭圆曲线的加密/解密过程是如何实现的呢？首先，用户 A 选择 $E_p(a,b)$ 的上一个点 G，使得 G 的阶 n 是一个大素数，秘密选择整数 $d<n$，计算 $P=dG$，公开（p,a,b,G,P），保密 d，选择上述参数后，即可以进行加密、解密工作：

①加密：用户 B 要给 A 发送信息 m，先将 m 编码为 $E_p(a,b)$ 的点 P_m，并随机选择数 k，计算密文 $C=(kG,P_m+kP)$。注意，若 k 使得 kG（或者 kP）为 O，则要重新选择 k。

②解密：用户 A 收到密文 C 之后，利用自己掌握的私钥 d，计算 $(P_m+kP)-d(kG)=P_m+kdG-dkG=P_m$，然后将 P_m 解码还原明文 m。

下面举一个例子说明基于椭圆曲线的加密/解密算法的执行。

【例 4.7】 对于椭圆曲线 $y^2=x^3+ax+b(\mathrm{mod}\ p)$，设 $a=-1,b=188,p=751$，则构成的椭圆曲线群为：

$$Ep(a,b)=E_{751}(-1,188)$$

设点 $G=(0,376)$，则 $kG(1\leqslant k\leqslant 751)$的结果如下：

$G=(0,376)$，$2G=(1,376)$，$3G=(750,375)$，$4G=(2,373)$，$5G=(188,657)$，$6G=(6,390)$，$7G=(667,571)$，$8G=(121,39)$，$9G=(582,736)$，$10G=(57,332)$，…，$761G=(565,312)$，$762G=(328,569)$，$763G=(677,185)$，$764G=(196,681)$，$765G=(417,320)$，$766G=(3,370)$，$767G=(1,377)$，$768G=(0,375)$，$769G=O$（无穷远点）。

所以 G 是满足条件的点。

设用户 A 的私钥 $n_a=85$，则其公钥 $P_A=n_AG=85(0,376)=(671,558)$，用户 B 要将明文 m 发送给用户 A，首先将 m 编码为椭圆曲线群 $E_{751}(-1,188)$上的点 $P_m=(443,253)$，然后 B 随机选择整数 $k=113$，执行如下椭圆曲线点加和点乘运算：

$$\begin{aligned}P_C&=[(kG),(P_m+kP_A)]\\&=[113\ (0,376),(443,253)+113\ (671,558)]\\&=[(34,633),(443,253)+(47,416)]\\&=[(34,633),(217,606)]\end{aligned}$$

用户 B 将 $P_C=[(34,633),(217,606)]$发送给用户 A。

用户 A 收到 $P_C=[(34,633),(217,606)]$后，利用 P_C 及自己的私钥 $n_a=85$，执行如下椭圆曲线点加和点乘运算：

$$\begin{aligned}(P_m+kP_A)-[n_A(kG)]&=(217,606)-[85(34,633)]\\&=(217,606)-[(47,416)]\\&=(217,606)+[(47,-416)]\\&=(217,606)+[(47,335)]\\&=(443,253)\end{aligned}$$

最后将 $P_m=(443,253)$解码还原为明文信息 m。

椭圆曲线密码体制的安全性依赖于求解 ECDLP 的困难性。许多年来，ECDLP 一直受到数学界和密码学界的关注，但目前仍未见有相当有效的攻击算法的报道，当前最有效的 Pollard rho 攻击方法解离散对数问题需要$\sqrt{\pi n/2}$步，对于有 r 个处理器的并行算法需要$(\sqrt{\pi n/2})/r$ 步，这里的一步是指一次椭圆曲线点加运算。假设 1MIPS(Million Instructions Per Second)计算机每秒可执行点加运算 4×10^4 次，则 1MIPS 计算机一年可计算的点加次数为 $(4\times10^4)\times(60\times60\times24\times365)\approx2^{40}$。

表 4.3 说明了对不同的 n，采用 Pollard rho 方法计算离散对数所需的计算能力。MIPS 年相当于一台 1MIPS 计算机一年的计算能力。若有 1000 MIPS 的计算机 10000 台，且 $n\approx2^{160}$，则计算椭圆曲线的离散对数需要 96000 年。由此可见，建立在求解椭圆曲线离散对数问题困难性之上的椭圆曲线密码体制具有很高的安全性。

表 4.3 采用 Pollard rho 方法计算离散对数所需的计算能力

p(域宽)(比特)	n(比特)	$\sqrt{\pi n/2}$	MIPS(年)
163	160	2^{80}	9.6×10^{11}
191	186	2^{93}	7.9×10^{15}
239	234	2^{117}	1.6×10^{23}
359	354	2^{177}	1.5×10^{41}
431	426	2^{213}	1.0×10^{52}

4.4 背包公钥密码系统

背包公钥密码系统是密码学领域的经典算法之一，提出于 20 世纪 70 年代末，代表了早期公钥密码系统的设计思路和实现方式。该密码系统的安全性基于求解背包问题的困难性，背包问题是在有限时间内难以解决的组合优化问题。背包公钥密码系统是利用 NP 难(NP-hard)问题来构建公钥密码体制的一个重要尝试。这使得公钥密码学不仅仅局限于基于大整数因子分解或离散对数问题的体制，为公钥密码学的发展提供了更广阔的空间。

4.4.1 基于 0/1 背包的 MH 公钥密码系统

基于 0/1 背包的密码算法是由 Ralph Merkle 和 Martin Helman 合作设计的一个公开密钥体制的密码算法，简称为 MH 背包密码算法。背包密码算法的安全性依赖于背包问题的难解性。

所谓背包问题是指：已知一堆物品，它们的重量分别是 $a_1,a_2,\cdots,a_n$，且均不相同，能否将这些物品中的若干件放入一个背包中，使其重量等于一个给定值 b，背包问题的求解可以转变为计算 $x_i=0$ 或 1，使之满足：

$$b=a_1x_1+a_2x_2+\cdots+a_nx_n$$

例如，设这些物品重量分别为 2、6、8、17、25，挑选 6、17、25 可以使背包中物品的重量为 48，而要用这些物品装一个重量为 18 的背包是不可能的。背包问题是著名的 NP 完全问题，至今还没有好的求解方法。若对 2^n 种所有可能的解进行穷举搜索，则当 $n=100$ 时需要穷举 $2^{100}=1.27\times10^{30}$ 次才能确定是否有解，十分耗时。

MH 背包密码算法的思想是：选取一组正整数 $a_1,a_2,\cdots,a_n$ 作为公钥，明文 $m=m_1m_2\cdots m_n$ 为二进制数，明文位 m_i 是背包问题的解(相当于前面所提到的 x_i)，密文 c 是计算得到的和值(相当于前面所提到的 b)。

【例 4.8】 设 $a_1=1,a_2=5,a_3=6,a_4=11,a_5=14,a_6=20$；二进制表示的明文块为 111001 010110 000000 011000，则密文为：

$$c_1=1\times1+1\times5+1\times6+0\times11+0\times14+1\times20=32$$
$$c_2=0\times1+1\times5+0\times6+1\times11+1\times14+0\times20=30$$
$$c_3=0\times1+0\times5+0\times6+0\times11+0\times14+0\times20=0$$
$$c_4=0\times1+1\times5+1\times6+0\times11+0\times14+0\times20=11$$

必须指出的是，并非所有的背包问题都没有有效算法，实际上存在两类背包问题，一类在多项式级时间复杂度内可解，而另一类则不能。对于重量序列 $a_1, a_2, \cdots, a_n$ 是超递增序列的背包问题，其解是易求的。所谓超递增序列是这样的一个序列，它的每一项 a_i 都大于它之前的所有项之和 $\sum_{j=1}^{i-1} a_j, i=2,3,\cdots,n$。例如{1,2,4,8,16,32}就是一个超递增序列。求超递增序列的解的方法是：计算其总重量并与序列中最大的数比较，若总重量小于这个数，则它不在背包中，若总重量大于这个数，则它在背包中，并用背包重量减去这个数，接着考察序列中下一个最大的数，如此重复直到结束。若总重量减为零，则有一个解，否则无解。

例如，对于超递增序列{1,2,4,8,16,32 }，总重量为 43，最大的项 32 小于 43，所以 32 在背包中，43－32＝11，下一个最大的项 16 大于 11，所以 16 不在背包中，下一个最大的项 8 小于 11，所以 8 在背包中，11－8＝3。继续这个过程，将得出 1 和 2 也在背包中，并且总重量减为 0，这表明已求出一个解 110101。若 43 为密文，则其所对应的明文是 110101。

对于非超递增序列的背包问题，其求解是困难的，没有快速算法。算法复杂性理论已经证明，这类背包问题属于 NP 完全问题，即它是 NP 问题中难度最大的一类。对于各种各样的试探法，最快的算法仍随背包中物品数目的增长而呈指数级增长。对于超递增序列的背包问题，当重量序列增加一项时，求解操作只增加一步，而对于非超递增序列的背包问题，其求解将要花两倍的时间。

利用以上性质，MH 背包公钥密码算法的思想是，选取的私钥是一个超递增序列 $b_1, b_2, \cdots, b_n$，对这个序列作变换，得到序列 $a_1, a_2, \cdots, a_n$ 作为公钥，这个变换后的序列表面上是一个普通的背包问题的重量序列，不再具备超递增序列的特性。

Merkle 和 Helman 设计的从私钥序列到公钥序列的变换是用模运算来完成的。选取 $k > b_1 + b_2 + \cdots + b_n$，选取 ω，使 ω 和 k 互素，且满足 $\omega\omega^{-1} \equiv 1 \pmod k$，作变换：

$$a_i \equiv \omega b_i \pmod k, i=1,2,\cdots,n$$

从而得到序列 $a_1, a_2, \cdots, a_n$。

于是，对于 $m = m_1 m_2 \cdots m_n$ 的二进制明文信息，其加密变换是：

$$a_1 m_1 + a_2 m_2 + \cdots + a_n m_n = c$$

c 为密文，其解密变换是：

$$\begin{aligned}\omega^{-1} c &= \omega^{-1} a_1 m_1 + \omega^{-1} a_2 m_2 + \cdots + \omega^{-1} a_n m_n \\ &= \omega^{-1} \omega b_1 m_1 + \omega^{-1} \omega b_2 m_2 + \cdots + \omega^{-1} \omega b_n m_n \\ &\equiv b_1 m_1 + b_2 m_2 + \cdots + b m_n \pmod k\end{aligned}$$

【例 4.9】 设超递增背包序列为{1,2,5,9,20,41,83,164}，使用 MH 背包密码算法进行加密、解密的过程如下：

因为 1＋2＋5＋9＋20＋41＋83＋164＝325，所以取 $k=353, \omega=233$，计算求 ω 的逆，得到 $\omega^{-1}=50$，作变换：

$$a_1 \equiv 233 \times 1 \pmod{353} \equiv 233 \pmod{353}$$

$$a_2 \equiv 233 \times 2 \pmod{353} \equiv 113 \pmod{353}$$

$$a_3 \equiv 233 \times 5 \pmod{353} \equiv 106 \pmod{353}$$

$$a_4 \equiv 233 \times 9 \pmod{353} \equiv 332 \pmod{353}$$

$$a_5 \equiv 233 \times 20 \pmod{353} \equiv 71 \pmod{353}$$

$$a_6 \equiv 233 \times 41 \pmod{353} \equiv 22 \pmod{353}$$

$$a_7 \equiv 233 \times 83 \pmod{353} \equiv 277 \pmod{353}$$

$$a_8 \equiv 233 \times 164 \pmod{353} \equiv 88 \pmod{353}$$

得到的背包序列{233,113,106,332,71,22,277,88}作为公钥给予公布,而超递增背包序列{1,2,5,9,20,41,83,164}作为私钥。

假设发送方明文信息是二进制值 010110011100101010001001,则加密过程首先对明文进行分块:

01011001 11001010 10001001

01011001 对应的密文是 $a_2+a_4+a_5+a_8=113+332+71+88=604$,

11001010 对应的密文是 $a_1+a_2+a_5+a_7=233+113+71+277=694$,

10001001 对应的密文是 $a_1+a_5+a_8=233+71+88=392$,

这样,密文为 604,694,392。

而接收方收到密文后,其解密过程采用 50 乘以密文值模 353:

$50\times604\ (\text{mod } 353)\equiv195\ (\text{mod } 353)=(2+9+20+164)(\text{mod } 353)$ 对应 01011001

$50\times694\ (\text{mod } 353)\equiv106\ (\text{mod } 353)=(1+2+20+83)(\text{mod } 353)$ 对应 11001010

$50\times604\ (\text{mod } 353)\equiv185\ (\text{mod } 353)=(1+20+164)(\text{mod } 353)$ 对应 10001001

因此,还原得到明文 01011001 11001010 10001001。

4.4.2 背包公钥密码系统的安全性

在实际应用中,超递增背包序列的项数至少应该为 250,每项值的位数至少要 200 位,模数一般要大于 100 位,通常采用随机序列发生器来产生这些值。对于这样的超递增背包序列的公钥密码系统,试图用穷举攻击来破译是难以奏效的。假设一台计算机每秒能运行百万次,则穷举完所有可能的背包值需要 1046 年。

背包公钥密码系统的破译不是采用穷举攻击法来实现的,而是从算法角度去破译的。Merkle 本人对他们发明的背包公钥密码系统十分自信,他悬赏 100 美元请人破译该系统的密码。1978 年,T. Herlestam 在其题为《对某些公开密钥加密系统的批评》的文章中,指出长度是一位的报文能被不知道密钥的人解开。1979 年,Adi Shamir 在第 11 届 ACM 计算理论会议上发表文章指出,在特定的情况下,使用背包算法加密的密文可以被破译。在 1982 年夏天的世界密码学大会上,Adi shamir 向世界宣布,利用荷兰阿姆斯特丹几位学者的最新数学成果,他攻克了使用一次循环的背包密码算法。Merkle 把 100 美元奖给了首先破译密码的 Adi Shamir。后来,Merkle 对他们的背包公钥密码算法仍然不死心。他接着悬赏 1000 美元给能攻克多次循环背包公钥密码算法的人。Ernie Brickell 利用 Cray-l 超级计算机,在一小时之内攻克了有 100 个重物、40 次循环的背包公钥密码算法。Brickelld 得到这 1000 美元。

虽然 MH 背包公钥密码算法最终未能成为可实用的系统,但它关于公钥密码体制的思想是好的。背包公钥密码算法不能投入使用这个事实提醒人们,为确保安全,任何新发明的密码系统在投入使用之前,都要经过严格的数学证明和充分的实践检验。

4.5 中国商用密码算法与标准

密码算法是保障信息安全的核心技术,为提高我国信息安全的自主可控能力,中国国家密码管理局制定和发布了我国密码技术标准,即国密标准,也称为商用密码算法。国密标准采用了自主研发的密码算法,旨在替代国际上广泛使用的 DES、AES、RSA 等密码算法。目前,我国商用密码算法在政府、金融、电信、能源等领域广泛应用,是保护信息安全、保障国家安全的一项重要措施。

4.5.1 中国商用密码发展现状

商用密码是指对不涉及国家秘密内容的信息进行加密保护或者安全认证所使用的密码技术和密码产品。商用密码技术是商用密码的核心，是指能够实现商用密码算法的加密、解密和认证等功能的技术，包括密码算法编程技术、密码算法芯片和加密卡等的实现技术。

(1)商用密码应用

商用密码的应用领域十分广泛，主要用于对不涉及国家秘密内容但又具有敏感性的内部信息、行政事务信息、经济信息等进行加密保护。比如商用密码可用于企业内部的各类敏感信息的传输加密、存储加密，防止非法第三方获取信息内容；也可用于安全认证、网上银行、数字签名等。为了保障商用密码安全，国家商用密码管理办公室制定了 SM1、SM2、SM3、SM4、SM7、SM9、祖冲之密码算法等一系列密码标准。其中 SM1、SM4、SM7、祖冲之密码是私钥(对称)密码算法，SM2、SM9 是公钥(非对称)密码算法，SM3 是哈希(散列)算法，它们的商业化应用概括如表 4.4 所示。

表 4.4 国产密码算法及其商业化应用

类型	名称	是否公开	主要应用领域	与国外密码算法比较
私钥密码算法	SM1	否	电子政务、电子商务	与 AES 密码安全程度相当
	SM4	是	VPN	增加了非线性变换，安全性高于 DES 密码
	SM7	否	IC 卡	安全性高于 MIFARE(一种非接触式智能卡)
	祖冲之算法	是	图像加密	移动通信 4G 加密标准，硬件开销低于 AES 密码
公钥密码算法	SM2	是	数字签名、密码机	基于 ECC，签名和密钥生成速度快于 RSA，且安全性高于 RSA2048，已成为国际标准
	SM9	是	云端数据加密	标识密码，与 RSA 3072 加密强度相当，已成为国际标准
哈希算法	SM3	是	VPN、密码键盘	基于 SHA-256，安全性比 MD5 和 SHA-1 高，也已成为国际标准

(2)商用密码发展历程

中国商用密码的发展历程，整体来看，经历了起步形成、快速发展、立法规范等 3 个发展阶段。

①起步形成阶段

我国商用密码的起步形成阶段是从 20 世纪 90 年代到 2008 年左右。这一阶段商用密码产业在我国逐步形成，国家初步建立了商用密码的管理体制，商用密码技术和产品开始出现，并在各个行业开始得到初步应用。

20 世纪 90 年代，随着国家信息化进程不断加快，使用商用密码保护非国家秘密信息的需求越来越强烈，商用密码的应用需求应运而生。1996 年 7 月，中共中央办公厅印发《关于发展商用密码和加强对商用密码管理工作的通知》，1999 年 10 月 7 日，中国密码领域第一个行政法规《商用密码管理条例》正式由国务院颁布施行，标志着中国商用密码的发展和管理从此走上了法治化的轨道。2002 年正式设立商用密码管理办公室(2005 年更名为国家密码管理局)，进一步为加强商用密码的发展与管理工作提供了重要保障。

②快速发展阶段

我国商用密码的快速发展阶段为2008—2018年左右。在这一阶段，我国商用密码的技术标准体系逐步建立和完善，技术创新能力和产品服务能力都得到了显著的发展提升，尤其是随着数字技术与社会经济发展的深度融合，商用密码的应用领域实现了突破性的扩展。

商用密码的应用需求是基于信息安全保护的紧迫性，2008—2013年受电子政务、电子商务等数字化社会经济新模式的不断带动，政务、金融等重要领域的商用密码应用需求快速增长，商用密码产业获得了广泛的市场空间和发展机遇。

2011年，我国密码行业标准化技术委员会正式成立，陆续发布了一系列我国自主密码技术标准，我国自主设计的商用密码算法SM系列和祖冲之(ZUC)算法逐步开始进入国际舞台。由我国密码专家王小云院士提出的密码哈希函数碰撞攻击理论，破解了包括MD5、SHA-1在内的5个国际通用哈希函数算法，引起了国际密码界的高度关注。密码芯片设计、侧信道分析等一批密码核心关键技术取得重要突破，商用密码对信息安全的支撑能力显著增强。2011年9月，我国设计的ZUC算法纳入国际第三代合作伙伴计划组织的4G移动通信标准，这是我国密码算法首次成为国际标准。2015年5月起，我国陆续向国际标准化组织提出了将SM2、SM3、SMS4和SM9算法纳入国际标准的提案。自2018年10月开始，这些算法陆续正式成为ISO/IEC国际标准。我国商用密码国际标准体系已初步成型，为密码技术在全球范围的发展与应用提供了中国方案。

为解决商用密码应用中存在的问题，并为网络和信息系统的安全提供科学评价方法，逐步规范商用密码的使用和管理，国家密码管理局于2017年4月印发了《商用密码应用安全性评估管理办法(试行)》(以下简称《管理办法》)，同年10月起开展商用密码应用安全性评估(简称密评)试点工作，对采用商用密码技术、产品和服务集成建设的网络和信息系统密码应用的合规性、正确性、有效性进行评估。

③立法规范阶段

2019年10月26日《中华人民共和国密码法》(以下简称《密码法》)正式发布，我国商用密码进入立法规范阶段。《密码法》是我国密码领域的第一部法律，以立法形式来明确包括商用密码在内的密码管理和应用，体现了国家对于密码这一信息安全核心技术的高度重视，也标志着我国商用密码产业进入了新的发展阶段。

为贯彻落实《密码法》等法规条例，国家密码管理局结合密码应用实践，对《管理办法》进行修订，2023年9月26日正式发布了《商用密码应用安全性评估管理办法》(自2023年11月1日起施行)，统筹细化密码应用安全性评估，依法依规开展密评工作。

4.5.2 商用分组密码SM4算法

SM4国密算法是一种对称密码算法，全称为SMS4-ECB分组密组算法，在中国国家密码管理局发布的国家密码算法标准中被广泛采用。SM4密码算法分组长度和密钥长度均为128位，加解密算法和密码扩展算法都采用32轮非线性迭代机制，主要操作包括异或、合成置换、非线性迭代、反序变换、循环移位以及S盒变换。

(1)SM4加解密算法

SM4算法以字(32位)为单位进行加密运算，每一次迭代运算均为一轮变换函数 F。图4.13给出了SM4算法的加密流程图。输入128位的明文数据(X_0,X_1,X_2,X_3)，输出128位的密文数据(Y_0,Y_1,Y_2,Y_3)，整个加/解密过程需要经过32轮迭代，可以表示为：

$$X_{i+4}=F(X_i,X_{i+1},X_{i+2},X_{i+3},rk_i)=X_i\oplus T(X_{i+1}\oplus X_{i+2}\oplus X_{i+3}\oplus rk_i)$$

其中，$i=0,1,\cdots,31$ 表示迭代轮数，当 $i=0$ 时进行第一轮变换，一直进行到 $i=31$ 结束；rk_i 为轮密钥，共 32 个轮密钥，轮函数 32 轮迭代，每轮使用一个轮密钥；T 是一种可逆的合成置换，由非线性变换和线性变换复合而成。

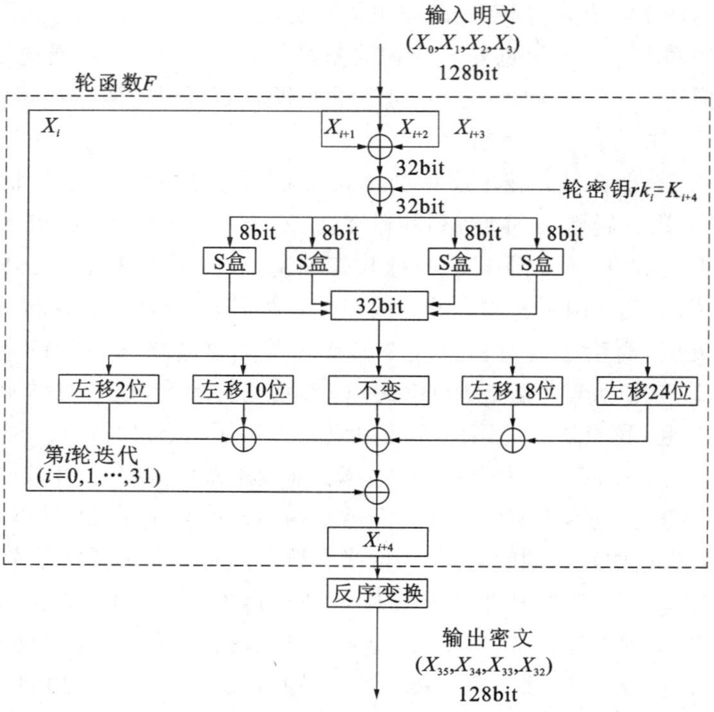

图 4.13　SM4 加密流程

SM4 解密算法的结构与 SM4 加密算法相同。SM4 解密算法只是使用的轮密钥相反，解密运算只需要将加密过程中生成的轮密钥进行反序使用即可。

1）轮函数 F

将输入的 128 位明文分成 4 组 32 位的字，表示为（$X_i,X_{i+1},X_{i+2},X_{i+3}$），其中 X_i（$i=0,1,2,\cdots,31$）为 32 位的明文数据，每一轮迭代的具体变换过程如下：

①将 X_i 保持不变，将 X_{i+1},X_{i+2},X_{i+3} 和密钥 rk_i 异或得到一个 32 位的数据，作为 S 盒变换的输入，表示为 $sbox_{\text{input}}=X_{i+1}\oplus X_{i+2}\oplus X_{i+3}\oplus rk_i$，其中$\oplus$表示异或运算。

②将 $sbox_{\text{input}}$ 拆分成 4 个 8 位的数据，分别执行 S 盒变换操作。将 4 个 S 盒变换的输出（每个 S 盒的输出仍然为 8 位）组合成一个 32 位的 $sbox_{\text{output}}$（非线性字变换 τ）。

③对 32 位的 $sbox_{\text{input}}$ 执行移位变换操作（线性字变换 L）。执行 4 次循环左移操作，分别循环左移 2、10、18 和 24 位，得到 4 个 32 位的结果 y_2、y_{10}、y_{18} 和 y_{24}。

④将移位的结果 y_2、y_{10}、y_{18} 和 y_{24}，S 盒变换的输出 $sbox_{\text{output}}$，以及第一组输入明文 X_i 三者进行异或，得到 $X_{i+4}=sbox_{\text{output}}\oplus y_2\oplus y_{10}\oplus y_{18}\oplus y_{24}\oplus X_i$。

上述①～④步总共执行 32 轮，每一轮使用不同的轮密钥 $rk_i=K_{i+4}$（$i=0,1,2,\cdots,31$），轮密钥通过密钥扩展产生。对轮函数 F 最后生成的 4 个 32 位数据（$X_{32},X_{33},X_{34},X_{35}$）执行反序变换操作，得到最终的 128 位密文数据（$X_{35},X_{34},X_{33},X_{32}$）。

2）S 盒变换

S 盒变换是一种非线性变换，它通过查找预定义的 S 盒来替换输入的每个字节。S 盒是一个固定的字节替代表,将输入字节映射到输出字节。

S 盒变换是 SM4 算法中唯一的非线性逻辑单元,国家密码局公布 SM4 密码时,直接给出了算法中 S 盒的结构和置换规则,如表 4.5 所示。其中,S 盒是一个 16×16 的矩阵,盒中数据均采用 16 进制表示。S 盒的输入和输出均为 8 位的一个字节数据,具体置换规则为:以输入的高半字节为行号,低半字节为列号,行列交叉点处的数据即为输出。

表 4.5 SM4 算法的 S 盒变换

	0	1	2	3	4	5	6	7	8	9	a	b	c	d	e	f
0	d6	90	e9	fe	cc	e1	3d	b7	16	b6	14	c2	28	fb	2c	05
1	2b	67	9a	76	2a	be	04	c3	aa	44	13	26	49	86	06	99
2	9c	42	50	f4	91	ef	98	7a	33	54	0b	43	ed	cf	ac	62
3	e4	b3	1c	a9	c9	08	e8	95	80	df	94	fa	75	8f	3f	a6
4	47	07	a7	fc	f3	73	17	ba	83	59	3c	19	e6	85	4f	a8
5	68	6b	81	b2	71	64	da	8b	f8	eb	0f	4b	70	56	9d	35
6	1e	24	0e	5e	63	58	d1	a2	25	22	7c	3b	01	21	78	87
7	d4	00	46	57	9f	d3	27	52	4c	36	02	e7	a0	c4	c8	9e
8	ea	bf	8a	d2	40	c7	38	b5	a3	f7	f2	ce	f9	61	15	a1
9	e0	ae	5d	a4	9b	34	1a	55	ad	93	32	30	f5	8c	b1	e3
a	1d	f6	e2	2e	82	66	ca	60	c0	29	23	ab	0d	53	4e	6f
b	d5	db	37	45	de	fd	8e	2f	03	ff	6a	72	6d	6c	5b	51
c	8d	1b	af	92	bb	dd	bc	7f	11	d9	5c	41	1f	10	5a	d8
d	0a	c1	31	88	a5	cd	7b	bd	2d	74	d0	12	b8	e5	b4	b0
e	89	69	97	4a	0c	96	77	7e	65	b9	f1	09	c5	6e	c6	84
f	18	f0	f0	ec	3a	dc	4d	20	79	ee	5f	3e	d7	cb	39	48

3)合成置换 T

合成置换 T 是一个可逆变换,由上述第②步中的非线性字变换 τ 和第③步中的线性字变换 L 复合而成,即 $T(X)=L(\tau(X))$。

非线性字变换 τ 由 4 个并行 S 盒构成,主要起混淆作用。设输入字 $A=(a_0,a_1,a_2,a_3)$,输出字 $B=(b_0,b_1,b_2,b_3)$,τ 变换可以表示为:

$$B=\tau(A)=(sbox(a_0),sbox(a_1),sbox(a_2),sbox(a_3))$$

线性字变换 L 主要起扩散作用:

$$C=L(B)=B\oplus(B<<<2)\oplus(B<<<10)\oplus(B<<<18)\oplus(B<<<24)$$

其中$<<<$代表循环左移操作,B 为非线性字变换 τ 输出的 32 位字数据,即非线性变换 τ 的输出是线性字变换 L 的输入。

4)SM4 密钥扩展算法

SM4 加/解密算法的轮密钥由初始密钥通过密钥扩展算法生成,从而生成 32 个 32 位的轮密钥。图 4.14 给出了 SM4 密钥扩展的流程。

已知 SM4 密码算法的初始密钥 $MK=(MK_0,MK_1,MK_2,MK_3)$,系统参数 $FK=(FK_0,FK_1,FK_2,FK_3)$,固定参数 $CK=(CK_0,CK_1,CK_2,CK_3)$,每轮密钥 rk_i 生成过程如下:

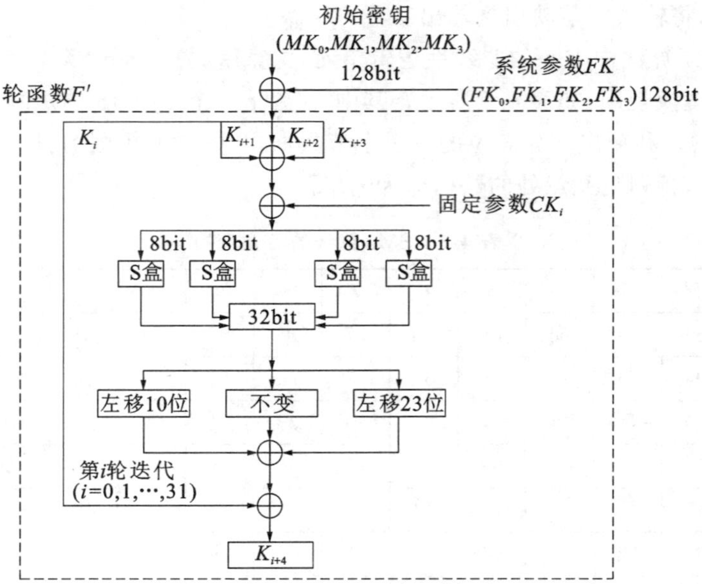

图 4.14 SM4 **密钥扩展流程**

①将初始密钥 MK 与系统参数 FK 执行按位异或操作，得到 K_0、K_1、K_2 和 K_3，其中 $K_0=MK_0\oplus FK_0$，$K_1=MK_1\oplus FK_1$，$K_2=MK_2\oplus FK_2$，$K_3=MK_3\oplus FK_3$。

②计算 $rk_i=K_{i+4}=K_i\oplus T'(K_{i+1}\oplus K_{i+2}\oplus K_{i+3}\oplus CK_i)$，$i=0,1,2,\cdots,31$，其中 T'变换与加/解密算法中的 T 变换基本相同，只是将其中的线性字变换 L 改为 L'，$L'(B)=B\oplus(B<<<10)\oplus(B<<<23)$。

由于系统参数和固定参数是已知的，因此经执行上述第①、②步，即可求得轮密钥。

SM4 密钥扩展算法中使用的系统参数 FK 是 4 个 32 位的常数：$FK_0=$(A3B1BAC6)，$FK_1=$(56AA3350)，$FK_2=$(677D9197)，$FK_3=$(B27022DC)。

固定参数 CK 的按如下规则产生：

$$CK_{ij}=(4i+j)\times 7(mod\ 256),\quad i=0,1,2,\cdots,31,j=0,1,2,3。$$

4.5.3 祖冲之序列密码算法

祖冲之序列密码算法，简称“ZUC 算法”，是中国密码学家自主设计的密码和完整性保护的算法。ZUC 算法本质上是一个密钥序列产生算法，密钥长度为 128 位，在 128 位种子密钥和 128 位初始向量的控制下，输出 32 位的密钥字流。

图 4.15 给出了祖冲之密码算法 ZUC 的结构。ZUC 算法结构分为 3 层：第一层是线性反馈移位寄存器层(LFSR)，第二层是比特重组层(BR)，第三层是一个非线性函数(F)。

(1)线性反馈移位寄存器 LFSR

ZUC 算法的 LFSR 包括 16 个 31 位寄存器单元变量 $s_0,s_1,\cdots,s_{15}$，每个变量在集合$\{1,2,3,\cdots,2^{31}-1\}$中取值 。LFSR 运行模式有两种：初始化模式和工作模式。

①初始化模式

在初始化模式下，LFSR 寄存器接收一个 31 比特的字 u。u 由非线性函数 F 的 32 位输出 W 通过舍弃最低位比特得到，记为 $u=W>>1$。LFSR 计算的过程如下：

LFSRWithInitialisationMode

Input：u

Begin

$v \leftarrow 2^{15}s_{15}+2^{17}s_{13}+2^{21}s_{10}+2^{20}s_4+(1+2^8)s_0 \bmod (2^{31}-1)$;

$s_{16} \leftarrow (v+u) \bmod (2^{31}-1)$;

if $s_{16}=0$ then

$s_{16} \leftarrow 2^{31}-1$;

$(s_0, s_1, \cdots, s_{14}, s_{15}) \leftarrow (s_1, s_2, \cdots, s_{15}, s_{16})$

End.

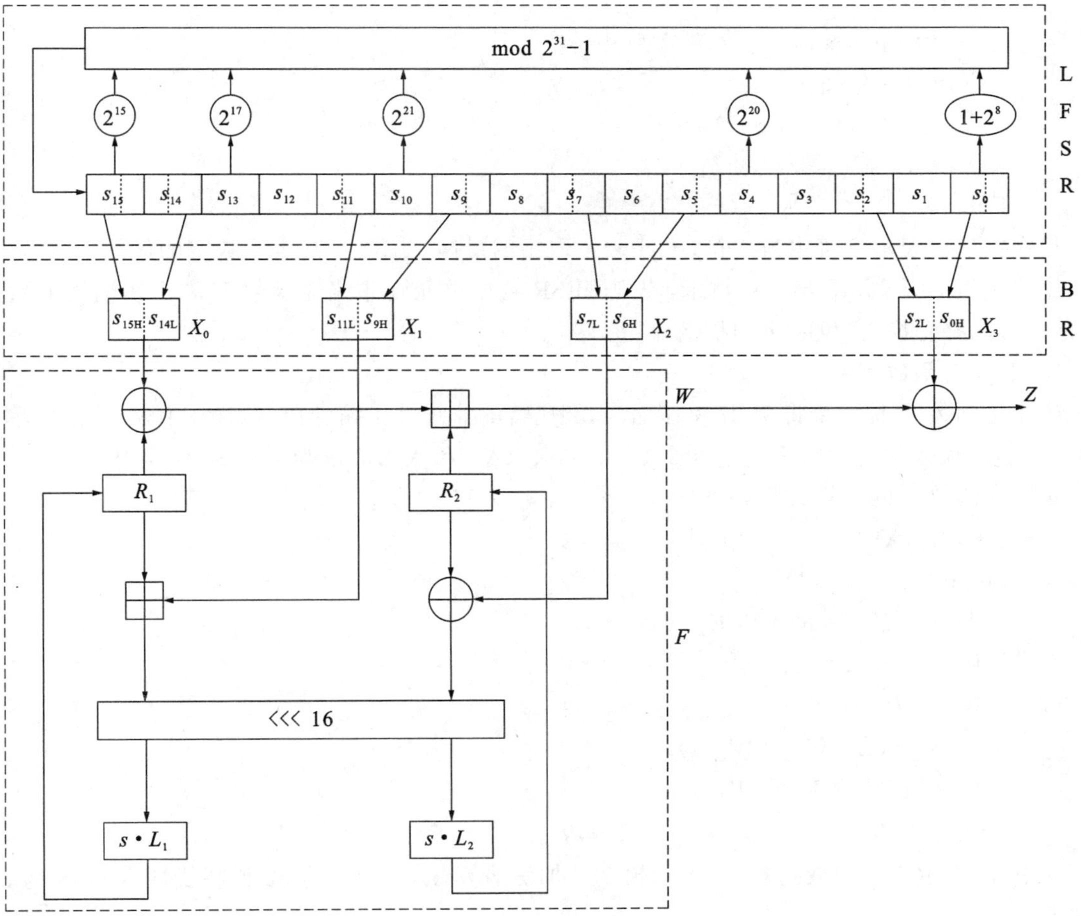

图 4.15 祖冲之密码算法结构

②工作模式

在工作模式下,LFSR 不接收任何输入,其计算过程如下:

LFSRWithWorkMode

Begin

$s_{16} \leftarrow 2^{15}s_{15}+2^{17}s_{13}+2^{21}s_{10}+2^{20}s_4+(1+2^8)s_0 \bmod (2^{31}-1)$;

if $s_{16}=0$ then

$s_{16} \leftarrow 2^{31}-1$;

$(s_0, s_1, \cdots, s_{14}, s_{15}) \leftarrow (s_1, s_2, \cdots, s_{15}, s_{16})$

End.

比较初始化模式和工作模式可知，两者的差异在于：初始化模式需要引入由非线性函数 F 的输出 W 通过舍弃最低位比特得到 u，而工作模式不需要。初始化模式引入非线性函数 F 输出 u 的目的是使 LFSR 的状态随机化。

(2)比特重组 BR

ZUC 算法的比特重组 BR 从 LFSR 的寄存器单元中抽取 128 位组成 4 个 32 位字 X_0，X_1，X_2，X_3。BR 的具体计算过程如下：

BitReconstruction

Begin

$X_0 \leftarrow s_{15H} \| s_{14L}$；

$X_1 \leftarrow s_{11L} \| s_{9H}$；

$X_2 \leftarrow s_{7L} \| s_{5H}$；

$X_3 \leftarrow s_{2L} \| s_{0H}$

End.

其中符号 ‖ 表示字符串连接符，* H 表示取字的最高 16 位，* L 表示取字的最低 16 位。

比特重组 BR 采用取半合并技术，实现 LFSR 数据单元到非线性函数 F 和密钥输出的数据转换，是一种选择置换，提供一定的扩散作用。

(3)非线性函数 F

非线性函数 F 是一个将 96 比特压缩为 32 比特的非线性压缩函数，包含 2 个 32 位记忆单元变量 R_1 和 R_2，输入来自比特重组的 3 个 32 位字 X_0、X_1 和 X_2，输出为一个 32 位字 W。

非线性函数 F 的计算过程如下：

$F(X_0, X_1, X_2)$

Begin

$W \leftarrow (X_0 \oplus R_1) \boxplus R_2$；

$W_1 \leftarrow R_1 \boxplus X_1$；

$W_2 \leftarrow R_2 \oplus X_2$；

$R_1 \leftarrow S(L_1(W_{1L} \| W_{2H}))$；

$R_2 \leftarrow S(L_2(W_{2L} \| W_{1H}))$

End.

其中，$\oplus$表示逐位异或运算，$\boxplus$表示模 232 加法运算，L_1 和 L_2 为 32 比特线性变换，S 为 32 比特的 S 盒变换。

L 变换和 S 盒变换是非线性函数 F 的两个核心部件，线性变换 L 为 ZUC 算法提供扩散作用，非线性变换 S 盒为 ZUC 算法提供混淆作用。

①L 变换

非线性函数 F 使用了两个 L 变换，L_1 和 L_2：

$$L_1(X)=X \oplus (X<<<2) \oplus (X<<<10) \oplus (X<<<18) \oplus (X<<<24),$$

$$L_2(X)=X \oplus (X<<<8) \oplus (X<<<14) \oplus (X<<<22) \oplus (X<<<30)。$$

其中 X 为 32 位字，符号 $a<<<n$ 表示把 a 循环左移 n 位；可知 L_1 与 SM4 算法中的线性字变换 L 相同。

②S 盒变换

S 盒由 4 个 8×8 的小盒并置而成，$S=(S_0, S_1, S_0, S_1)$。S_0 和 S_1 的定义分别见表 4.6 和表

4.7。设 S_0 或 S_1 的 8 比特输入为 x。将 x 视作两个 16 进制数的连接，即 $x=h||l$，则表 4.6（或表 4.7）中第 h 行和第 l 列交叉的元素即为 S_0 或 S_1 的输出 $S_0(x)$ 或 $S_1(x)$。

设 S 盒的 32 比特输入 X 和 32 比特输出 Y 分别为 $X=x_0 \parallel x_1 \parallel x_2 \parallel x_3$、$Y=y_0 \parallel y_1 \parallel y_2 \parallel y_3$，其中 x_i 和 y_i 均为 8 比特字节，$i=0,1,2,3$，则有 $y_i=S_i(x_i)$，$i=0,1,2,3$。

假设经过 L_1 计算得到的 32 位比特的 16 进制值为 EF897A4C，则将 EF、89、7A、4C 分别送到 S_0、S_1、S_0 和 S_1 中进行查询，其中高位代表行数、低位代表列数。例如 EF 在 S_0 查询，输出就为第 E 行、第 F 列对应的十六进制数 65，转换为二进制输出即为 01100101。

表 4.6 S_0 盒

	0	1	2	3	4	5	6	7	8	9	A	B	C	D	E	F
0	3E	72	5B	47	CA	E0	00	33	04	D1	54	98	09	B9	6D	CB
1	7B	1B	F9	32	AF	9D	6A	A5	B8	2D	FC	1D	08	53	03	90
2	4D	4E	84	99	E4	CE	D9	91	DD	B6	85	48	8B	29	6E	AC
3	CD	C1	F8	1E	73	43	69	C6	B5	BD	FD	39	63	20	D4	38
4	76	7D	B2	A7	CF	ED	57	C5	F3	2C	BB	14	21	06	55	9B
5	E3	EF	5E	31	4F	7F	5A	A4	0D	82	51	49	5F	BA	58	1C
6	4A	16	D5	17	A8	92	24	1F	8C	FF	D8	AE	2E	01	D3	AD
7	3B	4B	DA	46	EB	C9	DE	9A	8F	87	D7	3A	80	6F	2F	C8
8	B1	B4	37	F7	0A	22	13	28	7C	CC	3C	89	C7	C3	96	56
9	07	BF	7E	F0	0B	2B	97	52	35	41	79	61	A6	4C	10	FE
A	BC	26	95	88	8A	B0	A3	FB	C0	18	94	F2	E1	E5	E9	5D
B	D0	DC	11	66	64	5C	EC	59	42	75	12	F5	74	9C	AA	23
C	0E	86	AB	BE	2A	02	E7	67	E6	44	A2	6C	C2	93	9F	F1
D	F6	FA	36	D2	50	68	9E	62	71	15	3D	D6	40	C4	E2	0F
E	8E	83	77	6B	25	05	3F	0C	30	EA	70	B7	A1	E8	A9	65
F	8D	27	1A	DB	81	B3	A0	F4	45	7A	19	DF	EE	78	34	60

表 4.7 S_1 盒

	0	1	2	3	4	5	6	7	8	9	A	B	C	D	E	F
0	55	C2	63	71	3B	C8	47	86	9F	3C	DA	5B	29	AA	FD	77
1	8C	C5	94	0C	A6	1A	13	00	E3	A8	16	72	40	F9	F8	42
2	44	26	68	96	81	D9	45	3E	10	76	C6	A7	8B	39	43	E1
3	3A	B5	56	2A	C0	6D	B3	05	22	66	BF	DC	0B	FA	62	48
4	DD	20	11	06	36	C9	C1	CF	F6	27	52	BB	69	F5	D4	87
5	7F	84	4C	D2	9C	57	A4	BC	4F	9A	DF	FE	D6	8D	7A	EB
6	2B	53	D8	5C	A1	14	17	FB	23	D5	7D	30	67	73	08	09
7	EE	B7	70	3F	61	B2	19	8E	4E	E5	4B	93	8F	5D	DB	A9
8	AD	F1	AE	2E	CB	0D	FC	F4	2D	46	6E	1D	97	E8	D1	E9
9	4D	37	A5	75	5E	83	9E	AB	82	9D	B9	1C	E0	CD	49	89

续表 4.7

	0	1	2	3	4	5	6	7	8	9	A	B	C	D	E	F
A	01	B6	BD	58	24	A2	5F	38	78	99	15	90	50	B8	95	E4
B	D0	91	C7	CE	ED	0F	B4	6F	A0	CC	F0	02	4A	79	C3	DE
C	A3	EF	EA	51	E6	6B	18	EC	1B	2C	80	F7	74	E7	FF	21
D	5A	6A	54	1E	41	31	92	35	C4	33	07	0A	BA	7E	0E	34
E	88	B1	98	7C	F3	3D	60	6C	7B	CA	D3	1F	32	65	04	28
F	64	BE	85	9B	2F	59	8A	D7	B0	25	AC	AF	12	03	E2	F2

注：S_0 盒和 S_1 盒数据均为十六进制表示。

(4)密钥装入

密钥装入过程是将 128 比特的初始密钥 k 和 128 比特的初始向量 iv 分别扩展为 16 个 31 位字，以作为 LFSR 寄存器单元变量 $s_0, s_1, \cdots, s_{15}$ 的初始状态。设 k 和 iv 分别为 $k_0 \| k_1 \| \cdots \| k_{15}$ 和 $iv_0 \| iv_1 \| \cdots \| iv_{15}$，其中 k_i 和 iv_i 均为 8 比特(1 字节)，$0 \leqslant i \leqslant 15$。密钥装入过程如下：

①D 为 240 位的常量，可按如下方式将其分成 16 个 15 位的子串 $D = d_0 \| d_1 \| \cdots \| d_{15}$：

$d_0 = 100010011010111_2$，　　$d_8 = 100110101111000_2$，

$d_1 = 010011010111100_2$，　　$d_9 = 010111100010011_2$，

$d_2 = 110001001101011_2$，　　$d_{10} = 110101111000100_2$，

$d_3 = 001001101011110_2$，　　$d_{11} = 001101011110001_2$，

$d_4 = 101011110001001_2$，　　$d_{12} = 101111000100110_2$，

$d_5 = 011010111100010_2$，　　$d_{13} = 011110001001101_2$，

$d_6 = 111000100110101_2$，　　$d_{14} = 111100010011010_2$，

$d_7 = 000100110101111_2$，　　$d_{15} = 100011110101100_2$。

②将上述 3 个子串依次拼接，即有 $s_i = k_i \| d_i \| iv_i$，$0 \leqslant i \leqslant 15$。

(5)ZUC 算法的机密性和完整性及安全性

ZUC 密码算法包括机密性算法 128-EEA3 和完整性算法 128-EIA3。

从用途上来看，机密性算法 128-EEA3 主要用于 4G 移动通信中移动用户设备和无线网络控制设备之间的无线链路上通信信令和数据的加密和解密。完整性算法 128-EIA3 主要用于 4G 移动通信中移动用户设备和无线网络控制设备之间的无线链路上通信信令和数据的完整性校验，并对信令源进行鉴别，其主要技术手段是利用算法 128-EIA3 产生消息认证码(MAC)，通过对 MAC 进行验证，以实现对消息的完整性校验。

ZUC 密码算法在设计中引入了素数域运算、比特重组、最优扩散的线性变换等技术，体现了序列密码设计的发展趋势。通过对其三层结构的综合运用，ZUC 算法具有很高的理论安全性，能有效抵抗目前已知的攻击方法，且算法速度快，软件/硬件实现性能都比较好。

4.5.4　商用 Hash 消息摘要算法 SM3

SM3 算法是中国国密标准中的 Hash 消息摘要算法，用于将任意长度的消息压缩成一个固定长度的摘要。在商用密码体系中，SM3 算法主要用于数字签名及验证、消息认证码生成及验证、随机数生成等，其算法步骤公开，其安全性及效率与 SHA-256(一种国际上的 Hash 消息摘要算法标

准)相当。SM3 算法的工作流程如图 4.16 所示。

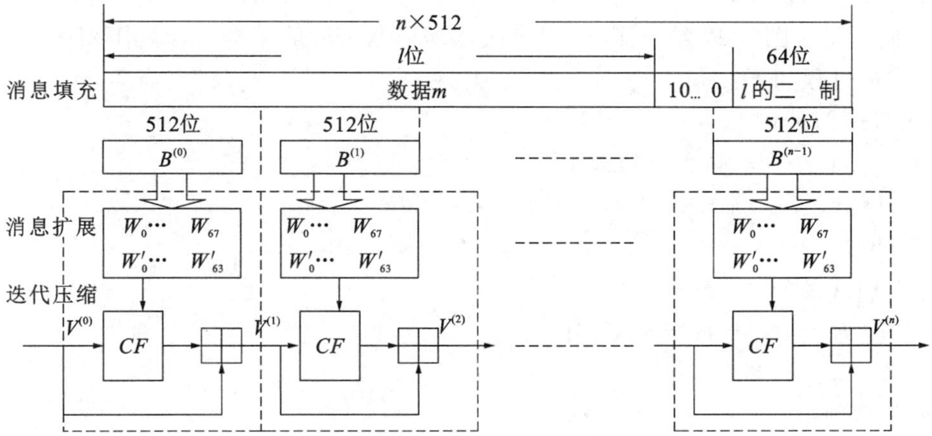

图 4.16　SM3 算法工作流程

(1)SM3 算法描述

SM3 算法的过程主要包括数据填充、消息扩展、迭代压缩、输出 4 个步骤,对长度为 l 位的消息输入,$1 \leqslant l \leqslant 2^{64}-1$,输出长度为 256 位的消息摘要。

1)SM3 算法的数据填充

对数据填充的目的是使填充后数据的长度为 512 的整数倍。因为后续迭代压缩是对 512 位数据块进行的,若数据的长度不是 512 的整数倍,则最后一块数据将是短块,无法处理。

设消息 m 长度为 l 位,SM3 算法的填充分为 3 步:

①将比特 1 添加到 m 的末尾;

②添加 k 个 0,k 是满足 $(l+1+k) \equiv 448 \pmod{512}$ 的最小非负整数;

③添加一个 64 位比特串,该比特串是长度 l 的二进制表示。

通过①～③步即可获得填充后的消息 m',m'的比特长度一定为 512 的倍数。

2)SM3 算法的消息扩展

将填充后的消息 m'按 512 位分组,$m'=B^{(0)}B^{(1)}\cdots B^{(n-1)}$,其中 $n=(l+k+65)/512$。对一个消息分组 $B^{(i)}$ 迭代压缩之前,首先将 16 个字的消息分组 $B^{(i)}$ 扩展生成 132 个字:$W_0, W_1, \cdots, W_{67}$,$W'_0, W'_1, \cdots, W'_{63}$,以供压缩函数 CF 使用。消息扩展步骤如下:

①将消息分组 $B^{(i)}$ 划分成 16 个字 $W_0, W_1, \cdots, W_{15}$;

②对于 $j=16,17,\cdots,67$,计算:

$$W_j \leftarrow P_1(W_{j-16} \oplus W_{j-9} \oplus (W_{j-3} <<< 15)) \oplus (W_{j-13} <<< 7) \oplus W_{j-6};$$

③计算 $W'_j = W_j \oplus W_{j+4}$,$j=0,1,\cdots,63$。

经过上述①～③步,即可得到扩展后的消息分组 $B^{(i)}$。消息扩展把 m'原消息位打乱,隐蔽原消息位之间的关联,增强了安全性。

3)SM3 算法的迭代压缩

m'经过消息扩展后,按下列方式进行迭代压缩:

对于 $i=0,1,\cdots,n-1$,更新 $V^{i+1}=CF(V^{(i)}, B^{(i)})$,其中 CF 是压缩函数,$B^{(i)}$ 为填充后的消息分组,$V^{(0)}$ 为 256 位初始值 IV,IV 值是一个常量,见表 4-8。

迭代压缩的结果为 $V^{(n)}$,它是消息 m 的 Hash 值(摘要值)。

(2)压缩函数 CF

压缩函数 CF 是 SM3 算法的核心。设 A、B、C、D、E、F、G 和 H 为字寄存器，$SS1$、$SS2$、$TT1$ 和 $TT2$ 为中间变量。图 4.17 给出了 SM3 算法压缩函数 CF 的结构。计算压缩函数值 $V^{(i+1)}=CF(V^{(i)},B^{(i)})$的过程如下：

①$ABCDEFGH \leftarrow V^{(i)}$；

②对于 $j=0,1,\cdots,63$，执行下列操作：

$SS1 \leftarrow ((A<<<12)+E+(T_j<<<j))<<<7$；

$SS2 \leftarrow SS1 \oplus ((A<<<12)$；

$TT1 \leftarrow FF_j(A,B,C)+D+SS2+W'_j$；

$TT2 \leftarrow GG_j(E,F,G)+H+SS1+W'_j$；

$D \leftarrow C$；

$C \leftarrow B<<<9$；

$B \leftarrow A$；

$A \leftarrow TT_1$；

$H \leftarrow G$；

$G \leftarrow F<<<9$；

$F \leftarrow E$；

$E \leftarrow P_0(TT2)$；

③$V^{(i+1)} \leftarrow ABCDEFGH \oplus V^{(i)}$。

其中，+运算为 mod 2^{32} 算术加运算，常量 T_j、布尔函数 $FF_j(X,Y,Z)$和 $GG_j(X,Y,Z)$、置换函数 $P_0(X)$的定义见表 4.8。字的存储为大端(Big-Endian)格式，即左边为高有效位，右边为低有效位。数的高位字节放在存储器的低地址，低位字节放在存储器的高地址。

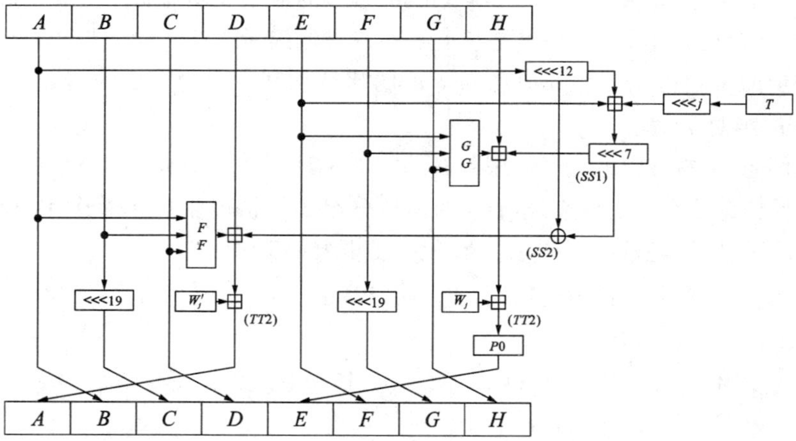

图 4.17　SM3 压缩函数 CF 的结构

表 4.8　SM3 算法中使用的常量与函数定义

类型	名称	定义或值
常量	初始值 IV	IV=7380166f 4914b2b9 172442d7 da8a0600 a96f30bc 163138aa e38dee4d b0fb0e4e
	常量 T_j	$T_j=\begin{cases}\text{79cc4519} & 0\leqslant j\leqslant 15; \\ \text{7a879d8a} & 16\leqslant j\leqslant 63\end{cases}$

续表 4.8

类型	名称	定义或值
布尔函数	$FF_j(X,Y,Z)$	$FF_j(X,Y,Z)=\begin{cases} X\oplus Y\oplus Z & 0\leqslant j\leqslant 15; \\ (X\wedge Y)\vee(X\wedge Z)\vee(Y\wedge Z) & 16\leqslant j\leqslant 63 \end{cases}$
	$GG_j(X,Y,Z)$	$GG_j(X,Y,Z)=\begin{cases} X\oplus Y\oplus Z & 0\leqslant j\leqslant 15; \\ (X\wedge Y)\vee(\neg X\wedge Z) & 16\leqslant j\leqslant 63 \end{cases}$ 式中 X,Y,Z 为 32 位字
置换函数	$P_0(X)$	$P_0(X)=X\oplus(X<<<9)\oplus(X<<<17)$
	$P_1(X)$	$P_0(X)=X\oplus(X<<<15)\oplus(X<<<23)$

压缩函数 CF 是 SM3 算法安全的关键。函数 CF 的第一个作用是数据压缩，它将每一个 512 位的消息分组压缩成 256 位，经过各数据分组之间的迭代处理后，将 l 位的消息压缩成 256 位的 Hash 值。函数 CF 的第二个作用是提供安全性。布尔函数 $FF_j(X,Y,Z)$ 和 $GG_j(X,Y,Z)$ 是非线性函数，经过循环迭代后提供混淆作用。置换函数 $P_0(X)$ 是线性函数，经过循环迭代后提供扩散作用。加上函数 CF 中其他运算的共同作用，从而可确保 SM3 算法的安全性。

4.5.5 商用公钥椭圆曲线密码算法 SM2

SM2 密码算法全称是 SM2 椭圆曲线公钥密码算法，是一种基于椭圆曲线的密码算法。SM2 密码算法于 2016 年成为中国国家密码标准之一。在商用密码体系中，SM2 密码算法主要用于替换 RSA 密码算法，可以满足电子认证服务系统等应用需求。

SM2 密码算法采用的是 256 位 ECC 算法的一种，其安全强度高于 2048 位 RSA 算法，且运算速度快于 RSA 密码算法。随着密码技术和计算技术的发展，目前常用的 1024 位 RSA 算法面临严重的安全威胁。SM2 密码算法在性能和安全方面都具有优势。

(1)SM2 的密钥生成

SM2 算法的密钥生成过程如下：

①选择椭圆曲线参数。SM2 算法规定选择一条 256 位的椭圆曲线：$y^2=x^3+ax+b$。

②生成私钥。随机选择一个私钥 d，通常是一个 256 位的随机数。

③计算公钥。使用椭圆曲线上的点运算，将椭圆曲线上的基点 G 与私钥 d 相乘，得到公钥 $P=dG$。

④公钥编码。对公钥 P 的坐标 (x,y) 进行编码，常用编码方式为压缩编码或非压缩编码。

于是获得密钥对 (d,P)，其中 d 为私钥，P 为公钥。对公钥进行编码是为了在实际应用中更方便地传输和存储公钥信息。在椭圆曲线密码学中，公钥的坐标可以是 (x,y) 形式的非压缩表示，也可以是压缩表示(只包含其中一个坐标和一个标志位)。

在 SM2 算法中，为了减少公钥的传输量和存储空间，通常使用压缩编码或非压缩编码方式对公钥进行表示。通过编码，公钥的表示形式变得更紧凑，占用的空间更小，有助于提高效率和降低资源消耗。在实际使用中，编码后的公钥可以更方便地传输、存储和处理。

需要注意的是，在使用公钥进行加解密、数字签名验证等操作时，需要根据编码方式对公钥进行解码，以恢复到椭圆曲线上的点形式进行运算。

(2)SM2 加密算法

设 A、B 分别为发送方和接收方，A 要发送消息 M 给 B，SM2 算法加密运算如下：

①产生随机数 $k(1\leqslant k\leqslant n-1)$；

②计算椭圆曲线点 $C_1=kG=(x_1,y_1)$；

③计算椭圆曲线点 $S=hP_B$(h 为余因子)，若 S 是无穷远点，则报错并退出；

④计算椭圆曲线点 $kP_B=(x_2,y_2)$；

⑤计算 $t=KDF(x_2\parallel y_2,klen)$，若 t 为全 0 比特串，则返回步骤①；

⑥计算 $C_2=M\oplus t$；

⑦计算 $C_3=\text{Hash}(x_2\parallel y_2)$；

⑧密文 $C=C_1\parallel C_2\parallel C_3$

其中，$KDF(Z,klen)$是密钥派生函数，它利用 Hash 函数由输入数据 Z 产生出长度为 $klen$ 的密钥数据，其本质上就是一个伪随机数产生函数，用来产生密钥。

(3)SM2 解密算法

设 C 为密文，$klen$ 为密文中 C_2 的长度，SM2 算法解密运算如下：

①从 C 中取出比特串 C_1，将 C_1 的数据表示为椭圆曲线上的点，验证 C_1 是否满足椭圆曲线方程，若不满足则报错并退出；

②计算椭圆曲线点 $S=hC_1$，若 S 是无穷远点，则报错并退出；

③计算 $dC_1=(x_2,y_2)$；

④计算 $t=KDF(x_2\parallel y_2,klen)$，若 t 为全 0 比特串，则返回步骤①；

⑤从 C 中取出比特串 C_2，计算 $M'=C_2\oplus t$；

⑥计算 $u=\text{Hash}(x_2\parallel M'\parallel y_2)$，从 C 中取出比特串 C_3，若 $u\neq C_3$，则报错并退出；

⑦输出明文 M'。

SM2 算法解密正确性可以证明如下：

证明：$d_BC_1=d_B(kG)=k(d_BG)=kP_B=(x_2,y_2)$。若 (x_2,y_2) 是正确的，则 $t=KDF(x_2\parallel y_2,klen)$ 也是正确的。又因为加密时 $C_2=M\oplus t$，所以解密时 $M'=C_2\oplus t=M\oplus t\oplus t=M$。

由上述加密和解密运算过程可知，SM2 算法采取了许多检错措施，从而可以提高密码系统的数据完整性和系统可靠性，进一步提高密码系统的安全性。SM2 算法在解密过程中加入了更多的检错功能，这是因为解密的密文是经过信道传输而来，信道可能受到干扰、可能受到攻击的影响，在密文中含有错误或被篡改的可能性是存在的。采取措施将可能存在的错误和篡改检测出来，对提高密码系统的数据完整性、系统可靠性和安全性是有益的。

(4)SM2 签名算法

SM2 作为中国密码学标准的一部分，被广泛应用于各种信息安全领域，除用于加解密数据之外，SM2 算法也可以用于生成和验证数字签名。发送方可以使用私钥对数据进行签名，接收方使用相应的公钥来验证签名的有效性，确保数据的完整性和身份认证，防止数据被篡改或冒充。

1)数字签名生成

设待签名的消息为 M，ID_A 是签名者 A 的标识符，$ENTL_A$ 是 ID_A 的长度，d_A 是 A 的私钥，椭圆曲线上基点 $G=(x_G,y_G)$，签名者 A 的公钥 $P_A=d_AG=(x_A,y_A)$。$Z_A=\text{Hash}(ENTL_A\parallel D_A\parallel a\parallel b\parallel x_G\parallel y_G\parallel x_A\parallel y_A)$，这里的 Hash 函数为 SM3。签名者 A 进行以下签名运算：

①$M^*=Z_A\parallel M$；

②计算 $e=\text{Hash}(M^*)$；

③使用随机数发生器产生随机数 $k(1\leqslant k\leqslant n-1)$；

④计算椭圆曲线点 $G_1(x_1,y_1)=kG$；

⑤计算 $r=(e+x_1) \bmod n$，若 $r=0$ 或 $r+k=n$，则返回步骤③；

⑥计算 $s=((1+d_A)^{-1} \cdot (k-r \cdot d_1)) \bmod n$，若 $s=0$，则返回步骤③；

⑦以 (r,s) 作为对消息 M 的签名。

与传统椭圆曲线密码签名算法相比，SM2 算法不直接使用消息 M 产生签名，而是使用 $M^*=Z_A \| M$ 和 $e=\mathrm{Hash}(M^*)$，并且使用用户参数和系统参数，此外 SM2 增加了合理性检查，确保签名正确，也提高了安全性。

2)数字签名验证

设接收方 B 接收到的消息为 M'，签名为 (r',s')，P_A 为发送方 A 的公钥。B 验证签名如下：

①检验 $r' \in [1,n-1]$ 是否成立，若不成立则验证不通过；

②检验 $s' \in [1,n-1]$ 是否成立，若不成立则验证不通过；

③$M^*=Z_A \| M'$；

④计算 $e'=\mathrm{Hash}(M^*)$；

⑤计算 $t=(r'+s') \bmod n$，若 $t=0$，则验证不通过；

⑥计算椭圆曲线点 $G'(x_1',y_1')=s'G+tP_A$；

⑦计算 $R=(e'+x_1') \bmod n$，检验 $R=r'$ 是否成立，若成立则验证通过，否则验证不通过。

因为产生签名算法的第⑤和第⑦步都是 $\bmod n$ 运算，且要求 $r\neq 0, s\neq 0$，所以就可确保 $r\in[1,n-1]$ 且 $s\in[1,n-1]$。如果签名没有被篡改和无错误，那么必有 $r'=r\in[1,n-1]$ 且 $s'=s\in[1,n-1]$。通过对此进行检验，可发现签名 (r,s) 是否被篡改或有错误，确保其完整性。

此外，签名时确保了 $r\neq 0, s\neq 0$，若 $t=(r+s) \bmod n=0$，则 $r+s$ 是 n 的整数倍。但是，由于 $r\in[1,n-1]$ 且 $k\in[1,n-1]$，所以 $2\leqslant r+k\leqslant 2n-2$。又由于签名时确保了 $r+k\neq n$，因此 $r+k$ 不是 n 的整数倍。据签名算法第⑥步有 $s=\dfrac{k-rd}{1+d}$，于是 $r+s=r+\dfrac{k-rd}{1+d}=\dfrac{r+k}{1+d}$，因此 $r+s=\dfrac{r+k}{1+d}$ 也不是 n 的整数倍。否则，因为 d 和 $1+d$ 都是正整数，这导致 $r+k$ 是 n 的整数倍，与前面 $r+k$ 不是 n 的整数倍矛盾。$r+s$ 不是 n 的整数倍，即 $(r+s) \bmod n\neq 0$。这说明，如果 r' 和 s' 没有被篡改或无错误，则有 $r'=r$ 和 $s'=s$，于是有 $t=(r'+s')=(r+s) \bmod n\neq 0$。说明验证签名算法的验证是合理的。

4.5.6 中国商用密码标准体系

商用密码标准化是实现商用密码技术自主创新、促进商用密码产业发展、构建商用密码应用体系的重要支撑。截至 2023 年 6 月，中国国家标准化管理委员会已发布商用密码国家标准 43 项，中国国家密码管理局已发布商用密码行业标准 141 项，覆盖商用密码技术、产品、服务、应用、检测和管理等多个领域，构建了较为齐全完备的商用密码标准体系，有效发挥了商用密码标准在引领科技进步、推动产业发展、促进互联互通、助力应用推进、优化管理服务等方面的重要作用。

(1)商用密码标准体系构成

《中华人民共和国密码法》明确商用密码标准体系包括商用密码国家标准、行业标准、团体标准和企业标准。商用密码国家标准、行业标准属于政府主导制定的标准，商用密码团体标准、企业标准属于市场主体自主制定的标准。

商用密码国家标准由国家标准化管理委员会组织制定，代号为 GB。商用密码行业标准由国家密码管理局组织制定，报国家标准化管理委员会备案，代号为 GM。商用密码团体标准由商用密码领域的学会、协会等社会团体制定，商用密码企业标准由商用密码企业制定或者企业联合制定。其中，国家标准按照实施效力分为强制性标准和推荐性标准。强制性标准仅有国家标准一级。推荐性标准包括推荐性国家标准和行业标准。也就是说，商用密码行业标准都是推荐性标准。

《密码法》明确规定商用密码从业单位开展商用密码活动，应当符合有关法律、行政法规、商用密码强制性国家标准以及该从业单位公开标准的技术要求。国家也鼓励商用密码从业单位采用商用密码推荐性国家标准、行业标准，从而提升商用密码的防护能力，维护用户的合法权益。

(2)商用密码国际标准化建设

中国商用密码标准体系建设起步虽晚，但是发展势头强劲，取得了显著成果。在密码管理部门及专家学者们的共同努力下，大力推进以我国自主设计研制的 SM 系列密码算法为代表的中国商用密码标准纳入国际标准，积极推动了 SM2、SM3、SM4、SM9、ZUC 等中国国家密码算法标准成功纳入 ISO/IEC 国际密码算法标准体系。

2011 年 9 月，祖冲之密码算法 ZUC 纳入国际第三代合作伙伴计划组织(3GPP)的 4G 移动通信标准，用于移动通信系统空中传输信道的信息加密和完整性保护，这是中国密码算法首次成为国际标准。

2015 年 5 月起，中国陆续向 ISO 组织提出了将 SM2、SM3、SM4 和 SM9 密码算法纳入国际标准的提案。

2017 年，SM2 和 SM9 密码算法正式成为 ISO/IEC 国际标准。2018 年，SM3 密码算法正式成为 ISO/IEC 国际标准。2020 年 4 月，ZUC 序列密码算法正式成为 ISO/IEC 国际标准。2021 年 2 月，SM9 密码算法正式成为 ISO/IEC 国际标准。2021 年 6 月，SM4 密码算法正式成为 ISO/IEC 国际标准。中国商用密码国际标准体系已逐步成型，为密码技术在全球范围的发展与应用提供了中国方案，贡献了中国智慧。

在转化运用国际标准方面，商用密码行业标准 GM/T 0028《密码模块安全技术要求》和 GM/T 0039《密码模块安全检测要求》分别参考国际标准 ISO 19790 和 ISO 24759 编制，为规范商用密码产品管理、提升商用密码产品安全防护能力发挥了重要作用，充分体现了商用密码标准制定的开放性。

4.6 量子密码

历史上，图灵发明数字电子计算机破译了密码机。此后在经典计算机上，人们通过设计基于数学上 NP 难问题的加解密算法，维护了 50 年来的网络信息与通信安全。基于数学复杂性理论的现代密码学是保障网络与信息安全的理论基础，各类密码算法和协议在确保消息的机密性、完整性、不可否认性以及身份认证等方面发挥着重要作用。然而，在 20 世纪 90 年代，大整数因子分解的 Shor 量子计算算法、数据库搜索 Grover 量子计算算法提出后，量子算法对当前的密码体制形成了严重的安全性威胁。如果有了通用的量子计算机，那么 Shor 算法可以轻松攻破基于大整数分解、离散对数问题的多种公钥密码；Grover 算法也将挑战对称密码的安全性。因此，研究可以抵抗量子计算攻击的新型密码体制已经成为密码学领域的重大任务。

有趣的是，量子计算技术在对基于经典力学原理的计算机密码学的安全性形成威胁之际，也为抗量子计算攻击提供了一种潜在量子信息系统技术，即量子密码。量子密码是一种基于量子力学原理设计的密码学体系，旨在利用量子力学的特性来保护通信信息的安全性。基于经典力学的密码学依赖于数学难题的计算复杂性来保障信息的安全性，而量子密码则利用量子力学的不可预测性和不可复制性来实现更高级别的安全性。

4.6.1 量子计算对传统密码学的影响

量子计算是一种基于量子力学原理的计算方式，相较于基于经典力学原理的计算，它具备更强大的计算和存储能力。随着量子信息技术的发展和量子计算机的出现，量子计算对密码学领域产生了深远的影响。

(1)量子计算机对传统密码算法的威胁

传统密码算法的计算安全性是基于计算机能力的限制，而量子计算机的出现打破了这种限制，对传统密码学带来了巨大挑战。相比传统计算机，量子计算机具有无可比拟的巨大优势：天然并行性和海量存储容量。通过并行处理模式，量子计算机能够同时处理多个任务。量子计算机的这一特性，使得它在求解指数级复杂度的计算任务时能够超越传统计算机。

①量子计算机超强的计算和存储能力

与传统计算机通过操作具有两种状态的位元(0 或 1)进行工作不同，量子计算机不只依靠 0 或 1 两种状态，还有叠加态。它们将信息编码为量子比特(qubit)。量子比特可以是 1 或 0，也可以是某种叠加态：即同时是 1、0 或两者之间的某个值。量子比特的叠加态使得 n 个量子比特的量子存储器可以表示 2^n 种状态，量子计算机具有海量的存储能力。量子计算机具有内在并行性，可以同时对 2^n 种状态进行操作。一台 30 个量子比特的量子计算机的计算能力和一台每秒十万亿次浮点运算的传统计算机的水平相当。按理论估算，一个有 5000 个量子比特的量子计算机，仅用 30 秒时间就可以高概率地解决大整数因子分解问题，而传统的电子计算机需要 100 亿年。

②量子计算机强大的密码破解能力

传统的 RSA 密码算法和椭圆曲线(ECC)密码算法等都是基于数学难题的，其安全性建立在当前计算机无法在多项式级时间内解决这些数学计算问题的基础上。然而，量子计算机的并行处理能力将在可预见的未来突破这些数学难题，从而威胁到传统密码算法的安全性。

例如，Peter Shor 于 1994 年提出的 Shor 算法是一种用于量子计算机的因子分解算法，该算法可以在多项式级时间内高概率地分解大整数，这意味着 RSA 密码算法所依赖的大整数因子分解困难问题可以被量子计算机有效地解决。一旦量子计算机的实用化水平达到相当程度，当前使用 RSA 密码算法加密的数据将面临泄漏风险。

(2)基于量子计算的量子密码技术

量子计算研究的迅速发展挑战传统密码学安全性的同时，基于量子力学原理的量子计算技术的应用，也为密码学领域带来新的革命性突破。

①量子安全算法

量子计算不仅对传统密码算法构成了巨大的威胁，也催生了量子安全算法的研究和应用，以确保在量子计算时代依然能够保持数据的安全性。量子安全算法通常依赖于量子力学的特性，包括量子密钥分发、Hash 函数和数字签名等算法。这些算法的设计目标是能够抵御量子计算攻击，同时兼顾计算效率与安全性。

②抗量子密码和后量子密码

抗量子密码和后量子密码都是研究在量子计算机攻击下仍能保持安全性的密码学理论。

抗量子密码是指抵抗量子计算机攻击的密码学技术。传统的公钥加密算法，如 RSA 和椭圆曲线加密算法，都可以被量子计算机破解。因此，抗量子密码技术需要使用新的算法来替代传统的算法。目前，抗量子密码技术主要包括基于格的密码学、Hash 函数、代码签名和数字签名等。

后量子密码是指在量子计算机时代，保护数据安全的密码学技术。后量子密码技术不仅需要抵抗量子计算机的攻击，还需要考虑量子密码分析、侧信道攻击和物联网攻击等其他新型攻击技术的威胁。后量子密码技术需要使用更加复杂的算法和更高的安全性来保护数据的安全。目前，后量子密码技术主要包括基于 Hash 函数的密码学、基于代码签名的密码学和基于密码学随机数生成器的密码学等。

抗量子密码和后量子密码是在量子计算机崛起的背景下出现的新型密码学技术。两者的共同目标是设计出在量子计算机攻击下仍然具有安全性的密码算法，以应对未来量子计算机可能对传统密码学算法构成的威胁。

4.6.2 量子密码学概述

量子密码指采用量子态作为信息载体，经由量子通道在合法的用户之间传送密钥。量子密码学有狭义和广义之分。狭义量子密码学主要指量子密钥分配等基于量子技术实现经典密码学目标的结果，广义量子密码学则是指能统一刻画狭义量子密码学和经典密码学的一个理论框架。

量子密码学的起源可以追溯到 20 世纪 60 年代。1969 年，美国学者 Stephen Wiesner 以“量子钞票”的形式提出量子密码学的原始概念，并提出共轭编码和概率信息传递思想，成为量子密码学的萌芽。1984 年，计算机科学家 Charles Bennett 和 Gilles Brassard 提出量子密钥分配的概念，以及著名的量子密码分配协议——BB84 协议，它标志着量子密码技术的开端。1991 年，牛津大学 Ekert 提出基于量子纠缠的量子密钥分配协议——E91 协议，该协议比 BB84 更灵活。1992 年，Bennett 又提出一种更简单但效率减半的量子密钥分配方案，即 B92 方案。至此，量子密码通信三大主流协议（BB84、E91、B92）已基本形成，量子密码学逐渐发展成为信息安全领域的重要研究方向。

(1)量子密码理论基础

在量子通信中，信息被转化为量子状态（量子比特）。量子密码学的理论基础建立在量子力学的基础上，利用量子态的特性来实现安全的信息传输和加密。下面介绍量子密码学的理论基础。

①量子态的叠加性

在量子力学中，量子态可以处于叠加态，即同时具有多种可能性的状态。这种叠加性使得量子比特可以表示多个信息状态的叠加，从而实现更复杂的信息编码和处理。

量子态的叠加性在量子计算、量子通信和量子密码学等领域中具有重要意义。例如，在量子计算中，量子比特可以同时处于多个状态的叠加态，从而实现并行计算和量子并行性。在量子通信中，量子叠加态可以用于实现量子密钥分发和量子隐形传态等安全通信协议。在量子密码学中，量子叠加态可以用于实现量子加密算法，保护通信过程中的信息安全。

②量子态的纠缠性

量子纠缠是量子力学中一种特殊的关联现象，即两个或多个量子系统之间存在密切的关联，无论它们之间的距离有多远。这种纠缠性可以用于实现量子密码系统中的密钥分发和信息传输。

量子纠缠在量子信息科学中扮演着重要的角色，特别是在量子通信和量子密码学中。例如，量子纠缠可以用于实现 BB84 协议等量子密钥分发协议，以确保通信双方之间的密钥安全传输。此外，量子纠缠还可以用于量子纠缠态的量子隐形传态和量子纠缠态的量子远程控制等量子通信应用。

③量子态的测量

量子态的测量是指对一个量子系统的状态进行观测以获取其特定性质的过程。在量子力学中,测量是对量子态进行观测和检测的过程。

量子态的测量对于量子信息处理非常重要,因为测量是获取和处理量子信息的一种方式。在量子计算中,测量可以用来读取计算结果;在量子通信中,测量可以用来传递和接收量子信息。量子密码系统利用量子态的测量来检测传输过程中是否存在窃听行为,并确保信息的安全性。

④量子态的制备和传输

量子态的制备是指如何生成特定的量子态,使得量子系统处于所需的状态。量子态的传输是指如何将制备好的量子态从一个地方传输到另一个地方,保持其纯度和相干性。量子密码系统需要将信息编码为量子比特,并通过量子态的制备和传输来实现信息的加密和解密,保证信息不被干扰和窃取。

(2)量子密码安全基础

量子密码的安全性由量子力学的物理原理保障。量子密码的两个基本特征是:无条件安全性和对窃听的可检测性。量子密码系统的无条件安全性是指在攻击者具有无限计算资源的条件下仍不可能破译此密码系统。对窃听(或其他各种扰动)的可检测性是指两个用户之间通信受到干扰时,通信者根据不确定原理可以同步检测出干扰存在与否。上述两个特征的理论基础是海森堡不确定原理和量子不可复制原理。

海森堡不确定原理是量子力学中的基本原理之一。不确定原理表明:两个具有互补性的物理量不能同时精确测量。一个微观粒子的某些物理量(如位置和动量、方位角与动量矩、时间和能量等),不可能同时具有确定的数值,其中一个量越确定,另一个量的不确定程度就越大。

不可复制原理,也称作不可克隆原理,是海森堡不确定原理的推论。不可复制原理表明:无法对一个未知的量子态进行精确的复制。如量子态是已知的,可以重复制备它。困难在于不能通过单次测量来获知量子系统的确切特性。因为一旦进行测量,原来量子态就会改变,测得到的结果只是组成此量子态的各种可能状态之一。

根据量子态的不确定原理和不可复制原理,量子密码学中的量子态测量过程是不可预测的,即使攻击者可以截获传输的量子态,也无法准确预测测量结果。这种不可预测性确保了密钥分发过程的安全性,防止攻击者通过窃取量子态来获取密钥信息。

量子密码采用量子态作为信息载体,经由量子通道传送,在合法用户之间建立共享的密钥(经典随机数),这个密钥是安全的,任何窃听都会被发现。窃听者若企图通过对量子态的测量来窃取信息,则必然会干扰这个量子态本身,从而会留下痕迹而被合法用户发现。窃听者若企图通过复制传送密钥的量子态来获得信息,此时量子不可克隆定理确保这种复制不可能成功。因此,量子密码原则上可以提供不可破译、不可窃听的保密通信体系。

4.6.3 量子密钥分发体制

目前,量子密码学主要用来实现对称密钥的分发,优点主要有两点:一是密钥在公开信道中传输不必担心被窃听;二是能检查出密钥在传输过程中是否被窃听。

根据量子状态的不同特性,量子密钥分发体制(quantum key distribution,QKD)可分为两类:一类基于不确定原理,例如 BB84 协议;另一类基于量子的纠缠态,例如 E91 协议。

(1)BB84 协议

BB84 协议是由 Charles Bennett 和 Gilles Brassard 于 1984 年提出的一种经典的量子密钥分发协议,因此命名为 BB84 协议。该协议利用了量子力学的原理来实现安全的密钥分发,防止窃听者窃取密钥。

在 BB84 协议中，Alice 和 Bob 利用两种不同的测量基(通常是水平和垂直偏振)来表示量子比特(通常是光子)的信息。Alice 随机选择要发送的比特和测量基，然后将经过选择测量基后的比特以量子态的形式发送给 Bob。Bob 在接收到比特后，同样随机选择一种测量基进行测量。最后，Alice 和 Bob 通过公开的通信来比对他们选择的测量基，丢弃不匹配的比特，从而得到一个安全的密钥。

窃听者 Eve 如果试图窃听传输的量子比特，那么她必须测量这些比特，但根据不确定原理，她无法完全准确地同时测量光子的偏振态。因此，她会干扰通信，使得 Alice 和 Bob 能够检测到窃听行为。

BB84 协议以量子的互补性为基础，是一种简单而有效的量子密钥分发协议，且具有无条件安全性。

(2)E91 协议

E91 协议是由 Artur Ekert 于 1991 年提出的一种基于量子纠缠态的量子密钥分发协议。该协议利用了量子纠缠态的特性来实现安全的密钥分发，防止窃听者窃取密钥。

在 E91 协议中，Alice 和 Bob 首先分享一对量子纠缠粒子。然后，Alice 和 Bob 分别对自己手中的粒子进行测量，并通过公开的通信来比对测量结果。通过这种方式，Alice 和 Bob 可以建立起一个安全的密钥，而窃听者无法在未被察觉的情况下获取到这个密钥。

E91 协议的安全性建立在量子纠缠态的特性上。量子纠缠态的特点是，两个粒子之间存在密切的关联，即使它们之间的距离很远，改变一个粒子的状态也会立即影响到另一个粒子的状态。因此，任何对其中一个粒子进行测量的行为都会立即影响到另一个粒子，使得窃听者的存在被检测到。

(3)B92 协议

B92 协议是对 BB84 协议的简化。B92 协议的实现以两个非正交的量子比特为基础。由于所采用的量子比特的非正交性满足量子不可复制原理，使得攻击者不能从协议中获得量子密钥的有效信息。

B92 协议的优点在于其简单性和高效性，相对于 BB84 协议等其他复杂的量子密钥分发协议，B92 协议更容易实现和理解，适用于一些简单的场景。然而，B92 协议也存在一些缺点，由于每个量子比特只能携带 1 比特的信息，因此密钥分发效率相对较低，并且容易受到光子损耗和噪声的影响，限制其在实际应用中的性能。

B92 协议作为量子密钥分发的一种方法，为实现更安全的密钥分发提供了一种可行的选择。随着量子通信技术的不断进步，B92 协议及其改进版本在未来的密码学研究和实际应用中也将扮演重要角色。

4.6.4 量子密码的技术挑战

量子密码作为一种新兴的密码技术，仍面临着一些技术挑战：

①量子比特的稳定性和保真度。需要通过光纤或空间传输量子态，但光子之间的相互作用和传输过程中的损耗会导致量子态的退化和丢失。因此，确保量子态的可靠传输是一个重要挑战。

②量子系统的集成和互操作性。不同类型的量子系统之间的集成和互操作性是一个挑战。例如，超导量子比特、离子阱量子比特和光子量子比特等系统之间的互操作性需要克服技术上的困难。

③量子密钥分发的速度和效率。目前量子密钥分发的速度较慢，需要大量的时间和资源。尤

其是在大规模量子通信网络中,提高量子密钥分发的速度和效率是一个重要挑战。

④安全性证明和量子攻击。尽管量子密码具有很高的安全性,但仍然需要进一步研究和证明其安全性。此外,量子计算机的发展可能会带来新的量子攻击方式,需要不断改进量子密码系统的安全性。

4.7 密钥管理与密钥恢复

密钥是密码系统的核心,其安全性直接关系到整个信息系统的安全。有效的密钥管理和密钥恢复机制可以保护密钥不被未经授权的用户获取或滥用,确保密钥的完整性和可用性,提高密码系统的效率和性能,减少密钥管理带来的额外开销。在实际应用中,密钥管理和密钥恢复是构建安全密码系统的基础。

4.7.1 密钥的生成、分发和管理

在许多现行的密码体制中,加/解密算法是公开的,对于信息的保护主要取决于对密钥的保护,而不是对算法或硬件本身的保护,即一个密码系统的安全性取决于密钥的安全性。密钥的泄漏将直接导致明文信息的泄漏。从密钥管理的途径窃取机密比用破译的方法花费的代价要小得多,因此密钥管理是密码系统一个很重要的组成部分。

密钥管理的内容包括密钥的生成、分配、存储、保护、验证、更新、丢失、销毁及保密等多个方面;同时还涉及一些物理上和行政管理制度上的问题。其中密钥的生成和分发是最难解决的两个方面,本节主要介绍这两个方面的问题。

(1)密钥的生成

密码系统的安全性依赖于密钥,若使用一个弱的密钥产生办法,则保密信息就很容易被破译,再强的加密算法此时也无济于事。有些人在选择密钥时经常会选择一个弱密钥,为了图方便,他们喜欢用姓名、生日等个人信息作为口令(密钥)。这样带来的问题是,保密系统很容易受到字典攻击。

密钥应该由自动设备产生,这种设备称为密钥生成器。密钥的生成应具有随机性。随机性就是具有不可预测性,密钥空间中的每一个密钥出现的概率都应相同。比如要生成128位的密钥,则每个128位的密钥应具有同等的可能性。如何使密钥产生具有随机性呢?若采用随机源就可以产生随机密钥,人们可以用随机数生成器来生成随机密钥。如果没有随机数生成器,人们可以采用伪随机数生成器,伪随机数生成器的随机源是随机数种子。比如Netscape浏览器在每一次SSL会话中,应用程序代码将收集到的时间、进程ID和上一级进程ID作为随机数种子,生成密钥。

常见的密钥生成方法包括不重复密钥生成法和重复密钥生成法两种。

①不重复密钥生成法。这种方法采用随机数生成器或伪随机数生成器来生成密钥。ANSI X9.17标准规定了一种密钥生成的方法,如图4.18所示。它采用三重DES密码算法生成密钥。设k是密钥生成中使用的一个秘密密钥,$E_k(X)$表示用密钥k对X进行三重DES加密,V_0是一个秘密的64位种子,T_i是时间标记。为了生成随机密钥R_i,首先计算:

$$R_i = E_k(E_k(T_i) \oplus V_i)$$

然后,计算生成下一次用的秘密种子V_{i+1}:

$$V_{i+1} = E_k(E_k(T_i) R_i)。$$

②重复密钥生成方法。这种方法是由一个初始密钥生成多个密钥,生成方法要求:首先,若初

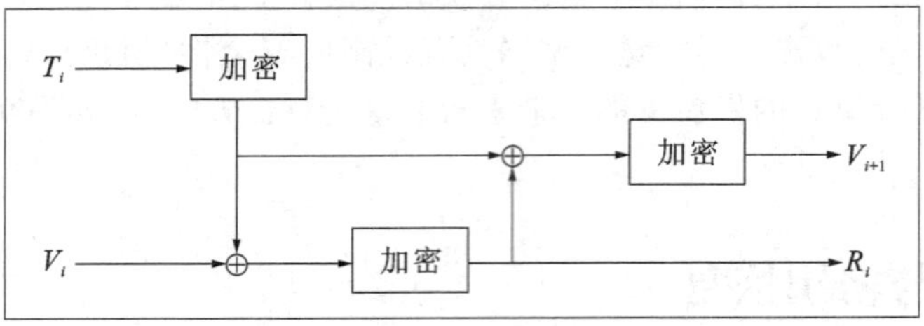

图 4.18 ANSI X9.17 **密钥生成**

始密钥在密钥空间中是随机的，则由其生成的密钥也应该是随机的。其次，密钥生成的方法可以用迭代法，即可由一个初始密钥生成一个新密钥，接着再用新密钥作为初始密钥生成一个新密钥，以此类推，不断衍生出新的密钥。最后，密钥生成过程具有不可逆性，即由后继密钥不能推出其前导密钥。

(2)密钥的分发

密钥分发是指将密钥安全地提供给合法用户。对于对称密码体制，在少量用户的情况下，密钥分发问题很容易解决，而对于大量的网络用户，问题就变得非常复杂了。相比之下，公开密钥体制的密钥分发比较简单。

下面讨论对称密钥密码体制密钥的分发问题。对称密码是基于共同保守秘密来实现的。对称密码技术要求通信双方必须采用相同的密钥，要保证彼此密钥的交换是安全可靠的。对称密钥的分发主要有人工方式和自动方式两种。

人工方式分发密钥主要是采用信使，也就是用信使来传递密封邮件。自动方式主要有主密钥分发方式和密钥分发中心方式。

主密钥分发方式将密钥分层。用高层次密钥保护低层次密钥。X9.17 标准将密钥分成两层，第一层是密钥加密密钥，第二层是数据加密密钥。密钥加密密钥用来加密需要分发的数据加密密钥，而数据加密密钥是用来加密需要保密传递的信息(数据)。在一般情况下，密钥加密密钥采用人工方式分发。

密钥分发中心方式是在某个特定的网络中设置一个密钥分发中心(key distribution center，KDC)，网络通信用户的通信密钥由 KDC 集中管理和分配。网络中需要保密通信的用户各自都有一个和 KDC 共享的秘密密钥。如果两个用户 A 和 B 需要进行一次会话(数据通信)，其方法是：

①用户 A 向 KDC 请求一个与 B 通信的会话密钥；

②KDC 先产生一个随机的会话密钥 K_s，接着分别用与 A 共享的秘密密钥 K_a、与 B 共享的秘密密钥 K_b 对 K_s 加密，得到 K_{sA} 和 K_{sB} 并将 K_{sA} 和 K_{sB} 发送给 A；

③A 用与 KDC 共享的秘密密钥 K_a 解密 K_{sA}，恢复 K_s；

④A 将另外一个未解密的 K_{sB} 发送给 B；

⑤B 用与 KDC 共享的秘密密钥 K_b 解密收到的未解密的 K_{sB}，恢复 K_s；

⑥A、B 用 K_s 进行一次安全的会话(保密数据通信)。

在密钥管理问题上，公开密钥密码体制比对称密码体制容易得多。网络用户为了能进行保密通信而将自己的加密密钥公开，若对该密钥不加保护地公开，则可能带来的问题是该密钥被恶意篡改，保密通信受到中间人的攻击。为了防止这个问题，往往采用公开密钥证书的方法。公开密钥证书(public-key certificate)是某个用户的公开密钥，它由一个大家都信任的称为证书机关(CA)的机构来签发。证书中除了包含密钥信息之外，还包含用户的姓名、地址、使用期限等信息。CA 对证书的签名，证实了用户密钥的真实性。许多公开密钥协议如 X.509 都采用公开密钥证书。

使用公钥证书的密码系统存在证书管理的问题。一个首要的问题是验证证书有效性，它检查证书管理者的公共密钥对证书是否有效，验证证书是否被修改，验证证书是否过期，检验证书是否被取消。证书管理的另一个问题是相互作用问题。例如，有 3 个公司 X、Y 和 Z，它们均有各自的 CA，分别是 CAX、CAY 和 CAZ。这 3 个公司在 Internet 上进行贸易，如果 CAY 信任 CAZ，而且 CAX 信任 CAY，那么 CAX 是否能自动信任 CAZ 呢？这是一个信任传递问题，形成的是证书链。

4.7.2 密钥恢复技术

密钥恢复属于密钥备份的范畴。我们知道，加密的意义就在于信息没有密钥是不能恢复明文的，若解密密钥丢失，要恢复加密了的数据就很困难。假设 A 是某公司的部门经理，根据公司的保密要求，他把他所管辖的数据都加密。不幸的是他出了严重安全事故变成了植物人。B 是该公司的董事长，他如何解决这个问题呢？B 可以采用密钥恢复技术来解决这个问题。他可以指定一个授权的第三方机构 C 来保存 A 的数据解密密钥的一个备份，当 A 变成植物人或不辞而别时，B 可以到 C 处索取密钥。

密钥恢复技术主要用于满足以下 3 方面的要求：

①个人恢复自己丢失或损坏的密钥；

②单位在必要时访问职员加密的非个人信息，或单位防止内部职员利用加密来绕过有关单位所有信息流向的安全协议；

③执法部门在授权的情况下访问或监控保密通信。

为了在必要的情况下恢复数据加密密钥，必须在进行数据加密的同时以某种方式保存密钥信息。根据第三方持有密钥方式的不同，密钥恢复可分为以下两种类型：

①密钥托管——采用由政府或一个可信赖的第三方机构来充当托管代理，持有用户真正的密钥或相应的密钥分量。

②密钥封装——采用若干个可信赖的第三方机构来获得以加密形式封装的密钥，并确保只有称为恢复代理的特定的可信赖的第三方机构可以执行解封操作，以恢复隐藏在其中的密钥信息。

此外，还有一些采用托管和封装相结合的密钥恢复机制。已有的 2 个典型的密钥恢复系统是：

①美国的托管加密标准 EES。密钥恢复技术首先是由美国政府提出的，当时称为“密钥托管”。加密技术是一把双刃剑，它既可以帮助守法公民进行信息保护，也可以被犯罪分子利用来掩护其犯罪事实。随着加密技术的发展和加密强度的提高，执法部门跟踪犯罪分子难度增加。从国家利益角度，政府希望能控制加密技术的使用；从公众角度，人们希望使用高强度的加密算法；这两者之间存在矛盾。1993 年 4 月，美国政府颁布了具有密钥托管功能的加密标准 EES，试图缓解上述矛盾。1994 年 2 月，美国政府公布采用 EES，该标准规定使用专门授权制造的 Clipper 芯片实施商用加密。Clipper 芯片是实现 EES 标准的防篡改性芯片，由美国国家安全局 NSA 主持开发，其加密机制具有法律许可时进行密钥合成的功能，政府在必要时无须花费巨大代价破译密码，而能直接侦听。

②信息信托公司(TIS)的密钥恢复系统。Clipper 密钥托管系统仅能够满足政府的需要而没有能够兼顾个人和单位密钥恢复的需要。很多机构纷纷研制自己的密钥恢复系统，使之能够满足个人、单位及政府三方面的需要，其中信息信托公司(TIS)的密钥恢复系统颇具代表性。信息信托公司 TIS 的密钥恢复系统采用密钥封装技术，它由数据恢复中心 DRC 和数据恢复字段 DRF 两种部件组成。DRC 是一个基于计算机的个人设备，一般由一个单位建立并为整个单位服务，或者由联

合单位建立，为公众提供服务。DRF 是附加在加密数据上的一个数据项，包含用户数据密钥的备份，这个备份密钥用 DRC 的公钥加密，只有 DRC 可以对其进行解密。在正常情况下，当用户对加密数据进行访问时，DRF 被忽略。当用户需要对加密数据进行紧急访问时，首先从数据中提取 DRF 并将其传送到 DRC，DRC 在收到 DRF 后要求请求者提供其对数据的访问权，当请求者的访问权被验证后，DRC 用自己掌握的私钥解密数据密钥，并用保密协议返回给请求者，最后请求者便可以用该密钥解密数据。

4.8 密码系统发展趋势

伴随云计算、物联网、大数据分析与数据挖掘、人工智能等先进信息技术的快速发展，信息安全性成为现代信息技术生产和信息安全服务的基础要求，数据加密逐渐成为不可或缺的重要手段，密码应用领域将不断深入和拓展。在这一背景下，密码系统的演进呈现出多元化、综合化的发展趋势，涵盖了密码算法的优化、密钥管理技术的创新、区块链技术的融合应用及量子密码技术的发展等多个层面。

(1)密码算法优化

在密码算法方面，随着计算能力的飞速提升和密码学研究的不断深化，传统的密码算法已经难以满足日益增长的安全需求。密码算法的不断演进成为密码系统发展的重要方向之一。通过设计更加复杂、安全的密码算法，可以有效地抵御各种密码攻击手段，保护信息的机密性和完整性。随着云计算、大数据等技术的广泛应用，密码算法还需要具备高效性，以应对海量数据的加密处理需求。平衡安全性和效率性成为密码算法设计的重要考量因素。

(2)密钥管理技术创新

密钥管理技术是密码系统的另一核心要素。随着云计算、物联网等新兴技术的快速发展，传统的密钥管理技术已经难以适应复杂多变的应用场景。密钥管理技术的创新成为密码系统发展的迫切需求。通过引入更加智能、灵活的密钥管理机制，可以实现密钥的自动生成、分发、更新和销毁等全生命周期管理，大大提高密钥管理的安全性和效率性。随着量子计算等新型计算技术的不断发展，传统的密钥管理技术也面临着新的挑战。探索适应量子计算环境的密钥管理技术成为当前密码学研究的重要课题。

(3)区块链技术融合应用

区块链作为近年来兴起的分布式账本技术，为密码学提供了新的应用场景和发展机遇。区块链技术通过去中心化、去信任化的方式，实现了数据的不可篡改和可追溯，为密码系统的发展带来了新的思路。在加密货币、智能合约等领域，区块链技术已经得到了广泛应用。随着区块链技术的不断发展和成熟，其在密码学中的应用也将更加深入和广泛。通过将区块链技术与传统的密码技术相结合，可以实现更加安全、高效的数据加密和传输，为信息安全提供更加坚实的保障。

(4)量子密码技术发展

随着量子计算和量子通信技术的快速发展，量子密码作为一种基于量子力学原理的新型密码技术，将成为未来信息安全领域的重要发展方向。量子密码系统利用量子力学的原理实现加密和解密过程，具有更高的安全性和抗量子计算攻击能力。虽然目前量子密码学仍处于研究阶段，但其未来的应用前景十分广阔。

本章小结

密码技术是保护信息安全的一个行之有效且非常重要的技术。当前主流的密码体制分为对称(私钥)和非对称(公钥)密码体制两种。对称密码体制的特点是加密密钥和解密密钥相同,密钥需要绝对保密。非对称密码体制的特点是加密密钥和解密密钥不同,加密密钥公开,而解密密钥保密。本章所介绍的密码算法均是最具有代表性的算法。其中 DES 算法、RSA 和 EEC 算法分别是对称密码和公钥密码体制中久经考验并得到广泛应用的代表性算法,剖析它们的机理使人们能够更好地运用它们,同时也有助于人们对相似算法的理解和运用,起到举一反三的作用。而对于 MH 背包公钥密码算法,了解它的目的是一方面帮助人们对公开密钥算法思想的理解,另一方面也告诫人们:一个成功的密码算法必须经得起实际的考验。

此外,本章所介绍的中国商用密码算法代表了我国近二十年来在自主可控国产密码系统研制方面的突出成就,国密算法作为国家网络空间主权安全的命脉,直接关系国家政治安全、国防安全、经济安全和社会安全。

本章所介绍的量子密码是随着量子计算技术的发展和量子计算机的出现而发展起来的密码学新方向,是未来密码算法研究和应用的重要发展趋势之一。我们要认识到使用量子密码学不是取代现代密码学,而是要将量子密码学的优势和现代密码体制(如公钥密码体制中密钥安全分发)的优势结合起来,寻找新的应用领域。本章还介绍了密钥生成、分发及恢复等技术的基本原理,以及密码学的发展趋势。

在未来的发展中,密码学将继续发挥着守护信息安全的重要作用,同时也将面临新的挑战和机遇。随着密码学的不断发展,安全、高效和灵活的密码系统将为国家网络空间安全、人们的生活和工作带来更加便捷和安全的体验。

习　　题

一、简答题

1. 对称密码系统和非对称密码系统的主要区别是什么?

2. 破译 DES 密码系统和 RSA 密码系统的关键是什么?

3. 椭圆曲线密码系统哪些操作最耗时?破译的关键是什么?

4. 假设用户 A 收到密文 C 为:A1 2B 05 F7 CB 18 9E 32,密钥为 K:61 2B CD 73 2F D8 10 69,请使用 RSA 密码算法为用户 A 求解还原明文 M。

5. 对于 RSA 算法,若 $n=55$,$e=7$,则 d 是多少?

6. 设有 a 序列{2,6,9,20,42,85,168,337},明文为 01110010,请使用背包公钥算法加密,试求其密文。

7. 解释 SM4 算法中的轮函数是如何工作的。

8. 在祖冲之密码算法中,LFSR 是指什么?它在算法中的作用是什么?

9. 在 SM3 算法中,消息扩展函数是如何工作的?

10. 解释 SM2 算法中的数字签名流程是如何进行的。

11. 量子计算对传统密码学的影响是什么?量子计算是否会对传统密码学的安全性产生影响?

12. 在实际应用中,量子密码学和传统密码学是否可以结合使用?请说明结合使用的可能性和优势。

13. 量子密码中的量子态叠加和量子纠缠是如何应用于安全通信的?

14. 简述密钥分发的方法。

15. 密钥恢复技术有何作用?

16. DES 算法是一种对称密码算法,它的密钥长度为 56 比特。DES 算法在今天的信息安全环境中还具有安全性吗? 为什么?

17. RSA 算法的安全性基于大整数因子分解问题的困难性,但随着量子计算的发展,RSA 算法可能会受到量子计算攻击的威胁。量子计算对 RSA 算法的安全性将会产生怎样的影响?

18. 椭圆曲线密码算法在移动设备和物联网等资源受限环境中具有广泛应用。椭圆曲线密码算法在这些场景下的优势是什么? 它如何帮助提高系统的安全性和效率?

19. 中国商用密码算法中的 SM2、SM3 和 SM4 分别适合什么用途? 它们在商用领域中的具体应用是什么?

20. 相比于国际标准的密码算法,请分析阐述中国商用密码算法的优势和特点。

21. 量子密码学被认为是未来密码学的发展方向,量子密码学将如何影响未来的网络安全和通信安全?

22. 量子密钥分发(QKD)是量子密码学中的一个重要概念,它解决了传统密钥交换中的哪些安全性问题?

23. 随着量子计算技术的发展,传统密码系统可能会面临挑战,量子密码学将如何影响密码系统的发展? 未来的密码系统将如何应对量子计算带来的安全挑战?

二、上机实验题

1. 编程实现 DES 密码算法,并使用一些明文数据进行加密解密实验测试。实验采用的操作系统可以是 Windows 或 Linux 等,编程语言可以是 Python 或者 Java 或者 C/C++等,可以使用额外库 Pycryptodome,可通过 pip install pycryptodome 命令安装。

2. 编程实现 RSA 密码算法,并使用一些明文数据进行加密解密实验测试。实验采用的操作系统可以是 Windows 或 Linux 等,编程语言可以是 Python 或者 Java 或者 C/C++等。

3. 编程实现有限域上的椭圆曲线群的点乘运算算法,并使用一些椭圆曲线上的点数据进行点乘运算实验测试。实验采用的操作系统可以是 Windows 或 Linux 等,编程语言可以是 Python 或者 Java 或者 C/C++等。

4. 编程实现 SM3 哈希算法,并使用一些消息数据进行生成消息摘要(哈希值)实验测试。实验采用的操作系统可以是 Windows 或 Linux 等,编程语言可以是 Python 或者 Java 或者 C/C++等。

5 数据库安全

内容提要

作为基础软件三驾马车之一，数据库系统在各行各业的关键基础设施和核心业务系统中发挥着重要的基础支撑作用。随着应用范围的不断扩大以及应用程度的不断深入，数据库在产生巨大的社会效益和经济效益的同时，数据库系统面临的安全威胁和风险也迅速增大，数据库安全问题面临诸多挑战。学习数据库安全理论、理解数据库加解密原理、应用数据库安全技术对于推动核心信息技术创新发展有着重要意义。

本章首先概述数据库安全；其次，结合数据库中数据存储安全需求，介绍数据库加密要求、加解密原理和密钥管理；然后，结合数据库中数据访问安全需求，介绍数据库安全策略、安全模型和授权机制；接着，介绍关系数据库系统ORACLE和SYBASE的安全问题；在此基础上，结合数据库系统自主可控的国产化发展方向，介绍几种具有自主知识产权的国产数据库系统安全机制；最后，围绕数据科学迅猛发展背景下的数据库安全需求和挑战，展望安全数据库的发展趋势。

讲授要点

讲述数据库安全的重要性及其面临的安全威胁；讲述数据库加密机制，包括数据库加密的特征及要求，数据库的库外加密、库内加密和硬件加密方式，子密钥数据库加解密技术，以及数据库系统的密钥管理方法；讲述数据库安全策略、数据库中常用的存取控制模型和授权机制；简介ORACLE数据库系统安全访问控制和SYABSE的安全技术及安全管理；讲述几种国产关系型数据库管理系统、分布式关系型数据库系统的安全机制。

课程思政讲述要点

在教学过程中，强调数据库系统被列为国家35项“卡脖子”的关键技术之一，介绍从关键领域实现对国外数据库系统替代的国产数据库系统崛起之路，提增国人对国产数据库系统软件的信心，培养读者心怀国家、勇攀信息科技高峰、攻关卡脖子技术、发展信创产业的使命意识；讲述将古中华数学的孙子定理（中国剩余定理）应用于数据库记录加密解密，弘扬中华优秀科技文化，增强民族自豪感。

5.1 数据库安全概述

5.1.1 数据库安全的重要性

当今世界，信息化、数字化的程度越来越高，大量信息、数据存储在计算机系统的数据库中，这为经济发展和社会治理规范化起到了巨大的推动作用。随着云计算和大数据的兴起，数据库成为机关、事业单位管理和企业运营的核心。作为重要信息的承载主体，数据库中存储着海量的关键数据(人事信息、客户名单、交易记录、财务数据等)，数据库系统负责向各类用户提供高效、可靠的信息服务。在网络技术高度发展的今天，数据库的安全性显得尤为关键。从防范不法分子的攻击，维护数据的机密性、完整性和可靠性的角度，数据库安全成为信息安全体系的重中之重。

随着信息系统体系结构的不断发展以及新的应用需求的不断出现，数据库技术与网络、Web、P2P、联机分析处理、云计算、人工智能、区块链、隐私计算等技术不断融合，呈现出开放式、网络化、分布式、智能化等新特征。在这种开放式环境下，数据库系统面临的安全威胁和风险也迅速增大，用户对数据安全的要求不断提升，数据库安全问题面临诸多挑战。加强数据库的安全性有利于增强信息系统用户对数据管理基础平台和信息服务的信心，推动信息技术及其应用的健康发展。因此，数据库安全技术在当前信息技术中占有十分重要的地位和作用。

数据库安全指的是对数据库进行保护，以确保其数据的机密性、完整性和可用性，并防止非法访问、篡改、破坏、泄露等安全威胁。数据库的安全主要由数据库管理系统(DataBase Management System，DBMS)来维护，操作系统、网络和应用程序安全与数据库安全的关系也十分紧密。DBMS负责管理和控制数据库中的数据和信息，如果数据库管理系统有“后门”可“接待黑客”，那么操作系统设置的安全机制可能轻易被击破或绕过。因此，数据库的安全除了一般意义上的对数据资源的保密和存取控制之外，数据库管理系统本身的可信度也十分重要。

5.1.2 数据库系统面临的安全威胁

在网络环境下，由于工作环境的开放性，数据库可能受到来自多方面的安全攻击，从而导致一系列的安全问题。对数据库安全性产生威胁的因素主要有以下几个方面。

(1)非授权用户对数据库的恶意存取和破坏

一些黑客和犯罪分子在用户存取数据库时猎取用户名和用户口令，然后假冒合法用户偷取、修改甚至破坏用户数据。因此，必须阻止有损数据库安全的非法操作，以保证数据免受未经授权的访问和破坏，数据库管理系统提供的安全措施主要包括用户身份鉴别、访问控制和视图等技术。

(2)数据库中重要或敏感的数据被泄漏

黑客、敌对分子千方百计盗窃数据库中的重要数据，致使一些机密信息被暴露。为防止数据泄漏，数据库管理系统提供的主要技术有数据加密存储和传输、强制存取控制等。

此外，在安全性要求较高的部门提供审计功能，通过分析审计日志，可以对潜在的威胁提前采取措施加以防范，对非授权用户的入侵行为及信息破坏情况进行跟踪，防止对数据库安全责任的否认。

(3)安全环境的脆弱性

数据库的安全性与计算机系统的安全性(计算机硬件、操作系统、网络系统等的安全性)紧密联系。计算机芯片和存储系统以及操作系统安全的脆弱、网络协议安全保障的不足等，都会威胁数据库的安全性。因此,必须加强计算机系统的安全性保证。

对抗上述威胁,仅仅采用操作系统和网络中的安全保护措施是不够的,因为数据库的结构与其他系统不同,含有重要程度和敏感级别不同的各种数据,并为拥有各种特权的用户共享,同时又不能超出给定授权的范围。

数据库安全是一个广阔的领域。除了对计算机、外部设备、联机网络和通信设备进行物理保护外,还要采取软件保护技术,防止非法运行系统软件、应用程序和用户专用软件;采取访问控制和加密技术,防止非法访问或盗用机密数据;对非法访问的记录进行跟踪,同时要保证数据的完整性和一致性等。本章着重从数据库加密和数据库安全访问控制的角度讨论数据库系统的安全问题。

5.2 数据库加密

对于一些重要部门或敏感领域的数据库,存在一个严重的不安全因素,即原始数据以可读的形式存储在数据库中。这使得一些计算机专业人员完全可以通过登录进入系统或从存储介质中导出数据库中的机密信息。因此,有必要对数据库中存储的重要数据进行加密处理,以实现数据存储的安全保护。

由于受数据库组织和数据库应用环境的限制,数据库的加密与一般的数据加密、网络通信数据加密有着很大区别。网络通信发送和接收的都是同一连续的比特流,传输的信息无论长短,密钥的匹配都是连续、顺序对应的,它不受密钥长度的限制。在数据库中,记录的长度一般较短,数据存储的时间长(通常几年到几十年),相应密钥的保存时间也随数据的生命周期而定。若在数据库内使用同一密钥,则保密性差;若不同记录使用不同的密钥,则密钥又太多,管理相当复杂。因此,不能简单地采用一般通用的数据加密技术,而必须针对数据库的特点,研究相应的加密方法和密钥管理方法。

5.2.1 数据库加密的特征

相比传统的通信数据加密技术,数据库加密有其自身的要求和特点。传统数据加密以报文为单位,加密解密都是按照从头至尾顺序(分组)进行。数据库数据的管理与使用方法决定了它不可能以整个数据库文件为单位进行加密。当符合检索条件的密文记录被检索出来后,就必须对该记录迅速解密,然而该记录是数据库文件中随机的一段,无法从中间开始解密。因此,必须解决随机地从数据库文件中某一段数据开始加密和解密的问题。

(1)数据库加密机制

在对称密码系统中,密钥是秘密的,知道的人越少越好。人们一旦获取了密钥和密码体制就能攻破密码,解开密文。而数据库数据是共享的,拥有访问权限的用户需要知道密钥以便随时查询数据。因此,数据库加密宜采用公钥体制的加密方法。假设对数据库加密的算法具有相当的抗攻击强度,那么利用公钥、采用操作系统 OS 和数据库管理系统 DBMS 层的工具,也无法得到数据明文。

因此,数据库加密机制应是一个二元函数:密文$=F$(密钥,明文)。当加密算法 F 确定之后,只要给出密钥和待加密的明文,即可得到相应的密文。解密过程即加密过程的逆过程:明文$=F^{-1}$(密钥,密文)。

(2)多级密钥结构

数据库关系运算中参与运算的最小单位是字段(属性,域),查询路径依次是库名、表名、记录名和字段名。因此,字段是最小的加密单位。也就是说当查询到一个数据后,该数据所在的库名、表名、记录名、字段名都应该是已知的。对应的库名、表名、记录名、字段名都应该具有自己的子密钥,这些子密钥组成了一个能够随时加密解密的公开密钥。这样,可以设计一个数据库,其中存放有关数据库名、表名、记录名、字段名的子密钥,启动系统后将这些子密钥读入内存供数据库用户使用。与记录相对应的子密钥,一般的方法应是在该记录中增加一个子密钥数据字段。

(3)加密算法

加密算法是数据加密的核心。一个好的数据库加密算法产生的密文应该频率平衡(使统计破译法对之束手无策),随机无重码规律,周期很长而又不可能产生重复现象,窃密者很难通过对密文频率、重码等特征的分析获得成功;同时,算法必须适应数据库系统的特性,加密解密响应迅速。著名的 MH 背包算法就是一种适合数据库加密的算法。它的基本思想是:有一个函数 F,使 $X=F(K,Y)$,其中 X 为密文,$K=(K_1,K_2,K_3,\cdots\cdots,K_n)$相当于公开密钥向量,$Y$ 为明文。在函数(算法)F 不变的情况下,若已知 K 和 X,要还原出 Y,那么穷尽搜索次数为 2^n。如果密钥向量的分量 n 较大,则用穷举的方法来破译还原明文将是十分困难的。

5.2.2 数据库加密的要求

对数据库加密主要有以下几方面的要求:

①加密系统应该是实际上不可破译的。这一点很重要。因为与传统的通信数据加密相比,它的保存时间长,不可能采用一次一密的方法。

②数据加密后,存储空间没有明显的增加。

③为了维护系统的原有性能,加密和解密的速度应该足够快,不能让用户使用时有明显的感觉。对数据库来说,解密速度尤其重要,因为这种操作很频繁。

④加密系统要有尽可能灵活的授权机制。由于一个庞大的数据库由多个用户共享,但并不是所有用户都能使用全部数据,对大多数用户只能使用其中的一小部分,因此,加密系统应有很强的访问控制和授权机制相配合。

⑤加密系统应提供一套安全的、使用灵活的密钥管理机制。数据库加密系统的密钥管理与一般通信数据加密的密钥管理有所不同,它的管理更复杂,如果管理得不好,不仅不能起到保密的作用,而且可能会使整个数据库瘫痪。

⑥加密后对数据库的查询、检索、修改、更新要灵活简便。对数据库数据加密后,不应影响系统的原有功能,如果加密系统设计得不好,不仅用户使用不方便,还会降低原有系统的性能。

⑦为使数据库能够充分而灵活地共享,加密后应当允许用户以不同的粒度(数据元素、字段、记录、表、数据库)进行访问。

5.2.3 数据库加密的方式

根据数据库的特点,对数据库加密一般有下面 3 种方式:

(1)库外加密

数据库管理系统与操作系统的接口方式大致有 3 种:其一是直接利用文件系统功能,其二是直接利用操作系统的 I/O 模块,其三是直接使用存储器管理。因此,首先可以将数据在库外加密,然后再存入数据库内。例如,将数据在文件系统内加密(采用文件加密的方法),形成存储块,然后文件系统每次交给数据库管理系统 DBMS 一个完整的存储块,将数据块存入数据库内。文件系统把整个数据库当作一个文件,每一个存储块当作文件的一个记录。文件系统与 DBMS 交换的信息就是块号。当DBMS要求组装数据库或插入记录时，就向文件系统申请一存储块，以便建立索引。DBMS为了更好地管理这个存储块，需要确定块大小、块号、块头信息标志和块尾信息等参数。

对于库外加密，密钥管理相对简单(可采用文件加密的密钥管理方法)，但它涉及公共数据字典(common digital dictionary，CDD)。因为将数据纳入数据库时，要对数据进行完整性约束检查，而加密后的数据可能要超出它的约束范围，因此必须在算法或数据库系统内做些必要的工作。

(2)库内加密

对于数据库的描述一般分为3层：存储模式描述数据的物理结构；模式描述数据的全局逻辑结构；子模式描述数据的局部逻辑结构。

根据数据的结构，要对数据加密，可增设数据加密模式来实现数据的加解密。该加密模式所处的位置应在模式与存储模式之间。加密的单位(粒度)可以是记录、字段或数据元素。

①记录(元组)加密。如果一个用户只允许访问数据库中的少数记录，而不是大量的记录，那么采用记录加密方式较好。因为它具有灵活、高效和适应性强等优点，所以它是数据库加密常采用的方式。这种方式实质上是把数据库的每一条记录作为一个文件来进行加解密，此时每条记录必须有一个密钥与之对应匹配。记录加密的缺点是产生和管理密钥较为复杂。

②字段(属性，域)加密。对于许多用户，经常以字段方式访问数据库，这时应以数据项方式加密。这种加密方式和记录加密方式是同一级的，一个是对数据库的行加密，另一个是对数据库的列加密。它的缺点与记录加密相同，密钥的产生和管理较为复杂。

③数据元素加密。数据元素是数据库的最小粒度。这种加密方式具有更好的灵活性和适应性，完全支持数据库的各种功能(如记录、数据项的查询与修改等)。它把每个数据元素看作一个文件进行加解密，每个被加密的元素有一个与之对应的加密密钥。由于它的加密粒度小，因此加解密效率低，而且元素密钥的产生和管理比记录和字段方式还要复杂。

(3)硬件加密

数据库加密方式既可用软件实现，也可用硬件实现。这里所说的硬件加密是在物理存储器(磁盘)与数据库系统之间增加一套硬件装置，它与实际的数据库系统脱离。这种加密方式要求数据库数据应存放在专门的磁盘上，对进入磁盘的控制信息不加密，而只对数据加密。

5.2.4　数据库加密的方法

数据库数据保存时间长，而且要对数据并发地进行反复操作(如读、写和修改等)，若采用常规的序列密码算法，则同步困难，密钥管理更为复杂。因此，目前一般采用类似于DES的分组密码算法。分组的规模可根据采用的加密方式来定，但若分组规模太小，则经不起对密码进行分组分析的统计攻击和明密文对比攻击；若分组规模太大，则算法复杂，使用不灵活，而且会产生较多的填充信息。

分组密码有密本模式和密码块链模式两种应用模式。密本模式的特点是对一给定的N比特明文，在固定的M比特密钥控制下，加密得到相同N比特的密文。这种加密模式对较短数据，比如某些数据元素较为合适，但对密文进行替换、删除、插入与重放攻击都是比较容易的。密码块链模式的特点是：它使得输出不仅由当前的明文输入块和密钥块所决定，而且也依赖于先前的输入或输出。对数据库中的数据采用这种密码块链方式加密时，相邻的两个相同的明文块经过加密后将会产生两个不同的密文块，因此，能有效地减少密文中重复模式的出现。这种加密模式比较适合长数据方式(如关系、记录)；其缺点是不能用于单短块，当明文有改动时，改动点以后的链接部分要重新加解密，比较费时。

随着数据库加密技术的不断发展，人们提出了许多针对数据库加解密的技术，比如子密钥数据库加解密、影子数据库和秘密同态技术等。下面主要介绍子密钥数据库加解密技术。它的方法是按记录加密，而按字段(对关系数据库而言)进行解密。需要哪个记录的某字段明文时，就用该字段的子密钥解密，便得到该字段的明文，而且数据的更新也很方便。这种加解密方案的数学理论依据是中国剩余定理(孙子定理)。

所谓孙子定理是指，如果 $k \geqslant 2$，而 $m_1, m_2, \cdots, m_k$ 是 k 个两两互素的正整数，也就是说，从这 k 个正整数中任意取出两个正整数，这两个正整数是互素的。令 $M=m_1 m_2 \cdots m_k = m_1 M_1 = m_2 M_2 = \cdots = m_k M_k$，那么，同时满足同余方程组：

$$
\begin{aligned}
x &\equiv b_1 \bmod m_1 \\
x &\equiv b_2 \bmod m_2 \\
&\cdots \\
x &\equiv b_k \bmod m_k
\end{aligned}
\tag{5.1}
$$

的唯一正整数解是

$$x \equiv b_1 M'_1 M_1 + b_2 M'_2 M_2 + \cdots + b_k M'_k M_k \bmod M \tag{5.2}$$

其中 M'_i 是满足同余式

$$M'_i M_i \equiv 1 \bmod m_i \tag{5.3}$$

的正整数解，$i=1,2,\cdots,k$。

如何将孙子定理应用于数据库记录加解密？这里考虑一个记录的结构与孙子定理的相似处。视 $b_1, b_2, \cdots, b_k$ 为记录的 k 个字段，选择 k 个大素数 $m_1, m_2, \cdots, m_k$，并以 m_i 作为字段 b_i 的解密子密钥。计算 $M=m_1 m_2 \cdots m_k$，$M'_i M_i \bmod M$，$i=1,2,\cdots,k$，以此作为记录的加密密钥，且称 $M'_i M_i \bmod M$ 为字段 b_i 的加密子密钥。视 x 为记录加密后的密文。于是，记录的加密可按式(5.2)进行。当需要对字段进行解密时，则只需要根据记录密文 x 和字段解密子密钥 m_i，解同余方程 $x \equiv b_i \bmod m_i$ 还原得出明文 b_i，$i=1,2,\cdots,k$。

子密钥对于数据库文件(数据表)而言是全局的，即所有的记录字段都使用同样的子密钥加解密，但每个用户只可得到允许其读的那些字段的解密子密钥，只有对字段拥有写权力的用户才可得到该字段的加密子密钥。

图 5.1 给出了子密钥加解密法对记录的加密和对字段的解密的过程。

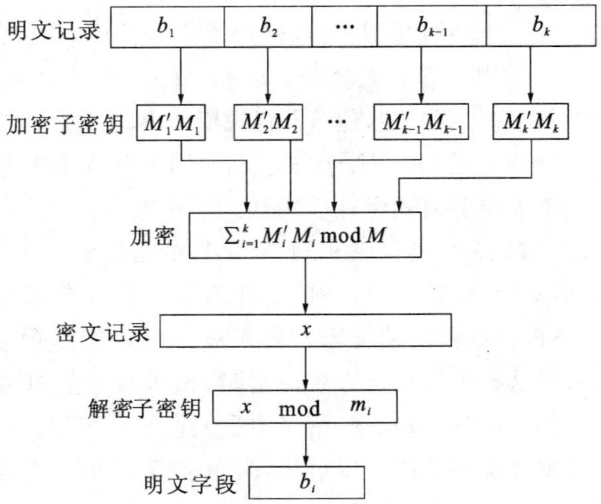

图 5.1 子密钥方法的加密、解密过程

信息社会不断变化，数据库的数据也不断增加、修改或更新。利用读写子密钥可以较为方便地进行更新、修改，而且不需要把整个记录全部解密。

设 b_i' 为字段 b_i 修改后的值，x' 为字段修改后的记录密文，利用加解密子密钥按 $x'=(x-M_i'M_i(x \bmod m_i)+b_i'M_i'M_i) \bmod M$ 计算，便完成了字段的更新。

5.2.5 数据库系统的密钥管理

密钥管理是密码系统的一个重要部分，同时它也是一个很难解决的问题，特别是数据库系统的密钥管理比网络系统的管理更复杂，并且具有它自己独特的特点，即数据库加解密密钥的时间不变和用户不变。这里的时间不变(相对的)是指许多数据一旦存入数据库中，在相当时间内不改变，因此加解密密钥也不能改变。若要改变加解密密钥，则必须重新对整个数据库解密后再加密，这在数据库系统较庞大的情况下是行不通的。用户不变主要是指不同用户访问同一数据时所使用的主密钥是相同的。在用户密钥或口令被改变后，主密钥也应保持不变。

一般来说，数据库的密钥有多级，基于用户的密钥为用户密钥，它是可变的；基于数据库级的密钥为数据库级密钥；基于关系(数据库表)级的密钥为关系(表)级密钥；基于记录(字段、域)级的密钥为记录(字段、域)级密钥；为了保证用户在访问相应数据项时不能看到其他的数据项，通常还要求每个数据项(数据元素)有一个密钥(数据项、数据元素密钥)。这些特点与通信中的一次一密技术全然不同，它使得数据库系统密钥产生、更新和管理的密钥管理技术必须适应上述特点，并应有相应的密钥保护手段，同时密钥产生的质量也应具备下列条件：①产生重复密钥的概率要尽可能地低，特别对同一记录(字段、域)中的密钥，这样才能抗击密钥搜索攻击和已知明文攻击；②从一个数据项(数据元素)的密钥推导出另一个数据项(数据元素)的密钥在计算上是不可行的，这样，即使已破译了某些数据项，也不致威胁其他数据项；③即使知道一些明文攻击元素或明文值的统计分布，要从密文值中获取未知明文，这在计算上是不可行的。

为了解决数据库的密钥管理问题，国内外许多专家、学者进行了长时间的研究，也有不少研究成果。但到目前为止，还没有像网络系统的密钥管理那样比较完善的数据库密钥管理方法。为了使读者对数据库的密钥管理有所了解，这里介绍几种目前讨论比较多的方法。

(1)集中密钥管理

集中密钥管理方法是设立数据库安全管理(密钥管理)中心。在建立数据库时，密钥管理中心负责产生加密密钥并对数据加密。当用户访问数据库时，密钥管理机构核对(使用相应的硬件或软件)用户标识符和用户密钥(通过另一途径产生并分发给用户)，通过核对，如认为该用户是合法用户，则允许访问。但必须由密钥管理机构找到或计算出相应的数据加密密钥，并由它利用数据加密算法进行处理。这种方式使用的密钥统一由安全管理中心负责管理。由于加密粒度不同，密钥的种类和密钥的数量也不同，若加密粒度为一个数据库表(关系)，则每个表有一个相应的加密密钥；若以记录加密，则每个记录一个加密密钥。这些密钥存储在一张数据库表中，这张数据库表通过密钥加密密钥(主密钥)对其加密保存。其实现原理如图 5.2、图 5.3 所示。

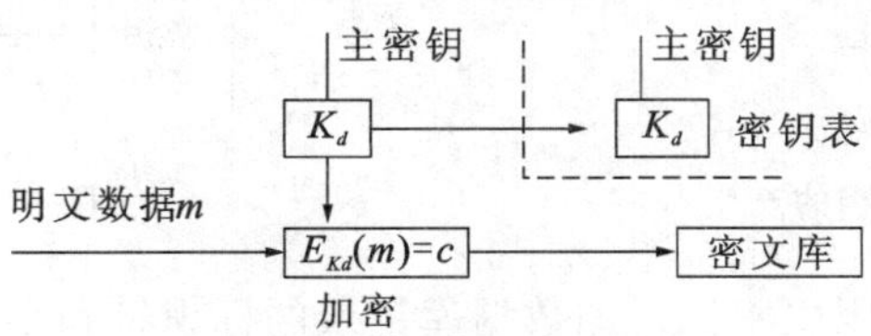

图 5.2 密文数据库的建立

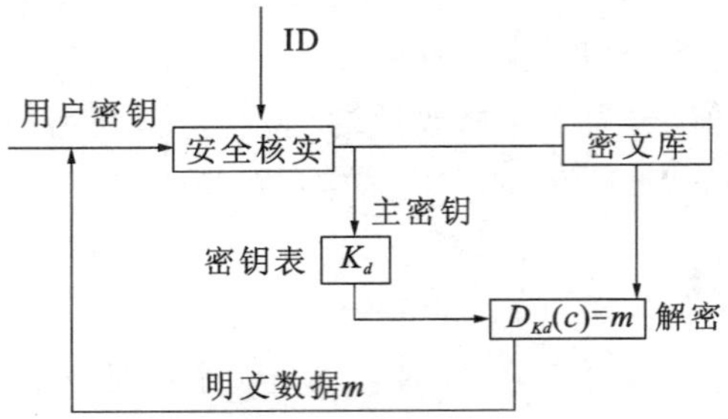

图 5.3　对密文数据库的访问过程

当密钥管理中心产生好数据加密密钥后，形成一张密钥表，此时密钥表还是以明文的形式存在，因此需要有一算法在主密钥的控制下对其加密，以密文形式存储在计算机系统内（图 5.2 中右上方框）。在建库时，使用同一主密钥对密钥表解密，得到相应的数据加密密钥 K_d，再用 K_d 对明文数据加密。

若用户想访问数据库数据，必须输入用户密钥和用户标识符（ID），由安全核实机构对其核实，看是否拥有访问权：若无权访问，系统拒绝服务；若有权访问，则提供给相应的数据解密密钥，对所需数据解密后，供用户使用。

这种密钥管理方式，用户使用方便、灵活，管理方便，但由于这些密钥都由安全管理人员控制，权力过分集中，同时在用户远程访问时，数据必须由网络加密保护。

（2）子密钥数据库加密的密钥管理

前面已经讲述使用子密钥对数据库数据加密，这里的子密钥一般都是用主密钥生成的。它对主密钥有很多要求，如不同的用户密钥的输入应产生相同的主密钥，设有 m 个用户共享数据库，则每个用户有一密钥 K_i（各用户的密钥是不同的），另有 T 个备用密钥（供用户扩充），且所有密钥 $M(M=m+T)$ 由随机序列产生器产生。用户密钥的产生如图 5.4 所示。

图中的 Φ_i 为单向 Hash 函数；K_i 经单向 Hash 函数变换为 K_i' 以文件的形式存储起来，供产生密钥和核对用户使用；ID_i 是用户标识符，$i=1,2,\cdots,m$。K_i' 的产生符合条件：$K_i'=\Phi(K_i)$，$i=1,2,\cdots,m$。

主密钥的产生过程如图 5.5 所示。这里的 Φ 必须满足输入不同的用户密钥能产生出同一 K_e，实现这种功能的方法有模 2 加等；K_e 是生成数据加密密钥的主密钥；K 必须满足条件：$K=\Phi(K_1',K_2',\cdots,K_m')$。

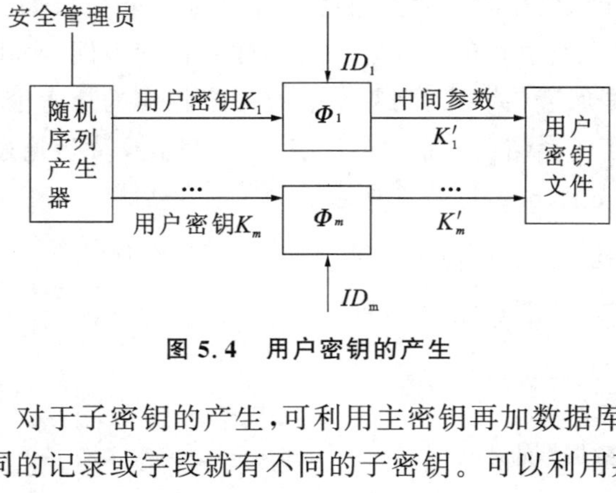

图 5.4　用户密钥的产生

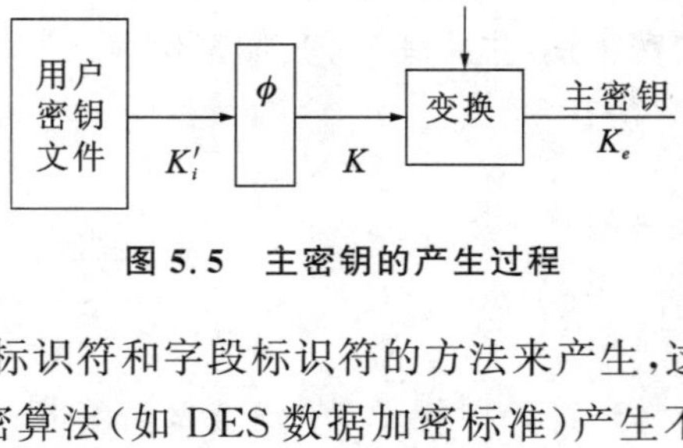

图 5.5　主密钥的产生过程

对于子密钥的产生，可利用主密钥再加数据库记录的标识符和字段标识符的方法来产生，这样不同的记录或字段就有不同的子密钥。可以利用某种加密算法（如 DES 数据加密标准）产生不同的子密钥，当然也还有其他产生子密钥的方法。

当用户进行访问时，首先由系统产生主密钥 K_e，并对该用户的合法性进行检验，若为非法用户则拒绝访问。若为合法用户，则对产生出的 K_e，利用子密钥的产生方法产生出相应记录（或数据项）的子密钥，去解密还原出相应的明文。

这种方法同样存在一个问题，即不能防止系统管理员去访问数据库，也不能防止其生成一个新的用户密钥 K_i。为了解决这个问题，可采用公钥密码（如 RSA）算法对存储的用户密钥文件加密。其公钥由专门负责安全的人员产生，并将公钥交由安全管理员管理，由他使用公钥对用户密钥文件加密；而私钥则交由用户掌握。当用户进行访问时，将用户密钥和私钥一同输入系统，由系统利用私钥将用户密钥文件解密，然后生成主密钥。

5.3 数据库安全访问控制

为更好地探讨数据库的安全问题，需把数据库的安全策略和安全机制区分开来。安全策略涉及信息安全的高级指导，这些策略根据用户需要、安装环境、建立规则和法律等方面的限制来制订。而安全机制是用于实现各种安全策略的功能集合，安全功能可用硬件、软件、固件或通过管理过程来实现。

5.3.1 数据库安全策略

数据库的安全策略包括安全管理策略、访问控制策略和信息控制策略。数据库最主要的安全策略是访问控制策略。就访问控制策略分类而言，它可以分为以下几种策略：

（1）最小特权策略

最小特权策略将数据库信息限定在为了工作确实需要的那些人的范围内。这些信息恰好可以让用户完成自己的工作，其余的权利一律不赋予。这样可以将可能出现的信息泄漏限制在最小范围内，同时数据库的完整性也能得到加强。

（2）最大共享

其目的是最大限度地利用数据库信息。但这并不意味着每个人都能访问所有信息，因为对于不少数据有保密或其他特殊要求。这里所述的“最大共享”是指在满足特定要求或者满足安全的前提下，实现最大限度的共享。比如对于图书馆数据库，一般都可随时查阅、借阅图书，但有些非常珍贵或稀少的书籍就需要专门的赋权。

（3）开放和封闭系统

在一个封闭系统内，只有明确授权的用户才能访问；但在一个开放的系统一般允许用户访问，除非明确禁止。一个封闭的系统固然更保密，但如果希望实现共享就有许多前提，通过访问规则限定相关访问。

（4）访问控制

①与名字有关的访问控制。根据访问控制规则，最小特权策略可有多种实现方法，主要取决于如何操作，但最基本的一点是能指定用户可以访问的数据客体。在访问规则中，数据客体的粒度是另一种策略决策。最小特权策略一个明确的操作要求是客体有数据库管理系统允许的最小粒度。

②与内容有关的访问控制。通过指定访问规则，最小特权策略可扩展为与数据项内容有关的控制，该控制称为与内容有关的访问控制。这种控制产生较小的控制粒度，例如人事部门有关人员可以阅看其管理的雇员的档案，但不能阅看不归其管理的雇员的档案。

③与上下文有关的访问控制。上下文有关的访问控制策略涉及数据项的关系。这种策略主要是限制用户同时对多个字段(属性、域)进行访问。例如,有一个雇员和工资这样一个关系,那么采用这种访问控制方式可防止某些用户去获知其他雇员的工资信息。

④与历史有关的访问控制。如果要想防止用户做某种推理,那么仅仅控制当时请求访问的上下文一般是不够的。防止这类推理就要求实施与历史有关的访问控制。它不仅考虑当时请求访问的上下文,而且也考虑过去请求访问的上下文关系,这样可根据过去的访问来限定目前的访问。例如,对于一个机密的工程计划,我们希望没有一个人能访问计划的全部,去获得整个计划的细节。

就安全管理策略而言,一个基本的选择是集中控制还是分布式控制策略。对于集中式控制,一个授权管理员(或组)控制着数据库系统所有的安全;在一个分布式系统中,不同的管理员控制着数据库的不同部分的安全。

前面已讨论了如何控制人员访问数据,但还有一个问题需要讨论,这就是如何控制一个程序访问使用数据。例如,一个授权的程序对未经授权的信息进行访问,会造成信息泄漏。假定信息拥有者可以给别人赋予访问权,这种访问控制方式称为自主访问控制。若是把企业使用的数据库系统分隔,属于一个部门或一个类别的数据不能让别的部门或非一个级别的用户访问,这种方法称为非自主访问,也称多级控制策略。这种策略常采用安全部件来实现,并在军事等重要部门装备。信息除有类别外还有等级(公开、秘密、机密和绝密级)。一个安全级别定义为一个等级,安全级别高的包含安全级别低的,安全级别低的用户不能访问安全级别高的数据;当进行写入操作时,安全级别高的数据不能写入安全级别低的用户的数据库中。

5.3.2 数据库安全模型

数据库安全模型涉及复杂系统的理论,需要采用数学模型来表达,建立数据库安全模型有下列目的:①作为一种设计工具。一种模型可以概括所构建系统的设计目标,并作为一种结构为设计服务。②作为一种研究框架。一种模型可以为安全方面的理论研究提供基础,引导研究人员致力于研究问题的特征,并不考虑特定实现的细节。③作为证明系统设计和实现是否正确的工具。④作为一种教学工具。模型可以简化对复杂系统的描述,并且可以防止那些文字描述可能带来的二义性。⑤作为一种比较和评价工具。不同系统的功能可以通过对其模型的分析来进行比较和评价。

因此,我们利用模型来介绍讨论数据库安全。对于安全模型的讨论,大致可以分为自主型安全模型和强制型安全模型两大类。

在自主型安全模型中,用户对信息的存取控制是基于用户的鉴别和存取访问规则的确定;每个用户都要给予对数据库系统中每个存取对象的存取权限,例如,允许其读取,或者允许其写入。通俗地说,在自主型安全模型中,对资源对象的“拥有”是用户最核心的权限属性。当某个用户要求访问某个数据库的资源时,系统检查该用户对该资源的所有权,或者衍生出来的访问权限。若验证通过,则允许该访问在许可的方式下被执行;若验证不通过,则拒绝继续访问系统。在自主型安全模型中,拥有权限的用户可以自主地将其所拥有的权限传授给其他在系统登录的用户。自主型安全模型的典型代表是存取矩阵模型。

强制安全存取控制通过无法回避的存取限制来防止各种攻击(例如“特洛伊木马”的非法入侵方式)。在强制安全存取控制之下,系统给主体和客体分配了不同的安全属性,这些属性在安全策略没有改变之前是不可能被轻易改变的。这与存取矩阵中的条目可以被直接或间接地加以修改的情况完全不同。系统通过对主体和客体安全属性的匹配结果决定是否允许访问继续进行。用户以及代表用户的程序/进程等都不能以任何方式修改自身或任何客体的安全属性。显然,用户无权将任何数据资源哪怕是属于自己的数据资源的访问权“赠予”其他用户。强制安全存取控制在数据库管理系统中具有很大的实际应用价值。

(1)基本的数据库存取控制模型

数据库存取(访问)控制模型是基于主体对客体访问模式的模型,它是在早期操作系统 OS 访问控制的基础上形成的。相对于操作系统,数据库系统有其特点:①客体较多;②数据生存期较长,对维护的要求高;③涉及信息在不同粒度的安全,即客体具有层次性和多项性;④在数据库管理系统 DBMS 中受保护的客体可能是复杂的逻辑结构,若干复杂的逻辑结构可能映射到同一物理数据客体上,即客体逻辑结构与物理结构的分离;⑤数据库的安全与数据语法有关;⑥应考虑推理攻击的防范,即客体之间的信息相关性较大。

基本的数据库存取控制模型由客体集合、主体集合和定义主体对客体进行访问的规则集合组成。主体是要求存取数据库的用户、用户组或者用户的程序(进程),通常用 S 来表示;客体是指要求保护的数据对象,在关系数据库中,客体可以是关系或属性的名字,客体通常用 O 表示;数据库存取操作可以是诸如 READ、UPDATE、APPEND 和 DELETE 等操作,通常用 t 来表示。数据库的所有访问控制规则可用一个矩阵来表示,称为存取(访问)控制矩阵模型。

访问控制矩阵把系统的安全状态表示成一个矩阵,系统中每个主体都拥有矩阵的一行,每个客体都拥有矩阵的一列。矩阵中的元素表示(描述)主体对客体的访问模式。

我们用矩阵 $\mathbf{A}_{m\times n}$ 来表示存取控制模型,其中的行表示主体 S_1、S_2、…、S_m,列表示客体 O_1、O_2、…、O_n,矩阵元素 $a_{ij}\in\mathbf{A}$,即用 $\mathbf{A}[S_i,O_j]$表示主体 S_i 允许对客体 O_j 所做的存取操作类型,如下所示:

$$\mathbf{A}=\begin{bmatrix} a_{11} & a_{12} & \cdots & a_{1n} \\ a_{21} & a_{22} & \cdots & a_{2n} \\ \cdots & \cdots & & \cdots \\ a_{m1} & a_{m2} & \cdots & a_{mn} \end{bmatrix}=\begin{bmatrix} S_1 \\ S_2 \\ \cdots \\ S_m \end{bmatrix}[O_1,O_2,\cdots,O_n]$$

矩阵 $\mathbf{A}$ 中的第 i 行表示主体 S_i 对所有客体的操作权限,矩阵 $\mathbf{A}$ 中的第 j 列表示客体 O_j 允许主体可进行的操作权限。在主体 S_i 对客体 O_j 进行访问之前,访问控制机制需要检查元素 a_{ij} 表示的操作权限,以决定 S_i 对 O_j 是否可以进行访问以及可进行什么样的访问。在设计一个实际的访问控制机制时,可根据需要设定一些特殊的访问控制模式。

表 5.1 描述了控制访问雇员关系的访问规则的数据库存取矩阵。

表 5.1 存取控制矩阵示例

	emp-name	pers-no	address	tel-no	salary
计账管理员	all	all	all	all	all
一般管理员	read	read	read	read	read

存取控制模型的缺点是,用户每次提出访问资源的请求时,需要对存取控制矩阵进行一次扫描,因此时间效率方面不算最理想。一般建议尽量通过用户组等措施减少用户的数量,以减少扫描代价。另一个问题是关于存储空间的利用率,即对于某些系统可能出现存取控制矩阵为稀疏矩阵的情形。尽管如此,存取控制模型仍不失为重要的数据库安全模型之一。

(2)扩展的数据库存取控制模型

基本的数据库存取控制矩阵能满足与名字有关的访问控制策略,但不能满足与内容有关的访问控制策略。为了表示与内容有关的访问控制规则，必须扩展模型，增加谓词 P，谓词用于表示条件。

我们使用四元组(S,O,T,P)表示一个访问规则，这表明只有当谓词 P 是真时，主体 S 才能对有关联的客体 O 进行 T 操作。

一旦访问规则被指定，就是访问控制的引用。这种引用也要有一个证实的过程，以保证对所有数据库的访问必须是通过访问规则授权的。扩展的数据库存取模型的证实的过程如图 5.6 所示。

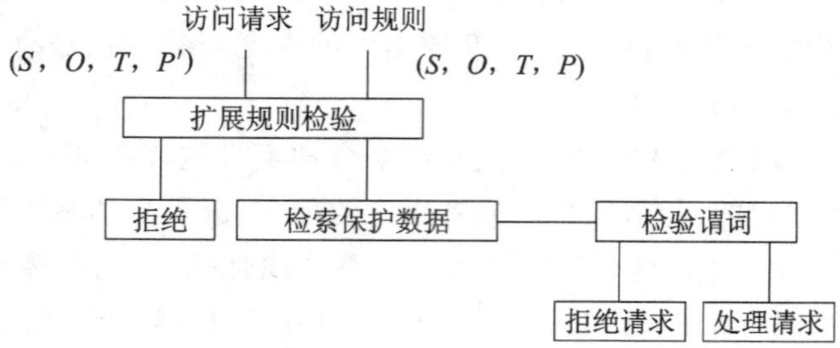

图 5.6 访问的证实过程

扩展的数据库存取控制模型能有效地控制主体对客体的存取，但并不能控制主体如何使用该客体。例如，授了权的程序读出客体后，可能会被客体泄漏给无权读取该客体的程序，这样的问题称为信息流控制问题。为了防止信息的非授权泄漏，一些处理涉及敏感信息的部门都使用了多级安全模型。

(3)多级安全模型

多级安全模型不仅对信息进行访问控制，而且也对一个系统内的信息流动进行控制。它涉及非自主(强制)访问控制。

多级安全模型引入级(level)和分类的概念，每个主体指定一个许可级(clearance level)；每个客体有密级，对于军事等部门，这些密级也许是绝密、机密、秘密和无密级。客体可以是存储区域、程序变量、文件、I/O 设备、用户或其他可保存的信息。每个主体和每个客体也有一个分类集合。一个安全级是密级和分类集合的组合(密级/许可级，分类集合)。

一个安全级只有在下述情况下才可以控制另一个安全级：①它的密级或许可级大于或等于另一个的密级或许可级；②它的分类级别包含另一个的分类级别。

许可级和密级是有序的(如：绝密＞机密＞秘密＞无密级)，但安全级不是完全有序的。

一个主体对客体的访问可以是查看(查看需要的信息)或改变客体(插入信息等)，访问的类型有以下几种：①既不查看也不改变；②只查看(read)；③只改变(append)；④查看并改变(write)。

多级安全模型考虑了保密系统的状态，它由如下参数描述：①当前的访问集合(主体，客体，访问类型)，即(S,O,T)；②访问矩阵；③每个主体的安全级；④每个客体最大安全级别和当前的安全级别。

Bell-La Padula 模型是最早、最常用、最著名的多级安全模型之一。该模型的目标是描述安全计算机系统的多级操作规则。Bell-La Padula 模型的安全策略有强制存取控制和自主存取控制两部分。自主存取控制部分的机制与前文提到的存取控制矩阵基本相同。对其中的操作则增加了附加、执行、控制方式。“控制方式”是指定一个主体是否可以将对客体的存取权限传递到其他主体。策略的强制部分由多级安全机制加上约束机制构成。它通过约束机制所允许的操作来实施，以主体和客体的存取类的属性比较为基础。

在 Bell-La Padula 模型中，大约包含有 20 个操作函数或规则，这些函数可以分成 3 种类型：①修改存取矩阵内容；②请求和获得对一个客体的存取权限；③建立或删除客体等。其中每一个操作函数都经过证明是符合安全要求的。对客体的任何访问都是以适当的访问请求开始的。

5.3.3 授权访问

前面已经讨论了一些数据库的安全策略，在自主访问控制系统中，把策略变为现实需要将策略转换成访问规则，并由系统实施这些访问规则，以保证主体根据规则对客体进行访问。这里安全策略是根据用户已获得的知识和可利用的依据形成的，而数据库管理系统通过规则来实现这些安全策略，用于控制对象的访问。如何把两者有机地结合起来，这是一个好的授权系统要解决的问题。因此，授权系统应支持如下功能：①为定义规则提供一个简单明了的接口；②提供一个修改授权状态的设施；③为分析当前状态或打算修改授权状态后对目标策略产生的影响提供一种方法；④为按访问规则充分利用信息并较好地了解和控制信息系统提供一种手段。

(1)授权人员和主体

对描述所有主体权力的访问规则集合具有维护权限的人就是授权人员。授权人员对访问规则的维护主要包括对主体分配和收回特权等。授权人员的权利有两种：一种是建立客体者成为拥有者并具有对它访问的一切权力(包括定义访问规则)；另一种是把功能授权给某个人(或多个人共同承担)，这个用户(例如企业的管理人员，数据库管理员 DBA 或安全管理员)担负着整个系统的安全责任，可以根据需要授予该用户相应的权力。这种方法使得拥有者和授权者是分离的。在大量无关数据的数据库环境下，采用第一种方法较为合适。

主体是可以对被保护客体进行访问的任何人或实体，但最重要的主体是用户，特别是数据库系统的终端用户。通常用户有一个索引，它包含描述用户属性的前缀，这些属性可以是定义访问权限或缺省授权特性(例如：由用户建立的新文件状态)。

授权人员的工作可以通过定义用户组来简化，当给出一个用户组访问权限时，属于该用户组的所有用户就享有这种权限。管理人员和应用程序开发者也是一个主体，他们具有访问特定类型数据库客体的权限。此外，也可以把事务或应用程序看作主体，并控制它对数据库的访问。

(2)客体

对于授权，涉及的问题主要有如何选择被保护的客体等，包括：被保护客体的层次(外部模式、概念模式还是物理模式)、保护粒度(是以文件、数据库表为单位，还是以记录、字段、数据元素为单位)，通过视图保护(在一个系统中，如果存在视图，那么视图是不是保护的客体，并且保护的视图的元素能否直接控制)，数据库描述的保护(对这些描述数据要采取不同的保护)。

下面介绍数据客体的有关内容：

①客体的层次。客体的保护层次一般来说可在外部模式，也可在概念模式或内部(物理)模式，但基本的访问规则应在概念模式实现，其原因是概念级提供了一个全局的数据视图，并且语义是明确的。在这一层定义的访问规则不考虑应用程序如何使用，也不考虑如何检验客体，基于概念模式的规则可扩展到外部模式，但要求它与概念模式规则一致。概念级规则应由负责全局数据库的授权人员写入，外部级规则可由应用程序管理员写入。

②粒度。通常使用的粒度是文件(数据库表)，相当于关系数据库的关系级。对于某些应用，有时粒度粗些也可基本满足要求，然而对于某些应用就不能满足，例如对于数据项控制和与内容有关的控制策略，文件级粒度就不能满足这种要求。数据项(数据元素)控制要围绕字段(数据项)类型写访问规则，在这方面，不同的系统都为管理人员提供了控制手段。对于数据项的敏感性，提供以

数据项级访问控制形式，按照这种形式，一个程序可以访问一个字段（属性、域）内数据项的子集。

③视图作为客体。获得良好授权的一种方法是根据用户的访问需要，为不同的用户定义特定的视图（所谓视图是指一个逻辑数据表，该表中的数据元素可以由来自多个物理数据表中的部分数据元素组成），然后对视图描述相应的访问权限进行控制。为了更好地保护数据库安全，人们提出了视图的概念。视图把描述数据库客体特定的程序或程序集合定义为子模式。对于这种子模式的定义，有专门的数据描述语言（DDL）描述。

④访问类型。任何数据库系统都为每类操作系统认识的客体提供一个操作集合，这些操作集合形成了访问类型和授予特定客体访问规则子集的集合。访问类型的集合一般取决于数据模型，通常包括读（read）、写（write）或更新（update）、插入（insert）和删除（delete）等操作类型，也可包括特定的访问类型[如创设（create）和破坏（destroy）等]。某些访问类型是有序的，以便较高级类型的访问隐含较低级类型的访问，序列可简化为访问规则的写入和存储。在许多情况下，写访问隐含着读访问，但也有既希望一个用户增加一个文件（数据库表），但又不希望其读取的情形，那么插入（insert）或改写（append）操作就可解决这个问题。更进一步地，对数据客体的访问类型可分为3类：一是只检索，它只能对数据进行读操作；二是维护，可对数据库中的数据值进行修改；三是控制，可对中间数据进行操作。

(3)授权语言

前面已讨论了授权的原则和实现授权的基本原理。但要具体实现授权还需要某种授权语言对语义进行描述，也就是为授权人员（或数据库管理人员）管理好数据库提供一种工具，这种工具可由不同的方法提供，常用的3种方法主要有通过数据描述语言、查询语言和操作命令语言进行授权。

①使用数据描述语言（DDL）授权。利用数据描述语言可对各类别数据（如模式、字段、记录或数据项）进行描述并进行控制。

②通过查询语言授权。此种方法是对查询和授权使用同一语言结构。国际上通用的查询语言标准是SQL语言。SQL语言分为4部分：数据查询、操纵、描述和控制语言。

查询（query）语句用于对已存在的数据按特定组合、表达式条件或次序进行检索。查询语句以select开头，其后为数据说明，以及含有源数据的表或视图，其格式为：

SELECT ename，mgr FROM emp

数据操纵语言（DML）语句可以使用以下3种基本方式来改变数据：INSERT——往数据库表中插入新的数据行，UPDATE——对已存在的数据行更新值，DELETE——从数据库表中删去数据行。

数据描述语言（DDL）语句用于创建数据库客体或删除它们。DDL语句包括CREATE TABLE、CREATE VIEW、CREATE INDEX和ALTER TABLE等以及相应的DROP语句。

数据控制语言（DCL）语句用来赋予或撤销访问数据库的某种权限（比如GRANT、SELECT、REVOKE和DELETE）。通过DCL语句，主用户（数据库表的拥有者）可以向另一用户授权以便能使用拥有者的数据，同时也可取消一个用户使用该数据的权限。DCL语句经常与DDL语句配合一起使用。在DCL语句中还包含有COMMIT、ROLLBACK和LOCK TABLE等语句，它们的功能是控制数据、操纵事务的发生时间及功效，此外还有审计语句AUDIT。

③通过操作命令语言授权。如果在操作系统内有一种适当的控制语言，那么可以使用此命令授权语言进行授权，用户不必使用两种不同的控制语言即可达到授权的目的。

5.4 ORACLE 数据库系统安全访问控制

ORACLE 是对象型数据库管理系统，它功能强大、性能卓越，在当今大型数据库管理系统中占有十分重要的地位。

在安全性方面，ORACLE 是获得最高认证级别 ISO 标准认证的数据库系统。ORACLE 高级安全特性考虑了强制实施的细小权限、先进的审查机制、增强的访问控制、安全的分布式处理与复制，以及使用外部签发机制的能力。从客户登录到应用服务器，从应用服务器到数据库数据访问，实施多层次的安全认证方案，为应用提供端到端的安全保障。

在数据库访问控制方面，ORACLE 数据库系统提供了两种功能：一是授权子系统，二是视图机制。

(1)授权子系统

授权子系统允许数据库管理人员和有特定访问权限的用户有选择地、动态地把访问权授予其他用户。如果需要，还可以收回这种权力。其权力存储在一张访问控制表中。当一个新的用户要使用数据库资源时，首先要由数据库管理人员或数据库拥有者对该用户注册，给该用户分配一个口令，并授予使用相应系统资源的权力。以后该用户只要输入正确的口令(授权子系统还要核对)，就可以使用相应资源。分配口令使用 grant 语句，如为了建立一个名为 James 并具有 security 口令的用户，数据库管理员输入的 SQL 语句为：

GRANT CONNECT TO James IDENTIFIED BY security

口令由 ORACLE 系统采用单项加密函数加密后，以密码形式存储在数据库的综合数据字典中，这就保证了当某用户(包括数据库管理员)查看数据字典时，只能看到口令的密码形式。当一个用户联机访问时，ORACLE 系统自动将用户输入的口令加密，并与数据字典中存储的口令密文相比较，若查不到相应的口令，则系统拒绝该用户联机。为了增加保密性，用户可以随时更改他们的口令，比如若 James 预感到自己的口令有可能被人窃取，他希望马上更改自己的口令为 prince，则可输入下列命令：

GRANT CONNECT TO James IDENTIFIED BY prince

这样既对用户增加了安全感，也增加了系统的保密性。口令只对用户联机注册时起作用，一旦进入系统，它的使命就算完成了。一个用户登录进入数据库系统之后，其可以使用哪些资源，不可以使用哪些资源的限制则由访问控制表来指定。

ORACLE 系统的安全设置允许数据库管理员(DBA)或数据库表的创建者使用 SQL 语言中 GRANT 和 REVOKE 命令来定义其他用户对数据的访问权，未经授权的任何用户不得使用数据库资源。GRANT 表示授权其他用户访问拥有者的数据库表的权力；REVOKE 表示剥夺其他用户访问拥有者的数据库表的权力。

访问的含义包括对数据库表或视图的读取、更新和删除等操作。这种操作可在任何级别上进行，无论是一个完整的数据库表，还是一个指定列(字段)。另外，授权访问还包括对数据库表结构的变更，以及对数据库的物理安全保护以阻止非授权用户从非法终端上对数据库数据的访问。例如，若 James 创建了一个称为 employees 的表，则其可通过执行如下语句将其全部访问权授予 Nicks：

GRANT ALL ON employees TO Nicks WITH GRANT OPTION

其中 WITH GRANT OPTION 的意思是允许 Nicks 再把这个权力授予其他的人。若 James 要剥夺 Nicks 的访问权，则可执行下面的收回权限命令：

REVOKE ALL ON employees FROM Nicks

注意，在收回授予给 Nicks 的访问权限的同时，Nicks 授予给他人的权力（如果有）也将被收回。

（2）视图机制

进行存取权限控制时可以为不同的用户定义不同的视图，把数据对象限制在一定的范围内，也就是说，通过视图机制将需要保密的数据对无权存取的用户隐藏起来，从而自动地对数据提供一定程度的安全保护。视图机制间接地实现了支持存取谓词的用户权限定义，这就要求系统能支持存取谓词。在不直接支持存取谓词的系统中，可以首先建立视图，然后在视图上进一步定义存取权限。

ORACLE 安全系统可以标识一组结构（视图），对这组结构进行授权。相对于这组结构有一组访问方式，系统管理员或拥有者可根据不同的用户要求，授予用户读取（SQL 的 SELECT）、修改（SQL 的 INSERT、UPDATE 和 DELETE）数据库表中的列（字段、属性）或视图的权限。通过灵活的视图安全机制，为数据库的表、功能、字段（属性、域）和数据项提供安全。

为了说明视图机制的安全灵活性，若假定用户 James 要在数据库表 employees 上创建一个视图 acctemps，这个视图仅包括在会计部门（accounting）工作的雇员，则创建视图的命令为：

CREATE VIEW acctemps AS SELECT *FROM employees WHERE department＝‘accounting’

创建视图 acctemps 之后，James 现在可以给专职会计 Clark 授权，James 允许 Clark 查询视图中的所有数据，但仅能更改会计部门雇员的工作名称 job 和修正他们的雇用日期 hiredate。为了做到这一点，James 必须输入如下命令：

GRANT SELECT，UPDATE (job，hiredate)ON acctemps TO Clark

这里仅将更新（UPDATE）特权限制在具体的列（字段、属性）job 和 hiredate 上，如果 clark 试图去更改表中的其他字段（例如工资 salary），那么这个操作请求将会被 ORACLE 系统拒绝。因为 James 创建的 acctemps 视图仅包括在会计部门工作的雇员信息，不包括工资记录组信息。因此，Clark 不可能看到雇员的工资信息。

为了给用户提供方便，ORACLE 数据库系统提供了一个函数 userenv，以供数据库表的拥有者构造一些视图。在视图内可以定义包括日期、时间边界、用户标识的终端等，因此可用于约束用户必须在某些特定的物理终端上进行联机访问数据，以保证数据访问的物理安全性。例如，若在 employees 表上创建一个视图 salary，则可输入如下命令：

CREATE VIEW salary AS SELECT empno，ename，sal FROM employees WHERE userenv（‘terminal’）＝‘RMT’

RMT 为终端标识符，它随操作系统不同而不同。这个视图也可授权给别的用户查询，例如对 Smees 授权：

GRANT SELECT ON salary TO Smees

当执行以上两条命令后，用户 Smees 只有当其在 RMT 终端上进行联机时才能查询到视图 salary 中的数据。尽管在其他终端上仍能访问 salary 视图，但他不能看到该视图的任何数据，得到的仅是一个空视图。

有关 ORACLE 数据库系统安全方面更详细的内容请读者参考相关的文献。

5.5 SYABSE 数据库系统安全访问控制与管理

5.5.1 多层次访问控制

SYBASE SQL Server 采用了 3 层的访问控制技术，其访问控制层次图如图 5.7 所示。

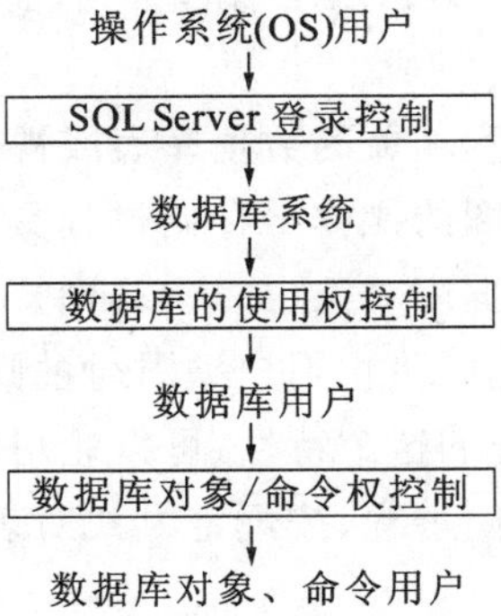

图 5.7 SQL Server 的 3 层访问控制

首先，操作系统(OS)用户必须经过数据库系统登录(注册)，方可进入 SQL Server 系统，成为数据库系统用户。其次，数据库系统用户不一定能存取所需的数据库，必须具有相应数据库的使用权之后，才能存取该数据库，成为该数据库的用户；否则，只能成为缺省数据库的用户。再次，即使已成为某个数据库的用户，也需进一步的授权，才能对数据库表、视图等对象进行某种操作或者执行某种存储过程，成为数据库对象/命令用户。

SQL Server 的 3 层访问控制分别对应 3 级授权系统：系统登录授权、数据库使用授权及数据库对象操作与命令授权，这 3 级授权系统的区别如表 5.2 所示。

表 5.2 SYBASE SQL Server 3 级授权系统区别

	系统登录权	数据库使用授权	数据库对象操作/命令使用权
授权作用	授予/取消 OS 用户进入 SQL Server	授予/取消数据库用户、用户组使用某个数据库	授予/取消用户对数据库对象操作权、命令使用权
授权方法	SP_addlogin SP_droplogin	SP_adduser SP_dropuser	GRANT REVOKE
授权者	系统管理员	系统管理员、数据库拥有者	系统管理员、数据库拥有者、对象拥有者
权限存储	每个用户占 master 的 syslogin 表的一条记录	每个用户占相应数据库的 sysusers 表的一条记录	每个用户占相应数据库的 sysprotects 表的一条记录

5.5.2 视图与存储过程

(1)视图安全机制

视图(View)是一个或多个数据库表的水平或垂直方向的子集。视图是一个虚表(逻辑数据库表)，由实表派生而成。用户可以通过视图间接访问实表。通过视图，用户只可查询和更改他们可以看到的数据，其余部分则不可见，也不能存取。视图通过对用户屏蔽部分信息，达到防止数据泄漏或破坏的目的。

根据屏蔽信息的性质，可将视图的控制类型划分为与值无关的控制、与值有关的控制、统计控制、与上下文有关的控制 4 种。不同的控制类型可通过视图定义语句中的存取谓词来实现。

在 SYBASE 数据库系统中，可使用下述语句建立视图：

CREATE VIEW＜视图名＞AS＜SQL 语句块＞

所谓存取谓词，就是 SQL 语句中 “WHERE”保留词后面的逻辑条件。

(2)存取过程安全机制

不管用户是否有权存取与存储过程相关的数据库表或视图，只要用户有权执行存储过程，其就可以通过存储过程间接完成对表或视图的操作。存储过程具有这样的特点：它能把存储过程所需权限与授予被存储过程引用的基本数据库对象(如表、视图)的权限分离，此外存储过程一经建立，就不能再编辑修改，只能删除。这也可以防止用户试图通过修改存储过程，对数据库对象进行非原意访问甚至篡改。因此，利用存储过程的这个特性，可以让用户不直接对数据库表、视图操作，而是通过预先编制好的存储过程或系统存储过程，按规定方式对表、视图等数据对象进行操作，以确保表、视图等数据库对象的安全。

在 SYBASE 数据库系统中，通过使用下述语句建立存储过程：

CREATE PROCEDURE＜存储过程名＞AS BEGIN＜SQL 语句块＞

5.5.3 SYBASE 数据库系统的安全管理

尽管 SYBASE 数据库系统提供了多种安全机制，但是要保证应用系统的安全，必须要采用全面、严格的管理机制。SYBASE 数据库系统的安全管理可分为用户管理、权限管理及审计等几个方面。

(1)用户管理

从前述已知，SQL Server 采用了 3 级访问控制机制。控制的主体是用户。从控制的内容来看，包括注册账户、数据库使用权限及数据库对象的操作或执行权限 3 部分。

为了简化管理，SYBASE 采用了分组管理和角色管理方法，一个用户可以属于多个分组，用户的权限优先于用户组的权限。SQL Server 在安装配置后，就有 3 个用户 SA、DBO、GUEST 及 PUBLIC 组。

(2)权限管理

SQL Server 的权限共有对象权限和命令权限两类。对象权限是作用在数据库对象上、完成对数据库对象的某种操作。SYBASE 数据库系统的对象权限如表 5.3 所示。

表 5.3 SYBASE 的对象权限

类型	作用对象
SELECT	表、视图、列
UPDATE	表、视图、列
INSERT	表、视图
DELETE	表、视图
EXECUTE	存储过程

对象权限只能由 SA(system administrator)或 OO(object owner)、DBO(database owner)授予或取消。而所谓命令权限是指对某些命令的使用权。SYBASE 命令权限如表 5.4 所示。

表 5.4　SYBASE 的命令权限

CREATE	DATABASE
CREATE	DEFAULT
CREATE	PROCEDURE
CREATE	TABLE
CREATE	VIEW
DUMP	DATABASE
DUMP	TRANSACTION

(3)审计

审计是记录系统活动情况(包括用户对数据库信息和资源的使用情况),以便检测系统资源是否被滥用和系统是否被渗透,以确保数据安全。SYBASE 数据库系统的审计系统由下列 3 部分组成:sybsecurity 数据库、一组存储过程及一批用来设置审计选项的配置变量。审计可以分级进行,SYBASE 数据库系统的 SQL Server 分为 4 级审计,各自审计内容如下:

①服务器级。登录与退出;服务器与引导启动;来自其他服务器的远程过程调用 RPC 连接;致命错误;特别授权的命令。

②数据库级。对 GRANT、REVOKE、TRUNCATETABLE、DROP 命令的使用;DROP 与 USE 命令;数据库之间的引用。

③用户级。企图对数据库表、视图的访问;用户提交给服务器的命令文本。

④对象级。对特定数据库表、视图的访问;存储过程、触发器的执行。

5.6　国产数据库系统安全

作为数据存储、处理、分析的关键系统,数据库系统对推动我国数字经济以及信息技术产业发展至关重要。突破国外数据库系统产品垄断的局面,大力发展国产数据库系统是我国信息化、数字化建设中的一项重要任务。与此同时,各行各业尤其是党政机关、国防、军队、金融等要害部门对安全的国产数据库系统也提出了迫切需求。近年来,在国家大力支持研发和推广自主知识产权数据库系统的背景下,国产数据库系统进入高速发展期,众多国产数据库系统不断涌现。

目前,国产数据库系统已经在关系型数据库、分布式数据库等多个领域取得了重要突破。本节介绍几种国产数据库系统及其安全性。

5.6.1　DM 数据库系统安全机制

DM(达梦)数据库系统是具有完全自主知识产权的大型关系型数据库管理系统。随着信息技术不断发展,达梦数据库系统也在不断演进,从 1988 年研制成功的我国第一个国产数据库管理系统原型 CRDS,历经几代迭代,到 2019 年发展为达梦数据库系统 DM8。

DM8 采用全新的体系架构,融合分布式、弹性计算与云计算的优势,针对可靠性、高性能、海量数据处理和安全性做了大量改进工作。

(1)DM 数据库系统体系结构

DM 数据库系统由物理存储结构和数据库实例组成,其体系结构如图 5.8 所示。其中,物理存储结构包括存储在磁盘上的数据文件、配置文件、控制文件、日志文件、归档文件等,数据库实例包括内存结构与后台进程。

物理存储结构描述了数据库中数据的组织和管理。典型的物理存储结构包括:用于进行功能设置的配置文件;用于记录文件分布的控制文件;用于保存用户实际数据的数据文件,重做(REDO)日志文件,归档日志文件,备份文件;用来进行问题跟踪的跟踪日志文件等。

数据库实例一般由一个正在运行的数据库管理系统 DM 后台进程(包含多个线程)及一个大型的共享内存组成。简单来说,实例就是操作数据库的一种手段,是用来访问数据库的内存结构及后台进程的集合。数据库的数据存储在服务器的磁盘上,而数据库实例存储在服务器的内存中。通过运行数据库实例,可以操作数据库中的内容。在任何时候,一个实例只能与一个数据库进行关联(装载、打开或挂起数据库)。在大多数情况下,一个数据库也只有一个实例对其进行操作。

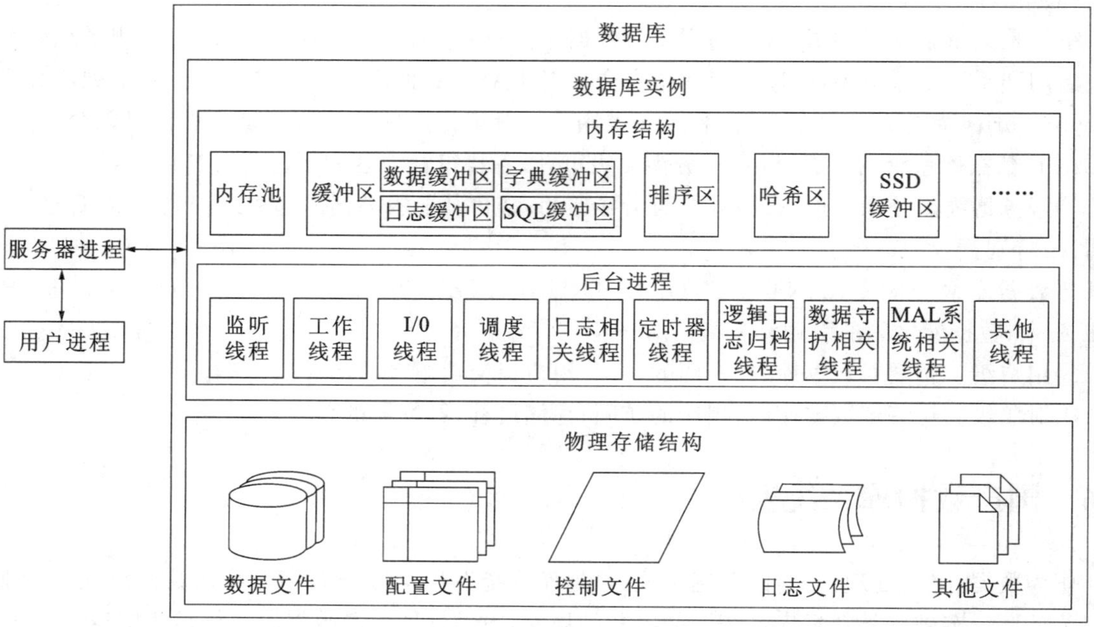

图 5.8 DM 数据库系统体系结构

(2)DM 数据库系统特点

DM8 数据库系统的主要特点如下。

1)通用性强

DM8 兼容多种硬件体系,实现了平台无关性,支持多种应用开发平台。DM8 可运行于 X86、SPARC、Power 等硬件体系上,在各平台上的数据存储结构和消息通信结构一致,DM8 各种组件在不同的硬件平台上具有一致的使用特性。DM8 支持 Windows 系列、Linux(2.4 及以上内核)、UNIX、Kylin、AIX、Solaris 等操作系统,其服务器、接口程序和管理工具可在 32 位/64 位操作系统上使用。DM8 支持主流集成开发环境、开发框架技术、系统中间件、数据库开发标准接口等,支持 IPv4、IPv6 等网络协议,支持 UTF、GB18030 等常用字符集。

2)高可用性

为应对电源中断、系统故障、服务器宕机、网络故障等突发情况,DM8 实现了 REDO 日志、逻辑日志、归档日志、跟踪日志、事件日志等。例如，REDO 日志记录了数据库的物理文件变化信息，逻辑日志记录了数据库表上的所有插入、删除、更新等数据变化。通过记录日志信息，系统的容灾能力得到增强，系统的可用性得到提高。

①基于 REDO 日志提供故障恢复。当发生系统故障时(如掉电)，系统通过 REDO 日志进行重做处理，恢复用户的数据和回滚信息，从而使数据库系统从故障中恢复，避免数据丢失，确保事务完整性。在故障恢复时采用并行处理机制执行 REDO 日志，有效减少重做所花费的时间。

②基于逻辑日志实现数据复制。主机将逻辑日志发往从机，从机根据逻辑日志模拟事务与语句，重复主机的数据操作。相对语句级的复制，逻辑日志可以更准确地反映主机数据的时序变化，从而减少冲突，提高数据复制的一致性。

③采用主备系统提高容灾能力。系统由一台主机与一台或多台备机构成，实现数据的守护。主机提供正常的数据处理服务，备机则保持与主机的数据同步。一旦主机发生故障，其中一台备机切换为新主机，继续提供服务。此外，提供数据库或服务器的冷/热备份，以及对应的还原功能，实现数据库中数据的保护和迁移。

3)高性能

在数据查询方面，采用多趟扫描、代价估算策略来优化查询，通过查询计划重用提升 SQL 语句的执行效率，使用多处理器提供并行查询，优化查询执行和索引操作，并在服务器端实现查询结果并缓存，以提升查询速度、缓存结果的实时性。

在数据存储方面，支持行存储引擎和列存储引擎，实现事务内对行存储表和列存储表的同时访问。支持数据压缩，采用智能压缩策略，可将多行相同类型的数据一起压缩，以提升数据的压缩比、减少系统的空间资源开销。

在数据分析和处理方面，实现基于堆栈的虚拟机执行器，以提升数据计算及存储过程/函数的执行效率；引入"批读取、批计算、批传递、批生成"数据的批处理技术；支持多版本并发控制、海量数据分析、数据字典缓存技术以及可配置的工作线程模式等机制和策略。

4)易用性好

提供基于 Java 技术、多平台风格统一的图形化客户端工具，通过这些工具用户可以与数据库进行交互。

5)兼容性强

提供与其他数据库系统兼容的特性。

(3)DM 数据库系统安全机制

DM 数据库系统提供用户标识与鉴别、自主访问控制、强制访问控制、通信加密、存储加密、数据库审计等安全功能。其安全管理体系各模块提供的安全功能如表 5.5 所示。

表 5.5 DM 数据库系统安全功能

安全管理模块	安全功能说明
用户标识与鉴别	通过登录账户区别各用户，通过口令方式防止用户被冒充
自主访问控制	通过权限管理，使用户只能访问自己权限内的数据对象
强制访问控制	通过安全标记，使用户只能访问与自己安全级别相符的数据对象
数据库审计	审计人员可以查看所有用户的操作记录，为明确事故责任提供证据支持
存储加密、通信加密	用户可以自主地将数据以密文形式存储在数据库中，也可以对在网络上传输的数据进行加密

续表 5.5

安全管理模块	安全功能说明
加密引擎	用户可以使用自定义的加密算法加密自己的核心数据
资源限制	通过对网络资源和磁盘资源进行配额设置，以防止恶意资源抢占
客体重用	通过内存与磁盘空间的释放清理，以防止信息数据泄漏

DM8 数据库系统在身份认证、访问控制、数据加密、资源限制、审计等方面采取以下安全措施。

①双因子结合的身份鉴别

提供基于用户口令和用户数字证书相结合的用户身份鉴别功能。当接收的用户口令和用户数字证书均正确时，身份认证才能通过，若用户和用户数据证书有一个不正确或与相应的用户名不匹配，则身份认证不通过。

②自主访问控制

提供系统权限和对象权限管理功能，支持基于角色的权限管理。可以对用户直接授权，也可以通过角色对用户授权。角色表示一组权限的集合，数据库管理员可以通过创建角色来简化权限管理过程；可以把一些权限授予一个角色，而这个角色又可以授予多个用户，从而使基于这些角色的用户间接地获得权限。在实际的权限分配方案中，通常首先由数据库管理员为数据库定义一系列的角色，然后将权限分配给基于这些角色的用户。

③强制访问控制

提供强制访问控制功能，强制访问控制的范围涉及数据库内的主客体，控制粒度达到列级和记录级。

④客体重用

客体重用机制使数据库管理系统能够清扫被重新分配的系统资源，以确保数据信息不会因为资源的动态分配而泄漏给未授权的用户。

⑤加密引擎

可以将特殊的或强度更高的加密算法按照加密引擎标准接口要求进行封装、使用，以增强数据库系统的安全性。

⑥存储加密

实现对存储数据的透明、半透明和非透明存储加密 3 种模式。

⑦通信加密

支持基于 SSL 协议的通信加密。对在客户端和服务器端传输的数据进行非对称安全加密，以确保数据在传输过程中的保密性、完整性、抗抵赖性。

⑧资源限制

支持并发会话总数、单用户会话数、用户会话 CPU 时间、用户请求 CPU 时间、会话读取页、请求读取页、会话私有内存等资源限制。

⑨审计分析与实时入侵检测

支持系统级审计、语句级审计、对象级审计。审计记录存放在数据库外的专门审计文件中，以保证审计数据的独立性。审计文件可以脱离数据库系统保存和复制，通过借助专用工具进行阅读、检索、合并等维护操作。通过审计分析规则判断用户行为是否为入侵行为，并确定入侵等级，进而采取实时报警生成、违例进程终止、服务取消、账号锁定或失效等措施。

5.6.2　OceanBase 数据库系统安全机制

OceanBase 是一种分布式的关系型数据库系统，它支持完整的 ACID 特性（原子性、一致性、隔离性和持久性），兼容 MySQL 数据库协议与语法，能够以最小的迁移成本使用高性能、可扩张、持续可用的分布式数据服务。

（1）OceanBase 数据库系统结构

OceanBase 数据库系统采用 Shared-Nothing（非共享）结构，各个节点之间完全对等，每个节点都有自己的 SQL 引擎、存储引擎、事务引擎，其整体架构如图 5.9 所示。

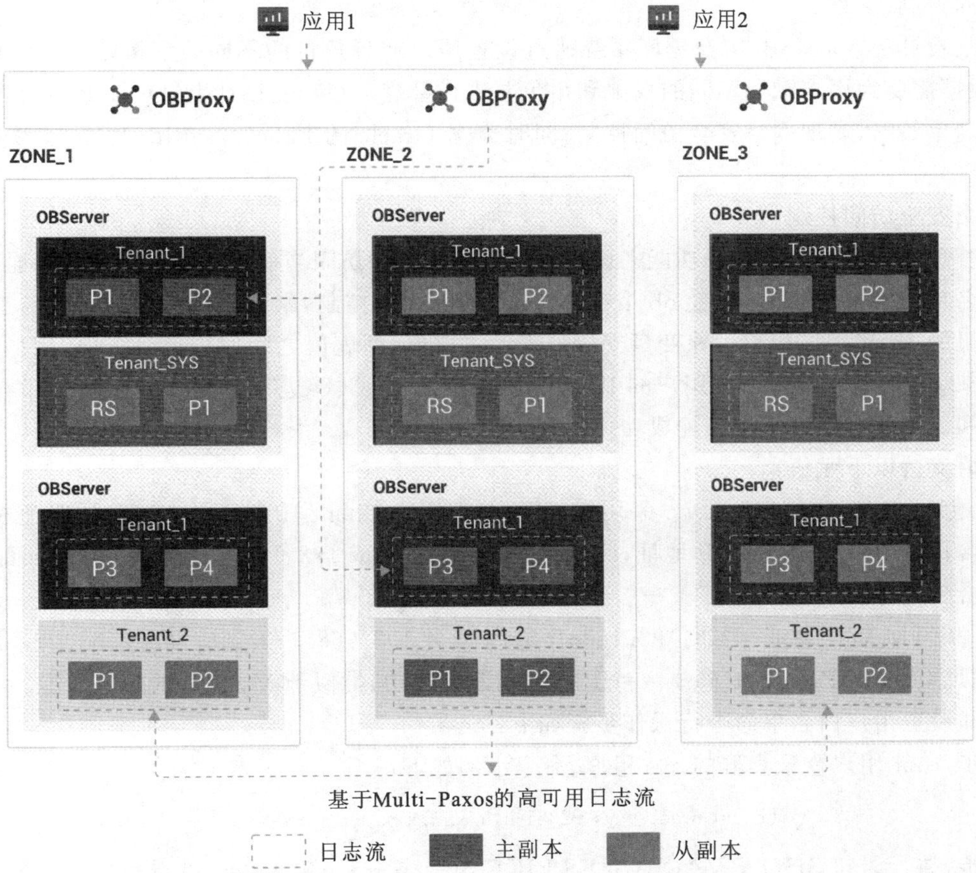

图 5.9　OceanBase 数据库系统结构

OceanBase 系统运行 OBServer 单进程程序作为数据库的运行实例，使用本地的文件存储数据和事务 Redo 日志。OceanBase 数据库系统在分布式计算机集群上运行。OceanBase 集群由若干个服务器组成，其部署需要配置可用区（Zone）。可用区是一个逻辑概念，表示集群内具有相似硬件可用性的一组节点，它在不同的部署模式下代表不同的含义。当整个集群部署在同一个数据中心（IDC）内的时候，一个可用区的节点可以属于同一个机架、同一个交换机等。当集群分布在多个数据中心的时候，每个可用区可以对应于一个数据中心。用户存储的数据在分布式集群内可以存储多个副本，用于故障容灾，也可以用于分散读取压力。

为简化大规模部署多个业务数据库的管理并降低资源成本，OceanBase 数据库系统提供了多租户特性。在一个 OceanBase 集群内，可以创建多个互相隔离的数据库“实例”(称为租户)。一个新的集群初始化之后，就会存在一个特殊的名为 sys 的系统租户。从应用程序的视角来看，每个租户等同于一个独立的数据库实例。每个租户可以选择 Oracle 或 MySQL 数据库兼容模式。同一个租户在一个可用区内的数据只有一个副本，不同的可用区可以存储同一个数据的多个副本，副本之间由共识协议保证数据的一致性。

(2)OceanBase 数据库系统的访问控制机制

OceanBase 数据库系统支持身份鉴别和认证、访问控制、数据加密、监控告警、安全审计等安全机制。下面简要介绍 OceanBase 数据库系统的访问控制和加密机制及其操作方式。

1)访问控制

在权限设计上，OceanBase 数据库系统通过设置用户或者角色的不同验证策略来保证账户安全，可以根据需要为用户赋予不同的权限和角色并进行管理。在功能设计上，OceanBase 数据库系统提供白名单策略，实现网络安全访问控制；同时兼容 Oracle 的 Label Security 功能，实现行级别访问控制。

2)网络安全访问控制

系统管理员通过租户白名单功能来设置允许哪些客户端访问当前租户。租户白名单通过租户全局的白名单限制参数(系统变量 ob_tcp_invited_nodes)来控制，默认值为 127.0.0.1,::1，表示仅允许本机的 IP 连接该租户。该变量支持列表形式取值，列表值之间使用逗号分隔，例如：A,B,C,D。用户登录时，OBServer 将用户的 IP 地址依次和 A、B、C、D 进行匹配校验。若全部不匹配，则拒绝访问。只要有任意一个匹配成功，则表示通过白名单。

列表值支持以下赋值：

①IP 地址，例如：192.168.1.1。采用等值匹配，即用户 Client IP 等于该 IP 值时，匹配成功。

②包含百分号或下划线的 IP 地址，例如：192.168.1.% 或 192.168.1._。采用模糊匹配，即类似 LIKE 语法进行匹配比较。

③IP/NETMASK 地址，例如：192.168.1.0/24 或者 192.168.1.0/255.255.255.0。采用掩码匹配，若满足 Client_IP & NetMask==IP 则表示匹配成功，类似于 MySQL 的掩码匹配。

查看和设置租户白名单命令行操作步骤如下：

第一步，root 用户登录集群的 sys 租户，命令示例如下：

```
obclient-uroot@sys-P2881-h10.xxx.xxx.1-p******* ;
```

第二步，执行语句 SHOW VARIABLES LIKE 'ob_tcp_invited_nodes'，查看租户的白名单。查看结果示例如下：

```
+---------------------+-------+
| Variable_name | Value |
+---------------------+-------+
| ob_tcp_invited_nodes | %|
+---------------------+-------+
```

其中，值为%表示允许任何客户端 IP 连接该租户。

如果需要更改白名单设置，那么可以使用 SET GLOBAL 命令，重新设置租户的白名单，如下所示：

```
obclient>SET GLOBAL ob_tcp_invited_nodes='%';
obclient>SET GLOBAL ob_tcp_invited_nodes='10.10.10.%';
```

3)行级别访问控制

基于 Label Security 可以构建对行级数据细粒度访问控制的安全策略。在创建安全策略后，将该策略应用于需要保护的数据库表，并将标签授予用户。Label Security 是强制访问控制的一种方式，通过在数据库表中添加一个 Label 列来记录每行的 Label 值，在访问时通过比较用户的 Label 和数据的 Label，达到约束主体(用户)对客体(表中的数据)访问的目的。

OceanBase 数据库系统内置的安全管理员 LBACSYS 可以通过创建安全策略，定义策略中的 Label，以及设置用户的 Label，来定制自己的安全策略。一个安全策略可以应用到多张数据表上，一张数据表也可以应用多个安全策略。每当一个安全策略被应用，这张数据表上自动会添加一列，用于该安全策略的访问控制。

下面通过一个实例，说明设置行级访问控制并验证结果的一般操作过程。

第一步：使用 sys 用户登录到 Oracle 租户并解锁 LBACSYS 用户。OceanBase 数据库系统默认创建 LBACSYS 用户，该用户处于锁定状态，使用 Label Security 功能需要先启用该用户。登录操作示例如下：

```
obclient>ALTER USER LBACSYS ACCOUNT UNLOCK;
```

第二步：修改 LBACSYS 用户的登录密码。为保障安全性，LBACSYS 用户的密码由 sys 用户指定。若后续需要修改该密码，则可重新指定一个新密码。修改操作示例如下：

```
obclient>ALTER USER LBACSYS IDENTIFIED BY ***R***;
```

第三步：设置 LBACSYS 用户的权限。LBACSYS 用户默认不带任何权限。为执行行级访问权限相关的操作，需要通过 GRANT 语句给 LBACSYS 用户授予 CREATE SESSION 权限。权限设置示例如下：

```
obclient>GRANT CREATE SESSION TO LBACSYS;
```

第四步：使用安全管理员 LBACSYS 用户登录到 Oracle 租户。

第五步：创建安全策略。创建名为 MY_POLICY 的安全策略，示例如下：

```
obclient>CALL SA_SYSDBA.CREATE_POLICY('MY_POLICY','MY_LABEL','');
```

第六步：创建级别 Level 并指定其短名称和长名称。示例如下：

```
obclient>CALL SA_COMPONENTS.CREATE_LEVEL('MY_POLICY',100,'PUBLIC','Public Level');
obclient>CALL SA_COMPONENTS.CREATE_LEVEL('MY_POLICY',200,'INTERNAL','Internal Level');
obclient>CALL SA_COMPONENTS.CREATE_LEVEL('MY_POLICY',300,'HIGH','High Level');
```

可以使用 SELECT 语句查询创建结果，例如：

```
obclient>SELECT * FROM sys.ALL_VIRTUAL_TENANT_OLS_COMPONENT_REAL_AGENT;
```

上述 3 条语句的执行分别创建了 3 个不同级别的记录 Public Level、Internal Level 和 High Level，如图 5.10 所示，。

TENANT_ID	LABEL_SE_COMPONENT_ID	LABEL_SE_POLICY_ID	COMP_TYPE	COMP_NUM	SHORT_NAME	LONG_NAME	PARENT_NAME	GMT_CREATE	GMT_MODIFIED
1004	500019	500018	0	100	PUBLIC	PUBLIC LEVEL	NULL	09-DEC-22 02.38.37.835729 PM	09-DEC-22 02.38.37.835729 PM
1004	500020	500018	0	200	INTERNAL	INTERNAL LEVEL	NULL	09-DEC-22 02.38.49.336692 PM	09-DEC-22 02.38.49.336692 PM
1004	500021	500018	0	300	HIGH	HIGH LEVEL	NULL	09-DEC-22 02.39.02.742233 PM	09-DEC-22 02.39.02.742233 PM

图 5.10　创建 3 个不同级别的记录示例

第七步：创建数据标签 Label 并查看结果。创建语句示例如下：

```
obclient>DELIMITER /
obclient>BEGIN
  SA_LABEL_ADMIN.CREATE_LABEL('MY_POLICY',10000,'PUBLIC',TRUE);
  SA_LABEL_ADMIN.CREATE_LABEL('MY_POLICY',20000,'INTERNAL',TRUE);
  SA_LABEL_ADMIN.CREATE_LABEL('MY_POLICY',30000,'HIGH',TRUE);
END;
```

上述语句的执行，创建如图 5.11 所示的 3 个数据标签。

TENANT_ID	LABEL_SE_LABEL_ID	LABEL_SE_POLICY_ID	LABEL_TAG	LABEL	FLAG	GMT_CREATE	GMT_MODIFIED
1004	500022	500018	10000	PUBLIC	1	09-DEC-22 04.25.59.611117 PM	09-DEC-22 04.25.59.611117 PM
1004	500023	500018	20000	INTERNAL	1	09-DEC-22 04.25.59.636390 PM	09-DEC-22 04.25.59.636390 PM
1004	500024	500018	30000	HIGH	1	09-DEC-22 04.25.59.651032 PM	09-DEC-22 04.25.59.651032 PM

图 5.11　创建的 3 个数据标签示例

第八步：指定用户的 Label。

首先，以 sys 用户登录到 Oracle 租户，创建用户 user1 并授予用户 user1 除 GRANT OPTION 以外所有当前用户拥有的权限。执行语句示例如下：

```
obclient>CREATE USER user1 IDENTIFIED BY * * * * * * * *;
obclient>GRANT ALL PRIVILEGES TO user1;
```

然后，以安全管理员 LBACSYS 身份登录，为用户 user1 指定 Label。执行语句：

```
obclient>CALL SA_USER_ADMIN.SET_LEVELS('MY_POLICY','user1','HIGH','PUBLIC','PUBLIC','PUBLIC');
```

上述语句执行的结果如图 5.12 所示。

TABLE_ID	TABLE_NAME	TABLESPACE_ID	ENCRYPTIONALG	ENCRYPTED	ENCRYPTEDKEY	MASTERKEYID	BLOCKS_ENCRYPTED	BLOCKS_DECRYPTED	STATUS	CON_ID
500005	T1	500004	aes-256	YES	xxxxxxxxxxxxxxxxxxxxxxxxxxxx66F3	xxxx03	0	0	NORMAL	1010

图 5.12　成功指定用户 Label 示例

第九步：将安全策略应用到数据表上。

首先，以 user1 用户登录到 Oracle 租户，执行下列语句创建数据表 tbl1：

```
obclient>CREATE TABLE tbl1(col1 INT,col2 INT);
```

然后，以安全管理员 LBACSYS 身份登录，执行下列语句，将安全策略 MY_POLICY 应用到数据表 tbl1：

```
obclient>CALL SA_POLICY_ADMIN.APPLY_TABLE_POLICY('MY_POLICY','user1','tbl1','','','');
```

第十步：插入数据，验证查询结果。以 user1 用户登录，执行下列语句在数据表 tbl1 中插入 col1 和 MY_LABEL 两列数据：

```
obclient>INSERT INTO tbl1 VALUES(1,1,10000);
obclient>INSERT INTO tbl1(MY_LABEL)VALUES(20000);
```

```
obclient>INSERT INTO tbl1(col1)VALUES (2);
obclient>COMMIT;
```

第十一步：执行下列语句在 user1 用户下设置 SESSION LABEL 和 ROW LABEL：

```
obclient>CALL SA_SESSION.SET_LABEL('MY_POLICY','INTERNAL');
obclient>CALL SA_SESSION.SET_ROW_LABEL('MY_POLICY','INTERNAL');
```

使用 SELECT 语句分别查询 SESSION LABEL 和 ROW LABEL，结果如下：

```
obclient>SELECT SA_SESSION.LABEL('MY_POLICY')FROM DUAL; //SESSION LABEL 查询
+--------------------------------+
| SA_SESSION.LABEL('MY_POLICY') |
+--------------------------------+
| INTERNAL                       |
+--------------------------------+
obclient>SELECT SA_SESSION.ROW_LABEL('MY_POLICY')FROM DUAL; //ROWLABE 查询
+------------------------------------+
| SA_SESSION.ROW_LABEL('MY_POLICY') |
+------------------------------------+
| INTERNAL                           |
+------------------------------------+
```

第十二步：进行 SELECT 查询，可以看到用户 user1 访问到 Level 为 INTERNAL 以下级别的数据。

```
obclient>SELECT * FROM tbl1;
+------+------+----------+
| COL1 | COL2 | MY_LABEL |
+------+------+----------+
|    1 |    1 |    10000 |
| NULL | NULL |    20000 |
|    2 | NULL |    10000 |
+------+------+----------+
```

第十三步：修改 Label 后，再次查询可看到用户 user1 只能访问到 Level 为 PUBLIC 级别的数据。修改语句如下所示：

```
obclient>CALL SA_SESSION.SET_LABEL('MY_POLICY','PUBLIC');
obclient>CALL SA_SESSION.SET_ROW_LABEL('MY_POLICY','PUBLIC');
obclient>SELECT * FROM tbl1;
+------+------+----------+
| COL1 | COL2 | MY_LABEL |
+------+------+----------+
|    1 |    1 |    10000 |
|    2 | NULL |    10000 |
+------+------+----------+
```

以上第一至十三步即为 OceanBase 数据库系统行级访问权限控制的实施过程。

4)数据透明加密

OceanBase 数据库系统使用宏块来存储数据，每张数据表可能包含多个宏块。宏块内包含一个或多个微块，每个微块内包含一行或多行数据。OceanBase 数据库系统的用户数据和备份都是以二进制形式存储在磁盘或其他形式的永久存储器上。无数据访问权限的用户可能会接触到这些存储,通过外部操作对数据存储进行读取和解读,从而导致数据泄漏。虽然 OceanBase 数据库系统的数据以压缩形式保存,具备一定的保密性,但仍有被破解的风险。

为保护内存和硬盘中数据的安全,OceanBase 数据库系统对保存在磁盘中的数据进行无感知的加密,也称为透明加密(简称 TDE):数据在写入存储设备前自动进行加密,读取时自动解密,该过程对用户是透明的。

OceanBase 数据库系统使用两级密钥体系实现加解密功能。开启加密的最小粒度为数据库中的一个数据表,待开启加密的数据表需要放到一个加密的表空间(tablespace)中。OceanBase 数据库系统的数据加密单位为表空间,表空间仅是为了兼容 Oracle 数据库而设计的概念,可以理解为表空间是一组表的集合。每个加密的表空间设置有加密算法及对应的数据密钥,用于给表空间中的数据进行加密。每个租户有一个主密钥,用于对表空间的数据密钥进行加密。为防止未经授权的解密操作,通常将主密钥存储于专门的 Keystore 中。主密钥和加密密钥由系统生成。

OceanBase 数据库系统支持国际上主流的加密算法 AES 和国密算法 SM4,支持的算法模式和密钥长度如表 5.6 所示。

表 5.6 OceanBase 数据库系统支持的数据加密算法

算法	密钥长度	模式
AES	128 bits,192 bits,256 bits	ECB,GCM
SM4	128 bits	CBC,GCM

OceanBase 数据库系统的加密在形式上尽量兼容 Oracle 数据库。下面以在加密表空间 sectest_ts1 上为已有数据表 t1 开启加密为例,介绍数据透明加密的操作过程。

①初始化配置

选择 internal 方式的透明加密,以 internal 方式存储主密钥,其加密信息主要在内部表中管理。初始化过程如下:

第一步:管理员用户登录到集群的 Oracle 租户。

第二步:开启 internal 方式的透明加密。执行语句示例:

```
ALTER SYSTEM SET tde_method='internal';
```

其中,配置项 tde_method 用于设置透明表空间加密的方式,默认为 none,表示关闭透明表空间加密。

第三步:确认该租户上所有 OBServer 节点上的配置项 tde_method 的值均为 internal。执行语句:

```
SHOW PARAMETERS LIKE 'tde_method';
```

第四步:创建 Keystore。执行语句示例:

```
ADMINISTER KEY MANAGEMENT CREATE KEYSTORE keystore_name IDENTIFIED BY password;
```

第五步:开启 Keystore。执行语句示例:

```
ADMINISTER KEY MANAGEMENT SET KEYSTORE OPEN IDENTIFIED BY password;
```

第六步:生成主密钥。执行语句示例:

```
ADMINISTER KEY MANAGEMENT SET KEY IDENTIFIED BY password;
```

第七步:创建表空间并指定加密算法。执行语句示例:

CREATE TABLESPACE sectest_ts1 ENCRYPTION USING 'aes－256';

可以指定加密算法有：aes-256、aes-128、aes-192、sm4-cbc、aes-128-gcm、aes-192-gcm、aes-256-gcm、sm4-gcm。

②将表移入加密表空间

第一步：普通用户登录到数据库的 Oracle 租户。

第二步：将数据表 t1 移入表空间 sectest_ts1 中。执行语句：

ALTER TABLE t1 TABLESPACE sectest_ts1；

第三步：修改索引表，将表上的索引加入表空间 sectest_ts1 中。执行语句：

ALTER INDEX idx1 TABLESPACE sectest_ts1；

③对表进行透明加密

第一步：普通用户登录到数据库的 Oracle 租户。

第二步：设置表的 progressive_merge_num 值，给表执行全量合并或者渐进合并。progressive_merge_num 用于设置表的渐进合并的轮次，默认为 0，表示进行增量合并。如果值设置为 1，则表示进行全量合并。

在给表执行合并操作时，通常使用全量合并方式，如果表中的数据量很大，开启全量合并可能会导致单次合并时间过长，那么建议使用渐进合并。两种合并操作分别说明如下：

a)对表执行全量合并

首先，将 progressive_merge_num 的值设置为 1，执行语句：

ALTER TABLE t1 set progressive_merge_num＝1；

然后，手动发起一轮合并。待合并完成后，再将 progressive_merge_num 的值设置为 0，执行语句：

ALTER TABLE t1 set progressive_merge_num＝0；

b)对表执行渐进合并

首先，将 progressive_merge_num 的值设置为大于 1 的数，并执行 SHRINK SPACE 操作，准备执行渐进合并。执行语句：

ALTER TABLE t1 set progressive_merge_num＝3；
ALTER TABLE t1 SHRINK SPACE；

然后，手动发起多轮渐进合并，使表和其上的索引的所有存量宏块完成加密。发起一轮渐进合并的语句：

ALTER SYSTEM MAJOR FREEZE；

④使用查询语句 SELECT ＊ FROM V$OB_ENCRYPTED_TABLES；确认所有宏块是否已完成加密。根据查询结果，若 BLOCKS_DECRYPTED 字段的值为 0，则表示所有宏块都已完成加密。图 5.13 给出一个表加密查询结果示例。

TABLE_ID	TABLE_NAME	TABLESPACE_ID	ENCRYPTIONALG	ENCRYPTED	ENCRYPTEDKEY	MASTERKEYID	BLOCKS_ENCRYPTED	BLOCKS_DECRYPTED	STATUS	CON_ID
500005	T1	500004	aes-256	YES	xxxxxxxxxxxxxxxxxxxxxxxxxxxx66F3	xxxx03	0	0	NORMAL	1010

图 5.13 表加密查询结果示例

对应上述加密过程，要解除表的加密，只需将表从加密的表空间中移出即可。假设表 t1 的加密状态如图 5.13 所示，且表 t1 在加密的表空间 sectest_ts1 中，下面结合操作实例介绍将表从加密表空间中移出的解密过程。

第一步：管理员登录到集群的 Oracle 租户。

第二步：对表执行渐进合并。

首先，将 progressive_merge_num 的值设置为大于 1 的数，并执行 SHRINK SPACE 操作，准备做渐进合并：

```
ALTER TABLE t1 SET progressive_merge_num=3;
ALTER TABLE t1 SHRINK SPACE;
```

然后，手动发起多轮渐进合并，发起一轮渐进合并：

```
ALTER SYSTEM MAJOR FREEZE;
```

接着，创建未加密的表空间 ts2：

```
CREATE TABLESPACE ts2;
```

最后，将表 t1 从加密的表空间 sectest_ts1 中移到未加密的表空间 ts2 中：

```
ALTER TABLE t1 TABLESPACE ts2;
```

操作成功后，执行 SHOW CREATE TABLE 语句，可以看到表 t1 已经移到了表空间 ts2 中，如图 5.14 所示。

```
+--------+---------------------------------------------------------------------------------------------------------+
|T1      |CREATE TABLE "T1" (
  "ID1" NUMBER(38),
  "ID2" NUMBER(38)
)COMPRESS FOR ARCHIVE REPLICA_NUM=1 BLOCK_SIZE=16384 USE_BLOOM_FILTER=FALSE TABLET_SIZE=134217758 PCTFREE=0   TABLESPACE "TS2"|
+--------+---------------------------------------------------------------------------------------------------------+
```

图 5.14　移入表空间 ts2 的表 t1 结构

再次查询 V$OB_ENCRYPTED_TABLES 视图，确认表的加密状态。可以看到图 5.15 中表 t1 的 ENCRYPTED 字段为 NO，说明表 t1 解除了加密。

TABLE_ID	TABLE_NAME	TABLESPACE_ID	ENCRYPTIONALG	ENCRYPTED	ENCRYPTEDKEY	MASTERKEYID	BLOCKS_ENCRYPTED	BLOCKS_DECRYPTED	STATUS	CON_ID
500005	T1	500012		NO			0	2	0	NORMAL	1010

图 5.15　表 t1 解除加密示例

5.6.3　其他国产数据库系统安全机制

数据库系统在数字中国建设中具有基础性作用，这些年来国产数据库系统发展迅速，它们各有特点。下面简介人大金仓数据库管理系统 KingbaseES、南大数据库管理系统 Gbase、神舟数据库系统、华为云数据库系统 GaussDB、分布式数据库系统 TiDB。

(1)KingbaseES 数据库管理系统安全机制

人大金仓数据库管理系统 KingbaseES(KES)是一种具有自主知识产权的通用关系型数据库

管理系统。KingbaseES 通过全新的结构化系统设计和多样化强制访问控制模型框架，支持特权分立、身份鉴别、多样化访问控制、用户数据保护、审计等安全功能。针对不同的安全威胁，KingbaseES 提供的解决方案如表 5.7 所示。

表 5.7 KingbaseES 针对不同安全威胁的解决方案

威胁类型	安全机制	预防技术
身份仿冒	身份认证	用户标识和基于强化口令的身份鉴别，包括对数据库用户的口令复杂度进行检查、账户口令的有效期限设置、账户异常登录锁定、账户登录信息显示等安全策略的管理机制。支持第三方身份验证服务（例如：Kerberos、SSL、RADIUS）启用强身份验证。使用自主访问控制（DAC）对主体操作客体进行授权管理，使用强制访问控制（MAC）为所控制的主体和客体指派安全标记，依据这些标记进行访问仲裁以抵抗仿冒攻击
篡改	完整性保护	对每个数据块记录校验值。在读数据时，首先完成一致性校验。若发现问题及时报错，阻止错误蔓延、升级。在写数据前，通过对数据重新计算校验值等方式来抵御篡改攻击
抵赖	审计	将用户对数据库的所有操作自动记录下来放入审计日志中，审计员通过对审计日志的分析，对潜在的威胁提前采取有效措施
信息泄漏	加密 数据脱敏 客体重用	通过透明加密、数据脱敏、客体重用，当数据写到磁盘上时对其进行加密，当授权用户重新读取数据时再对其进行解密。通过策略控制传输到客户端的敏感信息，在资源申请和释放的地方清除介质上的残留信息，以防止信息泄漏
拒绝服务	资源限制	通过限制用户在某个数据库连接应用时的可用资源情况和对连接请求的地址检查，以抵抗拒绝服务类安全威胁
权限提升	授权管理	通过将管理特权分配给数据库管理员、安全管理员和审计管理员，各管理员维护自己权限许可范围内的用户。通过对 SQL 注入的行为鉴别和阻止对其服务的方式，抵御权限提升类安全威胁

(2)GBase 数据库管理系统安全机制

南大数据库管理系统 GBase 包括分析型数据库 GBase 8a、分布式并行数据库集群 GBase 8a Cluster、高端事务型数据库 GBase 8t、高速内存数据库 GBase 8m/AltiBase、可视化商业智能数据库 GBaseBI、大型目录服务体系数据库 GBase 8d、硬加密安全数据库 GBase 8s。

GBase 8s 采用国产密码算法和硬件加密技术，提供包括数据存储加密、数据传输加密、安全标签、强制访问控制、安全审计等安全功能。在数据库加密方面，GBase 8s 支持国际主流密码算法和国产密码算法，支持基于国产软硬件环境的同态加密功能；可加密指定数据库表、指定数据表列及多列加密，支持加密数据表的增、删、改、查操作，支持加密数据表列的自身排序及值比较。

(3)神舟数据库管理系统安全机制

神舟数据库管理系统是按照航天工程化和质量控制体系研制的国产数据库系统，具备高并发应用场景下的共享存储高可用、读写分离等部署模式，支持高强度身份认证、基于标签的强制访问控制、数据加密存储、可信任路径、独立审计中心、三员管理等关键安全特性。

(4)GaussDB 云数据库系统安全机制

华为云数据库系统 GaussDB 是一种分布式关系型的纯软全密态数据库系统，支持国密算法、透明加密，数据在存储、传输、查询过程中均以密文形态存在。GaussDB 系统具有以下特点：①密钥掌握在用户手上，加解密过程仅在客户端完成；②语法自动解析，应用无感知，将语法解析内置到驱动中，不需要修改原有的 SQL 语句、数据类型等；③通过软硬结合可以将部分算法不进行加解密过程传递；④通过数学算法可以直接在密文空间进行查询和运算。

GaussDB 系统提供多种数据保护手段，如表 5.8 所示。

表 5.8 GaussDB 系统的数据保护手段

数据保护手段	简要说明
传输加密	支持 HTTP 和 HTTPS 两种安全传输协议
数据备份	支持设置数据库的备份和恢复，以保障数据的可靠性
敏感操作保护	支持敏感操作保护，执行删除实例等敏感操作时，系统进行身份验证
SSL 数据加密	支持使用 SSL 加密数据库和客户端的连接。SSL 通过互相认证，使用数字签名确保完整性，使用加密确保私密性，以实现客户端和服务器之间的安全通信

(5) TiDB 分布式数据库系统安全机制

TiDB 是开源的分布式关系型数据库系统，兼容 MySQL 协议和 MySQL 生态等重要特性，提供长期支持系列(LTS)和开发里程碑系列。表 5.9 列出了 TiDB 系统 LTS 系列各版本的安全功能支持情况，其中"Y"代表支持，"N"代表不支持。

表 5.9 TiDB 系统 LTS 系列各版本支持的安全功能

安全功能	LTS 版本号									
	7.5	7.1	6.5	6.1	5.4	5.3	5.2	5.1	5.0	4.0
传输层加密 (TLS)	Y	Y	Y	Y	Y	Y	Y	Y	Y	Y
静态加密 (TDE)	Y	Y	Y	Y	Y	Y	Y	Y	Y	Y
基于角色的访问控制 (RBAC)	Y	Y	Y	Y	Y	Y	Y	Y	Y	Y
证书鉴权	Y	Y	Y	Y	Y	Y	Y	Y	Y	Y
基于 SHA2 的身份认证	Y	Y	Y	Y	Y	Y	Y	N	N	N
基于 SM3 的身份认证	Y	Y	Y	N	N	N	N	N	N	N
密码管理	Y	Y	Y	N	N	N	N	N	N	N
与 MySQL 兼容 GRANT 权限管理	Y	Y	Y	Y	Y	Y	Y	Y	Y	Y
动态权限	Y	Y	Y	Y	Y	Y	Y	Y	N	N
安全增强模式	Y	Y	Y	Y	Y	Y	Y	Y	N	N
日志脱敏	Y	Y	Y	Y	Y	Y	Y	Y	Y	N

5.7 数据库安全发展趋势

随着数据科学的迅猛发展，保护核心生产要素的安全需求给数据库的安全构建带来了前所未有的挑战。数据库加密技术作为保障数据安全的重要手段，在当前数字时代发挥着不可替代的作用。通过对加密技术的深入理解和有效应用，可以更好地保护数据库中的敏感信息，确保数据安全。然而，随着技术的不断发展和信息安全威胁的不断演变，数据库安全技术也需要与时俱进，不断提升自身的安全度和可靠性,以应对未来的挑战。

5.7.1 数据库加密的挑战

数据库加密技术面临的挑战主要表现在以下几个方面。

首先是数据库加密对系统性能的影响。传统的数据库加密技术需要消耗大量的计算资源,对于存储大量敏感数据的数据库来说,加密和解密过程会增加系统的负载,从而降低数据库系统的访问和响应速度。当前使用的数据库透明加密方式虽然性能损耗较小,但是加密粒度较粗,无法实现细粒度控制,通常只能实现数据库和文件级加密,难以实现针对列或行级的加密能力。在使用数据库加密时,需要权衡数据库的安全性和访问速度之间的关系,以选择最适合数据库的加密算法。

其次是数据库系统的密钥管理比其他系统的密钥管理更为困难和复杂。密钥的安全存储和管理是保证加密系统安全的关键。如果密钥管理不当,那么即使采用强大的加密算法也可能被攻破。数据库系统中的加密数据通常是长期存放的,数据的加密密钥不能像网络通信中的会话密钥一样随用随清,因此必须考虑数据库加密密钥的存储安全。除此以外,数据库加密还存在一些特殊性,根据加密粒度的不同,对不同的数据应该使用不一样的加密密钥,因此数据库系统中需要保存大量的密钥信息。另一方面,数据库客体之间隐含着复杂的逻辑关系,一个逻辑结构可能对应着多个数据库物理客体,数据库加密不仅密钥量大,而且组织和存储比较复杂,需要对密钥实现动态管理。因此,如何生成、保存、替换数据库加密密钥,对数据库加密中的密钥管理提出了更为严格的要求。

此外,针对新型威胁和攻击手段的不断出现,数据库加密技术也需要不断改进升级。

5.7.2 数据库加密技术的发展趋势

数据库加密技术作为保障数据库安全的重要手段,随着数字时代的发展也将在如下几方面不断发展。

(1)数据库加密技术的云化

云计算技术的不断发展催生了将数据库部署在云上的需求,通过云服务形式提供数据库功能的云数据库应运而生。相应地,未来数据库加密技术将会更加云化。一方面,通过将加密技术部署在云上,可以有效保护用户的云数据安全。另一方面,需要专门为云数据库环境设计加解密解决方案,以提高系统效率和安全保障。

(2)全密态数据库

随着数据上云趋势显著,云数据库面临的安全风险相较于传统数据库更加多样化、复杂化。如何解决第三方可信问题是云数据库安全面临的首要挑战。

近年来,全密态数据处理是数据安全隐私计算的发展方向之一。全密态数据处理重点关注如何对数据进行加密存储以便在加密后的数据上进行多种类型的查询。密态数据库利用全同态加密等技术对数据进行加密存储,以尽可能提高云服务处理加密数据的能力。

全密态数据处理是一种能在数据库服务器端解决数据全生命周期隐私保护的系统性解决方案,该方案被称为密态数据库解决方案。该方案的核心思想是:在数据离开客户端之前,首先在用户端对数据进行加密,然后以密文数据的形式发送给服务器端,数据在服务器端全程以密文的形式存储且不影响服务器端的检索与计算,从而实现数据保护。数据的密钥由用户端保管,数据库管理员也无法获取明文数据,服务器端数据即便被窃取也无法获取明文。

全密态数据库是数据库安全隐私保护的高级防御手段,但当前全密态数据库的应用还存在一定局限性,仍需要突破算法安全性和性能损耗等相关问题。未来全密态数据库将在软硬结合、支持范围查找的密态索引、动态数据安全存储等方面着重进行技术突破。要使全密态数据库真正落地并得到广泛应用,学术界和工业界仍需要共同努力与长期探索。

(3)先进的数据库加密算法

为应对传统数据库加密面临的挑战,数据库加密技术将继续朝着更高效、更安全的方向发展。随着量子计算、人工智能等新技术的发展应用,可能会出现更为复杂和更先进的加密算法(如量子密码算法),以应对日益严峻的安全挑战。同时,密钥管理和访问控制技术也将得到加强,以提升整个数据库系统数据加密的安全性和可靠性。

5.7.3 数据库安全技术的发展趋势

随着云计算、大数据、区块链、人工智能和物联网等技术的发展与普及应用,数据库安全面临新挑战的同时,也拥有提升安全性的新机遇。例如,云计算服务提供商能够通过提供安全可靠的数据中心和存储服务来提高数据安全性;大数据技术有助于实时监测和分析海量数据,提高监测网络攻击的预警和防范能力;人工智能技术则可以提高数据库安全防护的智能化水平。下面讨论人工智能、区块链与数据库技术融合的安全发展趋势。

(1)人工智能与数据库技术融合

人工智能(artificial intelligence,AI)与数据库的融合既可以体现在数据库系统自身的智能化,例如数据分布技术智能化、库内进行训练和推理操作、数据库自动诊断、容量预判等,也可以体现在数据库周边工具的智能化,在提升管理效率、降低错误引入率、减少安全隐患的同时大大降低运营成本。目前学术界和工业界共识的研究重点是将机器学习与数据管理在功能上融合统一,以实现更高的查询和存储效率,自动化、智能化处理各种任务。

人工智能与数据库融合还存在一些亟待攻克的挑战:一是目前AI技术缺乏对数据库系统的整体感知,仍停留在各个环节的局部优化层面;二是自治数据管理对系统稳定性的保障和系统鲁棒性的影响仍然需要探索;三是如何提供空间和时间上轻量级的学习模型是AI赋能查询优化技术的关键问题;四是如何保证多场景下映射的严格一致性约束;五是面对频繁变化的场景,如何将训练好的系统迁移到新的数据库业务上并保持较好性能。

(2)区块链和分布式数据库

未来数据库加密将与区块链和分布式数据库技术更紧密地结合。区块链的不可篡改性和分布式数据库的冗余性使得数据更难以被篡改和破坏。因此,将数据库加密与区块链和分布式数据库结合起来可以长期留存有效记录,保护数据不被篡改,数据库的所有历史操作均不可更改并能追溯,适用于金融机构、公安等行业的应用场景。

目前已出现BlockchainDB、BigchainDB和ChainSQL等区块链数据库系统。这类数据库系统目前还存在基于共识算法执行效率挑战和多方参与的数据隐私性挑战问题。未来区块链数据库系统需要在平衡系统可信性与吞吐量、实现基于链上链下混合存储的防篡改机制、实现面向跨链场景的数据协同处理系统等方面进行突破。

本章小结

数据库作为信息承载的主体,存储着各种业务信息,因此保证数据库的安全非常重要。数据库加密和访问控制是广泛使用的数据库安全机制。数据库加密可以保护数据库中的敏感数据,使得未经授权的人员无法读取或篡改数据,确保其机密性和完整性。数据库访问控制是为了保障用户对数据库资源的合法访问及合理使用，防止非授权用户对数据库资源的非法访问或滥用，以确保数据的完整性、可用性及相关业务的正常运行等。

本章介绍的子密钥数据库加密技术适用于关系型数据库中数据组织特点，剖析加密算法有助于人们理解数据库中数据加密的特殊性，有助于实际应用及算法创新。本章在介绍数据库安全访问控制的基础上，讨论ORACLE和SYBASE数据库系统的安全访问控制机制，有助于人们理解访问控制机制在数据库系统中的具体实施。此外，本章介绍的国产数据库系统及其安全性体现了我国在研发自主可控数据库系统方面的重要成果，国产数据库系统的应运而生和逐步崛起，打破了国外的技术封锁和产品垄断。本章还结合当前新兴信息技术与数据库技术的融合发展，介绍了数据库安全发展趋势。

未来随着我国数字经济的快速发展和数据量的快速提升，作为信创基础软件重要环节的国产数据库系统将迎来重大发展机遇。

习 题

一、简答题

1. 阐述数据库安全的重要性和它所面临的威胁。
2. 数据库的安全模型有哪些？这些安全模型有哪些特点？
3. 数据库加密的特点有哪些？数据库的加密有哪些要求？
4. 数据库的加密方式有哪些？
5. 请说明子密钥数据库加密的原理。子密钥数据库加密是否适用于云数据库？
6. 基本的存取控制模型和扩展的存取控制模型的异同点是什么？
7. 多级安全模型是如何实现对信息流的控制的？
8. 请说明ORACLE数据库的访问控制功能。
9. SYBASE数据库有哪些安全技术？
10. 国产数据库系统主要有哪些？
11. 我国为什么要走自主研制、开发安全可控的国产数据库系统的道路？
12. 国产关系型数据库管理系统都有哪些？试分析比较它们的特点和安全性。
13. 国产分布式数据库系统有哪些？试分析比较它们的特点和安全性。
14. 随着新兴信息技术的发展，数据库系统可能会面临新的安全挑战。你认为大数据、人工智能、区块链技术等将如何影响数据库系统的发展？

二、上机实验题

1. 数据库建立与加解密实验。首先建立一个包含身份证号、姓名、性别、出生日期、工作日期、工资等属性的数据库表，然后输入若干人的数据记录信息；接着使用DES/AES/RSA密码算法编程实现按属性对出生日期和工资项进行加密，以及按记录对所有女同志的记录数据加密，并输出加密之后的数据信息；最后使用解密算法编程实现将加密过的数据解密还原为原始数据。

实验可以在Windows/Linux/Unix等操作系统、ORACLE/SYBASE/MySQL/ACCESS等数据库系统环境下进行，算法实现可以采用C/C++/Java/Python等编程语言，数据加解密的实现可以使用相关软件包提供的加解密程序。

2. OceanBase数据透明加解密实现实验。创建一张表(如table1)作为加解密数据对象，实现为表table1开启透明加密，实现对表table1解除加密，并验证加解密过程是否正确。

实验可以在CentOS 7.2及以上版本、OceanBase社区版、Chrome/Firefox/Edge浏览器、Python软件包的环境下进行。

6 数字签名和认证技术

内容提要

数字信息在计算机网络传输过程中存在着被窃听、篡改、复制、重传以及身份无法确认的风险。数字签名和身份认证技术在许多领域具有重要的应用，它们可以确保电子政务信息的可信性、可靠性和安全性，防止非法访问和泄漏敏感信息，可以确保电子商务交易的可信性和真实性，防止数据篡改和冒名顶替，可以确保互联网金融支付的安全性，防止欺诈和盗窃等。本章主要介绍数字签名、数字水印、身份认证、信息认证技术。读者在阅读本章内容时，需要特别注意算法和协议之间的联系。

讲授要点

介绍数字签名的概念、数字签名技术的发展过程，讲述数字签名标准(DSS)、多重数字签名、特殊签名、数字水印嵌入和提取技术、信息隐藏技术及其应用、基于口令的身份认证机制、Kerberos 身份认证协议、基于私钥和公钥密码的信息认证技术、对等实体的相互认证协议，简述新型计算环境下的数字签名与认证技术的发展趋势。

课程思政讲述要点

《中华人民共和国电子签名法》已经自 2005 年 4 月 1 日起施行。电子签名(数字签名)具有与手写签名同等的法律效果。强调每个人在日常的学习、工作和生活中，均需要高度重视数字签名的正确使用和严格遵守《中华人民共和国电子签名法》的相关规定。在数字时代，许多作品(产品)数字化，人人需要尊重知识产权、尊重他人的劳动成果，自觉遵守运用数字水印技术对数字作品进行版权保护。

6.1 数字签名与数字水印

在现实生活中，人们习惯于用手写的方式在文件上签名，其目的一般表示签名者同意该文件的内容，或者宣示签名者的身份。之所以如此，是因为文件和签名都是物理的东西，通常人们公认：①签名是可信的，签名者就是现实中的那个人，文件内容表述了签名者的真实意愿；②签名是不可伪造的，人们相信其他人不可能仿冒签名者的签名；③签名是不可重用的，其他人不可能将签名移动到另外的文件上；④签名后的文件是不可篡改的，不可对已经签名的文件作任何更改；⑤签名是不可抵赖的，签名者事后无法声称其没有签过名。

人们不能使用传统的方法在计算机上对数字消息进行签名，这是因为数字消息和签名很容易被复制。例如，可以对手写签名的图形进行裁减和粘贴来复制签名，或者对已经签名的数字文件进行修改而不会留下任何痕迹。因此，在信息化、数字化时代，需要研究设计开发数字签名技术，以更好地服务于各种应用需求。

6.1.1　数字签名的概念

数字签名是以密码学的方法对数据文件作用产生的代表签名者身份与数据完整性的数据信息，通常附加在数据文件的后面。数据文件的接收者可以利用签名者的公钥作用于数据签名上，以验证数据文件的真实性、完整性。

数字签名是一项专门的技术，它必须至少满足前述5条基本要求。因此，数字签名不但与算法有关，更重要的是与一些专门的协议关联在一起。

(1)基于对称密码系统的数字签名

在对称密码系统中，实现数字签名的前提是，存在一个公众都信赖的、具有权威的仲裁者T。假设签名者A想对数字消息M签名，并发送给消息接收者(验证者)B，那么在签名协议开始前，仲裁者T必须与A约定共享密钥K_A，而与B约定共享密钥K_B(允许这些密钥多次使用)。该签名协议按如下步骤实现数字签名：

①A使用K_A加密要传送给B的消息M，得到M_1，然后将M_1传送给T。

②T使用K_A解密M_1，恢复M。

③T将M以及消息M来自A的数字证书(包含M_1)一起用密钥K_B加密，得到M_2。

④T将M_2传送给B。

⑤B使用K_B解密M_2，恢复消息M和T的数字证书。

对该数字签名协议做简单的分析，可知数字签名存在以下几个特点：

①签名是可信的。因为仲裁者T是可信的，所以T的证书可使B确信信息M的确来自A。

②签名是不可伪造的。因为只有T和A共享密钥K_A，所以T确信信息M来自A；如果有人企图冒充A，仲裁者T在第②步就会立刻发现。

③签名是不可重用的。若B将T的证书附到另一信息m上，假冒A的签名，则A请求仲裁者T进行仲裁。T要求B同时提供信息m和加密后的信息m_1，T用K_A对m加密得到m_2。由于B不知道K_A，所以T会立刻发现m_1不等于m_2，从而证明信息m是假冒的。

④签名后的文件是不可篡改的。如果B企图更改消息M，那么仲裁者T可用第③步中的相同方法予以验证。

⑤签名是不可抵赖的。如果A事后声称其没有发送信息M给B，那么B只要出示T的证书就能说明一切。

因此，该协议是可行的。但是从技术的角度来讲，由于仲裁者T必须对每一条签名的消息进行加密和解密处理，所以T很可能成为通信系统中的瓶颈。致命的问题可能是，谁可以担当那个公众都信赖的、具有权威的仲裁者T？因为T必须是完美无缺的，它不能犯任何错误，并且不会将消息泄漏给任何人。假如密钥数据库被盗，就可能出现一些声称是几年前签名的假文件，这必将引起严重问题；假如T和B合谋篡改了A的签名消息M，A将陷于无法举证的境地。总之，该协议在理论上或许是可行的，但实际上却难以应用。

(2)基于非对称密码系统的数字签名

可用于数字签名的非对称密码算法有多种，并且协议与所采用的算法有一定的联系。这里仅以RSA密码算法为例，说明基于非对称密码系统的数字签名机制：

①A 使用自己的私钥 d_A 对信息 M 加密,得到 M_1,M_1 即经过 A 签名的消息。

②A 将 M_1 发送给 B。

③B 保存 M_1,并使用 A 的公钥 e_A 解密 M_1,恢复 M。

该签名协议同样满足上述 5 条基本要求:

①签名是可信的。B 使用 A 的公钥 e_A 可以由 M_1 恢复 M,所以 B 确信 M_1 就是 A 对消息 M 的签名。

②签名是不可伪造的。只有 A 知道密钥 d_A。

③签名是不可重用的。对于给定的密钥 d_A,M_1 仅是 M 的函数。

④签名后的文件是不可篡改的。若 B 企图更改 M_1,则不可能用 A 的公钥 e_A 恢复 M。

⑤签名是不可抵赖的。B 只要证明 e_A 的确是 A 的公钥就能说明一切问题,而这一点是很容易做到的。

上述协议表面上不需要第三方的介入就可以实现安全可靠的数字签名,但是实际情况并非如此。

(3)时间标记和单向散列函数与数字签名

前述协议虽然可以保证签名不可重用,但无法防止他人将签名和经过签名的信息合在一起重复使用。例如,B 得到一份经 A 签名的数字支票 DC,B 将 DC 交付银行,银行验证签名后,把款从 A 的账户转到 B 的账户。如果 B 保存了 DC 的副本,几天后 B 再次将 DC 交付银行,银行会同样把款从 A 的账户转到 B 的账户。只要 A 不对支票本清账,依照上面的协议,B 可以一直这样干下去。因此,通常把签名时的日期和时间(称作时间标记)附在待签名的消息中,并随消息一起签名。银行将时间标记保存在数据库中。当 B 第二次将支票 DC 交付银行时,银行便会发现具有该时间标记的支票 DC 已经支付,因此予以拒绝。

单向散列函数 $H(M)$的自变量是一个任意长度的消息 M,散列值 $h=H(M)$为定长 m(通常是 128 位或者更多)。单向散列函数必须满足下述 3 个条件:①给定 M,很容易计算出散列值 h;②给定 h,试图根据 $H(M)=h$ 计算推得 M 很难(因此称其为单向散列函数);③给定 M,找到另一消息 M_1 并满足 $H(M)=H(M_1)$,同样很难。

如果使用公钥密码算法对长消息 M 签名速度太慢,那么为了提高签名的效率,数字签名协议中经常包含单向散列函数的使用。数字签名算法和单向散列函数是事先约定好的,签名者不对信息 M 签名,而仅对 M 的散列值 h 签名:

①A 计算消息 M 的散列值 h。

②A 使用私钥 d_A 对散列值 h 加密,得到 h_1,并将其作为对消息 M 的签名。

③A 将消息 M 和自己的签名 h_1 一起发送给 B。

④B 使用同样的单向散列函数由 M 计算出 h,并使用 A 的公钥 e_A 和 h_1 计算出 h_2,若 h_2 与 h 相等,则 B 认可 A 对信息 M 的签名。

上述协议不但大大提高了计算速度,还有其他很多优点。例如,仲裁者只需保存 h 和相应的时间标记,这样可以节省大量的存储空间;通信双方不需要向仲裁者提供消息原件 M,保护了通信隐私;如果有人声称拥有某文件的版权,同时又不想公布该文件,那么只要简单地发布该文件的散列值即可。

6.1.2 数字签名标准 DSS

数字签名标准 DSS 是美国国家安全局开发的一种数字签名算法,作为电子文档的身份验证手段。DSS 最早发表于 1991 年 8 月，该标准中提出了数字签名算法 DSA 和安全散列算法 SHA，使用公开密钥，为接收者提供数据完整性和数据发送者身份的验证，也可由第三方用来验证签名和所签数据的完整性。DSS 于 1994 年由美国国家标准与技术研究所出版，此后成为美国政府认证电子文档的标准。DSS 签名过程分为两个阶段：

①签名产生：DSS 签名使用一个哈希函数产生消息的一个哈希值，将哈希值、随机数 k、发送方的私钥 SKA 和全局公钥 PKG 一起作为签名函数的输入，得到由签名函数的两个输出 s 和 r 构成消息的签名 (s,r)。

②验证过程：接收方收到消息后产生消息的哈希值，将哈希值、收到的签名、全局公钥 PKG 和发送方的公钥 PKA 作为验证函数的输入，若验证函数的输出和收到的签名成分 r 相等，则确认收到的签名是有效的。

DSS 签名标准存在以下 4 个缺陷：

①DSA 不能用于加密和密钥分配。

②DSA 是由美国国家安全局 NSA 研制的，因为有人对 NSA 不信任，怀疑其中可能存在陷门，特别是 NIST 一开始声称 DSA 是其自己设计的，后来表示得到了 NSA 的帮助，最后承认该算法的确是由 NSA 设计的。

③DSA 与 RSA 在签名时的速度相同，但验证签名时的速度 RSA 要比 DSA 快 10～40 倍。

④密钥长度只有 512 位，DSA 的安全性取决于计算离散对数的难度。

首先讨论数字签名算法 DSA。在该算法中，有 3 个参数（全局公开密钥分量）对于一组用户是公开的和公用的：素数 p，其中 $2^{L-1}<p<2^{L}$，$512\leqslant L<1024$，且 L 是 64 的倍数；素数 q，其中 q 是 $(p-1)$ 的因子，$2^{159}<q<2^{160}$；常数 $g=h^{(p-1)/q} \bmod p$，其中整数 h 满足条件 $1<h<(p-1)$ 且使得 $g>1$；每个用户的私钥 x，x 是随机或伪随机整数，且 $1<x<q$，公钥 $y=g^{x} \bmod p$。

利用上述 5 个参数以及安全散列算法 SHA，可以实现数字签名。假设用户 A 对消息 M 签名：

①A 产生一个随机整数 k，其中 $0<k<q$；

②利用 k 和 SHA 散列算法 H，A 计算 $r=(g^{k} \bmod p) \bmod q$ 和 $s=(k^{-1}(H(M)+xr)) \bmod q$，然后 A 将 r 和 s 作为自己对信息 M 的签名，把它们发送给用户 B；

③B 收到 A 的消息 M_1 和签名 (r_1,s_1) 后，计算 $w=s_1^{-1} \bmod q$，$u_1=H(M_1)w \bmod q$，$u_2=r_1 w \bmod q$，$v=(g^{u_1}y^{u_2} \bmod p) \bmod q$；

④若 $v=r_1$，则 B 认为 A 对消息 M 的签名有效。

下面证明 DSA 的正确性。

引理 6.1 对任何整数 t，有 $g^{t} \bmod p \equiv g^{t \bmod q} \bmod p$。

证明：因为 $(h,p)=1$，所以由 Fermat 定理，可知 $h^{p-1}\equiv 1 \bmod p$。因为任何整数 t 可唯一表示为 $t=kq+(t \bmod q)$，所以

$$\begin{aligned} g^{t} \bmod p &\equiv (h^{(p-1)/q} \bmod p)^{kq+(t \bmod q)} \bmod p \\ &\equiv ((h^{k(p-1)} \bmod p)(h^{(p-1)/q} \bmod p)^{t \bmod q}) \bmod p \\ &\equiv (1^{k} g^{t \bmod q}) \bmod p \\ &\equiv g^{t \bmod q} \bmod p \end{aligned}$$

。证毕。

引理 6.2 $y^{rw \bmod q} \bmod p \equiv g^{xrw \bmod q} \bmod p$。

证明：按定义 $y=g^{x} \bmod p$，以及引理 6.1，得

$$\begin{aligned} y^{rw \bmod q} \bmod p &\equiv (g^{x} \bmod p)^{rw \bmod q} \bmod p \\ &\equiv (g^{x(rw \bmod q)} \bmod p) \bmod p \end{aligned}$$

$\equiv g^{x(rw \bmod q)} \bmod p$

$\equiv g^{xrw \bmod q} \bmod p$。证毕。

引理 6.3 $((H(M)+xr)w) \bmod q=k$。

证明：$ks \bmod q \equiv (k(k^{-1}(H(M)+xr) \bmod q)) \bmod q$

$\equiv (kk^{-1}(H(M)+xr) \bmod q) \bmod q$

$\equiv (1\times(H(M)+xr) \bmod q) \bmod q$

$\equiv (H(M)+xr) \bmod q$

以及 $w=s^{-1} \bmod q$，得到

$$((H(M)+xr)w) \bmod q \equiv (ks \bmod q)(s^{-1} \bmod q) \bmod q$$

$$\equiv (kss^{-1} \bmod q) \bmod q$$

$$\equiv k \bmod q$$

因为 $0<k<q$，所以 $k=k \bmod q$。证毕。

定理 6.4 对于 DSA，必有 $v=r$。

证明：由定义以及上述引理，

$$v=(g^{u_1}y^{u_2} \bmod p) \bmod q$$

$$=(g^{(H(M)w) \bmod q}\, y^{rw \bmod q} \bmod p) \bmod q$$

$$=(g^{(H(M)w) \bmod q}\, g^{xrw \bmod q} \bmod p) \bmod q$$

$$=(g^{(H(M)w) \bmod q+xrw \bmod q} \bmod p) \bmod q$$

$$=(g^{(H(M)+xr)w \bmod q} \bmod p) \bmod q$$

$$=(g^{k} \bmod p) \bmod q$$

$$=r。$$

证毕。

由于 DSA 中的素数 p 和 q 是公用的，它们必须公开，因此人们关心它们的产生方法。Lenstra 和 Haber 指出：如果使用某些特定的素数，那么可以很容易地伪造签名。于是 NIST 在 DSS 中特别推荐了一种公开的产生素数的方法。该方法中的变量 S 称为“种子”，C 称为“计数”，N 称为“偏差”，同时将安全散列算法 SHA 用于素数的产生中，以防止有人在背后做手脚。下面给出的是产生素数的算法(其中 $L-1=160n+b$)：

①产生一个长度至少为 160 位的称为种子 S 的随机二进制序列，其长度 $|S|=g\geq 160$；

②计算 $U=\text{SHA}(S)\oplus\text{SHA}[(S+1) \bmod 2^{g}]$；

③将 U 的最高位和最低位设置为 1，得到 q；

④若 q 不是素数，则返回步骤①；

⑤$C=0, N=2$；

⑥对 $k=0,1,\cdots,n$，计算 $V_k=\text{SHA}[(S+N+k) \bmod 2^{g}]$；

⑦计算 $W=V_0+2^{160}V_1+\cdots+2^{160(n-1)}V_{n-1}+2^{160n}(V_n \bmod 2^{b})$，令 $X=W+2^{L-1}$，则 X 是长度为 L 的整数；

⑧令 $p=X-(X \bmod (2q)-1)$，则 $p\equiv 1 \bmod (2q)$；

⑨若 $p<2^{L-1}$，则令 $C=C+1, N=N+n+1$，若 $C=4096$，则返回步骤①，否则转步骤⑥；

⑩若 p 是素数，则保存 p、q、S 和 C，算法结束。

上述算法保留 S 和 C 的目的是，让使用者相信素数 p 和 q 的产生确实是随机的和安全的，系统未做任何手脚。关于 SHA 算法，这里就不做详细介绍了，有兴趣的读者可以参考有关的文献。

6.1.3 多重数字签名

多重数字签名是指两个或两个以上的人对同一份数字文件 M 进行签名。实现多重数字签名的协议有多种,这里只介绍其中两个较简单的协议。

第一个协议基于 RSA 算法。给定 $n=pq$,适当选取 K_1、K_2 和 K_3,满足 $K_1K_2K_3\equiv 1 \bmod n$,系统分别将 K_1 和 K_2 分发给 A 和 B 作为他们的私钥,并公布 n 和 K_3 作为公钥。当 A 和 B 需要对数字文件 M 共同签名时,可以按照如下协议进行:

①A 首先对 M 签名,得到 $M_1=M^{K_1} \bmod n$,并将 M_1 发送给 B。

②B 对 M_1 签名,得到 $M_2=M_1^{K_2} \bmod n$。

③任何人都可以用公钥 n 和 K_3 恢复 M 并验证签名:$M_2^{K_3} \bmod n=M$。

这里存在一个问题,即第二位签名者 B 在签名时并不知道所签文件的内容,签名者 B 不能确定文件的真实可靠性。在只有两个人的时候,B 很容易解决这个问题,其只要恢复 M 即可:B 首先恢复 $M=M_1^{K_2K_3} \bmod n$,审阅后再对 M_1 签名,得到 $M_2=M_1^{K_2} \bmod n$。但是当签名者多于两个人的时候,恢复文件稍微复杂一些,这个问题留给读者思考解决。

第二个协议基于单向散列函数 $H(M)$。在该协议中,每一位签名者都只需对数字文件 M 的单向散列函数值 $H(M)$分别签名即可。下面仍以两位共同签名者为例,说明此时如何实现对数字文件 M 的多重签名:

①A 对 M 的单向散列函数值 $H(M)$签名,得到 H_A。

②B 对 M 的单向散列函数值 $H(M)$签名,得到 H_B,并将 H_B 发送给 A。

③A 将 M、H_A 和 H_B 发送给 C。

④C 根据签名协议以及收到的 M、H_A 和 H_B,很容易验证 A 和 B 的签名。

此协议的优势是:当共同签名者多于两个人的时候,协议同样容易实现。

在数字签名技术发展和应用过程中,产生了一些特殊数字签名:盲签名、双重签名、群签名、门限签名、代理签名、门限代理签名、不可否认的门限代理签名、报文还原签名、广播多重数字签名、顺序多重数字签名、基于 ID 号的多重数字签名、签名权限各异的多重数字签名、基于文件分解的多重数字签名等。

6.1.4 数字水印技术

数字水印技术的研究开始于 20 世纪 90 年代,虽然是一个相对较新的领域,但其核心思想——隐写术却由来已久。

(1)信息隐藏的基本概念

信息隐藏是将秘密信息隐藏在另一非机密的载体信息中,通过公共信道进行传递。秘密信息被隐藏后,攻击者无法判断载体信息中是否隐藏了秘密信息,也无法从载体信息中提取或去除所隐藏的秘密信息。信息隐藏技术研究的内容包括信息隐藏算法、数字水印、隐通道技术和匿名通信技术等。

描写信息隐藏的最早的文献可以追溯到 Herodotus(C. 486—425 B. C.)编写的《历史》一书。书中讲述了大约在公元前 440 年,Histaieus 为了鼓动奴隶们起来反抗波斯人,他把他最信任的仆人的头发剃光并将消息刺在仆人的头皮上,等到仆人的头发长出来后,再把仆人送到朋友那里,他的朋友将仆人的头发剃光就获得了秘密信息。传统的信息隐藏技术包括技术性的隐写术(隐形墨水、录音回声等)、语言学中的隐写术(藏头诗等)和用于版权保护的隐写术(水印等)。20世纪初,一些德国间谍仍然使用这种最原始的方法。近代人们也用不可见墨水来书写达到隐藏消息的目的。这种墨水是由诸如牛奶、尿等有机物制成的,书写在纸上不留任何可见痕迹,只有通过加热或在该纸上涂上某种化学药品来显影。随着现代科技的发展,“万用显影剂”的出现迫使印刷品安全领域开发出更加先进的墨水,例如在银行支票(如旅行支票)上使用特殊紫外线的荧光墨水。

藏头诗是语言学隐写术使用的方法之一,基本思想就是让一篇文章每章第一个字母或每段的第一个字母或每行的第一个字母组合在一起表示隐藏的信息,这种隐藏信息的方法使文本内容看起来很杂乱,无法表示很连贯的意思,容易引起人的怀疑,因此构造需要很高的技巧性。

选择消息隐藏位置的方法不仅是古代也是许多现代信息隐藏系统的核心。在17、18世纪,对数表和天文历表的出版商为了识别企图非法分发他们产品的非法出版商,故意在数学表中的数字的最低有效位引入错误从而隐藏信息;今天数据库和邮件列表的提供商通过插入伪造条目来达到同样的目的。在电子出版的初期项目计划中,将文档的各行上移或下移0.085 mm编码为0或1,可把版权信息和序列号隐藏在行间距和文档的其他格式中,这种方法可以抵抗多次影印攻击,且不容易被肉眼观察到。

多媒体技术的广泛应用,为信息隐藏技术的发展提供了更加广阔的领域。

所谓信息隐藏是指,将被隐藏的信息(水印、指纹、一段秘密消息)嵌入一个载体C(Cover,如CD载体、视频载体、文本载体等)中,从而得到隐秘载体S(Stego Cover),在版权标记的上下文中,将其称为标记载体(CD、视频,等)。这个嵌入过程是在一个通常只有作品所有者知道的秘密变量(如一个密钥)下进行的,嵌入标记的恢复可能需要也可能不需要密钥;如果需要密钥,那么密钥可能相同或起源于嵌入过程中使用的密钥。

信息能隐藏在多媒体信息中,是因为多媒体信息本身有一定的冗余性,所以将信息嵌入多媒体信息中,并不影响多媒体信息本身的传送和使用。另一方面,由于人类视觉系统和听觉系统本身对某些信息有一定的掩蔽效应,例如人眼对灰度的分辨率只有几十个灰度等级,所以可以利用人眼和人耳的这些特点进行掩蔽通信、信息隐藏和版权保护。

图6.1描述了一个包含信息隐藏和提取的系统模型。信息隐藏技术主要是信息的嵌入算法和提取算法,首先对信息作加密、扩频和置换等预处理,然后用嵌入算法和密钥 K_1 把预处理后的信息隐藏到载体中,得到隐秘载体 S,提取时用提取算法和密钥 K_2 从隐秘载体 S 中提取,再用相应的预处理方法恢复信息。其中密钥 K_1 和 K_2 可相等也可不相等。恢复时是否需要原载体,根据情况而定。

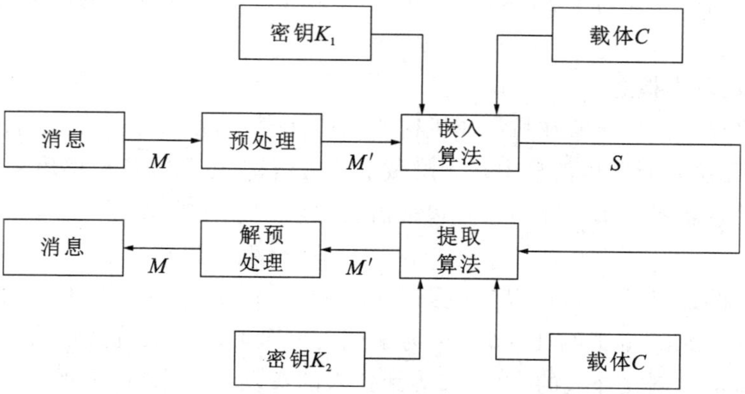

图6.1 信息的隐藏与提取系统模型

信息隐藏的具体应用场合不同，对隐藏技术的要求也将有所不同，下面是数字隐藏技术的一些基本要求：

①鲁棒性(健壮性)：指隐藏算法有较强的抗攻击能力，即它必须能够承受一定程度的人为攻击，即使隐秘载体受到诸如有损压缩处理、噪声干扰、滤波等人为破坏，也应能恢复隐藏信息。

②不可检测性：指隐蔽载体与原始载体具有一致的特性。如具有一致的统计噪声分布等，以便使非法拦截者无法判断载体中是否有隐蔽信息。

③不可感知性：利用人类视觉系统或人类听觉系统特性，经过一系列处理，嵌入的信息不能使载体产生可感知的失真，即隐藏的资料无法看见或听见。

④信息量：虽然人们希望在载体中能隐藏尽可能多的信息，但在实际应用中是有限制的，在确保不可感知性的前提下，隐藏的信息越多，鲁棒性就越差。因此，对于每一个具体的系统都要考虑到鲁棒性、不可感知性以及信息量之间的折中。

(2)密码技术和信息隐藏关系

信息隐藏沿袭了密码技术的一些基本思想和概念，但不同于密码学技术。密码技术是把原始的信息改编成一种观察者不容易看明白的特殊的编码形式，从而形成不可识别的密文形式进行保存或传递。信息隐藏则是研究隐藏一个信息在另一个信息里的技术学科，没有暴露被隐藏信息的存在。信息隐藏和密码学相比有一个明显的优势：对加密通信而言，可能的监听者或非法拦截者可通过截取密文，对其进行破译，或将密文进行破坏或者延迟之后再发送，从而影响机密信息的安全或者延误时机；但对信息隐藏而言，在公开信息中没有迹象表明被隐藏信息的存在，可能的监听者或非法拦截者难以判断机密信息是否存在，从而能保证机密信息的安全。

虽然信息隐藏和密码技术是不同的领域，但是人们能从密码学领域里借鉴技术和实践经验。1883年，Auguste Kerckhoffs 阐明了第一个密码系统的设计准则，在其中建议：人们应该假设对手知道加密信息的方法，信息的安全性必须仅依赖于密钥的选择。借用上述准则，一个安全的信息隐藏系统应该是任何了解系统但不知密钥的攻击者都不可能得到任何有关已发生的通信的证据。也就是说，与商用的密码算法和协议一样，信息隐藏算法和协议应该公开发布，并能经得起任何攻击者细致的测试和考验。

(3)信息隐藏技术的分类与应用

信息隐藏在计算机信息系统、数据通信、保密学等领域有着广阔的应用前景。信息隐藏技术分类如下：

①按密钥分类：若嵌入与提取使用的密钥相同，则称为私钥信息隐藏技术，否则称为公钥信息隐藏技术。

②按载体类型分类：分为基于文本、图像、音频和视频的信息隐藏技术。

③按嵌入域分类：分为空域(时域)方法和变换域(频域)方法的信息隐藏。

④按提取要求分类：在提取隐藏信息时不需要原始载体，称为盲隐藏技术；否则称为非盲隐藏技术。

⑤按保护对象分类：主要分为隐秘术和数字水印技术，隐秘术主要用于保密通信，它要保护隐藏信息；数字水印主要用于版权保护及真伪鉴别等，它要保护的是载体。

数字水印技术是目前关注的焦点。下面是信息隐藏技术的一些应用：

①在现代的军事、机要通信中即使所传输的内容已被加密，仍需要隐匿通信，以保证发送的信息不易于被敌方或攻击者检测或干扰。

②在某些场合从事某一行为时隐藏自己身份，包括公平选举、个人隐私、责任限额(指保险单上

规定的最高赔偿金额)等。

③匿名通信,保护在线自由发言以及使用电子现金,但同时会被滥用在诽谤、敲诈勒索以及假冒的商业购买行为上。

④在医学图像系统中将患者的姓名嵌入与患者有关的图像数据中以保证患者的文字资料与图像的关系,目前甚至有人在研究是否可在 DNA 序列中隐藏信息,以保护医学、分子生物学和遗传学等领域的知识版权。

(4)数字水印的基本概念和应用

随着数字技术和互联网的发展,数字水印技术作为其在多媒体领域的重要应用,已受到人们越来越多的重视,已成为多媒体信息安全研究领域的一个热点,也是信息隐藏技术研究领域的重要分支。

历史上传统的水印是在造纸工艺中,直接把图标制作在纸张中或用特种油墨把图标印在确定的位置,这种水印是在纸上的很轻微的烙印,几乎不可察觉,除非在合适的条件下,如透过日光或特定的光线仔细观察才能发现。水印被使用了几个世纪来证实物质原料的真实性,因此,可以使用相似的观念来保护拥有数字特性的物质,如数字媒体。由于数字水印是通过在原始资料中嵌入秘密信息——水印来证实该资料的所有权,所以数字水印成为实现版权保护的有效方案。

数字水印是把传统习惯用的纸张文本水印用到数字世界,例如把文本数字元隐藏嵌入到图像、视频、音频等数字媒体中。嵌入需要巧妙地处理数字资料的内容。对图像而言,对像素值的修改应是不可见的,而且根据不同的应用,水印既可以是鲁棒(健壮)的也可以是易碎的;被嵌入的水印可以是一段文字、标识、序列号等信息,它与原始数据(图像、音频、视频数据)紧密结合并隐藏其中,如图 6.2(该图来源于 Dr. Martin Kutter 和 Dr. Frédéric Jordan)所示。

有两种基本类型的标志能被嵌入一个载体中:指纹和水印。指纹类似于嵌入的序列号,而水印是一个嵌入的版权信息。为了说明两者的区别,以出版商保护自己的出版物版权为例,出版商在数字出版物中嵌入与自己有关的信息,称为水印,若客户 A 购买了该出版物,则出版商在出版物中再嵌入一个与该客户 A 相关联的信息,称为指纹。这样,当该出版物发生版权纠纷时,出版商根据数字水印证明该出版物的版权归自己所有,同时根据数字指纹证明 A 存在盗版行为。

图 6.2 数字水印隐藏示例(左图是原始图像,右图是嵌入了水印的图像)

虽然数字水印技术发展的最原始动力是提供一些数字媒体的版权保护,但近几年来却出现了许多新的研究热点,也让数字水印技术产生很多可能的应用,主要应用领域包括以下 5 个方面:

①用于版权保护的数字水印:数字产品(如计算机美术、扫描图像、数字音乐、数字视频、三维动

画)的拷贝、修改非常容易,而且可以做到与原作品完全相同。为了有效地保护这些数字产品的版权,利用信息隐藏原理产生一个版权标志——数字水印,并将其嵌入原始作品,使版权标志不可见或不可听。当该作品出现版权纠纷时,版权所有者可从盗版作品和水印版作品中提取水印信号作为依据,从而保护自己的权益。

②用于盗版跟踪的数字指纹:数字水印可用于监视或追踪数字产品的非法复制,这种应用称为"数字指纹",即在发行的每个拷贝中将不同用户的ID或序列号作为指纹嵌入作品中。使用一个自动程序搜索Web网以寻找带有版权标记的资料,通过这种手段来识别可能的非法使用,一旦发现未经授权的拷贝,就可以根据此拷贝所恢复出的指纹来确定它的来源。

③完整性标志(篡改提示):资料的篡改提示也是一项很重要的工作。现有的信号拼接和镶嵌技术可以做到"移花接木"而不为人知,当数字作品被用于法庭、医学、新闻及商业时,常需确定它们的内容是否被修改、伪造或特殊处理过。因此,如何防范对图像、录音、录像数据的篡改攻击是重要的研究课题。通过隐藏的"易损水印"的状态可以判断声像信号是否被篡改,从而确定作品的完整性。

④访问控制和防拷贝控制:使用有效的技术手段使非授权用户不能对产品进行访问或非法拷贝。例如,可以使用数字水印技术对CD上的机密资料实现访问控制。包括解密信息的水印被嵌入CD的标签,当读取和识别储存在CD上的资料时需要水印进行解密。如果有人非法拷贝了CD上的资料,会因为缺少水印无法恢复原文。水印也可以应用于防拷贝,将拷贝信息以水印方式加入DVD信息中,这样DVD播放机即可通过检测DVD信息中的水印信息,如"禁止拷贝"或"允许拷贝一次"等水印信息而判断拷贝的合法性及允许的次数,然而生产者和供货商并不完全接受这种方法。

⑤商务交易中的票据防伪:随着高质量图像输入输出设备的发展,特别是精度超过1200dpi的彩色喷墨、激光打印机和高精度彩色复印机的出现,货币、支票以及其他票据的伪造变得更加容易。另一方面,在从传统商务向电子商务转化的过程中,会出现大量过渡性的电子文件,如各种纸质票据的扫描图像等。即使在网络安全技术成熟以后,在电子商务中,各种电子票据防伪也是十分重要的,数字水印技术可以为各种票据提供不可见的认证标志,从而大大增加了伪造的难度。

(5)数字水印技术的分类和基本要求

可以从不同的角度划分数字水印技术:

①按特性划分。按水印的特性可以将数字水印分为鲁棒数字水印和脆弱数字水印两类。鲁棒数字水印主要用于在数字作品中标识著作权信息(如作者、作品序号等),它要求嵌入的水印能够经受各种常用的编辑处理。脆弱数字水印主要用于完整性保护,与鲁棒水印的要求相反,脆弱水印必须对信号的改动很敏感,人们根据脆弱水印的状态就可以判断资料是否被篡改过。

②按水印所附载的媒体划分。按水印所附载的媒体,可以将数字水印划分为图像水印、音频水印、视频水印、文本水印以及用于三维网格模型的网格水印等。随着数字技术的发展,会有更多种类的数字媒体出现,同时也会产生相应的水印技术。

③按检测过程划分。按水印的检测过程可以将数字水印划分为明文水印和盲水印。明文水印在检测过程中需要原始资料,而盲水印的检测只需要密钥,不需要原始资料。一般来说,明文水印的鲁棒性比较强,但其应用受到存储成本的限制。目前学术界研究的数字水印多数是盲水印。

④按内容划分。按数字水印的内容可以将水印划分为有意义水印和无意义水印。有意义水印是指水印本身也是某个数字图像(如商标图像)或数字音频片段的编码;无意义水印则只对应于一个序列号。有意义水印的优势在于,如果由于受到攻击或其他原因致使译码后的水印破损,人们仍

然可以通过视觉观察确认是否有水印。但对于无意义水印来说，如果译码后的水印序列有若干码元错误，则只能通过统计决策来确定信号中是否含有水印。

⑤按用途划分。不同的应用需求造就了不同的水印技术。按水印的用途，可以将数字水印划分为票据防伪水印、版权保护水印、篡改提示水印和隐蔽标识水印等。票据防伪水印是一种较特殊的水印，主要用于打印票据和电子票据的防伪。一般来说，伪币的制造者不可能对票据图像进行过多的修改，因此诸如尺度变换等信号编辑操作是不用考虑的。但另一方面，人们必须考虑票据破损、图案模糊等情形，而且考虑到快速检测的要求，用于票据防伪的数字水印算法不能太复杂。版权标识水印是目前研究最多的一类数字水印。数字作品既是商品又是知识作品，这种双重性决定了版权标识水印主要强调隐蔽性和鲁棒性，而对信息量的要求相对较小。篡改提示水印是一种脆弱水印，其目的是标识宿主信号的完整性和真实性。隐蔽标识水印的目的是将保密资料的重要标注隐藏起来，限制非法用户对保密资料的使用。

⑥按水印隐藏的位置划分。按数字水印的隐藏位置，可以将其划分为时(空)域数字水印、频域数字水印、时频域数字水印和时间-尺度域数字水印。时(空)域数字水印是直接在信号空间上叠加水印信号，而频域数字水印、时频域数字水印和时间-尺度域数字水印则分别是在 DCT 变换域、时频变换域和小波变换域上隐藏水印。

根据应用的需要，数字水印的基本要求有：

①不可感知性。对多媒体信息加入水印后的一个最重要的要求就是水印可感知的透明度，在数字作品中嵌入数字水印要求不会引起作品明显的降质，即因嵌入水印导致图像或音频的变化对观察者的视觉系统和听觉系统来讲应该是不可察觉的，数字信息发生的变动和失真应低于可感知的门限，这是数字水印最基本的特点。

②鲁棒性。指多媒体中的水印信息能够抵抗应用过程中的各种破坏，包括无意的或恶意的数据处理(如数据压缩、低通滤波、图像增强、二次抽样、二次量化、A/D 和 D/A 转换等)以及几何变换和几何失真如裁剪、尺度拉伸、平移、旋转、扭曲等、噪声干扰、多重水印的重叠等。在经过这些操作后，健壮的水印算法应仍能从多媒体水印中提取出嵌入的水印或证明水印的存在。在数字水印技术的应用中，需要在水印的鲁棒性、可视性和信息量的相互冲突要求之间进行折中，从主观上讲，理想的水印算法应该既能隐藏大量资料，又可以抗各种信道噪声和信号变形。然而在实际中，这两个方面往往不能很好地同时实现，因此在实际应用中，往往一般只侧重其中的一个方面。另外存在一种易损水印，与稳健水印性质相反，易损水印用于检测原始数据是否被修改。

③可验证性(正确解决所有权、可证明性)。当使用水印作为所有权证明时，应能给保护版权提供完全可靠的唯一性的证据。水印识别算法可以将保护对象中所有者的有关信息（如注册的用户号码、产品标志或有意义的文字等)嵌入资料中，并能在需要的时候将其提取出来，恢复出的水印应该能够确定地表明所有权，不会发生多重所有权的纠纷。水印也可以用来监视被保护资料的网上传播、真伪鉴别以及非法拷贝控制等。但目前已有的一些水印算法，攻击者可以破坏掉图像中的水印或复制出一个理论上存在的“原始图像”，这也是至今数字水印仍不能完全作为法律上提供版权归属的有效唯一证据的原因。

④水印安全。数字水印是统计上不可检测的。数字水印系统使用一个或多个密钥来确保安全，防止修改和擦除水印。信息被隐藏在多媒体内容中，文件格式的变换不会导致水印资料的丢失，且未经授权者不能检测出水印。对于通过改变水印图像来消除和破坏水印的企图，水印应该能够保持存在直到图像已严重失真而丧失使用价值。对于原版媒体的证实，通过识别水印是否失真应能判断原版媒体是否被修改过。

⑤低复杂性。水印的嵌入和提取算法应容易实现，在某些应用场合（如视频水印）下，甚至要求水印算法的实现满足实时性的要求。

⑥通用性。好的水印算法适用于多种文件格式和媒体格式。通用性在某种程度上意味着易用性。

⑦自相似性。数字水印在原图像被破坏后，仍能从中恢复出隐藏的水印，而且在恢复过程中不需要原图像，这需要水印算法本身具有自相似性。也可以认为是水印信息分布在载体信息的很多样本中，利用其中的小部分就可以恢复出水印。

（6）数字水印技术的基本原理

数字水印技术包括两个基本系统，即水印嵌入系统和水印恢复系统。水印嵌入系统主要解决两个问题：一是数字水印的生成，可以是一串伪随机数、文本、图像等形式的数据；二是数字水印的嵌入，目的是使数字水印在不可见性和鲁棒性之间找到一个较好的折中。图 6.3 展示的是一个通常的水印嵌入系统，该系统的输入是水印、载体数据和一个公钥或私钥、输出的是嵌入了数字水印的载体数据。

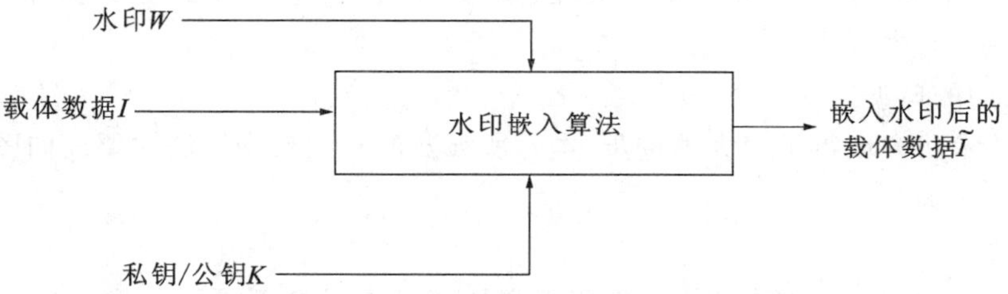

图 6.3 通常的数字水印嵌入系统

图 6.4 给出的是通常的水印提取系统。该系统的输入是已嵌入水印的载体数据、私钥或公钥，以及原始数据或原始水印。检测、提取的结果是原始水印 W，或是基于统计原理的某种可信度的值以判断所考察数据中 $\tilde{I}'$ 水印存在与否。

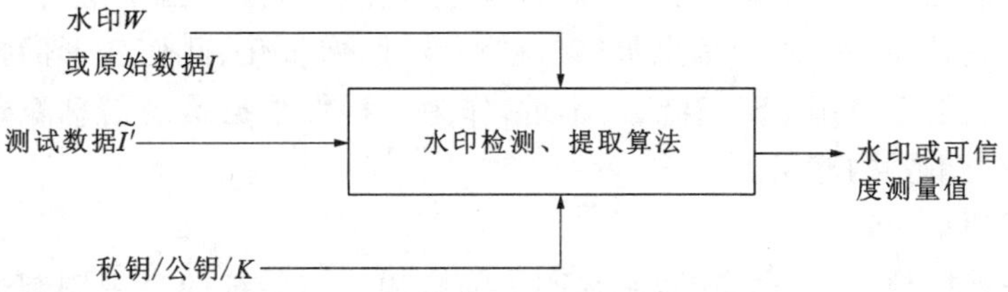

图 6.4 通常的数字水印提取系统

尽管数字水印有各种形式，但仍然可用六元组（I，K，W，G，E，D）来表示通用水印框架（general watermark frame，GWF）。对于图像数字水印，其含义如下：

①I 表示数字信息 i 的集合。

②K 表示水印密钥 k 的集合。

③W 表示水印信号 w 的集合。

④G 表示水印生成算法 g 的集合，定义为 $g:W\times K\rightarrow I$，即 $g(w,k)=i\in I$，其中 $w\in W$ 是要嵌入的水印，$k\in K$ 是水印密钥。

⑤E 是嵌入算法 e 的集合，定义为 $e:I\times W\times K\rightarrow I$，即 $e(i_r,g(w,k))i_w\in I$，其中 i_r 表示原始数字信息，i_w 则是嵌入水印后的数字信息。

⑥D 表示水印检测算法 d 的集合，定义为 $D: I\times W\times K\rightarrow\{0,1\}$，这里 $d(i,w,k)=1$ 当且仅当对给定的密钥 k，可以检测出信息 i 中含有数字水印 w。

为了保证一个水印方案的有效性及完全性，必须满足下列要求：

①密钥唯一性。不同的密钥不应产生相同的水印，即对任意水印 $w\in W, k_1\neq k_2\Rightarrow g(w,k_1)\neq g(w,k_2)$。

②水印相关性。对任一密钥 $k\in K$ 及对任一图像 $w_1, w_2\in I, w_1\neq w_2\Rightarrow g(w_1 k)\neq g(w_2,k)$。

③不可逆性。水印生成算法应该是不可逆的。

④不可察觉性。即与原消息 i_r 相比，嵌入水印后的消息 i_w 不应有任何可感知的降质或变形，该性质可表示为 $i_r\sim i_w$。

⑤水印合法性。合法水印必须是由水印生成算法产生的。

⑥检测可靠性。若 P_{fa} 表示错误检测概率，P_{thres} 是选择的概率阈值，则 $d(i,w,k)=1\Rightarrow P_{fa}<P_{thres}$。

⑦稳健性。水印必须是难以被破坏或伪造的。一般地，水印应具有几何变换的稳健性（如：旋转、分割、缩放、限幅等）、欺骗攻击下的稳健性（如：共谋攻击和伪造等）以及一般信号处理下的稳健性（如：滤波、增强、有失真压缩等）。

(7)数字水印的典型算法

数字水印技术研究取得了很大的进步，本章所涉及的一些典型算法主要面向图像数据（某些算法也适合视频和音频数据）。

①空域算法

空域算法典型的方法是将水印嵌入随机选择的图像点中最不重要的像素位上，称为最低有效位算法（least significant bits，LSB），它是 L. F. Turner 和 R. G. van Schyndel 等人提出的第一个数字水印算法。此算法通过将一个密钥输入一个 m-序列发生器来产生水印信号，然后排列成 2 维水印信号，按像素点逐一插入原始图像像素值的最低几位。Stego Dos、White Noise Storm、STools 等早期数字水印算法都采用了 LSB 算法。由于水印信号被安排在最低位上，一般人在视觉或听觉上很难察觉隐藏的信息。LSB 算法虽然可以隐藏较多的信息，但是由于使用了图像不重要的像素位，算法的鲁棒性（健壮性）差，水印信息很容易被滤波、图像量化、几何变形的操作破坏，因此现在的数字水印软件已经很少采用 LSB 算法。不过，作为一种大数据量的信息隐藏方法，LSB 算法在隐蔽通信中仍有相当重要的意义。

②直接序列扩频水印算法

扩频水印算法是扩频通信技术在数字水印中的应用。与传统的窄带调制通信方法不同，扩频通信将待传递的信息通过扩频码调制后散布于非常宽的频带中，使其具有伪随机特性。接收方通过相应的扩频码进行解扩，获得真正的传输信息。扩频通信具有抗干扰性强、高度保密的特性，在军事上应用广泛。事实上，扩频通信也可以看作是一种无线电密写方法。抛开其信息论方面的理论依据不讲，单从感知的角度考虑，扩频通信之所以具有保密性，就在于它将信息伪装成信道噪声，使人无法分辨。扩频水印方法与扩频通信类似，是将水印信息经扩频调制后叠加在原始数据上。从频域上看，水印信息散布于整个频谱，无法通过一般的滤波手段消除水印。若要攻击水印信息，则必须在所有频段上加入大幅度噪声，这无疑会严重损害原始数据的质量。

③基于离散余弦变换域数字水印算法

该数字水印算法具有鲁棒性强、隐蔽性好的特点。其主要思想是，在图像的离散余弦变换（discrete cosine transform，DCT）变换域上选择中低频系数叠加水印信息。之所以选择中、低频系数,是因为人眼的感觉主要集中在这一频段,攻击者在破坏水印的过程中,不可避免地会引起图像质量的严重下降,一般的图像处理过程也不会改变这部分数据,健壮性可大大提高。

由于 JPEG、MPEG 等压缩标准算法的核心是在 DCT 变换域上进行信息量化,所以通过巧妙地融合水印过程与量化过程,就可以使水印较好地抵御有损压缩。此外,DCT 变换域系数的统计分布有比较好的数学模型,可以从理论上估计水印的信息量。

④文档结构微调方法(文本微调算法)

Brassil 等人提出了 3 种在通用文档图像或 PDF 文件中隐藏特定二进制信息的技术——文档结构微调方法(文本微调算法),它们主要是通过轻微改变字符间距、行间距或是增加、删除字符特征(如底纹线等)方法来嵌入水印,或是在符号级或语义级加入水印,使数字信息能经过轻微地调整文档中的结构来完成编码。这些结构包括垂直移动行距、水平调整字距和调整文字特性(如字体)。

文本微调算法的安全性主要依靠隐蔽性来保证,可以抵抗一些标准的文档操作(如:照相复制和扫描复制),但该技术容易被经验丰富的攻击者破坏,且仅适用于文档图像。

⑤Patchwork 算法

Patchwork 是麻省理工学院媒体实验室 Walter Bander 等人提出的一种数字水印算法,主要用于打印票据的防伪。其方法是,随机选择 N 对像素点 (a_i, b_i),然后将每个 a_i 点的亮度值加 1,每个 b_i 点的亮度值减 1,以在这一调整的过程中隐藏 1 位的信息于数字媒体之中,$i=1,2,\cdots,N$,且整个图像的平均亮度保持不变。适当地调整参数,可使 Patchwork 数字水印隐藏在特定图像区域的统计特性中。

Patchwork 算法具有较高的不易察觉性、鲁棒性很强,对 JPEG 压缩、灰度校正、FIR 滤波以及图像裁剪有一定的抵抗力,但该算法嵌入的信息量有限,对仿射变换敏感,对多拷贝平均攻击的抵抗力较弱。为了嵌入更多的水印信息,可以将图像分块,然后对每一个图像块进行嵌入操作。

⑥纹理块映射编码方法

纹理块映射编码算法也是 Bander 等人提出来的,是将数字信息隐藏于数字图像的随机纹理区域中,并将隐藏信息的纹理映射到另一个纹理相似的区域,利用纹理间的相似性掩盖水印信息。该算法对于滤波、压缩和扭转等操作具有抵抗的能力,但仅适用于具有大量任意纹理区域的图像,且不能完全自动完成,需要人工干预。

⑦域算法

基于 JPEG、MPEG 标准的压缩域数字水印系统不仅节省了大量的完全译码和重新编码过程,而且在数字电视广播及 VOD(Video on Demand)中有很大的实用价值。相应地,水印检测与提取可直接在压缩域中进行。下面,介绍一种针对 MPEG-2 压缩视频数据流的数字水印方法。

MPEG-2 编码的关键是如何把水印信号加到数字信号中,即加入表示视频帧的数据流中。对于输入的 MPEG-2 数据流而言,它可分为数据头信息、运动向量(用于运动补偿)和 DCT 编码信号块 3 部分,在该方案中只有 MPEG-2 数据流最后一部分信息被改变。其原理是,首先对 DCT 编码数据块中每一输入的 Huffman 编码进行译码和逆量化,以得到当前数据块的一个 DCT 系数;其次,把相应水印信号块的变换系数与之相加,从而得到水印叠加的 DCT 系数,再重新进行量化和 Huffman 编码,最后将新的 Huffman 码字的位数 n_1 与原来的无水印系数的码字 n_0 进行比较,只在 n_1 不大于 n_0 的时候,才能传输水印码字,否则传输原码字,这就保证了不增加视频数据流位元率。该算法有一个问题值得考虑,即水印信号的引入是一种引起降质的误差信号,而基于运动补偿的编码方案会将误差扩散和累积起来。为解决此问题,该算法采取了漂移补偿的方案来抵消因水印信号的引入所引起的视觉变形。

⑧NEC 算法

该算法由 NEC 实验室的 Cox 等人提出，在数字水印算法中占有重要地位。NEC 算法的实现方法：首先，以密钥为种子来产生伪随机序列，该序列具有高斯 N(0,1)分布，密钥一般由作者的标识码和图像的哈希值组成；其次，对图像作 DCT 变换；最后，用伪随机高斯序列来调制（叠加）该图像除直流(DC)分量之外的 1000 个最大的 DCT 系数。该算法具有较强的鲁棒性、安全性、透明性。由于采用特殊的密钥，因此 NEC 算法可防止 IBM 攻击，而且该算法还提出了增强水印鲁棒性和抗攻击算法的重要原则，即水印信号应该嵌入源图像中对人感觉最重要的部分，这种水印信号由独立同分布的随机实数序列构成，且该实数序列应该具有高斯分布 N(0,1)的特征。

⑨生理模型算法

人的生理模型包括人类视觉系统 HVS 和人类听觉系统 HAS。该模型不仅被多媒体数据压缩系统利用，同样可以供数字水印系统利用。利用视觉模型的基本思想，均是利用从视觉模型导出的(just noticeable difference，JND)描述，来确定在图像的各个部分所能容忍的数字水印信号的最大强度，从而能避免破坏视觉质量。也就是说，利用视觉模型来确定与图像相关的调制掩模，然后再利用其来插入水印。这一方法同时具有好的透明性和强健性。

除了上述方法外，一些其他领域的先进技术和算法也可以利用，例如数字图像处理中的小波、分形理论，图像编码中的各种压缩算法，以及音、视频编码技术，均可使信息隐藏技术更加完备和充实。

(8)二维离散余弦变换的计算

离散余弦变换作为经典的数学变换方法，在数字图像处理领域中占有十分重要的地位，在图像压缩、编码等应用中具有非常重要的作用。

一帧数字图像 $\{x(m,n) \mid 0 \leqslant m \leqslant M-1, 0 \leqslant n \leqslant N-1\}$ 可看成一个 $M \times N$ 的矩阵，其中 $x(m,n)$ 为该图像中的一个像素。借助于二维离散余弦变换 DCT，可以将图像从空间域（即 $m \times n$ 平面）变换到 DCT 域（即 $k \times l$ 平面）。以求和形式定义的二维 DCT 为：

$$X(k,l)=\frac{2}{\sqrt{MN}}c(k)c(l)\sum_{m=0}^{M-1}\sum_{n=0}^{N-1}x(m,n)\cos\left[\frac{(2m+1)k\pi}{2M}\right]\cos\left[\frac{(2n+1)l\pi}{2N}\right]$$

其中，$0 \leqslant k \leqslant M-1, 0 \leqslant l \leqslant N-1$。

二维离散余弦变换逆变换 IDCT 的标量表达式形式为：

$$x(m,n)=\frac{2}{\sqrt{MN}}\sum_{k=0}^{M-1}\sum_{l=0}^{N-1}c(k)c(l)X(k,l)\cos\left[\frac{(2m+1)k\pi}{2M}\right]\cos\left[\frac{(2n+1)l\pi}{2N}\right]$$

其中，$0 \leqslant m \leqslant M-1, 0 \leqslant n \leqslant N-1$。在上述的变换式中，系数 $c(k)$ 和 $c(l)$ 的值为：若 $k=l=0$，则 $c(k)=c(l)=1/\sqrt{2}$；若 $1 \leqslant k \leqslant M-1, 1 \leqslant l \leqslant N-1$，则 $c(k)=c(l)=1$。

特别地，称 $X(0,0)=\frac{1}{\sqrt{MN}}\sum_{m=0}^{M-1}\sum_{n=0}^{N-1}x(m,n)$ 为 DCT 的直流系数，而称 $X(k,l)$（若 $0<k+l<M+N-1$）为交流系数。

(9)数字水印实例

经过人们多年的研究，数字水印技术取得了很大的发展。本节介绍一种基于 DCT 域的块分类的自适应图像水印算法。

①算法描述

首先，基于 DCT 域的块分类的自适应图像水印算法（二维数字水印系统）将水印图像分成 8×8 的块，并取其前 12 个 DCT 低频系数生成水印信号，对原始图像作相似的处理。然后，利用视觉系统 HVS 的照度掩蔽特性和纹理掩蔽特性，估计在 DCT 域中每个块的照度和纹理复杂性。基于这种估计，将图像块划分为 3 类：照度较低(暗)且纹理简单的分为第 1 类(S_1)，照度较高(亮)且纹理复杂的分为第 3 类(S_3)，余下的分为第 2 类(S_2)，并依据块分类结果将水印信号按不同强度嵌入到原始图像块的部分 DCT 低频系数中。实验结果表明该算法具有较好的稳健性。

图像二维 DCT 变换有许多优点，例如图像信号经过变换后，变换系数几乎不相关，经过反变换重构图像，信道误差和量化误差将像随机噪声一样分散到块中的各个像素中去，不会造成误差积累，并且变换能将数据块中的能量压缩到为数不多的部分低频变换系数中去(即 DCT 矩阵的左上角)。因此，可以利用这些性质实现水印图像信息的压缩。

②数字水印信号生成

设水印图像为 I，将其分成互不覆盖的 8×8 的块，记为 $I_m = f_m(x, y), m = 0, 1, \cdots, M-1$，对 B_m 进行 DCT 变换，得到 $I_m{}' = F_m(u, v) = DCT\{f_m(x, y) \mid 0 \leqslant x, y \leqslant 7\}, m = 0, 1, \cdots, M-1$；然后，对 B'_m 中的 DCT 系数进行调整，并取其左上角低频系数构成 W_m，由 W_m 构成水印信号 W，即 $W = \{x_i, i = 0, 1, \cdots, n-1\} = \bigcup_{m=0}^{M-1} W_m$。

依据实验结果，取每块左上角的 12 个 DCT 低频系数，如图 6.5 阴影部分所示。

1	2	6	7	15	16	28	29
3	5	8	14	17	27	30	43
4	9	13	18	26	31	42	44
10	12	19	25	32	41	45	54
11	20	24	33	40	46	53	55
21	23	34	39	47	52	56	61
22	35	38	48	51	57	60	62
36	37	49	50	58	59	63	64

图 6.5　提取水印的低频区域

经过上述处理，得到的水印信号 W 显著小于水印图像的数据量。

③基于 HVS 的块分类

水印编码过程可看作在强背景(原始图像)上叠加一个弱信号(水印)。只要信号低于 HVS 的对比度门限(contrast sensitivity threshold)，HVS 就无法感觉到信号的存在。图像的背景照度越亮，纹理越复杂，那么所嵌入的水印信号强度就能越大。因此，人们将图像块分为 3 类：第 1 类照度较低且纹理简单，HVS 对其中像素值的改变较为敏感，叠加的水印分量的强度应最小；第 3 类照度较高、纹理复杂，HVS 对其中像素值的改变敏感性最弱，叠加的水印分量的强度应最大。其余为第 2 类。分类的门限值由实验确定。设原始水印图像为 I，将其分成 8×8 的块，采用 JPEG 算法的量化表量化每一块的 DCT 系数。通过分析每块量化后的 DCT 系数值可对其进行分类：DCT 系数的直流系数值代表该块的照度信息，该值越大，其背景照度越亮；DCT 系数的非零个数代表该块的纹理信息，非零个数越多，表示该块纹理越复杂。这样，根据上述方法的计算结果将所有的图像块分成 3 类，并为每一类指定一个强度因子 α。

④水印嵌入

在对原始水印图像的每个 8×8 的块进行 DCT 变换时，取其左上角低频系数组成水印信号 W 并得到强度因子 α 后，将原始图像也按 8×8 的块进行 DCT 变换，并利用其 HVS 特性，将水印信号按不同强度嵌入其部分 DCT 低频系数中，从而完成水印信号的叠加。下面描述的是仅利用 3 个 DCT 低频系数来嵌入水印的过程：

步骤 1：对原始图像 I 进行 8×8 分块后，进行 DCT 变换得到 I'_m 。

步骤 2：将生成的水印信号 $W=\{x_i, i=0,1,\cdots,n-1\}=\bigcup_{m=0}^{M-1} W_m$，按下式依次叠加入 I'_m 的 3 个低频系数中：

$$F'_m(u,v)=\begin{cases}F_m(u,v)+\alpha\times x_i,(u,v)\in\{(0,1),(1,0),(1,1)\},3m\leqslant i\leqslant(m+1)\\ F'_m(u,v),\text{其他}\end{cases}$$

其中 $0\leqslant m\leqslant M-1, 0\leqslant i\leqslant n-1$，$\alpha$ 为强度因子。

步骤 3：将嵌入水印后获得的图像文件使用二维离散余弦变换反变换（IDCT）求得含水印的图像：

$$f'_m(x,y)=\bigcup_{m=0}^{M-1} DCT^{-1}(F_m(u,v)), 0\leqslant u,v\leqslant 7。$$

在图 6.6 的例子中，图 6.6 (a)是 256×256×8 的原始图像“Fishing boat”，图 6.6 (b)和图 6.6 (c)是嵌入了数字水印之后得到的图像。该例表明，α 过大会明显降低图像的质量。

(a) (b) (c)

图 6.6 Fishing boat **水印嵌入效果图**

(a)原始图像；(b)嵌入水印后的图像($\alpha=1$)；(c)嵌入水印后的图像($\alpha=0.2$)

⑤水印提取

步骤 1：将原始图像 I_m 按 8×8 分块，按照 HVS 的特性对其进行分类和 DCT 变换。

步骤 2：将水印载体 $f'_m(x,y)$ 按 8×8 的块进行 DCT 变换，对其求差，然后依据原始图像的块分类信息提取出水印信息。即：

$$W_m^*=\{x_i^*, 3m\leqslant i\leqslant 3(m+1)\}=(F'_m(u,v)-F_m(u,v))/\alpha)$$

$$W^*=\{x_i^*, i=0,1,\cdots,n-1\}=\bigcup_{m=0}^{M-1} W_m^*$$

其中 $0\leqslant m\leqslant M-1, 0\leqslant i\leqslant n-1$。

⑥水印图像恢复

水印图像的恢复按水印信号产生的逆过程进行。由于水印信号是由原始水印图像块的 DCT 系数经调整后的左上角 12 个低频系数组成，因此为了从水印信号序列中重构 8×8 的 DCT 矩阵，可按下述步骤进行恢复。首先，将提取出的水印信号进行反调整，然后利用其来重构水印图像 8×8 的图像块 DCT 矩阵：

$$F'_m(u,v)=\begin{cases} x_i^*,\text{原来相应的位置} \\ 0,\text{其他} \end{cases}$$

最后，进行分块 DCT 反变换，从而恢复水印图像：

$$f'_m=\bigcup_{m=0}^{M-1} DCT^{-1}(F_m(u,v)),0\leqslant u,v\leqslant 7。$$

⑦实验结果和鲁棒性分析

实验采用 256×256×8 的标准灰度图像“Lena 照片”和 128×128×8 的水印图像“合肥工业大学”(图 6.7)为例，来验证该算法的鲁棒性。因为目的是用于版权保护，因此水印的不可见性和鲁棒性是衡量水印算法的指标。通过对含水印图像进行一系列攻击实验，根据信号处理理论，嵌入水印的图像最有可能遭遇到的攻击是数据压缩、插值缩放、低通滤波、加噪、剪切、旋转等。下面是实验的结果和简单的鲁棒性分析。

(a) (b)

(c) (d)

图 6.7 原始图像和水印图像

(a)原始图像(Lena 照片)；(b)水印图像；(c)嵌入水印后的图像；(d)恢复的水印

实验 1：JPEG 压缩实验。

图 6.8 给出的实验结果均是对已经嵌入水印的图像进行 JPEG 压缩之后从中恢复的水印图

像。其中 Quality 表示图像经 JPEG 压缩的压缩比。例如，Quality＝15 表示图像经 JPEG 压缩后，剩下的数据量仅是原数据量的 15％。

JPEG压缩(Quality=90)

JPEG压缩(Quality=60)

JPEG压缩(Quality=30)

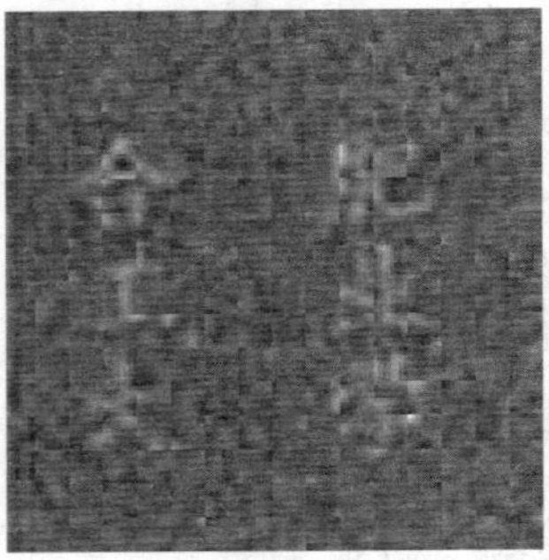

JPEG压缩(Quality=15)

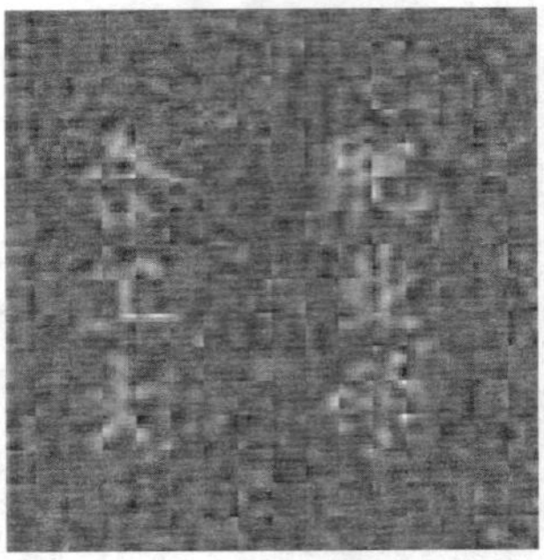

JPEG压缩(Quality=10)

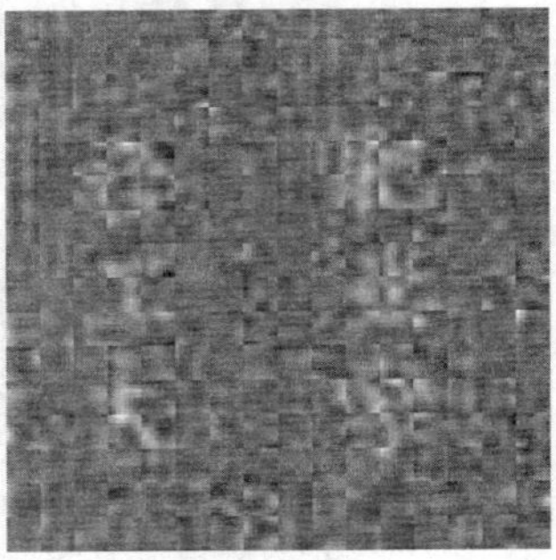

JPEG压缩(Quality=7)

图 6.8 JPEG 压缩后提取的水印图像

实验 2：图像的插值缩放。

使用函数 imresize 来对已经嵌入水印的图像进行放大和缩小，变换过程采用的插值方法是最邻近法。缩放后的图像如图 6.9(a)所示，缩放后恢复的水印图像如图 6.9 (b)所示。

(a)

(b)

图 6.9 对已嵌入水印的图像的插值缩放结果

(a)缩放后的图像；(b)缩放后恢复的水印

实验 3:图像中值滤波

使用 medfilt2 函数 3×3 的滤波窗口对已嵌入水印的图像进行中值滤波。中值滤波后的图像如图 6.10(a)所示,恢复的水印如图 6.10(b)所示。

(a) (b)

图 6.10 对已嵌入水印的图像的中值滤波缩放结果

(a)中值滤波后的图像;(b)恢复的水印

实验 4:高斯噪声(Gaussian noise)。

对已嵌入水印的图像加入 $\mu=0$ 和 $\sigma=0.005$ 正态分布的高斯噪声进行攻击。加噪之后的图像如图 6.11(a),恢复的水印图像如图 6.11(b)。

(a) (b)

图 6.11 对已嵌入水印的图像加入高斯噪声结果

(a)加高斯噪声后的图像;(b)恢复的水印图像

实验 5:椒盐噪声(Salt & Pepper noise)。

对已嵌入水印的图像中加入密度为 0.05 的椒盐噪声,加椒盐噪声之后的图像如图 6.12(a)所示,恢复的水印图像如图 6.12 (b)所示。

(a)　　　　(b)

图 6.12　对已嵌入水印的图像加入椒盐噪声结果

(a)加噪后的图像;(b)恢复的水印图像

实验 6:图像剪切。

对已嵌入水印的图像指定剪切范围为[(150,150),(180,180)],其中(150,150)为剪切窗口左上角的坐标,(180,180)为剪切窗口右下角的坐标。剪切后的图像如图 6.13(a),恢复的水印图像如图 6.13(b)所示。

(a)　　　　(b)

图 6.13　对已嵌入水印的图像的剪切结果

(a)剪切后的图像;(b)恢复的水印图像

实验 7:旋转(rotation)

对已嵌入水印的图像插值按双线性插值,旋转 30°,旋转后的图像如图 6.14(a)所示,恢复的水印图像如图 6.14(b)所示。

以上的实验结果表明,即使含水印的图像质量已经有很大的失真,但是仍可从中提取出水印图像。

(a)　(b)

图 6.14　对已嵌入水印的图像的旋转结果

(a)旋转后的图像;(b)恢复的水印图像

6.2　身份认证机制

日常生活中,在办理宾馆住宿、求职、乘飞机、乘动车、银行存款等时,通常要出示自己的身份证件来证明自己的身份。但是,如果警察要求你出示身份证件以证明你的身份,那么按照规定,警察必须首先出示自己的证件来证明自身的身份。前一情形是一方向另一方证明身份,而后一情形则是对等双方相互证明自己的身份。数字身份认证就是系统对用户以电子方式提交的身份建立信任的过程,而身份认证机制是用于验证用户身份的技术手段,它可以确保只有经过授权的用户才能访问特定的资源或服务。

6.2.1　基于口令的身份认证机制

基于口令的认证方式是较常用的一种身份认证技术。比如,用户 A 要登录某服务器,服务器怎么知道登录的人就是用户 A 而不是其他的人呢?

传统的方法是使用口令来解决这个问题。在最初阶段,用户首先在系统中注册自己的用户名和登录口令。系统将用户名和口令存储在内部数据库中,这个口令一般是长期有效的,因此也称为静态口令。当用户进行登录时,系统产生一个类似于时间戳的东西,把这个时间戳使用口令和固定的密码算法进行加密,连同用户名一同发送给业务平台,业务平台根据用户名查找用户口令进行解密,若平台能恢复或接收到那个被加密的时间戳,则对解密结果进行比对,从而判断认证是否通过;若业务平台不能获知被加密的时间戳,则解密后根据一定规则(如时间戳是否在有效范围内)判断认证是否通过。静态口令的应用案例随处可见,如本地登录 Windows 系统、网上博客、即时通信软件等,但这种方式存在严重的安全问题。通过使用单向函数可以解决这个问题,假定服务器保存每个用户口令的单向函数值,则认证协议如下:

①用户 A 将自己的用户名和口令传送给服务器。

②服务器计算出口令的单向函数值。

③服务器将用户名和单向函数值与口令表中的值进行匹配比较。

这个协议从理论上讲是可行的，但比较脆弱，很难经受字典式攻击，主要是因为口令较短，一般只有8个字节（如口令太长，虽然增加了安全强度，但可能用户自己也难以记住）。对该协议最简单的改进，就是将口令与一个称作salt的随机字符串连接在一起，再用单向函数对其进行运算，而服务器保存用户名、salt值和对应的单向函数值。例如，大多数Unix操作系统使用12位的salt。不幸的是，Daniel Klein开发了一个猜测口令的程序，在大约一个星期里，经常能破译出一个给定系统中的40%的口令。而David Fedmerier和Philip Karn编辑了一份包含732000个口令的口令表，表中的口令和4096个可能的salt值中的每一个值都有关联。他们估计，利用这张表可以破译出一个给定系统口令表中的30%的口令。这表明，增加salt的位数不能解决所有的问题，它可以防止对口令表实施字典式攻击，但不能防止对单个口令的攻击。

有一种称为S/KEY的一次使用口令的方法，它基于单向函数的安全性。用户A预先产生一串口令：用户A首先输入随机数R，服务器使用单向函数f和R，计算出N（例如$N=100$）个口令$P_k(1 \leqslant k \leqslant N)$，其中$P_0=R$，$P_k=f(P_{k-1})$，服务器将$P_{N+1}$和A的用户名一起保存在口令表中，并将$P_k$依次打印出来交由用户A保存。用户A在第一次登录时使用P_N作为自己的口令，服务器则根据用户名和$f(P_N)$在口令表中寻找匹配，如果匹配成功，那么证明用户A的身份是真的，同时服务器用P_N代替口令表中的P_{N+1}，用户A则将P_N从自己的口令串中划掉。用户A在每一次登录时总是使用下标最大的那个口令，并在使用后把它从自己的口令串中划掉；服务器在每一次认证时总是计算$f(P_k)$，再在口令表中寻找匹配，并用当前的口令P_k替换掉先前的P_{k+1}。当用户A的口令串用完时，用户A必须请求服务器为自己再产生一串口令。该协议的优点是，服务器中的口令表以及通信线路中传输的口令对于攻击者来说毫无疑义。一个缺点可能是异地使用起来不方便。

另一种方法是使用非对称密钥系统。登录系统时，按如下协议进行认证：

①服务器发送一个随机数R给用户A；

②用户A使用自己的私钥对R加密，得到R_1并将它和用户名一起回传给服务器；

③服务器根据用户名从数据库中找到用户A的公钥，用它解密R_1，得到R_2；

④若$R_2=R$，则用户A登录认证成功。

该协议可以有效地对付窃听或偷窥，但前提是用户A所使用的终端必须具有计算的能力。

6.2.2 Kerberos 身份认证协议

Kerberos一词源自希腊神话，它是一只看守通向地狱之门的三头狗。Kerberos是一个为TCP/IP网络设计的可信第三方认证系统，最初由麻省理工学院开发，使用对称密码体制（如DES密码）为客户机/服务器提供认证鉴别服务。Kerberos认证模型基于Needham和Schroeder的可信第三方协议，该模型具有安装在网络上的客户机和服务器实体。客户机可以是用户或处理事务的独立软件程序。

Kerberos系统有一个保存所有客户密钥的数据库。对于个人客户，密钥是一个加密的口令，对于需要鉴别的网络业务或希望使用这些业务的客户机，则要用Kerberos注册其密钥。由于Kerberos知道每个实体的密钥，因此它能产生消息向一个实体证实另一个实体的身份，它还为两个实体产生一个会话密钥用来加密双方的通信消息，通信完毕销毁该会话密钥。

Kerberos系统第五版使用的符号的含义如下：c代表客户（机），s代表服务器，a代表客户的网络地址，v代表票据的有效起止时间，t代表时间标记，K_x代表x的秘密密钥，$K_{x,y}$代表x与y的会话密钥，$\{m\}K_x$ 为使用 x 的密钥加密的消息 m，$T_{x,y}$ 代表使用 y 的 x 的票据，$A_{x,y}$ 代表从 x 到 y 的鉴别码。

Kerberos 系统使用票据(ticket)和鉴别码(authenticator)两类凭证。其中，票据的格式为 $T_{c,s}=s,\{c,a,v,K_{c,s}\}K_s$，它包括服务器名 s、客户名 c、客户的网络地址 a、票据的有效起止时间 v 和会话密钥 $K_{c,s}$，并使用服务器的密钥对后 4 项加密。客户持该票据可以多次访问该服务器，直至票据过期。鉴别码的格式为 $A_{c,s}=\{c,t,key\}\ K_{c,s}$，鉴别码包括客户名、时间标记和一个可选的附加会话密钥，并使用客户与服务器共享的密钥加密。使用鉴别码有两个主要目的：它包括以会话密钥加密的明文，可以证明鉴别码发送者的身份(因为发送者知道该对称密钥)；明文中包含时间标记，可以防止重放攻击。需要注意的是，鉴别码只能使用一次，客户在每次请求使用服务器上的服务时，都必须产生一个新的鉴别码。

Kerberos 鉴别协议并不复杂，只有 5 条消息：

①客户向 Kerberos 鉴别服务器申请许可票据 c 和 tgs。客户首先向 Kerberos 鉴别服务器发送一个消息，该消息包括客户名 c 和票据许可服务 TGS(Ticket Granting Service)的服务器名 tgs(实际上，客户通常只是输入其用户名，该消息由注册程序发送)。Kerberos 鉴别服务器在其数据库中查找该客户。

②Kerberos 鉴别服务器向客户发送 TGT(票据许可票据)：$\{K_{c,tgs}\}K_c$ 和$\{T_{c,tgs}\}K_{tgs}$。如果客户在数据库中，那么 Kerberos 鉴别服务器便产生一个会话密钥 $K_{c,tgs}$ 用于客户和 TGS 之间的会话加密，并使用客户的密钥 K_c 将其加密；同时产生一个 TGT 向 TGS 证实其身份，并使用 TGS 的密钥 K_{tgs} 将其加密。Kerberos 鉴别服务器把这两个消息发送给客户。

③客户向 TGS 请求服务票据$\{A_{c,s}\}K_{c,tgs}$ 和$\{T_{c,tgs}\}K_{tgs}$。客户的密钥 K_c 实际上就是客户口令的单向散列函数值，因此合法客户一定可以解密 TGT 中的第一个消息，恢复出 $K_{c,tgs}$。客户将 TGT 和会话密钥保存起来，并销毁口令和单向散列函数值，这样，如果黑客拷贝了客户存储器中的内容，那么其只能得到会话密钥和 TGT，但当 TGT 过期以后，这些信息毫无价值。在 TGT 有效期内，客户通过向 TGS 发送上述请求服务票据，一方面证实自己的身份，另一方面请求服务器 s 的相关服务。通常，该请求由应用程序自动完成，对于客户是透明的。

④TGS 向客户发送服务器票据$\{K_{c,s}\}K_{c,tgs}$ 和$\{T_{c,s}\}K_s$。TGS 为每个服务器和每项业务分配票据，而客户为了得到服务器的每项服务必须获得 TGS 不同的票据。TGS 收到第③步中客户发来的请求后，首先用自己的密钥 K_{tgs} 解密该 TGT，然后再用会话密钥 $K_{c,tgs}$ 解密鉴别 $A_{c,s}$。TGS 比较鉴别码中的信息和票据中的信息、客户的网络地址和发送请求的地址、时间标记和当前时间。若每一项都符合要求，TGS 则认为是客户的一个有效请求，TGS 为客户和服务器产生一个新的会话密钥 $K_{c,s}$，把它与 $T_{c,s}$ 一起加密后发给客户。

⑤客户向服务器发送服务请求$\{A_{c,s}\}K_{c,s}$ 和$\{T_{c,s}\}K_s$。客户收到 TGS 发送来的服务器票据后，就可以向服务器发送服务请求，同时向服务器证实自己的身份，请求由从 TGS 接收到的票据$\{T_{c,s}\}K_s$ 和加密的鉴别码组成，鉴别码 $A_{c,s}$ 包括客户名 c、客户网络地址 a 和时间标记 t。服务器收到请求后，首先 K_s 解密得到 $T_{c,s}$，再从 $T_{c,s}$ 中的 $K_{c,s}$ 解密得到 $A_{c,s}$，如果一切检查无误，那么服务器确信该客户就是所宣称的那个人。

Kerberos 协议并不是完美无缺的。例如，为了防止重放攻击，鉴别码中包含了时间标记，但在票据的有效期内无法阻止重放攻击，而且如果系统时钟不能基本同步，那么也不能有效阻止重放攻击。另外，Kerberos 协议基于 Kerberos 软件都是可信的这一假设，如果有人把记录口令的程序嵌入 Kerberos 软件中，那么就可能产生非常严重的后果。

6.2.3 公钥基础设施技术

公钥密码基础设施(public key infrastructure,PKI)是一个包括硬件、软件、策略和规程的集合,用来实现基于公钥密码体制的密钥和证书的产生、管理、存储、分发和撤销等功能。X.509 是公钥基础设施(PKI)的标准格式。

PKI 的作用是使公钥密码体制实现加密、识别和认证服务。但简单地直接使用公钥密码算法存在较为严重的安全问题:除了保密性外,公钥密码可信分发也是其所面临的问题,即公钥的真实性和所有权问题。为解决这些问题,采用"公钥证书"(类似身份证、护照)的方法。公钥证书将一个实体和一个公钥绑定,并让其他的实体能够验证这种绑定关系。

PKI 的目标是实现不同成员在不见面的情况下进行安全通信,这需要一个可信的第三方来担保实体的身份,也就是证书颁发机构(certification authority 或 certificate authority,CA)签发的证书。CA 负责颁发证书,证书中含有实体名、公钥以及实体的其他身份信息。

基于 PKI 的主要安全服务有身份认证、完整性保护、数字签名、会话加密管理、密钥恢复。图 6.15 给出了公钥基础设施 PKI 各实体组件及其处理流程。

PKI 各实体的功能如下:

①CA(certification authority):证书授权机构,主要进行证书的颁发、废止和更新,认证机构负责签发、管理和撤销一组终端用户的证书。

②RA(registration authority):证书注册机构,将公钥和对应的证书持有者的身份及其他属性联系起来,进行注册和担保;RA 可以充当 CA 和它的终端用户之间的中间实体,辅助 CA 完成其他绝大部分的证书处理。

③目录服务器(directory server):CA 通常使用目录服务器提供证书管理和分发的服务。

④终端实体(end entity):指需要认证的对象(例如:服务器、打印机、e-mail 地址、用户等)。

⑤客户端(client):指需要基于 PKI 安全服务的使用者,包括用户、服务进程等。

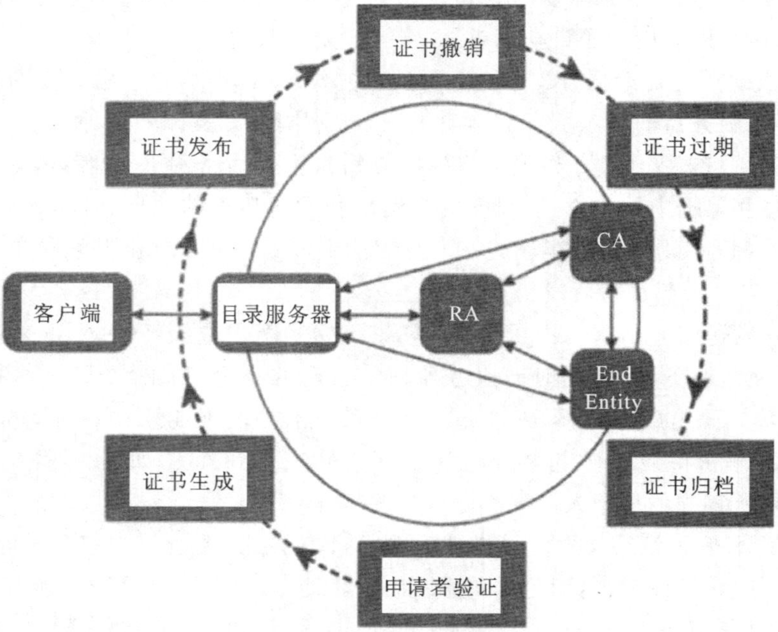

图 6.15 公钥基础设施 PKI 组件及其处理流程

6.3 信息认证技术

信息认证技术是网络信息安全技术的一个重要方面，它用于保证通信双方的不可抵赖性和信息的完整性。例如，在网络银行、电子商务等应用中，对于所产生的业务或交易，人们可能并不需要保密交易的具体内容，但是交易双方应当能够确认是对方发送(接收)了这些信息，同时接收方还能确认接收的信息是完整的，即在通信过程中没有被修改或替换。再如，在电子政务应用中，通过网络发送(传输)信息(数字文件)，此时接收方主要关心的是信息的真实性和信息来源的可靠性。

6.3.1 基于私钥和公钥密码的信息认证

本节分别介绍基于私钥密码体制和基于公钥密码体制的信息认证。

(1)基于私钥密码体制的信息认证

假设通信双方为 A 和 B。A、B 共享的密钥为 $K_{A,B}$，M 为 A 发送给 B 的信息。为防止信息 M 在传输信道被窃听，A 将 M 加密后再传送，如图 6.16 所示。

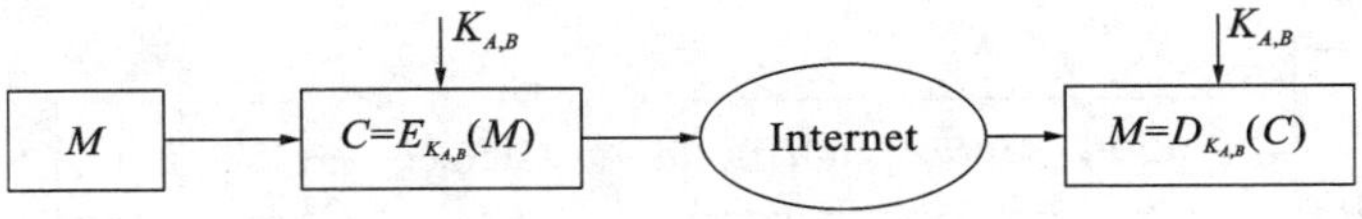

图 6.16 基于私钥密码的基本信息认证机制

由于 $K_{A,B}$ 为用户 A 和 B 的共享密钥，所以用户 B 可以确定信息 M 是由用户 A 所发出的。因此，这种认证方法可以对信息来源进行认证，而且它在认证的同时对信息 M 也进行了加密。这种方法的缺点是不能提供信息完整性的鉴别。

通过引入单向 Hash 函数，可以解决信息完整性鉴别问题，如图 6.17 所示。在图 6.17(a)的信息认证机制中，用户 A 首先对信息 M 求 Hash 值 $H(M)$，然后将 $M \| H(M)$ 加密后传送给用户 B。用户 B 通过解密并验证附于信息 M 之后的 Hash 值是否正确。图 6.17(b)的信息认证机制和

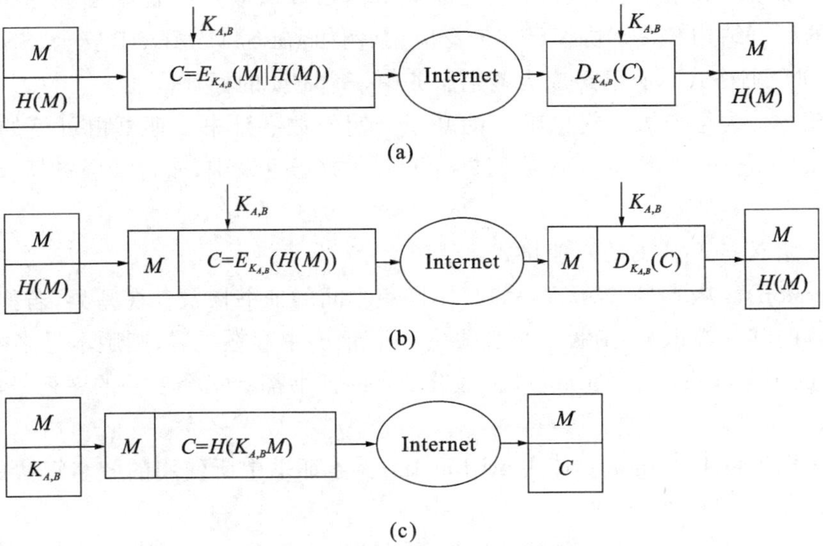

图 6.17 基于私钥密码的信息认证机制

6.17(a)的信息认证机制唯一不同的地方是对 Hash 值加密。而在图 6.17(c)的信息认证机制中，则使用一种带密钥的 Hash 函数 H(H 可取为 ANSI X9.9 标准中规定的 DES CBC 模式，$K_{A,B}$ 为 DES 的加密密钥)，函数 H 以 M 和 $K_{A,B}$ 为参数。图 6.17 (c)与图 6.17 (b)两种信息认证机制的主要区别在于产生信息认证码(MAC)的方式不同。图 6.17 给出的 3 种信息认证方案均能够实现信息来源和完整性的认证。

基于私钥密码的信息认证机制的优点是速度较快，缺点是通信双方 A 和 B 需要事先约定共享密钥 $K_{A,B}$，而且如果用户 A 需要与其他 n 个用户进行秘密通信，那么用户 A 需要事先与这些用户约定和妥善保存 $n-1$ 个共享密钥，这本身就存在安全问题。

(2)基于公钥密码的信息认证机制

基于公钥密码的信息认证技术主要利用数字签名和 Hash 函数来实现。假设用户 A 对信息 M 的 Hash 值 $H(M)$ 的签名为 $Sig_{S_A}(H(M))$，其中 S_A 为用户 A 的私钥。用户 A 将 $M \| Sig_{S_A}(H(M))$ 发送给用户 B。用户 B 通过 A 的公钥来确认信息是否由 A 所发出，并且通过计算 Hash 值来对信息 M 进行完整性鉴别。若传输的信息需要保密，则用户 A 和 B 可以通过密钥分配中心(KDC) 获得一个共享密钥 $K_{A,B}$，A 将信息签名和加密后再传送给 B，如图 6.18 所示。

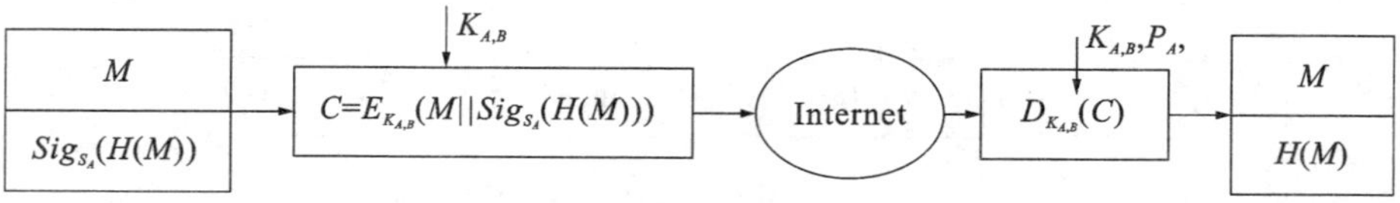

图 6.18 基于公钥密码的信息认证机制

由图 6.18 可知，因为只有用户 A 和 B 拥有共享密钥 $K_{A,B}$，所以 B 能够确信信息来源于 A 是可靠的和信息在传输过程中是完整的。

6.3.2 X.509 目录认证

ITU-T 的 X.509 建议书发布于 1988 年，是定义目录服务的 X.500 系列推荐书的一部分。X.509 基于公钥加密和数字签名，但没有指定加密和解密算法以及签名算法，只是推荐使用 RSA。X.509 中定义的证书结构和鉴别协议已被广泛应用(例如：在 S/MIME、IP 安全、SSL/TLS 和 SET 中均采用 X.509 证书格式)，它已经成为鉴别服务中一个重要的标准。

X.509 的核心是为每个用户提供唯一的基于公钥的数字证书。证书由可信的证书权威机构 CA(certificate authority)创建，由 CA 或用户将证书存放于目录中，而目录服务器仅提供证书访问服务。

下面首先介绍 X.509 证书的一般格式：

①版本(version)。版本号，默认值为 1。不同版本间的证书格式存在差异，若提供颁证者的唯一标识符或主体的唯一标识符，则版本号必须是 2；若证书中存在扩展，则版本号必须是 3。

②序列号(certificate serial number)。每份发布的证书都有一个唯一的序列号与其对应，序列号的值为整数。

③签名算法标识符 ID(signature algorithm ID)。本证书中所使用的签名算法的标识符 ID 以及相应的参数。

④颁发者名字(issuer name)。创建该证书并对该证书签名的 CA 的 X.500 名字。

⑤有效期(validity period)。该证书的有效期，由证书的生效起始日期和证书的失效日期两部

分组成。

⑥主体名(subject name)。本证书持有者的姓名。

⑦主体公钥信息(subject public key information)。包括本证书中签名算法的标识符ID以及相关参数、证书持有者的公开密钥。

⑧颁发者唯一标识符(issuer unique identifier)。这是一个可选位长的字段，用于唯一标识创建和签发该证书的CA，以便处理该CA的X.500名字被重复使用的情形。该字段仅在版本2、3中使用。

⑨主体唯一标识符(subject unique identifier)。这是一个可选位长的字段，用于唯一标识证书持有者，以便处理该证书持有者的X.500名字被重复使用的情形。该字段仅在版本2、3中使用。

⑩扩展(extensions)。扩展仅在第3版中加入，包含一个或多个扩展字段的集合。扩展字段的内容包括密钥和策略信息、主体和颁发者属性以及证书路径约束。

⑪签名(signature on the above field)。包括签名算法的标识符、使用参数以及用CA私钥加密的其他所有字段的散列码。

由CA签发的证书具有以下两个特点：一是任何拥有CA公钥的用户都可以恢复证书持有者的公钥，除CA以外任何人都不可能更改证书而不被发觉。由于证书是不可伪造的，因此可以将它们存放在同一个目录内，而不需要目录提供特殊的保护措施。二是使用同一CA签发证书的用户，意味着这些用户对该CA的共同信任。因此，CA可以把所有用户的证书存放在他们都能访问的目录内。这样，在同一个CA内的两个用户A和B就可以很方便地获得对方的证书和公钥。

事实上，所有的用户都使用同一个CA是不可能的。如果用户A使用CA_1签发的证书，而用户B使用CA_2签发的证书，这时A必须安全地获得CA_2的公钥才能验证B的签名，否则A只能阅读B的证书。为了解决这个问题，X.509中使用了证书链的方法。首先假定CA_1和CA_2可以安全地相互交换各自的公钥，这样A首先从目录中获得CA_1签发的CA_2的证书，然后A使用CA_1的公钥从CA_2的证书中得到CA_2的公钥，最后A使用CA_2的公钥从由CA_2签发的B的证书中得到B的公钥。

每个用户证书都有一个有效期，CA必须在用户证书到期之前向该用户颁发一个新证书。同时，因为用户的密钥泄密，或者CA证书的泄密，或者用户不再使用这个CA颁发的证书等各种原因，用户证书必须在过期前撤销，因此每个CA必须保存一份所有已经撤销但还没有过期的证书表，称作CRL(证书撤销表)。CRL的内容主要包括：

①签名算法标识符ID(signature algorithm ID)：签名算法的标识符ID以及相应的参数。

②颁发者名字(issuer name)：CA的X.500名字。

③本次创建日期(this update date)：CRL的创建日期。

④下次创建日期(next update date)：下一次CRL发布的日期。

⑤用户证书序列号(user certificate serial)：已撤销用户证书的序列号。

⑥撤销日期(revocation date)：用户证书被撤销的日期。

⑦签名(signature on the above field)：包括签名算法的标识符，使用参数以及用CA私钥加密的其他所有字段的散列码。

这些CRL表也被保存在目录中。因此，当用户收到报文中的证书时，可以通过目录验证该证书是否已被撤销。

X.509使用公钥签名的方法实现认证。它假定认证双方都知道对方的公钥，因为对方可以从目录中获得自己的公钥，也可以将自己的公钥包含在发送给对方的报文中。假设用户A要向用户

B 证实自己的身份，则在 A 发送给 B 的报文中至少要包括 A 的身份标识符 ID_A，B 的身份标识符 ID_B，时间戳 T_A（其中包括该报文的产生时间和过期时间）和当前时间 R_A。当前时间 R_A 在报文的有效期内必须是唯一的，这样，B 就可以通过保存 R_A 来检测重放攻击并拒绝有相同 R_A 的报文。用户 A 使用自己的私钥对 ID_B、T_A 和 R_A 签名以后，将报文发送给用户 B，即可向 B 证实自己的身份。若 A 同时要向 B 发送消息 M，则可将 M 包含在该报文中，但是必须用自己的私钥对 M 进行签名以保证 M 的可信性和完整性。报文中还可以包含 A 与 B 的会话密钥 K_{AB}，但必须用 B 的公钥对 K_{AB} 加密。

下面给出 A 向 B 证明自己身份的协议：

①A 首先查找目录得到 B 的证书路径和 B 的公钥。

②A 构造一条消息 $m=(T_A, R_A, ID_B, M)$，这里当前时间 R_A 是一个随机数。为了安全起见，可用 B 的公钥 E_B 对消息 M 加密，得到 $E_B(M)$。

③A 将 $(C_A, D_A(m))$ 发送给 B，这里 C_A 是 A 的证书，D_A 是 A 的私钥。

④B 确认 C_A 并得到 A 的公钥 E_A，同时确认它们没有过期。

⑤B 用 E_A 解密 $D_A(m)$，恢复 m，这样既证明了 A 的签名又检查了 m 的完整性。

⑥B 检查 ID_B 确认自己是报文的接收者。

⑦B 检查 T_A 确认报文在有效期内。

⑧B 在自己的数据库中搜索 R_A，以确认该报文不被重放。

需要注意的是，如果 m 中包含 A 与 B 之间的会话密钥 K_{AB}，那么必须用 B 的公钥 E_B 对 K_{AB} 加密。

6.3.3 对等实体的相互认证

前面介绍的信息认证机制存在一个明显的不足：信息的接收方 B 可以验证信息来源的真实性和完整性，而信息的发送方 A 却无法确认 B 是否一定收到了信息 M。事实上，在许多实际应用中，通信双方需要处于对等的地位：接收方 B 能够确认是 A 发送了信息 M，同时发送方 A 也能提交给仲裁机构一种凭据，用以证明 B 接收了信息 M。为此，A 不应直接发送信息明文给 B，而应当先将 M 加密后再传送给接收方 B，同时将加密密钥传送给可信赖的第三方。

下面给出的是 Zhou 和 Gollmann 提出的一种实现相互对等认证的协议：

① $A \rightarrow B: f_{NRO}, A, L, C, Sig_{S_A}(f_{NRO}, B, L, C)$；

② $B \rightarrow A: f_{NRR}, A, L, Sig_{S_B}(f_{NRR}, A, L, C)$；

③ $A \rightarrow \text{TTP}: f_{SUB}, B, L, K, Sig_{S_A}(f_{SUB}, B, L, K)$；

④ $B \rightarrow \text{TTP}: f_{CON}, A, B, L, K, Sig_{S_{TTR}}(f_{CON}, A, B, L, K)$；

⑤ $A \rightarrow \text{TTP}: f_{CON}, A, B, L, K, Sig_{S_{TTR}}(f_{CON}, A, B, L, K)$。

其中 f_y 和 L 分别表示某种信息 y 的标志和本次会话的标识，$Sig_{S_A}(M)$ 表示使用用户 A 的私钥 S_A 对信息 M 的数字签名，C 为密文，即 $C=E_K(M)$。当通信结束以后，如果用户 A 否认发送过信息给用户 B，那么 B 可以出具六元组信息 $M, C, K, L, Sig_{S_A}(f_{NRO}, B, L, C), Sig_{S_{TTR}}(f_{CON}, A, B, L, K)$ 给仲裁机构仲裁；反之，如果接收方 B 试图否认接收了信息 M，那么发送方 A 可提供六元组信息 $M, C, K, L, Sig_{S_B}(f_{NRR}, A, L, C), Sig_{S_{TTR}}(f_{CON}, A, B, L, K)$ 给仲裁机构作出鉴别。

对于上述相互认证协议，因为只有在第③步中，TTP 才在公开目录中发布，所以如果在①～③步中发送方 A 没有按照协议要求发送信息给接收方 B，那么本次通信无效。

6.4　数字签名与认证技术的发展趋势

在理论和技术研究发展趋势方面，目前和以后研究关注的重点是：量子计算、云计算、边缘计算、车联网、船联网、区块链、元宇宙环境下的数字签名，基于格理论和正交拉丁方理论的数字签名，轻量级数字签名方案，数字签名算法的硬件实现，具有身份认证功能的多方量子安全直接通信，跨链、跨域的身份认证，多模态身份认证，健康信息鉴别等。

电子认证行业属于技术密集型产业。为保证我国信息安全产业的稳定、规范、健康发展，国家规定电子认证行业从事研发、生产和经营需要取得各类相应的资质认证。对于涉密业务，国家实行严格的资质认可和产品测评专控管理，从事涉密信息系统建设和技术服务的单位，必须进行资质认证，取得涉密资质证书；需要规划、设计、建设涉密信息系统的单位，必须选择具有相应级别涉密资质的单位承建。对于其他信息系统建设业务，需要取得计算机信息系统集成资质、信息安全服务资质认证证书等资质，相关产品和系统还需要经过测评认证。

随着互联网技术的发展，我国电子认证行业规范已较为完善，进入需求上升期。从1998年开始至今，整个行业经历了法律逐步完善、监管体制逐步规范的过程；供应商从单一的政府设立的地方CA拓展至云签公司，使用者从政府、金融等强需求的领域逐步拓展到企业市场。

我国电子认证行业有较成熟的产业链，上中下游分别为电子认证软硬件供应商、电子认证服务机构、电子签名应用产品厂商。从产业链来看，电子认证软硬件占据了最大的市场，其次是电子认证服务机构。据中研普华产业院研究报告《2023—2028年中国电子认证行业市场现状调查与发展战略预测报告》分析，随着移动互联网、云计算、物联网等技术的飞速发展，构建可信网络空间的需求也日益迫切。身份标识、身份凭据、身份鉴别、授权管理等电子认证，作为网络信任体系的核心内容是确保网络安全的基石。然而，在现在的网络环境下，网络欺诈、隐私泄露等安全事件频发，身份黑市日趋泛滥，鉴别技术、身份认证面临新的问题。随着网络化、信息化、数字化的快速发展，网络空间安全问题日渐突出且愈发受到重视，电子认证服务作为确认网络主体及行为、保障权益、认定法律责任的重要手段，需求日益升温。因此，电子认证服务产业总体规模一直以来保持着快速增长态势。

中国电子政务行业起步于20世纪90年代末，经历了从基础设施建设、信息资源整合、在线服务提供到智慧城市、数字政府发展等4个阶段。随着云计算、大数据、人工智能、物联网、高性能计算等新兴技术在政务领域的广泛应用，基础信息资源库、电子政务信息系统等多个重大工程项目建设的不断深入，我国电子政务业处于不断增长趋势。

数据表明，2022年我国电子政务市场规模4100亿元，其中，硬件占比为32%、网络设备占比为14%、软件占比为24%、服务占比为30%，而2023年我国电子政务市场规模已达到4579亿元。目前，电子签名业务正进入高速发展阶段，电子签名工具从单一的智能密码钥匙发展到手写板、Pad、手机等多种形态，业务模式从单一的产品销售发展到SaaS、PaaS等多种服务模式。应用场景日趋丰富，各领域创新业务的不断涌现将促进电子政务快速增长。

现阶段，在数字经济的高速发展驱动下，我国电子认证服务机构规模正不断扩大、业务范围正不断扩展，行业发展趋势向好。随着社会经济和技术发展，电子认证服务在媒体、娱乐、教育、医疗等领域的应用越来越多，这也对电子认证服务行业的发展产生了积极的影响。从长远来看，随着技术的不断更新和改进，电子认证服务的应用将会更加广泛、深入。电子认证服务将成为社会发展的重要支柱，电子认证行业的发展前景广阔。

本章小结

随着Internet的发展与应用的普及，一方面需要保护用户通信的私有性和秘密性，使得非法用户不能获取、读懂通信双方的私有信息和秘密信息；另一方面，在许多应用中，还需要保证通信双方的不可抵赖性和信息在公共信道上传输的完整性。数字签名、身份认证和信息认证等技术可以解决这些问题。

本章重点介绍了商用DDS数字签名标准及其算法，多重数字签名、特殊签名，数字水印技术的原理、方法和应用，基于口令的身份认证机制和Kerberos身份认证协议，基于私钥和公钥密码体制的信息认证技术，以及实现发送方与接收方相互认证的对等认证协议。

在量子计算、云计算、边缘计算、车联网、船联网、区块链、元宇宙等新型计算环境下的数字签名理论与技术、跨链跨域的身份认证、多模态身份认证以及健康信息鉴别理论与技术等仍然具有相当的研究发展空间，希望青年学子积极投身于这些领域的研究开发，为我国的信息安全事业做出新贡献。

习　题

一、简答题

1.为什么说基于对称密码的数字签名协议实际应用起来有困难？

2.请分析说明基于非对称密码的数字签名协议在实际应用中是否需要引入第三方。

3.试设计几种单向散列函数。

4.消息摘要算法SHA的单向散列函数产生多少位的输出？

5.与基本数字签名相比，多重数字签名主要解决哪些技术问题？

6.密码技术与信息隐藏有何关系？

7.试分析比较几种典型数字水印算法的优缺点。

8.简述基于小波理论的数字水印技术的原理。

9.简述基于分形理论的数字水印技术的原理。

10.基于口令的身份认证机制的优缺点是什么？

11.试分析kerberos身份认证协议的计算复杂性。

12.试比较基于私钥和公钥的信息认证机制的优缺点。

13.请分析各种特殊数字签名的适用场合。

14.在信息认证机制中，接收方如何判断接收到的信息是否被重传？

15.在信息认证机制中，接收方如何判断接收到的信息是否完整？

二、上机实验题

1.使用微软签名验证工具SigCheck验证文件的签名。

2.数字签名与验证实验。Python标准库hashlib实现了SHA1、SHA224和MD5等多个安全哈希算法，Python扩展库pycryptodome和cryptography提供了SHA系列算法和其他哈希算法，以及DES、AES和RSA等密码算法和数字签名算法的实现。请借助Python的标准库和扩展库，实现数字签名的产生和验证过程。

3.试编程实现数字签名算法DSA。

4.请对自己拍摄得到的一幅山水风光数码照片（数字图像），嵌入你的数字签名（数字水印），然后对数字图像进行“压缩”“插值缩放”“中值滤波”“高斯噪声”“椒盐噪声”“剪切”“旋转”等实验，观察并分析实验结果。

5.请使用Kerberos身份认证机制进行身份认证实验。

7 计算机网络与分布式系统安全

内容提要

计算机网络与分布式系统安全是信息安全领域的重要分支，涉及保护网络和分布式系统中的数据、资源以及通信免受未授权访问和各种威胁的侵害。计算机网络受到的安全威胁主要来源于计算机病毒、操作系统漏洞、TCP/IP 协议安全性威胁和 Web 安全威胁等。为应对这些威胁，计算机网络系统采取了加密、认证、授权、完整性检查和报文鉴别等技术。区块链技术展现了去中心化、分布式账本、加密技术、共识机制和不可篡改性等基本安全特性，这些特性使得区块链能够保障分布式系统中数据的完整性和可用性，即使系统中部分节点受到攻击或出现故障，整个分布式网络系统仍能正常运作。本章也讨论云计算安全、分布式系统安全机制，并对未来网络与分布式系统安全技术发展进行展望。

讲授要点

本章重点介绍计算机病毒以及反病毒方法和恶意代码检测技术，Unix、Linux、Windows 和 Android 操作系统安全，网络安全体系结构及相关技术，电子邮件安全的关键技术，防火墙的定义和类型，安全电子商务协议处理逻辑，区块链共识机制和安全技术，云计算安全威胁和防范策略，分布式计算系统安全关键问题。

课程思政讲述要点

特洛伊木马病毒和计算机蠕虫等计算机病毒的出现导致历史上出现了多次重大的网络安全事件，造成了巨大损失，教训深刻。透过对一些计算机病毒事件、网络安全事件的剖析，强调要增强责任感、努力学习、刻苦科研、积极参与研发具有自主知识产权的反计算机病毒技术和网络安全产品，为维护我国计算机及网络空间安全贡献智慧和力量；另一方面，强调要增强法律意识，遵守《中华人民共和国网络安全法》等安全法律法规，做推动中国网络空间法治化建设的实践者。

7.1 计算机病毒及其防治

7.1.1 计算机病毒的本质

计算机病毒，是指能够破坏计算机功能或者数据、影响计算机正常使用并且能够自我复制的一组计算机指令或者程序代码。

各种计算机病毒会以不同的方式出现，但它们通常都会经历两个相同的阶段，即感染阶段和攻击阶段。计算机病毒具有以下6个特征，其中①、②和④是必备的特征：

①传染性。传染性是计算机病毒的重要特征之一，它是指计算机病毒通过修改其他程序将自身的复制品或变体传染到感染对象上，这些对象可以是一个程序也可以是系统中的某一个部件。

②非授权性。非授权性是指病毒程序在计算机系统中的行为未得到用户的许可，对用户来说是未知的。

③潜伏性。一个编制精巧的计算机病毒程序，进入系统之后一般不会马上发作，它可能在几周或者几个月甚至几年内隐藏在合法文件中，对其他系统进行传染，潜伏性愈强，其在系统中的存在时间就会愈长，病毒的传染范围就会愈大。

④破坏性。计算机系统被病毒感染后，可能会导致正常程序无法运行，计算机系统内的文件被删除或受到不同程度的损坏，系统引导扇区及BIOS受破坏，对硬件环境造成损害。

⑤隐蔽性。为了不被系统用户发现或欺骗用户启动程序，计算机病毒通常会伪装成人们熟悉的程序形式。有些病毒名称被命名为类似系统文件名，例如：假IE图标Internet Explorer，其中Internet单词的一个n被假图标改成为两个n，很难被用户发现，一旦点击访问这些图标指向的网站，很有可能面临钓鱼攻击或恶意代码植入；又如：文件夹EXE病毒，其图标与Windows XP默认的文件夹图标是一样的，十分具有迷惑性，当用户双击打开此文件夹时，就会激活病毒。

⑥可触发性。很多病毒程序设定了一些触发条件，例如：系统时钟的某个时间或日期、系统运行了某些程序等条件，一旦条件满足，计算机病毒就会“发作”，使系统遭到破坏。

7.1.2 计算机病毒的分类

计算机病毒的数量相当多，表现形式也多种多样，按照一定的标准可以将它们分为不同的类型。根据计算机病毒破坏的能力进行分类，可分为无害型、无危险型、危险型和非常危险型几种。按计算机病毒感染的对象进行分类，病毒的种类分为引导型、文件型、混合型、宏病毒型。

(1)引导型病毒

引导型病毒感染软盘的引导区和硬盘的引导区以及主引导区。引导型病毒是一种在ROM BIOS之后，系统引导时出现的病毒，它先于操作系统，依托的环境是BIOS中断服务程序。引导型病毒利用操作系统的引导模块存放在某个固定的位置，并且控制权的转交方式是以物理位置为依据，而不是以操作系统引导区的内容为依据，因而病毒占据此物理位置即可获得控制权，而将真正的引导区内容转移或替换，待病毒程序执行后，将控制权交给真正的引导区内容，使得带毒系统看似正常运转，其实病毒已隐藏在系统中并伺机传染、发作。

通常情况下，引导型病毒是把原来的主引导记录保存之后，采用自己的程序替代原来的主引导记录。启动系统时，当病毒体得到控制权，在做完自己的处理后，病毒将保存的原主引导记录读入0000:7C00H，然后将控制权交给原主引导记录进行启动。这类病毒对硬盘的感染一般是在用带毒软盘启动的时候，对软盘的感染则是在当感染了病毒的系统对软盘操作时出现。

引导型病毒的主要特点为：

①引导型病毒在安装操作系统之前便进入内存，寄生对象又相对固定，因此该类病毒基本上不得不通过减少操作系统所掌管的内存容量来驻留内存高端，而正常的系统引导过程一般是不减少系统内存容量的。

②引导型病毒需要把病毒传染给软盘，一般是通过修改INT 13H的中断向量，而新INT 13H中断向量段址必定指向内存高端的病毒程序。

③引导型病毒感染硬盘时，必定驻留硬盘的主引导扇区或引导扇区，并且只驻留一次，因此引

导型病毒一般都是在软盘启动过程中把病毒传染给硬盘，而正常的引导过程一般不对硬盘主引导区或引导区进行写盘操作。

④引导型病毒的寄生对象相对固定，把当前的系统主引导扇区和引导扇区与干净的主引导扇区和引导扇区进行比较，若内容不一致，则可判定系统引导区异常。

(2)文件型病毒

文件型病毒是指通过操作系统的文件系统进行感染的病毒。文件型病毒以感染可执行文件(.BAT、.EXE、.COM、.SYS、.DLL、.OVL、.VXD等)的病毒为主，还有一些病毒可以感染高级语言程序的源代码、开发库或编译过程中所生成的中间文件。病毒可能隐藏在普通的数据文件中，但是这些隐藏在数据文件中的病毒不是独立存在的，必须通过隐藏在可执行文件中的病毒部分来加载这些代码。文件型病毒通常分为源码型病毒、入侵型病毒和外壳型病毒。文件型病毒按其驻留内存方式的不同可分为高端驻留型、常规驻留型、内存控制链驻留型、设备程序补丁驻留型和不驻留内存型。

(3)混合型病毒

混合型病毒，也称综合型、复合型病毒，既具有操作系统型病毒的特点，又具有文件型病毒的特点，即这种病毒既可以感染磁盘引导扇区，又可以感染可执行文件，这类病毒的危害性更大。对于感染了混合型病毒的计算机系统，如果只解除了文件上的病毒，而没解除硬盘主引导区的病毒，那么当系统引导时又将病毒程序调入内存，会重新感染文件；如果只解除了主引导区的病毒，而可执行文件上的病毒没解除，那么当执行感染了病毒的文件时，会将硬盘主引导区也感染。常常因为查杀病毒不彻底，而造成“病毒杀不死”的假象。

(4) 宏病毒

宏病毒在某种意义上可以被看作文件型病毒，但由于其数量多、影响大，而且也有自己的特点，所以通常单独分类。宏病毒是针对微软公司的文字处理软件Word编写的一种病毒。文字处理软件Word可以跨越多种系统平台。宏病毒寄存在Word文档或模板的宏中，一旦打开这样的文档，其中的宏就会被执行，于是宏病毒就会被激活，转移到计算机上，并驻留在Normal模板上。从此以后，所有自动保存的Word文档都会“感染”上这种宏病毒，而且如果其他用户打开了感染病毒的Word文档，那么宏病毒又会转移到其他用户使用的计算机上。

除了上述计算机病毒之外，还有其他一些对计算机与网络系统有害的恶意软件：

①逻辑炸弹：在计算机程序中植入的逻辑条件，它可以检查在系统中将要出现的某个条件组合。当这些条件满足时，它就执行某些功能以产生一个未授权的动作。它就像一个真正的炸弹，静卧系统直至被触发。

②特洛伊木马：一种具有看起来或实际上具有有用功能的计算机程序，但里面还包含有一些附加(隐藏)的功能，能够偷偷使用调用进程的合法特许达到损害安全的目的。

③蠕虫：它能够复制自己，并将各副本通过网络从一台计算机发送到其他计算机。当到达某台计算机时，蠕虫可以被激活以继续复制和传播下去。除传播外，蠕虫通常还执行一些人们所不希望的功能。

7.1.3　反计算机病毒的方法与技术

一般来说，抗病毒软件综合使用扫描、完整性检查和拦截三种技术以最大限度地检测出计算机病毒。

(1)扫描

病毒扫描软件根据已知病毒的特征码扫描检测发现“已知”病毒。为提高扫描的准确性，扫描软件还常采用代码分析和虚拟计算等技术。代码分析首先考察程序流程，查看是否有非正常跳转等来寻找病毒特征。虚拟计算通过扫描程序在扫描过程中在内存设置一个虚拟计算机并在其虚拟环境中运行要检查的程序，然后对检查结果进行考察。

扫描软件只能检测“已知”病毒，对“未知”病毒无效。因此，扫描软件需要及时更新病毒特征库以检测新病毒。需要注意的是，若需要使用多个扫描软件，则后继的扫描程序应在系统冷启动后再执行，否则可能会因前一个扫描软件用于比对的病毒特征码残留在内存缓冲区内，被后一个扫描软件误认为是内存中有病毒而发生误报。

(2)完整性检查

完整性检查的原理和作用是记录硬盘上全部信息的完整性数据，这些数据代表硬盘上系统扇区和文件的诸如长度、日期和时间等特征值，文件内容的CRC值或校验和，临近程序出口和入口处的机器指令等。在完整性验证时，如果系统扇区或文件的特征值与原来不同，那么便是发生了故障，很有可能是病毒造成的。从理论上来说，通过执行完整性检查程序将可以防御未知的新病毒，因为几乎所有的病毒都要修改可执行程序或系统扇区。

(3)行为监视

行为监视程序是内存驻留程序，对于防御逻辑炸弹和特洛伊木马特别有用。它的工作原理是在后台监视那些有可能对系统造成破坏的中断服务例程的使用情况。一旦这些中断服务例程被调用，它就会弹出一个窗口来通知用户，由用户判断是否应该继续执行。行为监视程序可以防止新的、未知的病毒在系统中传播，但有可能被病毒程序绕过。行为监视程序应与其他抗病毒程序配合使用。

7.1.4 恶意代码检测技术

检测恶意代码的常用方法有：特征代码法、校验和法、行为监测法、软件模拟法、比较法、传染实验法等，这些方法依据的原理不同，实现时所需时空开销不同，检测范围不同，各有所长。

(1)特征代码法

特征代码法的原理是：采集所有已知恶意代码的特征，并将这些特征代码存放在恶意代码特征库中。检测时，以扫描的方式将待检测文件与恶意代码特征库进行比对，如果发现有相同的特征代码，那么可以断定检测文件中含有恶意代码(病毒)。

特征代码法的优点是：检测准确快速、可识别恶意代码的名称、误报警率低。特征代码法难以检测新出现的恶意代码。

(2)校验和法

校验和法采用某种算法计算正常文件的校验和，并将该校验和写入该文件中保存。在使用文件过程中，定期地(或每次使用文件前)，比较现在文件内容算出的校验和与原来保存的校验和是否一致，以此来发现文件是否含有恶意代码(感染病毒)。

采用校验和法检测既可发现已知病毒又可发现未知病毒，但是它不能识别病毒种类。因为病毒感染并非文件内容改变的唯一原因，文件内容的改变有可能是正常程序引起的，所以校验和法会出现误报警。

(3)行为监测法

利用恶意代码的特有行为(特征)来监测文件是否正常的方法称为行为监测法。当文件(程序)运行时，监视其行为，如果发现了异常行为，立即报警。

(4)软件模拟法

它是一种软件分析器，用软件方法来模拟和分析程序的运行。新型检测工具纳入了软件模拟法，该类工具开始运行时，使用特征代码法检测文件(程序)，如果发现有隐蔽性病毒或多态性病毒(采用特殊加密技术编写的病毒)嫌疑时，启动软件模拟模块监视病毒的运行，待病毒自身的密码译码以后，再运用特征代码法识别病毒。

(5)比较法

比较法将原始或正常的文件与待检测的文件进行比较。比较法包括长度比较法、内容比较法、内存比较法、中断比较法等。这种比较法不需要专用的检测程序，只需使用常规 DOS 软件和 PCtools 等工具软件即可进行。

(6)传染实验法

这种方法的原理是利用病毒最重要的基本特征——传染性。如果系统出现异常行为，使用最新版的检测工具也检测不出病毒时，就可以做传染实验，运行系统中的可疑程序后，再运行一些正常程序，然后观察这些正常程序的长度和校验和，如果发现有的程序长度增长或者校验和发生变化，就可判断系统文件中有恶意代码(感染病毒)。

7.2 网络协议安全

本节首先介绍 TCP/IP 协议的安全性，其次简介 IPSec 安全体系结构，然后讨论安全套接层和传输层的安全，最后介绍 Web 安全。

7.2.1 TCP/IP 协议的安全性

互联网上计算机所使用的网络协议为传输控制协议(TCP)和网际协议(IP)。尽管 TCP/IP 最初是在美国国防部的支持下开发出来的，现在又应用得如此广泛，但它在安全措施方面仍存在缺陷。计算机互联网 TCP/IP 协议所面临的安全性威胁有：

①搭线窃听：非法侵入者在网络通信链路上的节点处进行抽头搭线便可得到主机里的信息明文或口令。微波和卫星传输的内容也可被截获。

②冒充：冒充他人进行未经授权的访问文件(数据)、发送 e-mail 或命令等。

③服务拒绝：使网络负荷超载而导致其正常功能丧失。

④信息重放：截获数据后进行的后续的重传，以产生一个未授权的效果。

⑤口令破解：获取口令文件，或通过猜测或窃听等方式获取口令。

⑥密码破获：使用数学(算法)或社会工程方法获得密钥，得以访问加密数据。

⑦传播病毒：利用病毒破坏文件(数据)。

虽然以上的安全威胁不是专门针对 TCP/IP 协议的，但 TCP/IP 是一个开放协议，很容易受到黑客的攻击。针对以上安全威胁，可以采取如下网络安全技术手段：

①加密：保护文件(数据)和口令。

②认证：采用数字签名和证书来验证文件(数据)的来源是否真实。

③授权：采用身份认证方法来防止对主机或文件(数据)的不当访问。

④完整性检查和报文鉴别：确保文件(数据)未被篡改、插入、重排序或延迟。

⑤抗否认：防止发送方或接收方否认所发送或接收的消息。

⑥一次性口令和双向随机数据握手：会话双方相互鉴别。

⑦频繁密钥更新和采用较长密钥位数：避免被密码分析破译密钥。

⑧地址隐藏：防止服务拒绝攻击。

表 7.1 列出了常见的一些网络安全问题及其处理策略。

表 7.1 常见网络安全问题及其对策

网络安全问题	对策
防止搭线窃听	信息加密
安全分发密钥	使用不同的加密技术(如:公钥、私钥加密)
避免密钥失效和从现行密钥猜到新密钥	频繁更新密钥,不从旧密钥产生新密钥
防范重放攻击	使用序列号(时间戳通常不够安全)
保证信息在传送中不被替换	使用报文摘要(Hash 单向函数)
保证报文摘要不被冒充	用私钥加密报文摘要进行数字签名(信源认证)
保证报文和签名来源真实	采用双向随机数握手(相互鉴别)
防范中途攻击	采用数字证书(将公钥捆绑到永久标识中)
针对服务的认证	采用多层访问控制模式
防病毒	限制使用外部资源、使用抗病毒软件且常更新
防范服务拒绝攻击	采用文件过滤防火墙包认证等隐藏内部地址

国际标准化组织 1989 年 2 月 15 日颁布确立了基于 OSI 参考模型的七层协议之上的信息安全体系结构标准 ISO 7498-2,其中定义了 5 大类安全服务(认证鉴别、访问控制、保密性、完整性、抗否认)、8 类安全机制(加密、数字签名、访问控制、数据完整性、鉴别交换、业务流填充、路由控制、公证)和 OSI 安全管理等内容。为完成这些安全服务和安全机制所使用的安全协议和技术有:IP 过滤、网络地址翻译(NAT)、IP 安全体系结构(IPsec)、SOCKS 协议、系统间安全连接(SSH)、安全套接层(SSL)、应用代理(application proxies)、防火墙(firewalls)、Kerberos 和其他鉴别服务器(AAA servers)、安全电子交易(SET)。上述安全协议和技术与 ISO 7498-2 定义的安全服务和安全机制的对应关系如表 7.2 所示,其中"Y"代表支持、"N"代表不支持。

表 7.2 安全服务和安全机制的对应关系

	访问控制	保密性	鉴别	完整性	转发安全	地址隐藏	会话监视
IP 过滤	Y	N	N	N	N	N	N
NAT	Y	N	N	N	N	Y	Y(连接)
IPsec	Y	N(分组)	Y(分组)	Y(分组)	Y	Y	N
SOCKS	Y	N	Y(客户/用户)	N	N	Y	Y(连接)
SSL	Y	Y(数据)	Y(系统/用户)	Y	Y	N	Y
应用代理	Y	通常没有	Y(用户)	Y	通常没有	Y	Y(连接和数据)
鉴别服务器	Y(用户)	N	Y(用户)	N	N	N	N

7.2.2 IPSec 安全体系结构

网络层的 IP 协议以及基于 IP 的路由协议是因特网的核心,它确保用户数据能够从源端经过网络中的一个或多个路由节点正确地到达目的端。IP 及路由安全对因特网的安全、可靠运行有着重要意义。

1995 年 8 月，互联网工程任务组(IETF)发表了 5 个与安全有关的建议标准，在互联网层定义了一个 IP 安全体系结构(IPsec)，它包括了数十个 RFC 文件和 IETF 草案，核心的有：

①IPSec 体系(RFC4301,2411)：定义了 IPSec 基本概念、安全需求、机制等。

②IPSec 协议(RFC4302,4303,435,2403)：定义了 IPSec 的两种基本协议，认证头协议 AH 和封装安全荷载协议 ESP。

③密钥管理协议 IKE(RFC5996,4304,4306,2412)：定义了密钥协商方面的协议，因特网密钥交换协议 IKE 是核心。

IPSec 的安全体系结构如图 7.1 所示。

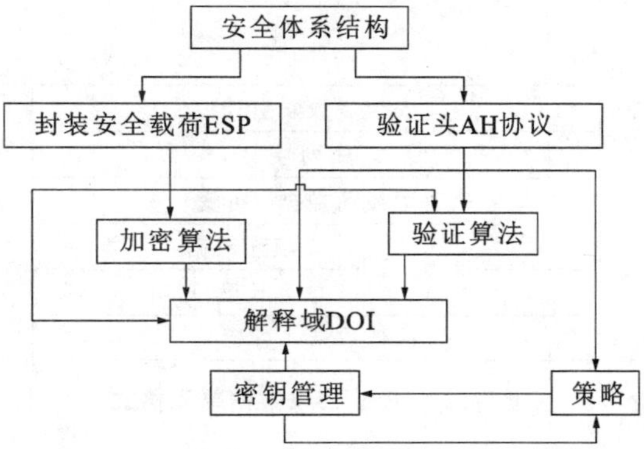

图 7.1 IPSec 的安全体系结构

IPSec 安全体系结构包含了 3 个最重要的协议：封闭安全载荷 ESP、验证头 AH、密钥管理协议 IKE，具体分析如下。

(1)IPSec 的体系结构

IPSec 通过在数据包中插入一个预定义头部的方式，来保障 OSI 上层协议数据的安全。IPsec 可用于保护一对主机之间、一对安全网关之间或安全网关与主机之间的一个或多个“路径”。对 IPsec 的支持，IPv6 是必需的，IPv4 是可选的。

IPSec 为 IP 包加上了完整性检查、鉴别、加密和重放保护，这意味着 IPSec 既可以提供个人安全性，又可在防火墙或路由器中实现，用以对所有跨越周界的流量实施强安全性和防止 IP 旁路。

IPsec 的构成为 IPsec＝AH＋ESP＋IPcomp＋IKE。IPSec 的体系结构包括以下内容：

①体系结构：包括一般的概念、安全需求、定义以及定义 IPSec 技术的机制。

②封装安全有效载荷 ESP(encapsulating security payload)：使用 ESP 进行包加密的报文包格式和一般性问题，以及可选的认证。

③验证头 AH(authentication header)：使用 AH 进行包认证的报文包格式和一般性问题。

④加密算法：描述各种加密算法如何用于 ESP 中。

⑤验证算法：描述各种身份认证算法如何用于 AH 和 ESP 身份认证选项中。

⑥解释域：彼此相关各部分的标志符及运作参数。

⑦密钥管理：Internet 密钥交换协议 IKE(internet key exchange)是默认的密钥自动交换协议。

⑧策略：决定两个实体之间能否通信以及如何进行通信，策略的核心由安全关联 SA(security association)、安全关联库 SAD(security association database)和安全策略库 SPD(security policy database)三部分组成，策略部分是唯一尚未成为标准的组件。

(2)封装安全有效载荷 ESP

封装安全有效载荷 ESP 协议除了提供 IP 包的数据完整性、数据来源认证和抗重放攻击服务之外，还提供数据包加密和数据流加密服务。

完整性检验采用 HMAC 算法：HMAC-MD5(必须)，HMAC-SHA1(必须)，HAMC-RIPEMD-160，NULL(无认证)等；ESP 认证的数据范围要小于 AH 协议。

加密采用对称密码，必须支持 DES-CBC 和 NULL 算法(认证和加密不能同时为 NULL)。

ESP 提供了 IP 包的机密性服务，其方法是使用 3-DES 或 RC5、IDEA、3-IDEA、CAST、Blowfish 等密码算法加密。当接收者接收到带有 ESP 的数据包且其检查和的操作成功，同时收发双方共享一对无第三方知道的秘密密钥，则可确定该包在途中没有被搭线窃听。

ESP 协议数据单元格式如图 7.2 所示。

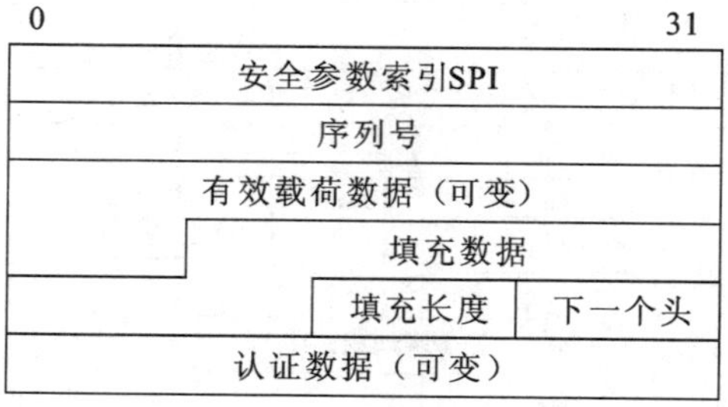

图 7.2　ESP 协议数据单元格式

ESP 各字段分别表示：

①32 位的安全参数索引 SPI：用来标志发送方处理 IP 数据包时使用的加密策略。当接收方看到这个信息就知道对接收到的 IP 数据包应该如何处理。

②序列号：它是 32 位的单调递增的计数器值，用来区分使用同一组加密策略处理不同的数据包，提供反重放功能。

③有效载荷数据(可变)：在传输模式下，它属于传输层的部分；在隧道模式下，它是被添加的数据包，提供反重放功能。

④填充数据：它占据 0～255 字节，主要用来扩展明文长度，以确保密文为 32 位的整数倍数的 IP 包，靠右对齐填充长度和下一个头字段。

⑤填充长度：它占据 8 位，用于指出该字段即将处理的填充字节数。

⑥下一个头：它占据 8 位，用来指出有效负载部分使用的协议，可能是传输层协议 TCP 或者 UDP，也可能是 IPSec 协议 ESP 或者 AH。

⑦验证数据(可变)：它的字段长度可变但必须是 32 位的整数倍数。

使用 ESP 进行安全通信之前，通信双方需要首先协商一组将要采用的加密策略(包括使用的算法、密钥以及密钥的生存期等)。通常，ESP 可以作为 IP 数据包的有效负载进行传输，IP 数据包的头指出下一个协议是 ESP，而非 TCP 或者 UDP。由于采用了这种封装形式，因此 ESP 可以使用原有的网络进行传输。

ESP 协议具有传输模式和隧道模式两种工作模式。

①传输模式

ESP 的传输层模式操作为所有使用它的应用程序提供机密性。ESP 的传输模式示意图如图 7.3 所示。

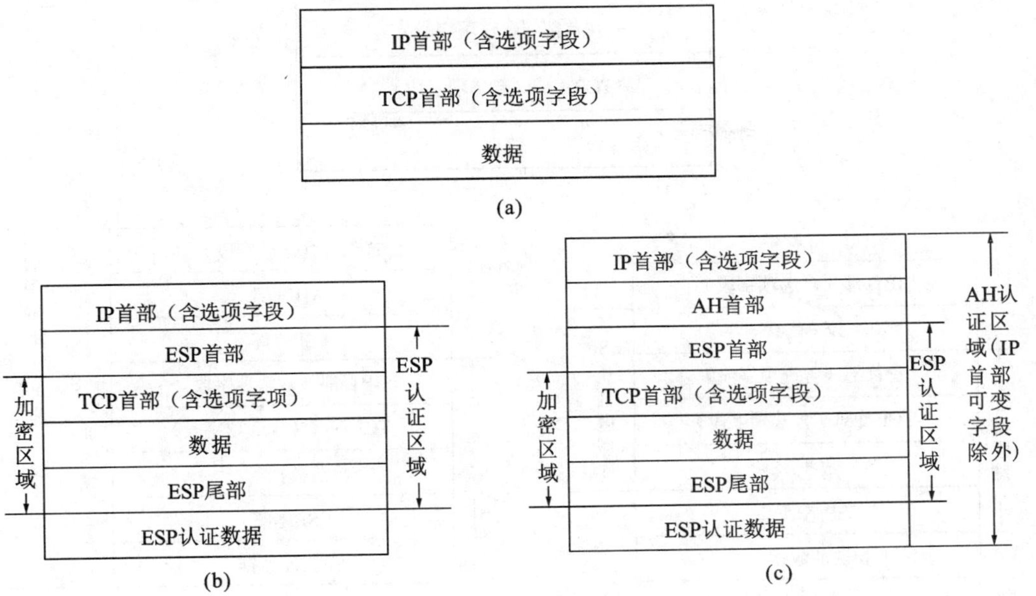

图 7.3　ESP 的传输模式

(a)应用 ESP 之前;(b)应用 ESP(传输模式)之后;(c)应用 AH＋ESP(传输模式)之后

在源节点,数据块由 ESP 尾部和整个传输层部分构成,然后加密数据块,并使用加密数据块替换数据块的明文,形成 IP 数据包进行传输,若选择身份认证,则需要增加 ESP 认证位;然后包路由到目的节点,每一个中间路由器都会检查 IP 报头,并加上明文 IP 扩展报头但不检查密文;目的节点检查 IP 报头,并加上明文 IP 扩展报头,然后根据 ESP 报头的 SPI 对包的其余部分进行解密,以恢复明文传输层部分。

ESP 传输模式适用于保护支持 ESP 功能的主机之间的连接。

②隧道模式

ESP 的隧道模式示意图如图 7.4 所示。ESP 工作在隧道模式时,将整个数据包进行加密作为 ESP 的有效负载。隧道模式在包含防火墙或其他类型安全网关的网络配置中很有效。如果安全网关参与通信,那么加密仅仅发生在外部主机和安全网关之间,或者发生在两个安全网关之间,这样内部网络的主机不必再处理加密。

ESP 传输模式与隧道模式对比:

①隧道模式对整个 IP 包进行认证和加密,因此可以提供数据流加密服务,而传输模式由于 IP 包首部不被加密,因此无法提供数据流加密服务。但是,隧道模式由于增加了一个新 IP 首部,因此降低了链路的带宽利用率。

②传输模式适合于保护支持 ESP 协议的主机之间的通信连接,而隧道模式则在包含防火墙或其他用于保护可信内网不受外网攻击的安全网关的配置中比较有效。

(3)鉴别首部(AH)

IPsec 中的鉴别首部(AH)是被 IP 封闭的协议之一,它提供了 IP 包的数据完整性、数据来源认证和抗重放攻击服务。AH 不对受保护的 IP 数据包的任何部分进行加密,除此之外,AH 具有 ESP 的所有其他功能。当接收者收到带有 AH 的包且其检查和的操作成功,同时收发双方是共享一对无第三方知道的秘密密钥的,则可断定此包的发送者是真实的并且此包内容在传输过程中没被篡改。

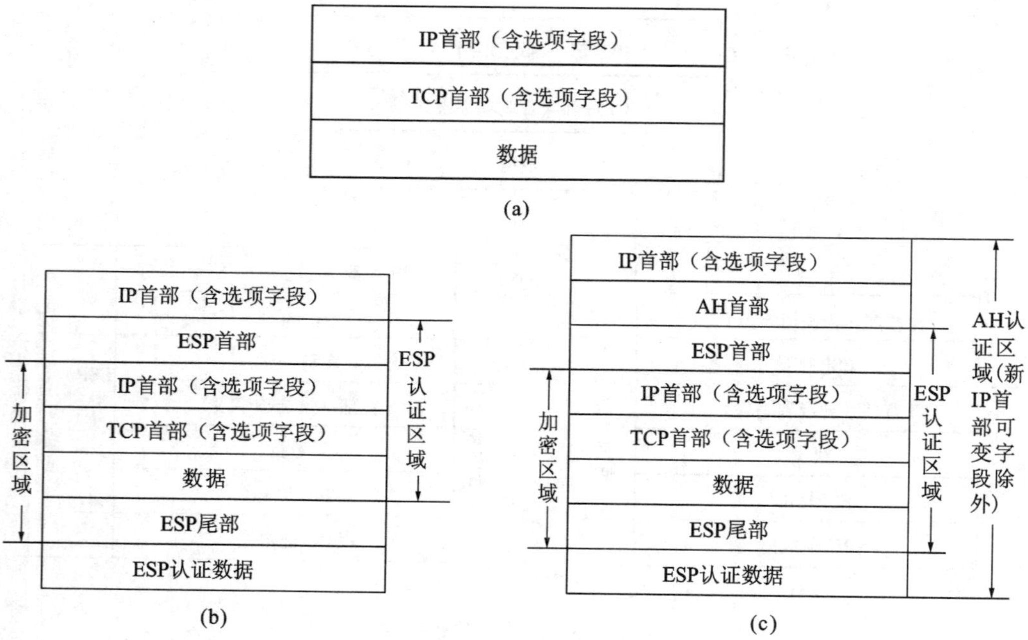

图 7.4　ESP 的隧道模式

(a)应用 ESP 之前；(b)应用 ESP(隧道模式)之后；(c)应用 AH＋ESP(隧道模式)之后

鉴别首部(AH)的格式如图 7.5 所示。

0　　　　7	8　　　　15	16　　　　31
下一个首部	载荷长度	保留
安全参数索引 SPI		
序列号		
认证数据（可变）		

图 7.5　AH 包格式

AH 和 ESP 都支持传输模式和隧道模式两种使用方式。传输模式主要是为上层协议提供保护，隧道方式对整个 IP 分组提供保护。

AH 传输模式的示意图如图 7.6 所示。

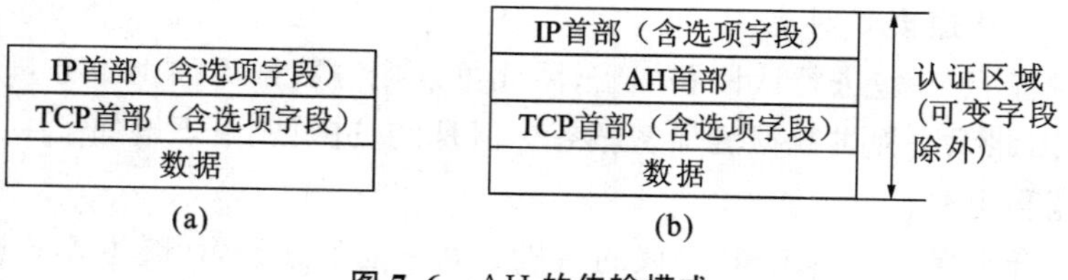

图 7.6　AH 的传输模式

(a)应用 AH 之前；(b)应用 AH(传输模式)之后

AH 隧道方式的示意图如图 7.7 所示。

AH 的验证范围也是整个 IP 包，数据完整性验证过程如下：在发送方，整个 IP 包和验证密钥作为输入，经过 HMAC 算法计算后得到的结果被填充到 AH 头部的“验证数据”字段中。在接收方，整个 IP 包和验证密钥也作为输入，经过 HMAC 算法计算的结果和 AH 头部的“验证数据”进行比较；若一致，则说明该数据包没有被篡改，内容真实可信。

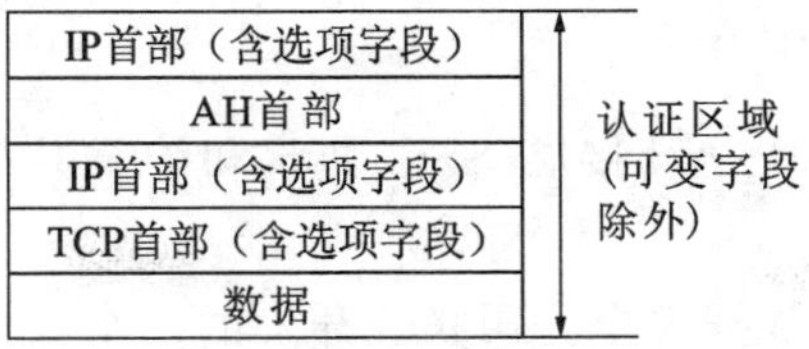

图 7.7　AH 的隧道方式

(4)IPSec 密钥管理协议 IKE

为正确封装和解析 IPSec 数据包，需要将安全服务、算法、密钥与要保护的通信信道相结合。方法是，在两个通信实体间通过协商的方式构建安全关联 SA(security association)。SA 是构成 IPSec 的基础，它规定了用来保护数据包安全的 IPSec 协议、加密算法、验证算法、密钥以及有效时间等，是两个通信实体间为进行安全通信而协商建立起来的一种约定。为维护当前活动的 SA，在 IPSec 的实现中需要建立一个 SA 数据库(SADB)。

IPsec 密钥交换协议 IKE 的功能是为 AH 和 ESP 中使用秘密密钥的双方提供密钥管理，它可以自动处理 SA 的建立、协商、修改和删除等。IPsec 中的 IKE 功能是可选的。若未选用 IKE，则可人工配置 AH/ESP 所需的密钥。

IKE 使用两阶段协议预先在通信实体之间建立一个安全关联：第一阶段，协商并创建一个通信信道(IKE SA)，对该信道进行验证，为双方进一步的 IKE 通信提供机密性、完整性以及数据源验证服务。第二阶段，使用已建立的 IKE SA 来建立 IPSec SA。

IKE 的特点是它永远不在不安全的网络上直接传送密钥，而是通过一系列数据的交换，最终计算出双方共享的密钥，并且即使第三方截获了双方用于计算密钥的所有交换数据，也不足以计算出真正的密钥。

(5)IPSec 的安全问题

IPsec 的安全性基于秘密密钥，可以保护数据的完整性、来源认证和加密，防止数据被篡改、伪造和窃听。然而，IPsec 也存在以下一些潜在的安全问题和漏洞。

①密钥管理和密钥交换

IPsec 依赖于密钥管理和密钥交换机制(如 IKE 协议)来建立和维护安全关联。若密钥管理和密钥交换过程中存在漏洞或被攻击者破坏，则可能导致安全关联的参数泄漏或被篡改，从而影响 IPsec 的安全性。

②配置和实现错误

IPsec 的配置和实现错误可能导致安全漏洞。例如，使用弱密钥密码算法、不正确的安全参数或不安全的密钥管理策略可能降低 IPsec 的安全性。此外，IPsec 的软件缺陷也可能导致安全漏洞。

③限制在网络层的保护

IPsec 主要在网络层提供安全保护，而不涉及应用层。这意味着 IPsec 无法防止应用层的诸如 SQL 注入、跨站脚本(XSS)和跨站请求伪造(CSRF)等攻击和漏洞。

④端点安全

IPsec 保护的是数据在网络中传输的安全，而不涉及数据在端点(如服务器和客户端设备)上的安全。如果端点设备被攻击者入侵或感染恶意软件，那么 IPsec 无法防止数据可能被泄漏或篡改。

⑤隐私和匿名性

虽然 IPsec 可以加密数据，但它无法提供完全的匿名性。攻击者仍然可以通过分析 IP 数据包的源和目的地址来追踪通信双方。

7.2.3 安全套接层和传输层的安全

TCP/IP 运输层安全主要由安全套接层(SSL)协议和传输层安全协议(TLS)来实现。

(1)SSL 协议概述

SSL 是由网景公司和 RSA 数据安全公司联合开发的一个安全套接层协议。SSL 的最初目标是为通信应用程序提供一个秘密通道以保证数据的机密性、双向鉴别和完整性。

SSL 协议为带有安全功能的 TCP/IP 套接字应用程序接口提供了一个替代的方法。SSL 的体系结构如图 7.8 所示。

SSL握手协议	SSL修改密文协议	SSL告警协议	HTTP协议
SSL记录协议			
TCP			
IP			

图 7.8 SSL 的体系结构

SSL 协议指定了在应用层协议(如:HTTP、FTP 和 Telnet 等)和 TCP/TP 之间提供数据安全性的机制,它为 TCP/IP 连接提供数据机密性、数据完整性、服务器认证以及可选的客户机认证,主要用于实现 Web 服务器和 Web 浏览器之间的安全通信。

图 7.9 给出了 SSL 记录协议所在层的位置。

应用层	HTTP IMAP
安全插口层	SSL功能标准插口
运输层	TCP

图 7.9 SSL 的位置

从图 7.9 中可看出,SSL 记录协议为 HTTP 准备了一个套接字应用程序接口。

在 SSL 协议的高层,有一个 SSL 握手协议,用于鉴别初始化和传输密钥。一个 SSL 会话的执行过程如下:

①在客户方,Web 客户机请求连接到一个支持 SSL 的服务器,启动一次 SSL 会话。

②支持 SSL 的 Web 服务器通过 TCP 的 443 端口与客户机的 SSL 进程建立连接。

③当客户机连接到端口时,客户方初始化 SSL 握手状态,使用 SSL 记录协议作为载体,完成通信方的认证和加密算法的协商。

④当握手完成之后,就开始使用记录协议封闭应用层的协议,通信内容被加密,并且执行消息完整性检查,直到 SSL 会话结束。

SSL 协议要求对每个数据进行加密和解密操作,因此对系统要求高资源开销。

(2)TLS 安全传输层协议

SSL(Socket Secure Layer)是 TLS(Transport Layer Security)的前身,TLS 1.0 在 SSL 3.0 的基础上提出。TLS1.0 相关文档是 RFC2246。两个互相不知对方代码的应用程序可用 TLS 来安全地通信,并且一个 TLS1.0 应用能返回到 SSL3.0 连接。

TLS 基于 TCP 协议建立两个应用进程之间的安全传输连接,包括以下功能:完成身份鉴别(鉴别服务端或客户端);安全地共享一对协商密钥(主密钥)来进行对称加密;保证报文的完整性,防篡改;预防恶意的重放攻击。TLS 是一个协议簇,由多个子协议组成,其中最主要的协议有两个:TLS 握手协议和 TLS 记录协议。

1）TLS 握手协议

TLS 握手协议用于实现在安全传输之前进行必要的身份鉴别和安全参数协商(共享协商密钥)。双方通过椭圆曲线的密钥交换算法，协商出共享的会话密钥进行内容对称加密通信，避免传输会话密钥被中间人窃取。TLS 握手协议具体步骤如下：

①双方约定算法

通信双方对压缩算法、密码算法、MAC 算法和 TLS 版本达成一致。

客户端 Client(简称客户 C)通过发送客户 Hello 消息，告知服务器自己支持的算法、TLS 版本号以及一个客户随机数 NonceC。

服务器端 Server(简称服务器 S)通过发送服务器 Hello 消息，按照自己的优先度选择一种客户 C 支持的算法，在双方支持的 TLS 版本中选择较低的版本作为双方约定的 TLS 版本，并且发送一个服务器随机数 NonceS。

②客户 C 验证服务器证书

服务器 S 发 CA 证书给客户 C，之后再发送“Server Key Exchange”消息，包括了椭圆曲线的公钥和私钥签名，用来实现密钥交换算法和认证。客户 C 通过本地系统的证书链对服务器 S 开始做身份鉴别工作。

③服务器 S 验证客户 C 的身份

客户 C 端按照密码套件的要求，产生一个椭圆曲线的公钥发包给服务器 S，确认握手过程中的加密算法和密钥已生效，服务器 S 鉴别客户 C 的身份，确认握手的安全性和完整性，具体过程如图 7.10 所示。

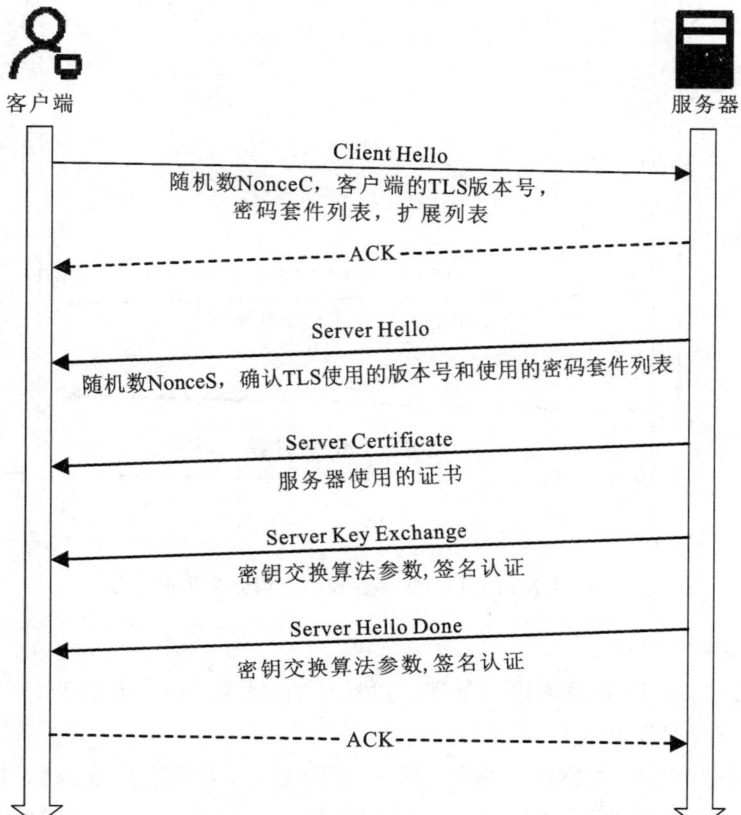

图 7.10　TLS 握手协议的认证过程

④身份鉴别和发送“更改密码规范”消息

客户端和服务器根据所产生的两个椭圆曲线公钥，执行椭圆曲线算法计算出一个随机数，即预主密钥 PMK(Pre-Master key)。当服务器 S 有了预主密钥 PMK，就说明其有了公钥 PKS(Public key server)对应的私钥 SKS，则可以认为服务器 S 通过身份鉴别。要想确认服务器 S 拥有了预主密钥 PMK，只需要确认其拥有正确(与客户 C 相同)的主密钥 MK 即可。有了主密钥和派生的会话密钥，客户端发送一个“更改密码规范”消息，然后发送一个“Finished”消息，将之前所有发送的数据计算其摘要，并进行加密，然后发送给服务器验证。服务器收到消息后也执行同样的操作，发送“更改密码规范”和“Finished”消息，确认握手过程的完成。在后续一段时间内，双方使用协商好的安全参数(如主密钥 MK)进行通信。

图 7.11 描述了 TLS 握手协议的密钥生成过程。

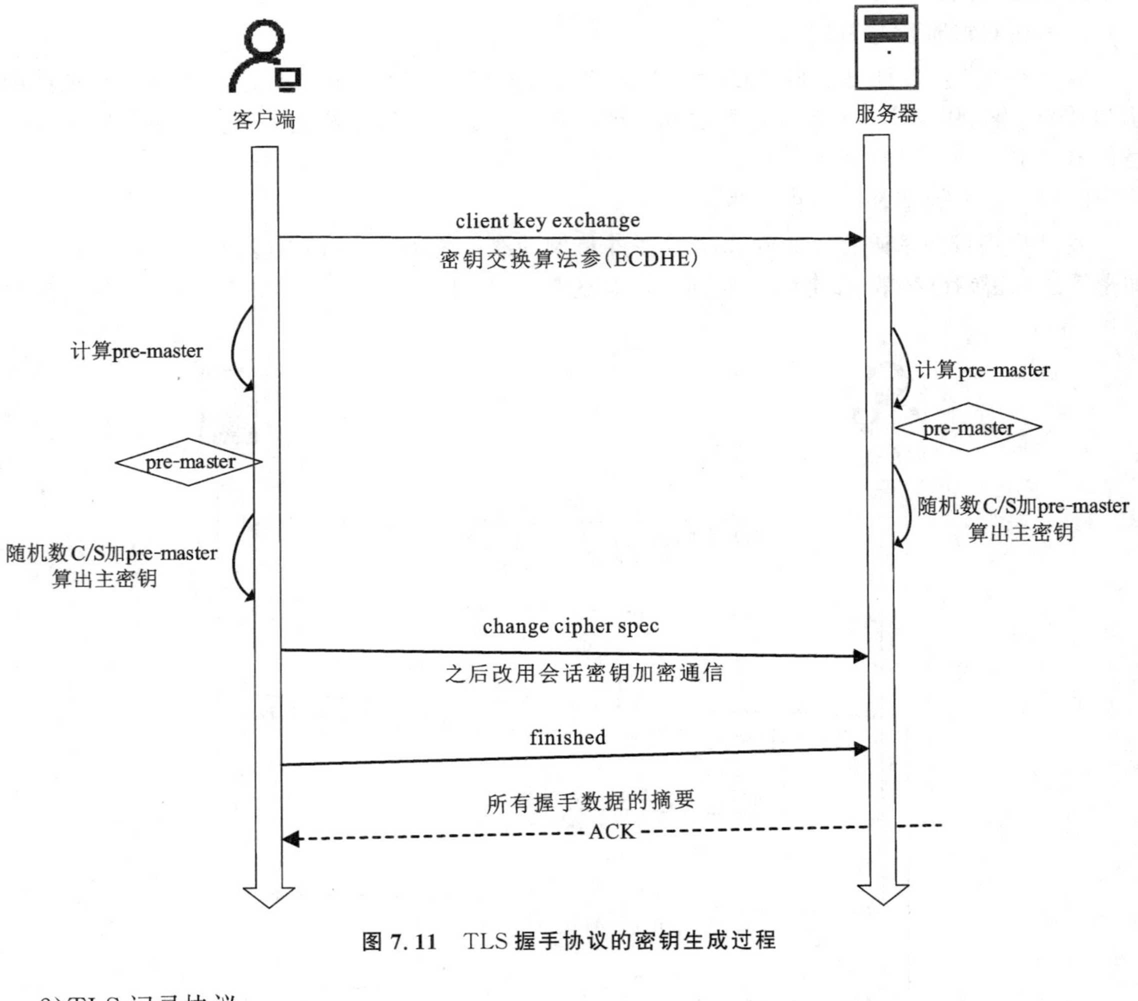

图 7.11 TLS 握手协议的密钥生成过程

2)TLS 记录协议

TLS 记录协议 对 HTTP 报文进行处理：分段、压缩、计算 MAC 和加密，这里计算消息验证码 MAC 时可以加入序号来防止重放攻击。

TLS 记录协议是建立在可靠的传输层协议(TCP)之上，为高层协议提供数据封装、压缩及加密等基本功能的协议。该协议用于保证机密性和完整性。TLS 握手协议的所有子协议都需要通过记录协议发出，其报文消息处理流程如图 7.12 所示。

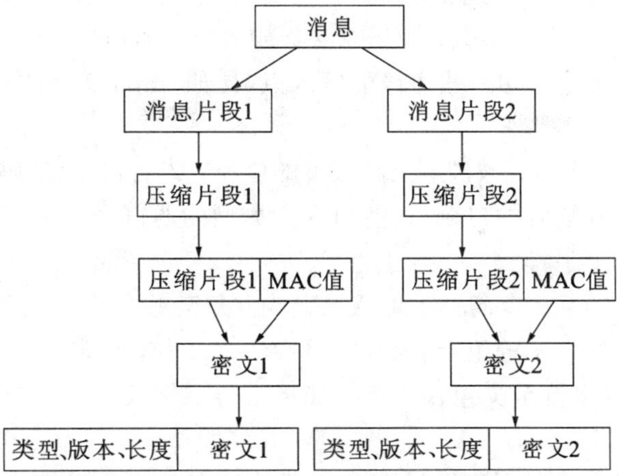

图 7.12　TLS 记录协议的报文消息处理过程

发送端将数据(消息)分段、压缩、增加 MAC(message authentication code)和加密。消息首先被分段,然后进行压缩,接着计算其消息验证码,并使用对称密码进行加密,加密使用的是 CBC 模式,CBC 模式的初始向量通过主密码来生成。

接收端将数据(消息)解密,验证 MAC,解压缩并重组得到密文之后附加类型、版本和长度等其他信息,最终生成报文数据。

7.2.4　Web 安全

Web 存在安全威胁的原因是多方面的。首先,Web 作为一种基于超文本和 HTTP 协议、全球性、动态交互、跨平台的分布式信息系统,其开放性和交互性使得它容易受到各种攻击。其次,早期的网络协议设计对安全性考虑不足,黑客利用各种系统软件、应用软件的漏洞侵入 Web 网站,窃取机密数据、破坏重要数据或使系统功能瘫痪。此外,一些 Web 应用程序开发人员对安全性的理解不够深入,这增加了 Web 的安全风险;在开发过程中,Web 应用程序开发人员可能需要整合数十甚至数百个第三方数据包,这也可能导致增加安全漏洞的风险。最后,Web 网站还面临着诸如自然灾害、意外事故、计算机犯罪、人为操作错误等安全威胁。这些威胁可能导致 Web 网站的数据丢失、系统瘫痪或恶意软件的入侵等严重后果。

(1)Web 的安全威胁

按照 Web 访问的结构,可以将 Web 安全威胁分为 3 类:对 Web 服务器的安全威胁,对 Web 浏览器的安全威胁、对通信信道的安全威胁。

Web 服务器的数据库中保存有一些有价值的信息或隐私信息,若被更改或泄漏,则将造成无法弥补的损失:若有人得到数据库用户认证信息,则其就能伪装成合法的用户下载数据库中保密的信息,甚至可以种植特洛伊木马程序,将数据权限降级泄漏信息。

常见的 Web 服务器攻击有以下几种:

1)SQL 注入攻击

SQL 注入攻击(SQL injection),简称注入攻击、SQL 注入,被用于非法获取网站控制权,是发生在应用程序中数据库层上的安全攻击。在设计程序时,忽略了对输入字符串中夹带的 SQL 指令的检查,被数据库误认为是正常的 SQL 指令而运行,从而使数据库受到攻击,可能导致数据被窃取、更改、删除,以及进一步导致网站被嵌入恶意代码、被植入后门程序等危害。

通常情况下,SQL 注入的位置包括:①表单提交,主要是 POST 请求,也包括 GET 请求;②URL 参数提交,主要为 GET 请求参数;③Cookie 参数提交;④HTTP 请求头部的一些可修改的值(比如 Referer、User_Agent 等);⑤一些边缘的输入点(比如.mp3 文件的一些文件信息等)。

2)弱口令漏洞

弱口令是容易被他人猜测到或被破解工具破解的口令。设置口令(密码)通常应遵循以下原则:

①不使用空口令或系统缺省的口令,这些口令为典型的弱口令。

②口令长度不小于 8 个字符。

③口令不应该为连续的某个字符(例如:AAA)或重复某些字符的组合。

④口令应该为以下 4 类字符的组合:大写字母(A~Z)、小写字母(a~z)、数字(0~9)和特殊字符(%,&,*,# 等)。每类字符至少包含一个。如果某类字符只包含一个,那么该字符不应为首字符或尾字符。

⑤口令中不应包含用户本人、父母、子女和配偶的姓名和出生日期、纪念日期、登录名、e-mail 地址等与本人有关的信息,以及字典中的单词。

⑥口令不应该为用数字或符号代替特定的字母或单词,比如姓名、学校名称等。

⑦口令应该易记且可以快速输入,防止输入时被他人看到。

⑧至少 90 天内更换一次口令。

3)HTTP 报头追踪漏洞

HTTP/1.1(RFC2616)规范定义了 HTTP TRACE 方法,主要是用于客户端通过向 Web 服务器提交 TRACE 请求进行测试或获得诊断信息。当 Web 服务器启用 TRACE 时,提交的请求头会在服务器响应的内容(Body)中完整地返回,其中 HTTP 头很可能包括 Session Token、Cookies 或其他认证信息。攻击者利用此漏洞来欺骗合法用户并得到他们的私人信息。由于 HTTP TRACE 请求可以通过客户浏览器脚本(如 XMLHttpRequest)发起,并可通过 DOM 接口来访问,因此很容易被攻击者利用。

防御 HTTP 报头追踪漏洞的方法通常是禁用 HTTP TRACE 方法。

4)文件上传漏洞

文件上传漏洞通常是由于网页代码中的文件上传路径变量过滤不严造成的。如果文件上传功能的实现代码没有严格限制用户上传的文件后缀以及文件类型,那么攻击者可通过 Web 访问的目录上传任意文件,包括网站后门文件(webshell),进而远程控制网站服务器。因此,在开发网站及应用程序过程中,需严格限制和校验上传的文件,禁止上传恶意代码的文件;同时限制相关目录的执行权限,防范 webshell 攻击。

5)URL 重定向攻击

URL 重定向攻击是指 Web 应用程序接收到用户提交的 URL 参数后,没有对参数做“可信任 URL”的验证,就向用户浏览器返回跳转到该 URL 的指令。

6)跨站脚本攻击

跨站脚本(cross-site scripting,XSS)攻击发生在客户端,被用于进行窃取隐私、钓鱼欺骗、窃取密码、传播恶意代码等攻击。XSS 攻击使用到的技术主要为 HTML 和 Javascript,也包括 VBScript 和 ActionScript 等。XSS 攻击对 Web 服务器虽无直接危害,但是它借助网站进行传播,使网站的用户受到攻击,导致网站用户账号被窃取,从而对网站也产生了较严重的危害。

跨站脚本 XSS 类型包括:

①非持久型跨站:即反射型跨站脚本。跨站代码一般存在于链接中,请求这样的链接时,跨站

代码经过服务端反射回来，这类跨站的代码不存储到服务端（如数据库）。

②持久型跨站：这是危害最直接的跨站类型，跨站代码存储于服务端（如数据库）。常见情况是某用户在论坛发帖，如果论坛没有过滤用户输入的 Javascript 代码，那么就会导致其他浏览此贴的用户的浏览器会执行发帖人所嵌入的 Javascript 代码。

③DOM 跨站（DOM XSS）：是一种发生在客户端文档对象模型（document object model，DOM）中的跨站漏洞，主要原因是客户端脚本处理逻辑导致的安全问题。

7）点击劫持

点击劫持是一种视觉欺骗、隐蔽性较高的攻击手段。攻击者将需要攻击的网站通过 iframe 嵌套的方式嵌入自己的网页中，并将 iframe 设置为透明，在页面中弹出一个按钮诱导用户点击。

8）截获私有 IP 地址

IP 地址是网络用户的重要标志。攻击者获取 IP 地址的方法有：在局域网内使用 Ping 指令，Ping 对方在网络中的名称而获得 IP 地址；在 Internet 上使用 IP 版的 QQ 直接显示；截获对方的网络数据包，通过软件解析截获数据包的 IP 包头信息，然后根据这些信息了解具体的 IP 地址。

针对"数据包分析方法"攻击，可以安装一些软件以自动去掉发送数据包包头 IP 信息；或者使用代理服务器隐藏 IP 地址，"转址服务"会对发送出去的数据包有所修改，致使"数据包分析"的方法失效，例如 QQ 通信软件使用"ezProxy"等代理软件连接后，IP 版的 QQ 无法显示其 IP 地址。

（2）Web 安全策略

为确保 Web 安全，可以采取如下策略：

①认证机制：服务器使用包括用户名和密码、组授权、口令认证、指纹认证等认证机制，以确保只有授权的用户才能访问数据。

②加密机制：对在 Internet 上传输的信息使用加密技术进行加密，以最大限度地保护用户的数据安全。

③访问控制机制：服务器安装访问控制机制，根据用户权限设置相应的访问控制，以保证只有特定用户才能访问数据。

④网络安全机制：服务器上安装防火墙和入侵检测系统，用于防止恶意攻击，保护服务器的安全和数据的完整性。

⑤系统补丁管理机制：服务器及时安装补丁程序，以确保服务器安全。

7.3 网络操作系统安全

7.3.1 Unix 操作系统的安全性

操作系统是计算机及网络系统的核心软件，用于直接管理系统资源。安全的操作系统对于计算机及网络信息系统的安全稳定运行十分重要。Unix 和 Linux 是使用广泛尤其在网络服务器、数据库服务器上运行最主要的操作系统。

（1）Unix 系统的安全等级

Unix 操作系统经过几十年的发展，已经具备了良好的安全性能，按照可信计算机评价标准为 C2 级，它具有以下安全性能：

1）访问控制

通过访问控制表 ACL 使得用户可以自行设置改变文件的安全级别和访问权限。

2)对象的可用性

当一个对象不再使用,在它回到自由对象之前,可信计算基(trusted computing base, TCB)将要清除它,以备下次需要时使用。

3)个人身份标识和认证

当用户登录系统时,Unix操作系统采用扩展的DES算法对输入的口令进行加密,然后把口令的密文与存放在/etc/password中的数据进行比较,若二者的值完全相同则允许用户登录到系统中,否则禁止用户登录。

4)审计记录

Unix系统对文件的创建和修改以及系统管理的所有操作和其他有关的安全事件(登录失败,以root身份登录的情况)进行记录,通过对这些记录分析审计,系统管理员可以对安全问题进行跟踪。

5)操作的可靠性

Unix系统通过对用户的分级管理、对运行级别的划分以及访问控制等机制,以确保系统操作的可靠性。

(2)Unix的安全体系结构

Unix的安全体系结构可以参照ISO/OSI网络模型的层次结构将它分成七层,如表7.3所示。

表7.3 Unix安全体系结构

层次	名称	含义
7	Policy	安全策略定义、指导
6	Personnel	使用设备和数据的人员
5	LAN	计算机设备和数据
4	Internal Demark	连接器—内部连接器
3	Gateway	OSI中第7、6、5、4层的功能
2	Packet Filter	OSI中第3、2、1层的功能
1	External Demark	公共访问—外部连接

1)Policy(策略层)

这一层主要定义安全策略的需求分析、安全方针的指定,以及高层允许的安全风险以及下层的如何配置设备及过程。

2)Personnel(用户层)

本层定义Unix的安装、操作、维护和使用以及通过其他方法访问网络的人员。

3)LAN(局域网层)

它定义安全程序要保护的设备和数据(包括计算机、路由器和交换机等网络互联设备、Unix主机等)。

4)Internal Demark(内部分层区)

此层定义用户如何将局域网连接到广域网以及如何将局域网连接到防火墙上。

5)Gateway(嵌入的Unix网关层)

本层定义包括第四层网络接口以及第三层路由器的平台,它用于为广域网提供防火墙服务。

6)Packet Filter(包过滤层)

它对应于OSI的第一层到第三层，本层不仅提供第一层的物理连接，更主要的是根据安全策略，通过用户层的进程和包过滤规则对网络层中的IP包进行过滤。

7)External Demark(外部连接层)

它定义用户系统如何与设备、通信线路、电话线路或其他用户不能直接控制的媒介进行连接。

(3)Unix系统存在安全漏洞的因素

Unix系统总体而言是一个比较安全、稳定的操作系统，但它可能也存在如下一些安全漏洞。

1)特权软件的安全漏洞

程序员在设计编写特权代码时由于一些疏漏(如没有确保用户对程序执行环境的完全控制、对所有返回的错误状态未能给予适当的处理)，导致入侵者控制程序的运行环境，使得用户的程序出现不可预期的结果，从而威胁系统的安全。

2)源程序代码的漏洞

一些程序代码段本身存在安全漏洞(如缓冲区溢出)，入侵者往往通过这些漏洞对系统进行攻击。

3)网络监测及数据截取

计算机网络面临的另一个重要安全威胁是计算机之间传输的数据可能被截取。已有的一些软件可以监测网络上传输的数据。攻击者通过收集分析数据，从而对网络系统用户造成安全威胁。

4)用户账号的安全性

Unix系统的超级用户拥有其他用户所没有的特权，超级用户可以读写、运行任何文件。系统管理员通常使用/bin/su或以root进入Unix系统从而成为超级用户。设置超级用户的原因是，一些系统管理命令只能由超级用户运行，比如运行网络监测程序必须有这种权限。在Unix系统中，与用户账号有关的信息(包括已加密的口令)一般存储在/etc/passwd文件中，口令的加密采取DES算法。例如，Unix系统中的cytpt(3)算法以用户口令作为密钥对64位"0"进行25次加密，最后将结果转换成11个可显示的字符存放在/etc/passwd文件中，即使非法用户获得了/etc/passwd文件，也无法从密文中得到用户口令。如果入侵者通过字典攻击方法或者其他渠道(方法)获得超级用户的口令，那么给系统造成的危害是十分严重的。

5)Unix文件系统的安全性

在Unix系统中，各种外围设备都由相应的文件表示，因而文件系统的安全性显得特别重要，这种安全主要通过文件的权限设置来实现。每一个Unix文件和Unix目录都由3个允许的比特位设置，分别定义文件的所有者、分组和其他人的使用权限，如：允许读、允许写、允许执行、允许SUID、允许SGID等。正确设置用户对文件的访问控制权限是使Unix系统安全的重要保证。

Unix新版本中引入了"安全终端"概念，超级用户不能在非安全终端上登录。较安全的设置是，只将控制台作为安全终端管理。

6)Unix网络服务安全

Unix系统提供如下一些服务的同时，可能存在安全风险。

①Telnet服务：进行Telnet登录时，用户名和口令是明文传输，有可能被网上其他用户截获；其次，Telnet也给入侵者提供了字典攻击的机会。

②FTP服务：可以建立匿名FTP，但要使得提供共享文件的同时，保证服务器Server上其他目录文件的安全。

③rlogin和rsh服务：需要设置信任主机，非法用户可能冒充被信任的主机。

④Rexec服务：虽然Rexec不采用信任机制，但用户提供的口令将通过网络传输，而且它对无

效的用户名和无效的口令返回不同的错误信息，入侵者可能借此刺探系统的有效用户名。

⑤Finger 服务：使用 Finger 命令，可以查看本地或远程系统中的当前登录用户的详细信息，通过这种查看，可能出现泄漏敏感信息的风险。

⑥Sendmail 服务：Sendmail 使用 SMTP 协议在 Internet 上传输电子邮件，Sendmail 的安全漏洞有：sendmail 采用信任机制，被信任的用户可以伪造邮件；sendmail 的某些版本包含了 debug 模式，通过这一模式，外来者可以无限制地访问运行 sendmail 的系统；由于 sendmail 以 root 权限运行，这些漏洞显得更加突出。

⑦tftp 服务：tftp 运行时不需要口令，这会带来安全问题。

⑧NFS 服务：在 NFS 中，用户不经登录就可以阅读或者更改存储在 NFS 服务器上的文件，因此要注意尽可能以只读方式输出文件系统。

(4)Unix 系统安全管理的具体措施

为提高 Unix 系统及其使用的安全性，可以采取如下一些管理措施。

1)防止未授权存取

要使 Unix 系统的口令鉴别机制能充分发挥作用，必须加强用户的安全意识和良好的口令管理措施，进行用户网络活动的周期性检查。

2)防止用户过多占用系统资源

Unix 系统不应被某个用户有意试图使用过多系统资源，而使得系统难以为其他用户提供正常的服务。由于 Unix 不能很好地限制用户对系统资源的使用，因此系统管理员需要用 ps、df 和 du 命令周期性地检查系统，以便能够查出过多占用 CPU 资源的进程和大量占用磁盘空间的文件和用户。

3)防止缓冲区溢出

据统计，许多时候系统的安全问题来自缓冲区溢出。攻击者编写一个超过缓冲区长度的字符串，然后将超长的字符串连续写入(植入)到缓冲区，从而使得过长的字符串覆盖相邻的存储单元，产生缓冲区溢出，引起程序运行失败，严重的可导致系统崩溃。

4)在 inetd. conf 中关闭不使用的服务

Unix 系统中有许多用不着的服务自动处于激活的状态。这些服务可能存在不安全的问题。可以在 inetd. conf 中以“#”符号注释掉不需要的服务，使其处于不激活状态。

5)给系统打补丁

Unix 系统被发现的漏洞，几乎都有了相应的补丁程序。因此，系统管理员需对系统漏洞做及时的修补，安装运行补丁程序。

6)重要主机单独设立网段

从安全角度考虑，将经常执行 telnet、ftp 等需要传送口令的重要应用的主机单独设立一个网段，以避免某台主机被攻击者攻破装上 sniffer，造成整个网段数据通信全部暴露。

7)定期检查

定期检查系统日志文件，及时做好备份。定期检查关键配置文件(最长不超过一个月)。重要用户的口令应该定期修改(不长于三个月)，不同主机使用不同的口令。

7.3.2 Linux 操作系统的安全性

Linux 操作系统是一种基于开放源代码的多用户、多任务、多层系统，使用相当广泛。本节介绍 Linux 操作系统安全的相关内容。

Linux 操作系统采用了读写权限控制、安全审计、跟踪监测、核心授权等多种安全措施，使得它成为最具安全性和稳定性的操作系统之一。按照可信计算机评价标准，Linux 操作系统安全等级为 B1 级，它具备以下安全性能。

(1)自主访问控制

在 Linux 系统中，每个文件和目录都有一个所有者和一组访问权限。这些权限用于限制用户对文件和目录的访问和操作，以保护系统和数据的安全性。经授权的用户可以自主地将权限转移给他人，权限的修改调整由特权用户负责。

(2)最小权限管理原则

Linux 系统的权限管理是基于多用户和多权限的模型，用户可以被分配不同的权限级别。这种权限管理机制可以限制恶意用户或程序对系统的访问和操作，从而提高系统的安全性。Linux 系统的权限分为 3 个主要类型：

①所有者权限：文件和目录的所有者对文件和目录的操作(访问)有特定的访问权限(读、写、执行权限)。

②组权限：文件和目录的所属组(用户)对文件和目录的操作(访问)也有特定的访问权限(读、写、执行权限)。一个组包括多个用户。一个用户可以属于多个组。

③其他用户权限：除了文件和目录的所有者和所属组之外的用户都属于其他用户，其他用户也有其特定的访问权限(读、写、执行权限)。

(3)安全扩展性

Linux 操作系统提供 SELinux(security enhanced Linux)和 AppArmor 等安全性的扩展选项，它们通过强制访问控制(MAC)机制限制进程和用户的权限，提供额外的安全功能。

(1)Linux 防火墙技术

Linux 系统提供了免费的防火墙软件 Netfilter 和 Iptables，它包含在 Linux 2.4 及以后版本的内核中。Netfilter 和 Iptables 被用于实现数据包过滤功能，可以对流入和流出的信息进行精细化控制，实现防火墙、网络地址转换(NAT)和数据包的分割等功能。

防火墙内置有两张网卡：一个由内向外发送数据，一个由外往内发送 Iptables 读取进入和外出的数据包的头，归纳出数据流的规则，并将它们与 Iptables 定义的规则表进行比较，符合定义的规则的数据将继续发往目的地地址，不符合定义的规则的数据将丢弃或按规定规则处理，从而保护网络的安全。对于一般用途的服务器，可以使用“安全级别设置”工具，启动基本的防火墙设置来保护系统；对于数据流路由、地址伪装、地址转换或者拥有多接口等更高级的配置，必须手工编写 Iptables 规则。

(2)安全审计

审计是访问控制机制的一个重要组成部分，它通常用于记录涉及系统安全的操作，能够有效地追查违反系统安全规则的事件。审计记录数据通常存放在日志文件中。Linux 系统向系统管理员提供内核和系统程序信息、用户登录退出信息以及进程统计信息等日志信息。当用户登录系统时，Linux 系统将用户的登录信息默认地记录在/var/log/wtmp 和/var/run/utmp 文件中；Linux 系统还可以统计系统中各运行进程的进程 ID、运行时间、IO 传输信号等信息，并将这些信息存放在/var/log/pacct 文件中；错误日志则被记录在/var/log/message 文件中。

Linux 系统的运行状态分为用户态和核心态两种，进程只能通过系统调用才能转换成核心态，从而访问文件、目录等系统资源。执行系统调用之后，进程返回到用户态。因此，可以在系统调用的入口设置审计点，通过审计控制可以成功地记录与安全相关的事件。

7.3.3 Windows 操作系统的安全性

微软在开发 Windows 服务器操作系统(Windows NT 3.1)之初,便将其定义为能够在用户级实现自主访问控制、提供审计访问对象机制的 C2 级安全级别。Windows 操作系统安全模型由本地安全认证、安全账户管理器、安全参考监视器、注册、访问控制、对象安全服务等功能模块构成,这些功能模块之间相互作用,共同实现系统的安全功能。

Windows 系统执行的安全性工作还有如下 3 类:

(1)扩展身份标识和访问控制功能

新增的一项功能是 Windows Hello 和 Microsoft Passport,利用它能更好地通过易于部署和使用的多因素身份验证(MFA)机制来保护用户身份。另一个新增功能是 Credential Guard,它使用基于虚拟化的安全(VBS)来保护 Windows 身份验证子系统和用户凭据。

(2)信息保护

Windows 系统的 BitLocker 和 BitLocker To Go 功能可用于保护闲置数据。Windows 10 提供企业级数据库的文件级加密,可以使用虚拟专用网络(VPN)和 Internet 协议安全来帮助保护数据安全。

(3)防恶意软件

Windows 10 新增的 VBS、Device Guard、Microsoft Edge 和全新版本的 Windows Defender 功能可帮助减轻恶意软件造成的威胁。

7.3.4 Android 操作系统的安全性

安卓(Android)是一种基于 Linux 内核(不包含 GNU 组件)的自由及开放源代码的移动操作系统。Android 操作系统最初由安迪·鲁宾开发,后由 Google 公司和开放手机联盟领导及开发,主要应用于智能手机、平板电脑、数码相机、智能手表等移动设备。2024 年 2 月 15 日发布了 Android 15 的首个开发者预览版。

(1)Android 操作系统安全计划的关键组成部分

1)渗透测试和代码审核

在平台开发期间,Android 创建的组件和开放源代码组件都接受严格的安全审核。这些审核由 Android 安全团队、Google 的信息安全工程团队和独立的安全顾问进行。这些审核的目标是在主要版本发布之前找出存在的缺陷和可能的漏洞。

2)开放源代码和社区审核

Android 开放源代码项目允许感兴趣者对其进行广泛的安全审核。Android 系统还使用已经过重要外部安全审核的开放源代码技术(如:Linux 内核)。

3)事件响应

Android 安全团队有全职成员负责监控用于讨论潜在漏洞的 Android 专用安全社区和一般安全社区,且及时查看提交到 Android 错误数据库中的安全错误,若发现确实存在的问题,Android 安全团队则启动响应流程修复漏洞。这些云支持的响应可能包括更新 Android 平台(无线下载更新)、从 Google Play 中移除应用以及从现场设备中移除应用。

4)每月安全更新

Android 系统安全团队为 Google Nexus 设备和设备制造合作伙伴提供每月更新。

(2)Android 操作系统采取的主要安全措施

1)访问限制

Android操作系统执行访问限制机制使得只有经过授权的用户才能执行相关的功能操作，以确保文件、数据的安全。

2)应用程序签名

所有的Android应用程序(.apk文件)都必须通过证书的签名，此证书的私钥由开发者所掌握，证书的标识是应用程序的作者。

3)Dalvik虚拟机防护

Android系统采用进程隔离策略来保障应用软件及其数据文件的完整性和机密性。

4)权限命名机制

权限主要包含3方面的信息：权限的名称、属于的权限组和保护级别。权限组包含若干具体权限，例如在COST_MONEY组中包含Android.permission.SEND_SMS、Android.permission.CALL_PHONE和费用相关的权限等。每个权限通过ProtectionLevel来标识保护级别(Normal、Dangerous、Signature和Signatureorsystem)。不同的保护级别代表了程序要使用此权限时的认证方式。Normal的权限只要申请就可以使用；Dangerous的权限在安装时需要用户确认才可以使用；Signature和Signatureorsystem的权限需要使用者的应用程序APP和系统使用同一个数字证书。

5)Package权限

Package权限信息主要通过在AndroidManifest.xml中由一些标签(如：：<permission>、<permission-group>和<permission-tree>标签等)来指定。如果Package需要申请使用某个权限，那么需要使用<use-permission>标签来指定。

6)数据安全机制UID

安装在手机中Android系统的每个程序都会被分配给一个属于自己的统一的Linux用户ID，并为它创建一个Sandbox以避免影响其他程序。

7.4 电子邮件的安全性

电子邮件(e-mail)是Internet上最广泛的应用之一。1982年发布的RFC821和RFC822已成为Internet的标准。1984年，国际电报电话咨询委员会CCITT第八次全体会议发布了X.400作为e-mail标准，并于1988年第九次全体会议按ISO/OSI的MOTIS进行了修改。进入20世纪90年代，基于RFC821和RFC 822的系统得到了广泛的应用，而基于X.400的相应系统却没有得到推广。问题在于并不是前者设计得如何好，而是由于后者设计得过于复杂，以至用户很难用好它。Internet是一个开放网络，e-mail的安全性随着应用的扩展越来越重要。本节讨论e-mail的安全机制。

电子邮件系统是一个分散的系统，每封电子邮件都是根据一定的路由，从一个邮件传输代理(MTA)转发到另一个邮件传输代理，几经周折后才送到用户的邮箱中。因为传统的电子邮件没有加密，所以在这个过程中，邮件可能受到多方面的安全威胁：

①信息泄漏：电子邮件交给MTA后，用户就不再干预，攻击者可以在邮件传输过程中获得邮件的拷贝，读取邮件的内容。

②内容篡改：电子邮件传输过程中可能被他人截取，并将修改后的邮件发给接收方。

③身份假冒：攻击者有可能假冒某一个用户的身份给其他用户发送电子邮件。

电子邮件的安全问题已得到人们的关注，PEM、PGP、S/MIME 和 MOSS 等安全方案也在特定的领域中发挥作用，这为人们提供了多种选择，但同时也使得采用不同安全方案的邮件缺乏互操作性。

7.4.1　增强保密电子邮件 PEM

1993 年 2 月发布的 RFC 1421～1424 分别就“报文加密与鉴别过程”“基于证书的密钥管理”“算法、种类与识别”和“密钥核对与有关业务”等方面描述了如何增强 Internet 和 e-mail 的安全性，它们统称为增强保密的电子邮件 PEM(privacy enhanced mail)。

PEM 基于简明电子邮件传输协议(simple mail transfer protocol，SMTP)，加上成熟的密码技术机制(DES、RSA、数字签名等)来完成下列 4 方面的安全功能：

①数据机密性，不向非授权用户泄漏报文的内容。

②数据报鉴别，接收者可确定报文发送者的身份。

③报文完整性保证，可保证报文内容不被非法修改。

④不可否认，可核实发送者的身份，并核实报文未曾被更改过。

PEM 虽然是由 IAB(internet activities borad)下属的保密与安全研究组推出的，带有一定的官方色彩，但由于考虑得过于全面(尤其是使用了 X.400、X.509 等)增加了复杂性，而且 PEM 只支持安全的文本信息，因而在它以后推出的 PGP 更受 Internet 用户的欢迎。

7.4.2　完美秘密电子邮件 PGP

完美秘密电子邮件 PGP(pretty good privacy)是由 MIT 的 P. R. Zimmerrmann 提出的一个基于 RSA 公钥密码和对称密码相结合的跨平台的邮件加密软件。PGP 并不是新的密码算法或协议，它综合采用了多种密码算法，经常被用于签名、加密和解密电子邮件，以增加电子邮件通信的安全性。PGP 主要具有保密和鉴别两方面安全功能。

(1)PGP 的工作流程

PGP 提供了认证、保密性、压缩、兼容性以及分段和重装 5 种服务，具体的处理过程如图 7.13 所示。

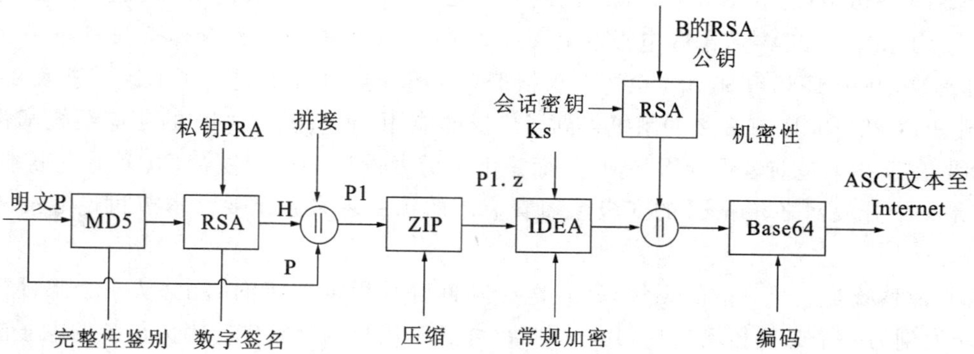

图 7.13　PGP 发送端的处理过程

1)认证

PGP 认证主要通过公钥密码和消息验证码来完成信息内容的比对和双方身份的认证。发送方 A 首先创建消息，使用 Hash 函数生成消息(明文)的散列值，然后使用发送方私钥 PR_A 的 RSA

加密该散列值，并将结果附在消息上；接收方B收到消息后，使用RSA公钥来解密，恢复散列值，并且再生成消息的一个新散列值，与接收到后解密得到的散列值相比较，若两个散列值相符合，则说明消息是真实的且确认身份。

Hash和RSA的组合提供了一种有效的数字签名方案。由于使用了RSA算法（也可以使用DSS算法），接收方可以确保只有私钥的拥有者才能生成签名；Hash函数的使用使接收方可以确保没有其他人能够生成与散列值相对应的新消息或生成原始消息的签名。一般情况下，签名是附在要签名的消息或文件上的，但有时可允许分离签名，它可以独立于所签名的消息而存储和传送。例如，在以下的环境中就需要使用分离签名：用户可能需要维护一个单独的签名日志，其中包括所有发送和接收的消息；可执行程序的分离签名可以检测出随后的消息是否感染了病毒；在需要多个实体签名一个文档时（比如：签名有效合同），每个人的签名是独立的，因此可以使用分离签名。

2）加密

PGP可以使用常规密码算法CAST-128（或IDEA或3-DES）、64位CFB方式等将传送的消息或者存储在本地的文件加密。在PGP中，每个常规密钥都只使用一次。也就是说，每个消息都会产生随机的128位新密钥。由于密钥只使用一次，这个密钥可以作为本次通信的会话密钥，因此，把密钥绑定到消息上与消息一起传送。为了保护密钥，需要使用接收方的公钥进行加密。具体步骤如下：

①发送方生成消息M并为该消息生成一个128位的随机数作为会话密钥。

②使用会话密钥、CAST-128（或IDEA或3DES）算法加密M。

③使用RSA算法及接收者的公钥加密会话密钥并与消息M结合，然后发送给接收方。

④接收方使用自己的私钥解密恢复会话密钥。

⑤接收方使用会话密钥解密恢复消息M。

3）压缩

在默认情况下，PGP在签名之后、加密之前进行消息压缩，这样有利于减少在电子邮件传送和文件存储时的磁盘空间。另外，由于压缩后的消息比原始明文的长度小，使密码分析更加困难，因此在压缩后进行加密可以增强安全性。

4）电子邮件兼容性

许多电子邮件信息只允许使用由ASCII文本构成的数据块。为适应这种限制，PGP提供了将8位二进制串转换成可打印的ASCII字符串服务，这种服务使用的方案是基数64转换。在传送时，可以使用压缩明文的散列值来生成签名，然后再压缩明文和签名。若要求机密性服务，则加密压缩明文或压缩签名和明文，并将常规加密密钥的加密公钥附在上面。最后，整个消息块被转换成基数64的格式。接收方收到消息后，首先将接收到的消息块从基数64的格式转换成二进制形式；若消息是加密的，则接收方恢复会话密钥并解密消息，然后解压缩结果块；若消息是经过签名的，则接收方可以恢复传送的散列值并与自己计算的散列值相比较。PGP接收端的处理过程如图7.14所示。

（2）加密密钥和密钥环

PGP使用了一次性会话常规密钥、公钥、私钥和逐段常规密钥。对于每一个密钥，都需要有生成不可测会话密钥的方法，并且能够允许用户拥有多个公钥与私钥对，而对于每个PGP实体，都必须维护自己的公钥与私钥对文件以及通信双方的公钥文件。因此，用户为了使用PGP和其他用户通信，必须建立一个公钥环，用于存放其他用户的公钥。

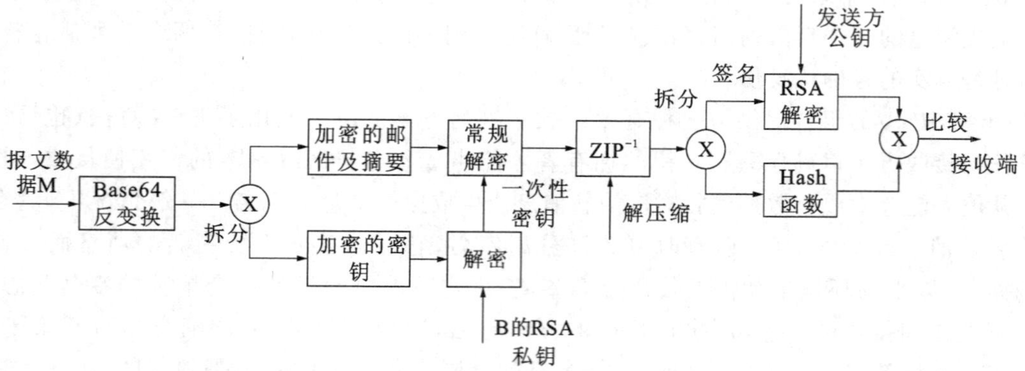

图 7.14 PGP 接收端的操作过程

1)会话密钥的生成

PGP 的会话密钥是个随机数,会话密钥的使用是一次性的,其中 CAST-128 和 IDEA 密码算法所用会话密钥长为 128 比特,3-DES 密码算法所用的会话密钥长为 168 比特。下面以 CAST-128 算法为例介绍其密钥的生成。

CAST-128 算法生成随机的 128 位数字。这种随机数生成器的输入由 128 位密钥和两个作为明文的 64 位数据块构成。CAST-128 算法生成两个 64 位的加密文本块,这两个文本块被链接起来形成 128 位的会话密钥。随机数生成器的明文输入由两个 64 位块构成,是从 128 位的随机数流中得到的。这些数字以用户击键输入为基础,根据击键计时和实际键入的字符生成随机数流。这样,如果用户按照正常的频率随机击键,那么就会生成正常的随机输入,这种随机输入与 CAST-128 算法生成的会话密钥的输出结合起来,形成生成器的输入码。对于给定的 CAST-128 算法的密钥矩阵来讲,其结果是一系列不可预测的会话密钥。

2)密钥标志符

会话密钥附在加密消息上。为了有效存储、组织密钥,同时也为了便于永久使用,PGP 使用了两个称为秘密密钥环(私钥环)和公钥环的数据结构。

当每个用户有多个公钥与私钥对时,可以利用用户 ID 和密钥 ID 的组合来唯一识别一个密钥,并且只需传送较短的密钥 ID 即可。但是,这种方法必须分配和存储密钥 ID,才能使得发送方和接收方将密钥 ID 和公钥对应起来。PGP 给每个用户公钥指定一个密钥 ID,这在用户 ID 中可能是唯一的。与公钥相关的密钥 ID 至少由 64 位数构成,也就是说,公钥的密钥 ID=公钥 mod 2^{64}。

PGP 的数字签名也需要密钥 ID,这是因为发送方可能使用某个私钥来加密消息摘要,所以接收方必须知道应该使用哪个公钥。相应地,消息的数字签名组件中包括了所需公钥的 64 位密钥 ID,接收消息时,接收方可以验证发送方公钥的密钥 ID,然后再验证签名。所传送的消息由消息体、签名(可选)和会话密钥(可选)构成,如图 7.15 所示。

会话密钥		签名				消息		
接收方的公钥密钥ID	会话密钥Ks	时间戳	发送方的公钥密钥ID	消息摘要的两个引导位组	消息摘要	文件名	时间戳	数据

图 7.15 PGP 接收消息的格式

消息部分包括被存储或传送的实际数据、文件名和表明创建消息时间的时间戳。签名部分包括以下内容：

①报文包括实际存储或传输的数据以及文件名、消息产生的时间戳等。

②签名部分包括产生签名的时间戳、消息摘要、作为消息的 16 位校验序列的消息摘要的头两字节、发送者的公钥标识(从而标识了加密消息摘要的私钥)报文、可选的签名可以使用 ZIP 压缩后再用会话密钥加密。

③会话密钥部分包括会话密钥本身和发送方加密会话密钥时所使用的接收方的公钥标识。

3)密钥环

密钥需要以一种系统化的方法来存储和组织，以便有效和高效地使用。密钥 ID 对 PGP 的操作非常重要，任意一个 PGP 消息中都包括两个提供机密性和身份验证的密钥 ID，这些密钥需要存储并使用对称方式进行组织，以便所有实体能够被高效使用。PGP 在每个节点提供一对数据结构，一个是存储该节点年月的公开/私有密钥对(私钥环)；另一个是存储该节点知道的其他所有用户的公开密钥(公钥环)。

图 7.16 给出了私钥环的通用结构，可以把它看成一张表，表中每一行代表该用户所拥有的一个公钥/私钥对。

时间戳	密钥 ID	公钥	被加密的密钥	用户 ID
⋮	⋮	⋮	⋮	⋮
T_i	$PK_i \bmod 2^{64}$	PK_i	$E[SK_i]$	ID_i
⋮	⋮	⋮	⋮	⋮

图 7.16　私钥环的结构

私钥环利用用户 ID 和密钥进行索引，并且只能存储在创建并拥有该密钥对的用户机器上，该密钥利用 CAST-128(或者 IDEA、TDEA)算法进行加密存储。

加密过程为：首先，用户选择用于加密私钥的口令作为输入。系统利用 RSA 算法生成新的公钥/私钥对，使用 SHA-1 算法计算该口令的 Hash 值，然后废弃该口令。最后，把 128 位 Hash 值作为密钥，系统利用 CAST-128 算法加密私钥，之后废弃 Hash 值，经过加密的私钥被存储在私钥环中。以后，当用户访问私钥环以获取私钥时，必须提供口令。PGP 可以检索已经加密的私钥、生成口令的 Hash 值，并使用具有 Hash 值的 CAST-128 算法将加密私钥解密。

公钥环中每行存储的是该用户所知道的其他用户的公钥，如图 7.17 所示，其数据项包括：时间戳(表示这一行产生的时间)、密钥 ID、公钥(指这一行的公钥)、用户 ID(指该公钥的属主)，其中密钥 ID 和用户 ID 可作为该行的标识符。

假定消息已经经过了签名和加密，在消息传送时 PGP 执行如下操作：

①签名消息。PGP 使用发送方的用户 ID 作为索引，首先从私钥环中检索出发送方的私钥，若没有提供用户 ID，则取私钥环中第一个私钥；接着 PGP 提示用户输入口令来恢复未加密的私钥；最后构造消息的签名部分。

②加密消息。PGP 生成会话密钥并加密消息；然后，PGP 使用接收方的用户 ID 作为索引从公钥环中得到接收方的公钥；最后构造消息的会话密钥部分。

在接收消息时，PGP 执行如下操作步骤：

①解密消息。PGP 使用消息的会话密钥部分中的密钥 ID 作为索引，首先从私钥环中检索得到接收方的私钥；然后 PGP 提示用户输入口令来恢复未加密的私钥；最后 PCP 恢复会话密钥并解

密消息。

②身份验证消息。PGP使用消息的密钥部分中的密钥ID作为索引，首先从公钥环中检索得到发送方的公钥，然后恢复传送来的消息摘要，最后计算出接收消息的消息摘要，并与传送来的消息摘要相比较进行身份验证。

时间戳	密钥ID	公钥	拥有者信任字段	用户ID	密钥合法字段	签名	签名可信字段
⋮	⋮	⋮	⋮	⋮	⋮	⋮	⋮
T_i	$PK_i \bmod 2^{64}$	PK_i	$Flag_i$	ID_i	$Flag_i$	⋮	⋮
⋮	⋮	⋮	⋮	⋮	⋮		

图7.17 公钥环的结构

4)公钥管理

PGP包含一系列的功能函数，以提供有效的机密性和身份验证服务。为实现系统所有的服务功能，还必须解决公钥管理的问题。公钥管理问题的实质为：用户A必须建立包含其用户公钥的公钥环，以便利用PGP进行相互操作。公钥通常由可信的证书权威机构管理。有关密钥管理的相关知识请参见第4.7节介绍的内容。

7.4.3 S/MIME电子邮件标准

S/MIME全称为“安全的多功能互联网邮件扩展(secure/multipurpose internet mail extensions)”，利用公钥基础设施(PKI)的标准协议以确保电子邮件通信的安全。1995年，RSA公司和一些软件厂商共同提出了S/MIME，它集成了3类标准：MIME、加密消息语法标准(cryptographic message syntax standard，PKCS7)和证书请求语法标准(certificate request syntax standard，PKCS 10)，目标是创造一个现代的安全信息系统。

与PGP相比，S/MIME使用了层次信任模型，证书由认证权威机构颁发，用户的身份非常明确。这就意味着S/MIME比PGP更安全，有更好的扩展性，容易把规模从小范围的组扩大到大企业，也容易把S/MIME集成到许多电子邮件应用中。

相对于PEM而言，S/MIME具有较大的伸缩性，它除了支持文本信息外，还支持MIME。在定义证书授权CA的层次方面采用了相对灵活的方式，不要求一定包含层次性，这就满足了在小群体中采用单一中心认证服务CAS的证书策略的需要。

S/MIME在功能上与PGP非常相似，两者都提供了签名和加密消息的功能。S/MIME提供了以下功能：

①封装数据：对于一个或多个接收方，S/MIME可以加密内容和加密密钥，以及对消息和签名都使用base64编码。这意味着发送者可以使用S/MIME对消息进行加密，确保只有预期的接收者能够阅读和理解消息内容。

②数字签名：发送者对消息使用私钥加密进行签名，并使用Base64进行编码，以确保消息的完整性和发送者的身份。这种签名后的消息只有使用S/MIME的接收者才能阅读。收件人收到邮件后，用发送者的公钥验证签名，确保邮件未经篡改且确实是由声明的发件人发送。

③透明签名数据：加密和签名后的邮件内容会作为特殊的MIME部分嵌入电子邮件消息中，发送者可以对消息进行签名，但只有签名使用base64编码。这意味着接收者即使没有使用S/MIME也可以阅读消息内容，但无法验证签名。这种透明签名数据的功能提供了一种平衡，收件人只能查看邮件信头(如发件人、收件人、主题、发信时间等)，无法查看邮件正文内容。

④嵌套使用:S/MIME 提供了电子邮件嵌套前两步骤的功能,也就是说,加密的数据可以被签名,签名的数据或明文签名的数据也可以加密。

S/MIME 融合了 3 种公钥算法。数字签名的首选算法是数字签名标准 DSS 算法,加密会话密钥的首选算法为 Dime-Helman 算法,RSA 算法是用于签名和会话密钥加密的首选算法。对于创建数字签名的 Hash 函数而言,S/MIME 规范推荐使用 160 位的 SHA-1 算法,但支持 128 位 MD5 算法。

S/MIME 的发送方进行签名和加密:①捕获电子邮件;②检索用来唯一标识发件人的信息;③检索用来唯一标识收件人的信息;④使用发件人的唯一信息对邮件执行签名操作,以产生数字签名;⑤将数字签名附加到邮件中;⑥使用收件人的信息对邮件执行加密操作,以产生加密的邮件;⑦使用加密后的邮件替换原始邮件;⑧发送电子邮件。

S/MIME 的接受方进行解密和验证签名:①接收电子邮件;②检索加密邮件;③检索用来唯一标识收件人的信息;④使用收件人的唯一信息对加密邮件执行解密操作,以恢复明文邮件;⑤返回明文邮件;⑥将明文邮件返回给收件人;⑦从明文邮件中检索数字签名;⑧检索用来标识发件人的信息;⑨使用发件人的信息对明文邮件执行签名操作,以产生数字签名;⑩将邮件所附带的数字签名与收到邮件后所产生的数字签名进行比较,如果数字签名匹配,那么说明接收到的电子邮件有效。

7.5 防火墙技术

防火墙(Firewall)是由计算机软件和硬件组合而成的一个或一组系统,处于企业或网络群体计算机与外界通道之间,用来加强 Internet 与内部网之间的安全防范。防火墙控制网络内外的信息交流,提供接入控制和审查跟踪,在外部网和内部网之间的界面构筑一个安全屏障。

7.5.1 防火墙的概念

防火墙是一个在安全的内部网和不可信任的外部网(如 Interent)之间强制实施安全策略的系统。图 7.18 是防火墙的示意图。

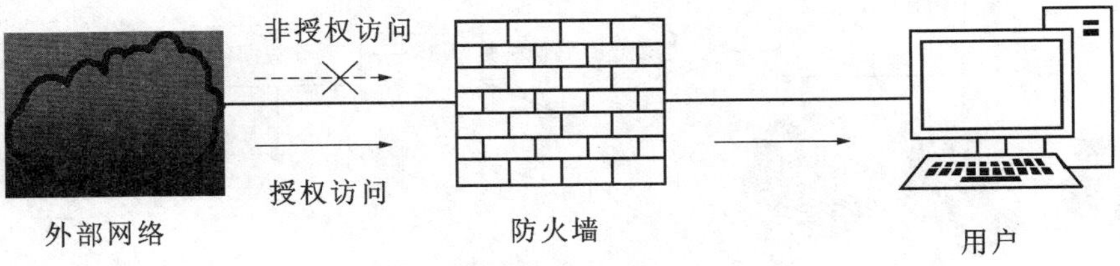

图 7.18 防火墙示意图

防火墙可以设置在个人计算机、工作站、服务器、大型主机、路由器等计算机和网络设备上,它的功能是决定从外部网能访问内部网哪些信息和服务以及谁能访问这些信息和服务,以达到保护企业内部网的信息资源的目的。

防火墙的安全策略有白名单策略和黑名单策略两种类型。白名单策略:只允许符合安全规则的数据包通过防火墙,其他数据包被禁止;黑名单策略:禁止与安全规则相冲突的数据包通过防火墙,其他数据包都允许通过。

7.5.2 防火墙的分类

根据部署方式,可以将防火墙分为 3 种类型:软件防火墙、硬件防火墙和基于云的防火墙。软件防火墙(主机防火墙)直接安装在主机设备上。这种类型的防火墙只保护一台机器(网络终端、台式计算机、笔记本电脑、服务器等),因此管理员必须在需要保护的每台设备上安装软件防火墙。硬件防火墙(设备防火墙)是一个独立的硬件设备,用于过滤进出网络的流量。与软件防火墙不同,硬件防火墙有自己的资源,不会占用主机设备的任何 CPU 或存储空间。硬件防火墙相对更适合大型企业网络,中小型企业网络可能更多地会选择在每台主机上安装软件防火墙的方式。硬件防火墙的优点在于使用一种解决方案保护多台设备并且不消耗主机设备资源,但其成本高于软件防火墙。

基于云的防火墙通过 Internet 按需提供服务。这些服务也称为防火墙即服务(FaaS),以基础设施即服务 IaaS 或平台即服务 PaaS 的形式运行。基于云的防火墙适用于高度分散的业务和在安全资源方面存在缺口的环境。云防火墙服务提供商处理所有管理任务(安装、部署、修补、故障排除等);用户可以自由扩展云资源以满足流量负载;无需任何内部硬件。

根据防范方式和侧重点的不同,防火墙可以分为包过滤型防火墙、应用级网关型防火墙和代理服务型防火墙。

(1)包过滤型防火墙

包过滤技术在网络层对数据包进行选择。选择的依据是系统内设置的访问控制表(access control table)中描述的过滤逻辑,动态地检查 TCP/IP 数据流中每个数据包的报文类型、源 IP 地址、目的 IP 地址、所有 TCP 端口号、TCP 链路状态等因素,或它们的组合,然后依据一组预定义的规则删除不合乎逻辑的数据包。图 7.19 给出了包过滤型防火墙的工作流程。

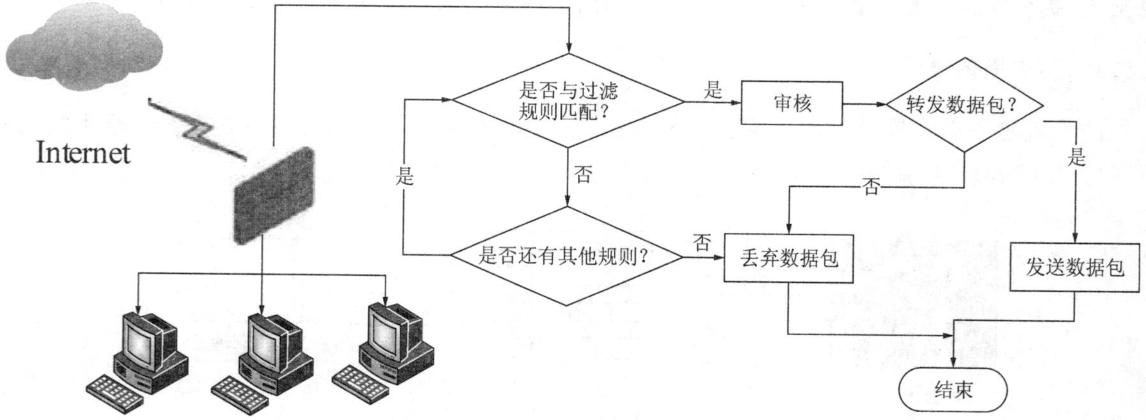

图 7.19 包过滤型防火墙

包过滤防火墙可以安装在一个双宿网关上或一个路由器上,也可以安装在一台服务器上。包过滤防火墙能够控制站点与站点、站点与网络以及网络与网络之间的相互访问,但是它不能控制传输的数据包的内容。这是因为数据包的内容是应用层数据,包过滤系统不能有效辨认。包检查模块位于操作系统的核心中,在操作系统或路由器转发包之前拦截所有的数据包。包过滤防火墙利用检查模块来拦截和检查所有流经防火墙的数据(包括流入和流出的数据)。检查模块验证数据包是否符合过滤规则,对于不符合规则的数据包要进行报警或通知管理员,并且丢弃不符合规则的数据包。防火墙将记录所有数据包的情况,无论是否符合过滤规则。对于丢弃的数据包,防火墙根据包过滤策略可以给发送方一个消息，也可以不发。但如果都返回一个消息，那么攻击者可能会根据所拒绝的数据包的类型猜测包过滤规则的大致情况。因此，对于是否返回一个消息给发送者要慎重。

TCP 是面向连接的可靠传输协议，这是因为利用 TCP 协议通信的双方事先必须建立连接才能传输数据，并且通过以下 3 个条件来保证连接之后通信的可靠性：目标主机将按发送的顺序接收应用数据；目标主机将接收所有的应用数据；目标主机将不重复接收任何数据。对于错误的数据，采用重传的方法来保证数据的可靠到达。因此，若要阻止 TCP 的连接，则仅阻止第一个连接请求包就够了，这是因为没有第一个数据包，接收端不会把后面的数据组装成数据流，并且不会建立起连接。

UDP 数据包中也包含源端口和目的端口，但与 TCP 数据包不同的是，UDP 数据包没有确认号、序列号、ACK 位等，因此 UDP 数据包的过滤特性和 TCP 数据包有所不同。数据包过滤防火墙无法检查 UDP 包是客户对服务器的请求还是服务器对客户的响应。要对 UDP 数据包进行过滤，防火墙应能够记住流出的 UDP 数据包，动态地过滤数据包。当一个 UDP 数据包要进入防火墙时，防火墙会检查它是否和流出的 UDP 包相匹配，若匹配则允许它进入，否则阻塞该数据包。UDP 包返回的是：目的端口为请求包的源端口、目的地址为请求包的源地址、源端口为请求包的目的端口、源地址为请求包的目的地址。

ICMP 数据包用于主机之间、主机和路由器之间的路径选择、流量控制、差错控制和阻塞控制等，包过滤应根据 ICMP 的类型来进行过滤。ICMP 数据包被封装在 IP 包中。不同的消息类型用于不同类型的机器（设备），如有的消息只能由路由器发出，由主机来接收。例如，当路由器禁止一个数据包通过时，通常路由器将返回一个 ICMP 报文给发送主机。黑客如果攻击内部网络，通过分析返回的 ICMP 报文的类型可以知道哪种类型的数据包被禁止，于是就可以大致分析出防火墙采用的过滤规则。因此，防火墙应该禁止返回有用的 ICMP 报文。

采用数据包过滤技术的防火墙通常安装在网络的路由器上，几乎所有的商用路由器都提供此项功能。这种基于路由器的防火墙比较简单易行、价格较低、对用户透明，对网络性能的影响很小。数据包过滤技术的缺点是没有用户的使用记录，这样就不能从访问记录中发现黑客的攻击记录。另外，它对 IP 欺骗式攻击无法防范，即黑客修改数据包头中的 Internet 协议地址，把 IP 地址改成可被接受的地址，以此骗取对企业内部网络的访问权限。

(2)代理服务型防火墙

代理服务型防火墙是一个运行一个或多个应用层网关的主机，也叫应用网关防火墙，它在网络应用层上建立协议过滤和转发功能。它针对特定的网络应用服务协议，使用预先设定的数据过滤规则，并在过滤包的同时对数据包进行必要的分析、登记和统计，形成报告。在实际使用应用网关防火墙时，通常将它安装在专用工作站系统上。应用网关防火墙可以拦截进出应用程序的所有封包，并且封锁其他的封包（通常是直接将封包丢弃）。理论上，这一类防火墙可以完全阻绝外部的数据流进入受保护的机器里。代理服务型防火墙（应用网关防火墙）的优点是可以检查应用层、传输层和网络层的协议特征，对数据包的检测能力比较强。

代理服务型防火墙的工作原理如下：

①接收客户端请求。代理服务型防火墙接收来自客户端的请求，这些请求可以是访问网站、传输文件、发送邮件等操作。防火墙将这些请求与安全策略进行比较，以确定是否允许该请求通过防火墙。

②验证用户身份。为确保只有经过授权的用户才能够通过防火墙，代理型防火墙对用户的身

份进行验证。用户身份验证可以采用用户名和密码、数字证书、生物识别技术等方式。通过验证用户身份,可以防止未经授权的用户访问受保护的网络资源。

③安全策略检查。代理型防火墙采用安全策略过滤和拦截进出网络的数据包。安全策略可以根据用户身份、访问权限、数据类型、时间等因素进行设置。通过将请求与安全策略进行比较,防火墙可以决定是否允许该请求通过。这样可以有效地阻止恶意攻击和非法访问,保护网络资源的安全。

④转发请求。如果代理型防火墙允许客户端的请求通过,那么它会将请求转发给目标服务器。在转发请求时,防火墙还对数据包进行加密、压缩等处理,以确保数据传输的安全性和效率。

⑤记录日志。代理型防火墙对所有通过它的请求记录客户端的IP地址、访问的URI地址、访问时间等信息。这些日志可以用于安全审计和分析,以便及时发现和处理安全事件。

⑥返回结果。代理型防火墙将服务器返回的结果转发给客户端,完成一次完整的网络通信过程。如果防火墙在处理过程中发现任何异常或攻击行为,那么它会立即采取相应的拦截、警告或记录等措施,以确保网络安全。

(3)状态检测防火墙

"状态检测"又称动态包过滤,状态检测防火墙又称为动态防火墙。"状态检测"机制以流量为单位对报文进行检测和转发,状态检测允许防火墙了解网络连接的上下文和状态,以做出更智能的决策。在状态检测防火墙中,有两张表:规则表和状态表(会话表)。其中规则表描述防火墙的过滤规则,规则表由六元组(源IP地址、目的IP地址、源端口、目的端口、协议号和数据类型)构成;状态表描述数据包连接的属性,状态表由九元组(源IP地址、目的IP地址、源端口、目的端口、协议类型、该次连接的状态、TCP包序列号、该次连接超时值、连接已通过数据包个数)构成。图7.20给出了状态检测防火墙的工作流程。

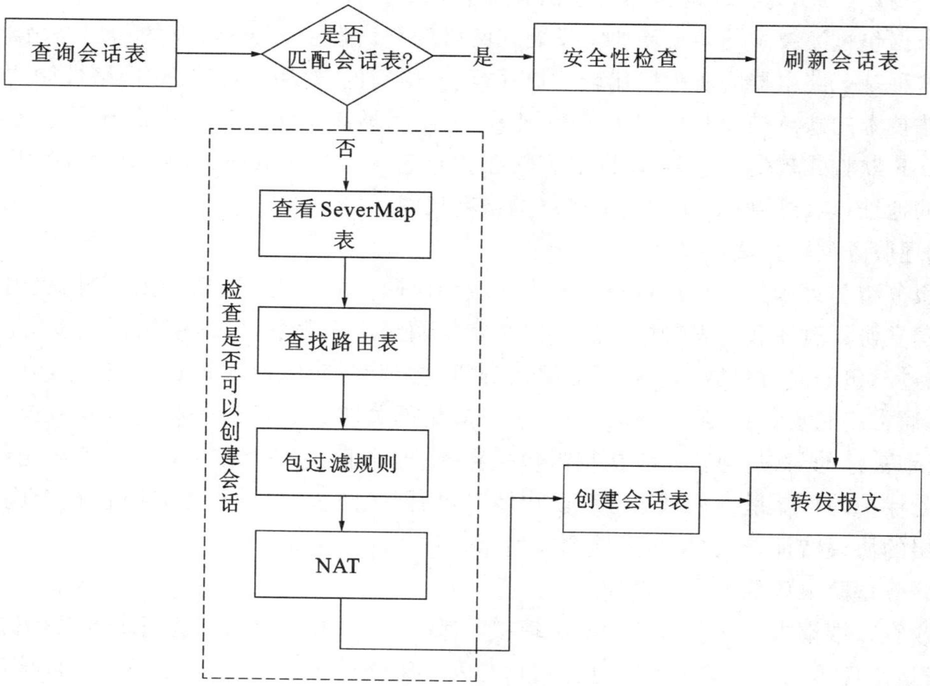

图7.20 状态检测防火墙的工作流程

状态检测防火墙包括 3 大模块:①协议处理模块,对数据链路层和网络层进行过滤;②规则匹配模块,根据事先配置的规则对数据包进行过滤;③状态检测模块,分析协议的工作原理和流程。

状态检测防火墙监视每个有效连接的状态,并根据这些信息决定网络数据包是否能够通过防火墙系统。它在网络层截取数据包,数据包首先到达状态检查模块,通过对数据包分析、提取数据包报文头文件信息,检查数据包是否符合在状态表中某个已经建立的有效的会话连接记录,如符合记录则根据报文头信息更新状态表并放行。其目的是验证后续的连接请求,这样系统的执行效率高并且具有很好的伸缩性和扩展性。若与状态表中无匹配表项,则检测其与规则表是否匹配,若不匹配则直接丢弃,若匹配,则进一步判断是否允许建立新连接,这时根据 IP 协议承载的上层不同协议类型建立新表项,最终对报文加载状态信息进行处理。

状态检测防火墙具有以下优点:

①状态检测防火墙工作在数据链路层和网络层之间,它从这里截取数据包,确保防火墙能够截取和检查所有通过网络的原始数据包。状态检测防火墙首先根据安全策略从数据包中提取有用信息,保存在内存中;然后将相关信息组合起来,进行判断,执行相应的操作(允许数据包通过、拒绝数据包、认证连接、加密数据等)。状态检测防火墙虽然工作在协议栈较低层,但它监测所有应用层的数据包,从中提取 IP 地址、端口号、数据内容等有用信息,这样安全性就得到提高。

②状态检测防火墙不需要协议栈的上层处理任何数据包,系统减少了处理高层协议头的开销,执行效率显著提高;此外,在防火墙系统中一个连接一旦建立起来,就不用再对这个连接做更多工作,系统可以去处理别的连接,执行效率明显提高。

③状态检测防火墙根据从数据包中提取出的信息、对应的安全策略及过滤规则处理数据包,当有一个新的应用时,它能动态地产生新应用的新规则,而不用像应用代理防火墙那样需要另外编写代码,因此具有较好的伸缩性和扩展性。

④状态检测防火墙不仅支持 TCP 的应用,而且支持基于无连接协议的应用。对于无连接协议,连接请求和应答没有区别,过滤防火墙和应用代理防火墙对此类应用要么不支持,要么开放一个大范围的 UDP 端口,这样暴露了内部网,降低了安全性。状态检测防火墙是通过在 UDP 通信之上保持一个虚拟连接来实现基于 UDP 的应用安全。

(4)下一代防火墙

下一代防火墙(next-generation firewall,NGFW)是在传统防火墙基础上发展而来的一种新型网络安全设备。它在维护网络安全性和过滤恶意流量方面有着更高效、更智能的特点。

信息技术研究和顾问公司 Gartner 在 2010 年首次提出了“下一代防火墙(next-generation firewall, NGFW)”的概念。下一代防火墙应具备以下核心特征:

①标准的防火墙功能:包括传统的状态检测、网络地址转换(NAT)、虚拟专用网络(VPN)等基本防火墙功能。

②集成的入侵防御:整合入侵检测系统(IDS)和入侵预防系统(IPS)功能,以检测并阻止对网络资源的潜在攻击。

③应用识别与控制:能够识别和控制各种应用程序及其特定功能,而不仅仅是基于端口号或协议类型进行访问控制。

④用户身份识别与控制:能够识别并跟踪网络中的用户身份,以便实现基于用户身份的访问控制和策略管理。

⑤内建的或可升级的威胁情报源:包含或能够与第三方威胁情报源集成,以识别和阻止恶意软件、僵尸网络和其他高级持续性威胁(APT)。

⑥灵活的管理与部署选项:提供方便易用的管理界面,支持集中式管理,并能够根据企业网络架构的需要进行灵活部署。

下一代防火墙在功能、安全性和可管理性方面相对于传统防火墙具有优越性:

①深度数据包检测:传统防火墙主要关注数据包的源地址、目标地址和端口号等基本信息,而下一代防火墙则能深入检查数据包内容,识别并拦截恶意流量。

②应用识别与控制:传统防火墙难以识别应用程序或其特定功能,而下一代防火墙通过应用签名、行为和上下文分析等技术实现对各种应用的精确识别和控制。

③用户身份识别与控制:传统防火墙只能基于 IP 地址进行访问控制,而下一代防火墙可以识别具体的用户信息并实现基于用户身份的访问控制,这使得安全策略更加灵活且易于管理。

④集成多种安全功能:下一代防火墙整合了入侵检测系统(IDS)、入侵防御系统(IPS)、防病毒、反垃圾邮件、沙箱分析等多种安全功能,提供更加全面的网络安全防护。

⑤SSL/TLS 解密与检查:下一代防火墙可以对 SSL/TLS 加密的数据包进行解密和检查,以确保网络安全。

⑥统一管理与报告:下一代防火墙通常提供集中式的管理界面,使得管理员能够更方便地配置策略、查看各种报告和监控网络状况。

7.5.3 防火墙的体系结构

防火墙体系结构主要包括安全操作系统、过滤器、网关、域名服务和 e-mail 处理 5 个部分。现有的防火墙系统由包过滤路由器与应用级网关组合构成复合型防火墙体系结构。在各种防火墙体系结构中都会涉及一种称为堡垒主机的主机。堡垒主机是一台安装软件配置应用网关和服务代理程序的主机。堡垒主机安装了 DNS、FTP、HTTP 和 SMTP 等基本服务,具有基本的防火墙功能。堡垒主机是内部网络和 Internet 之间的通信桥梁,它中继所有的网络通信服务,并具有认证、访问控制、日志记录、审计监控等功能。

(1)屏蔽路由器防火墙

屏蔽路由器防火墙被放置于 Internet 和内部网络之间,是连接内外网络的唯一通道,所有的数据包都必须通过它的检查。在路由器上可以安装基于 IP 层的数据包过滤软件,以实现数据包过滤的功能。屏蔽路由器在内网和外网之间完成数据包的转发,并利用包过滤规则来判断接纳或拒绝数据包。一般的过滤规则为:内部网络上的主机可以直接访问 Internet,但 Internet 上的主机对内部网络上的机器进行访问是有限制的。图 7.21 展示了内外网与屏蔽路由器防火墙的体系结构示意图。

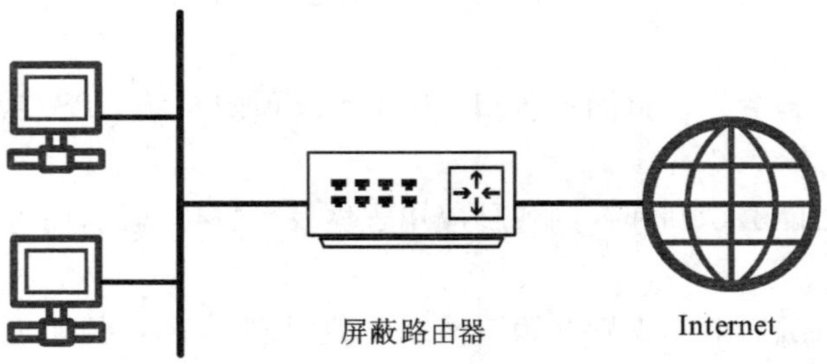

图 7.21 屏蔽路由器防火墙

屏蔽路由器防火墙也称为筛选路由器防火墙,它具有如下优点:①架构简单且硬件成本较低;

②由于路由器提供非常有限的服务,所以保卫路由器比保卫主机较易实现。

屏蔽路由器防火墙也有一些缺点:①仅依靠包过滤规则过滤数据包,一旦有错误的配置,将会导致不期望的流量通过或者拒绝一些正常的流量;②只有一个单独的设备保护网络;③不能隐藏内部网络的配置,任何能访问屏蔽路由器的人都能轻松地看到内部网的布局和结构;④没有较好的监视和日志功能,没有报警功能,缺乏用户级身份认证。

(2)屏蔽主机防火墙

屏蔽主机结构的防火墙系统由包过滤路由器和堡垒主机组成,也称单宿主堡垒主机防火墙,即只有一个网络接口的堡垒主机。屏蔽主机防火墙实现了网络层安全(包过滤)和应用层安全(代理服务)。入侵者在攻击内部网络之前,必须首先渗透两种不同的安全系统,因此屏蔽主机防火墙所提供的安全等级比基于包过滤的屏蔽路由器防火墙要高。图 7.22 给出了内外网及屏蔽主机防火墙系统结构的示意图。

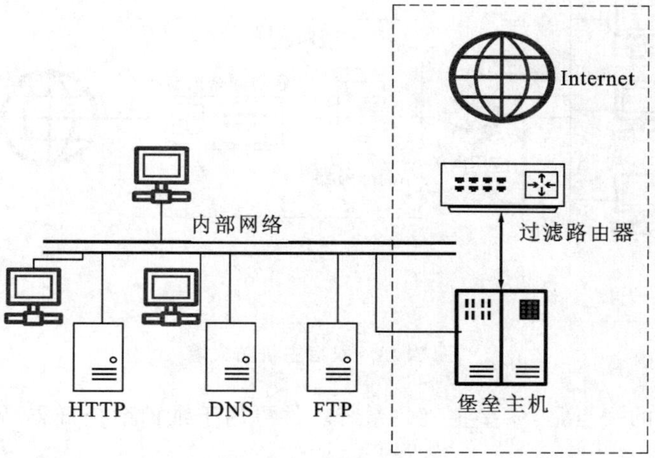

图 7.22 屏蔽主机防火墙

屏蔽主机防火墙系统将堡垒主机配置在内部网络上,而包过滤路由器则放置在内部网络和 Internet 之间。将过滤规则配置在路由器上,使得外部系统只能访问堡垒主机,而发给内部网络中其他主机的信息全部被阻塞。堡垒主机成为从外部网络唯一可直接访问的主机,这样就确保了内部网络不受未被授权的外部用户的攻击。由于内部主机与堡垒主机处于同一网络,因此内部网络中的主机是采取直接访问 Internet 还是使用堡垒主机上代理服务的方式来访问 Internet,需要由有关的安全策略来决定。通过在路由器配置过滤规则使 Internet 只接受来自堡垒主机的内部数据包,就可以强制内部用户使用代理服务。屏蔽路由器防火墙与屏蔽主机防火墙的区别在于:一个只使用包过滤路由器作为堡垒主机;一个采用两个安全设备,以过滤路由器作为接口,使用专门的计算机作为堡垒主机,能对内屏蔽主机结构是因为防火墙利用了网络地址转换(NAT)技术 。

屏蔽主机防火墙具有如下优点:①如果受保护网络是一个没有子网和路由器的虚拟扩展本地网,那么内部网络的变化不影响堡垒主机和屏蔽路由器的配置。②可以将提供公开信息服务的服务器(如 Web 服务器、FTP 等)放置在由包过滤路由器和堡垒主机共用的网段上。对于安全特性要求特别高的情形,可以让堡垒主机运行代理服务以使得内部和外部用户在与信息服务器通信之前必须先访问堡垒主机;对于其他情形,可以将路由器设置成让外部用户直接访问公共信息的服务器。

屏蔽主机防火墙的缺点:路由器为网络层设备的安全瓶颈,缺少防范内部欺骗的能力。

(3)双宿主机防火墙

双宿主机防火墙是指使用装有两块网卡的堡垒主机做防火墙,两块网卡各自与内部网和Internet相连。堡垒主机上运行防火墙软件,可以转发应用程序、提供服务等。内网、外网之间的通信必须经过堡垒主机。这种体系结构的双宿主机防火墙禁用路由选择功能,这样防火墙两边的网络只与双宿主机通信。对于双宿主机防火墙,堡垒主机是唯一能从Internet上直接访问的内部资源,因此内网系统中只有堡垒主机本身可能受到攻击。如果允许用户注册到堡垒主机,那么整个内部网络上的主机都会受到被攻击的威胁。这是因为如果允许注册、入侵者侵入堡垒主机并将其配置修改为只具有路由功能,那么外部网络上的任何用户均可以随意访问内部网络。因此,保证堡垒主机的牢固可靠、避免被渗透和不允许用户注册是至关重要的。双宿主机防火墙结构如图7.23所示。

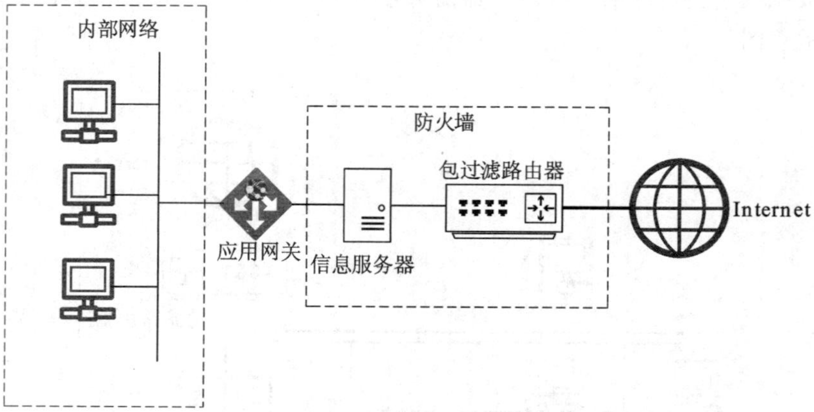

图7.23 双宿主机防火墙

双宿主机防火墙的优点是:堡垒主机的系统软件可用于维护系统日志、硬件拷贝日志或远程管理日志。

双宿主机防火墙的弱点是:一旦入侵者侵入堡垒主机并使其只具有路由功能,则任何外网用户均可以随意访问内部网络。

(4)屏蔽子网防火墙

屏蔽子网结构的防火墙在内部网络和外部网络之间设置一个被屏蔽的子网,同时利用两台分组过滤路由器将这一子网分别与内部网络和外部网络隔开,将堡垒主机、信息服务器以及其他公用服务器配置在这个子网中。在这种体系结构的防火墙中,外部网络和内部网络之间的所有通信都必须经过双宿主机或屏蔽路由器,从而实现对进出内部网络流量的过滤和控制。双宿主机或屏蔽路由器可以设置访问规则,例如限制外网用户访问内部网络,或者仅能访问内部网络中的部分主机。图7.24给出了屏蔽子网防火墙结构示意图。

屏蔽子网结构防火墙可以设置多个堡垒主机,例如一个堡垒主机用于WWW服务,另一个堡垒主机用于FTP服务,等。这些堡垒主机可以接受来自外部网络用户的服务资源访问请求,并对其进行过滤和控制。在这种体系结构的防火墙中,内部路由器用于隔离周边网络和内部网络,是屏蔽子网体系结构的第二道屏障。在其上设置了针对内部网络用户的访问过滤规则,对内部网络用户访问周边网络、外部网络进行限制,例如部分内部网络用户只能访问周边网络而不能访问外部网络等。

对于来自Internet的信息,与Internet相连的路由器用于防范通常的外部攻击并管理Internet到隔离区(DMZ)网络的访问,它只允许外部网络访问堡垒主机或者信息服务器;而与内部网络相连的路由器提供第二层防御,只接受源于堡垒主机的数据包,对DMZ到内部网络的访问进行管

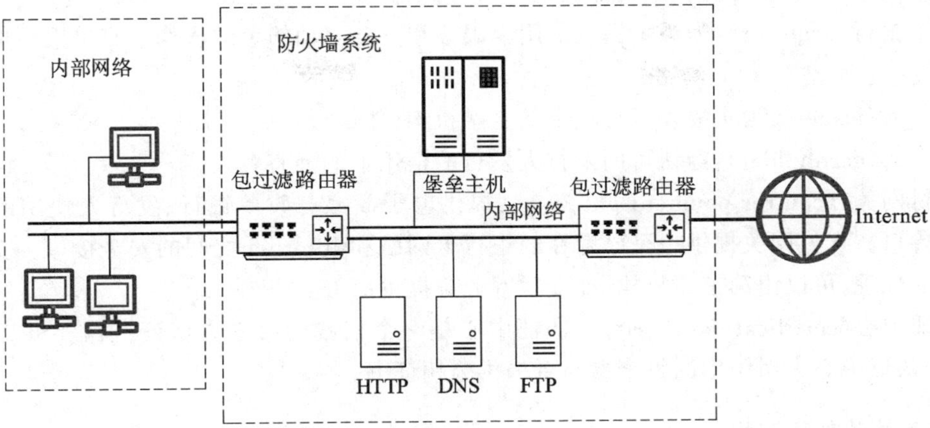

图 7.24　屏蔽子网防火墙

理。对于去往 Internet 的数据包，与内部网络相连的路由器管理内部网络到 DMZ 网络的访问，它允许内部网络用户只访问堡垒主机或信息服务器；而与 Internet 相连的路由器只接收来自堡垒主机的去往 Internet 的数据包，并利用代理服务技术对这些数据包进行管理。

屏蔽子网结构防火墙是为了防止网络内部的欺骗，对重要服务器和主机实现双重保护，可以防止未经授权的用户访问内部网络资源。这种体系结构的防火墙需要配置多个接口和路由规则，管理较为复杂。

7.6　安全电子交易协议

安全电子交易(secure electronic transaction，SET)协议是由 MasterCard 和 Visa 两家国际性信用卡商合作专为电子信用卡而创建的信用卡交易的加密和安全规约。

7.6.1　SET 协议的参与实体

SET 协议定义了支付过程中的若干个参与实体，如图 7.25 所示。

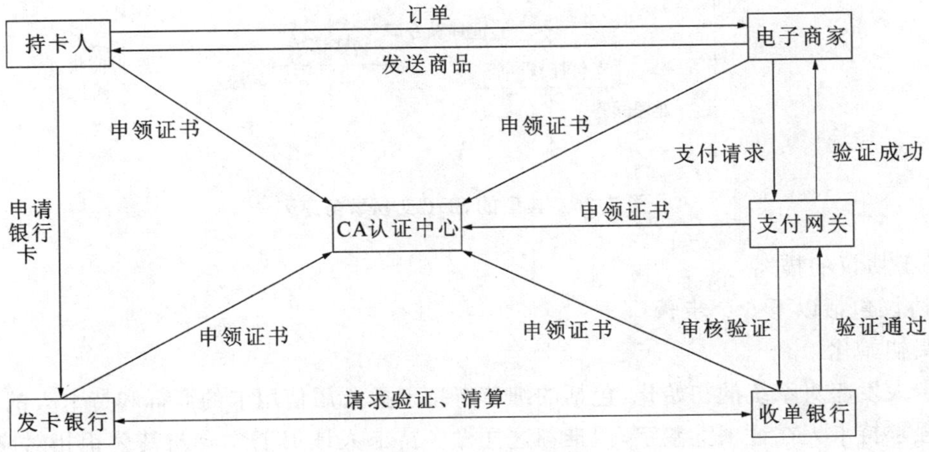

图 7.25　SET 协议结构

SET 协议中参与实体的具体组成包括：

①电子商家(merchant):提供商品、服务和信息的商家。

②收单银行(acquirer):为买家提供信用卡服务和资金流动的金融机构。收单银行也被称为获得者或让受人。

③发行人(issuer):为买家发行信用卡的金融机构(如银行)。

④持卡人(cardholder):经认可的发行人发行的信用卡的拥有者。

⑤支付网关(acquirer payment gateway):提供电子商家与收单银行、发行人使用的银行卡网络之间的接口。支付网关提供一个已存在的银行卡网络和 Internet 之间的安全接口。支付网关是收单银行的代理,可以由第三方机构(如互联网业务提供商 ISP)提供。

⑥认证中心(certificate authority):认证中心是一个权威的第三方认证机构。SET 协议采用公钥加密,认证中心为系统中的每个参与者提供公钥证书。

7.6.2 SET 协议处理流程

SET 协议描述一系列电子交易事务流(如购买、验证、支付等),所涉及对象包括顾客、商家、支付网关、发卡银行和认证中心。图 7.26 描述了典型的 SET 交易事务序列,每个交易事务由请求/响应对构成。

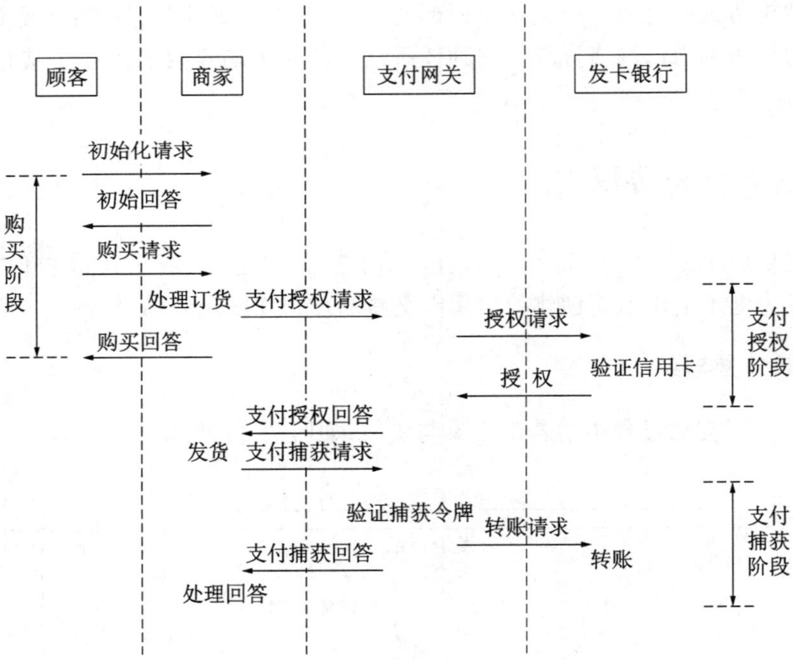

图 7.26 典型的 SET 交易事务序列

(1)SET 协议的描述

SET 协议包括以下 6 个步骤:

1)购买初始化

由持卡人发起对系统的初始化,包括的细节有持卡人所用信用卡的商标和持卡人的证书,SET 协议并不强求持卡人在证书上签字,但推荐这样做。持卡人证书上含有与其公钥相对应的信用卡账号。如果收单银行收到了使用持卡人密钥对中的私钥签名的请求,那么银行就知道该请求确实来自真正的持卡人。

商家收到初始请求，向顾客发送初始回答（包括支付网关的公钥、随机数和 Message）。支付网关的公钥在用户发送购买请求时加密支付信息使用，商家无法看到信用卡上的账户信息；随机数用来标识本次交易；Message 表示收到初始请求的信息。

2）订购

这是顾客购物的实际请求，这个请求信息由两部分组成，一是订购信息（OI），直接发送给电子商家；二是支付信息（PI），由电子商家传递给支付网关。PI 是用收单银行的公钥进行加密，因此商家是无法得知其内容的。PI 中也包含了 OI 的散列值，因此这两个信息必须成对处理。值得注意的是，信用卡号仅存放在 PI 中，因而商家是不可能知道信用卡号的，这样就避免了欺诈者使用伪装的交易界面来收集信用卡信息。

收单银行认可了订购信息后，发出一个响应信息。但是，在收单银行认可之前，商家也可以与持卡人完成交易，不过，在这种情况下，持卡人会看到一条信息提示：购物请求在认证之后会被接受。

3）支付授权

商家收到顾客的购买请求，通过支付网关发起请求，请求收单银行认可该项交易。这个请求信息包括两部分：商家替顾客转发的支付信息和商家的授权信息，其中支付信息包括购买价格信息以及持卡人发出的 PI。这样，收单银行知道商家和持卡人双方都同意此项交易中的货物名称、价格和数量。当收单银行收到了这个请求，若验证通过，则银行为该笔交易进行授权，并生成一段加密的授权码，再将其返回给支付平台。

4）支付确认

支付平台收到发卡银行返回的授权码后，将其加密并发送给商户。商户将授权码显示给用户确认，并要求用户输入支付密码进行确认。用户输入密码后，商户会将密码和授权码等信息加密，并通过支付平台传递给发卡银行。

5）证书验证

发卡银行收到加密后的密码和授权码后，使用商户的公钥进行验证。若验证通过，则发卡银行将生成一个加密的支付凭证，并将其返回给商户。商户收到支付凭证后，使用其私钥解密并进行验证。若验证通过，则说明交易具备合法性和安全性。

6）支付处理

商家通过支付网关向收单银行要求将前述认证的购物资金数额划拨到它的账户上。网关将商家发送来的证书验证后，将该交易的捕获令牌与本地的信息比较，若相同，则向发卡银行发出转账请求，银行将根据此请求将金额划转到商家的账户上。网关将该交易的状态设置为完成状态，并向商家发出支付捕获令牌的回答。商家收到支付捕获令牌回答验证后，保存回答信息。

（2）SET 协议的安全性

1）采用公钥加密和私钥加密相结合的办法确保数据的保密性

在 SET 协议中，支付环境的信息保密性是通过公钥加密和私钥加密相结合的算法来加密支付信息而获得的。它采用的公钥加密算法是 RSA、私钥加密算法是 DES。这两种不同加密技术的结合应用在 SET 中被形象地称为数字信封，RSA 算法加密相当于用信封密封，消息首先使用 DES 算法加密，然后装入数字信封进行传输。

2）采用信息摘要技术确保信息的完整性

SET 协议通过数字签名方案来确保消息的完整性和进行消息源的认证。数字签名方案通过RSA 加密算法结合生成信息摘要，信息摘要是消息通过 Hash 函数处理后得到的唯一对应于该消息的数值，消息中每改变一个二进制位都会引起信息摘要中大约一半的数据位的改变。两个不同的消息具有相同的信息摘要的可能性极其微小。因此，Hash 函数的单向性使得从消息摘要反向计算推出消息本身是不可行的。

3)采用双重签名技术确保交易双方的身份认证

为使得商家在合法验证持卡人支付指令和银行在合法验证持卡人订购信息的同时，确保顾客的隐私不被侵犯，SET 协议采用了双重签名技术。在安全电子商务交易中，持卡人的订购信息和支付指令是相互对应的。商家只有确认了对应持卡人的支付指令对应的定购信息才能够按照定购信息发货；而银行只有确认了与该持卡人支付指令对应的定购信息是真实可靠的，才能够按照商家的要求进行支付。

7.7 区块链安全

7.7.1 区块链简介

区块链是一种通过一系列按时间顺序排列的区块构成，每个区块都包含一定数量的交易记录。这些区块通过加密技术链接在一起，形成一个不可篡改、去中心化的数据链。区块链的设计使得数据一旦写入就无法被修改或删除，从而确保了数据的完整性和透明性。

区块链技术最初是为了支持加密的比特币而开发的。比特币的底层技术是区块链，它解决了数字货币中的双重支付问题，并实现了去中心化的货币系统。区块链技术的核心特性如下：

①去中心化：区块链不依赖于任何中央权威或第三方机构来维护数据的完整性，而是通过网络上的多个节点共同维护。

②不可篡改性：一旦数据被写入区块链，就无法被修改或删除。这是通过加密技术和共识机制来实现的。

③透明性：所有参与节点都可以查看区块链上的数据，交易的过程和结果对所有人都是透明的。

④安全性：区块链使用加密技术来保护数据的安全，防止未经授权的访问和篡改。

区块链由如下元素组成：

①区块：区块是区块链的基本单位，它包含一组交易记录和其他相关信息(如前一个区块的哈希值、时间戳等)。

②链：区块通过哈希值链接在一起，形成一条连续的链。这种结构确保了数据的连续性和完整性。

③节点：节点是区块链网络中的参与者，它们负责验证和记录交易，维护区块链的完整性。

④共识机制：共识机制是区块链网络中达成一致的规则，它确保所有节点在区块的添加和交易的验证上达成一致。图 7.27 描述了区块链的数据结构。

区块链技术的去中心化、不可篡改和透明性等特征，为数据存储和传输提供了一种可行的解决方案，它不仅在加密货币领域发挥着重要作用，在金融、供应链管理、医疗保健等领域也展现出应用潜力。

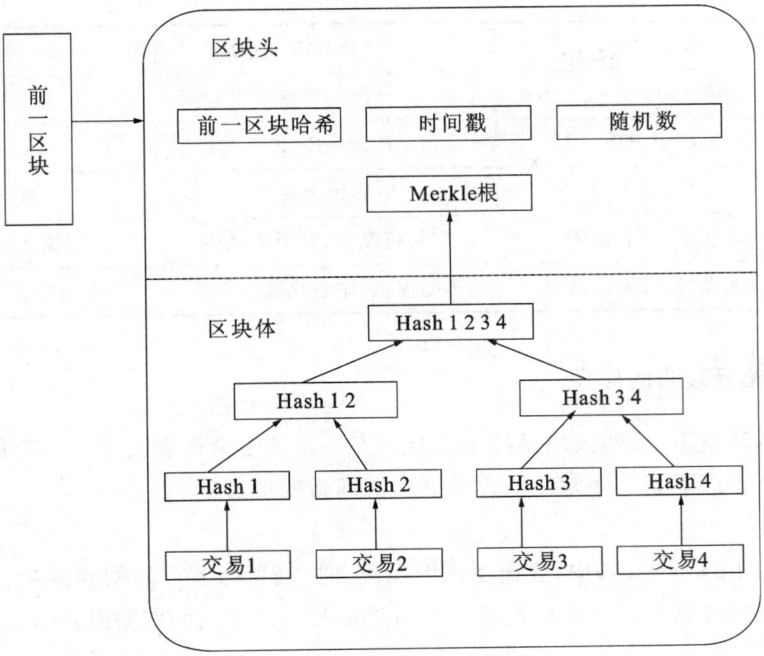

图 7.27 区块链数据结构

7.7.2 区块链的分类

区块链主要分为 3 类：公有链（public blockchain）、私有链（private blockchain）和联盟链（consortium blockchain）。

①公有链（public blockchain）：公有链是典型的区块链类型，所有人都可以参与其中，任何人都可以查看和验证链上的交易。公有链通常采用工作量证明（proof of work，PoW）和权益证明（proof of stake，PoS）等共识机制。公有链典型的应用有比特币和以太坊，比特币使用 PoW，以太坊正在逐步转向 PoS。公有链的特点包括去中心化、透明、安全，但存在着交易速度慢、扩展性差等问题。

②私有链（private blockchain）：私有链又称为许可链，只有授权用户才能参与其中，交易数据的可见性和访问权限受到限制。私有链通常由组织或企业管理，用于提高交易效率和保护商业机密。私有链的特点包括高效、可控、安全，但缺乏去中心化和透明度。

③联盟链（consortium blockchain）：联盟链是介于公有链和私有链之间的一种形式，只有特定的组织或实体被授权参与其中，但仍具有一定程度的去中心化和透明度。联盟链通常由多个组织共同管理，用于构建信任和合作关系。联盟链的特点包括可控性、高效性和一定程度的去中心化。

区块链的分类主要根据参与者的身份和权限来划分，不同类型的区块链适用于不同的场景和需求，选择合适的区块链类型可以更好地满足特定的业务需求。表 7.4 描述了 3 种区块链的结构和特点。

表 7.4 公有链、私有链和联盟链对比

类型	公有链	私有链	联盟链
结构	完全去中心化	相对去中心化	（多）可信中心
参与方	公众	指定的可参与成员	联盟成员

续表 7.4

类型	公有链	私有链	联盟链
记账方	所有参与节点	指定节点	预选节点
共识机制	PoW 或 PoS	Paxos、RAFT	PBFT、RAFT
应用场景	比特币、以太坊	中心化交易所	Hyperledger
优点	高透明度,安全性强	交易速度快,资源消耗少	平衡了安全性和效率
缺点	交易速度慢,资源消耗大	透明度低,中心化程度较高	参与方有限,需建立信任

7.7.3 区块链网络受攻击的形式

在区块链网络环境下,虽然区块链技术本身具有一定的安全性和去中心化特征,但仍然存在受到一些攻击的可能。以下是一些常见的攻击区块链网络的形式。

(1)日蚀攻击

在日蚀攻击(eclipse attack)中,攻击者试图隔离并控制目标节点的网络连接,使目标节点只能连接到攻击者控制的恶意节点。这种攻击主要通过篡改目标节点的网络路由表或对网络进行欺骗来实现。

攻击者利用日蚀攻击隔离目标节点,使其无法接收到其他节点广播的合法交易,攻击者通过控制目标节点接收到的区块信息,导致交易确认延迟或交易被拒绝。攻击者通过控制目标节点的网络连接,向目标节点传播虚假的区块链数据或交易信息。

为了防御区块链网络受到日蚀攻击,可以采取以下措施:

①多样化连接:确保节点连接到多样化的网络对等节点,减少被完全隔离的风险。

②连接限制:限制节点从同一 IP 地址或网络范围接收的连接数量,防止攻击者通过大量恶意节点占据目标节点的连接槽。

③持续验证:节点定期验证其连接的对等节点,以确保它们提供的区块链数据是准确和最新的。

④网络监测:监测网络中的异常行为,比如突然的连接变化或不寻常的数据传输模式,以便及时发现潜在的攻击行为。

(2)51%攻击

51%攻击发生在一个单独的区块链矿工(节点)或一个区块链矿工(节点)联盟控制了区块链网络超过 50%的哈希率(计算能力)时。这种控制力使他们能够阻止新的交易被确认,使他们能够反转已经完成的交易,这可能导致双重支出。

在 51%攻击中,攻击者通过重写区块链的部分历史,进行双重支付,从而欺骗其他用户。这种攻击会破坏对区块链安全性的信心,可能导致代币价值下跌。长时间的 51%攻击可能导致区块链分叉。

为防御 51%攻击,可以采取如下措施:

①提高区块链网络的去中心化程度,使得控制超过 50%的计算能力变得更加困难。

②使用更安全的共识机制(如:权益证明 PoS)。

③实施系统监测以及快速响应措施,以便在攻击发生时迅速采取行动。

(3)双花攻击

双花攻击发生在攻击者试图同时发送两笔相同金额但接收方看到不同金额的交易。如果两笔交易都被确认,那么同一笔资金被使用两次。

如果区块链金融受到双花攻击，那么接收方可能会损失资金，这是因为他们可能会收到一笔最终被撤销的交易。这将破坏区块链的不可篡改性和可信度。

可以通过采取如下措施防御双花攻击：

①交易确认：大多数区块链网络要求一笔交易在被认为是最终确认之前，需要在多个区块之后仍然保持不变。

②共识机制：使用权益证明（PoS）或委托权益证明（DPoS）等安全的共识机制，以降低攻击者获得网络控制权的可能性。

③网络监测：监测网络中重复的交易或异常的交易模式等异常行为，以及时发现并阻止双花攻击。

（4）自私挖矿攻击

自私挖矿攻击（selfish mining attack）是一种针对区块链网络（特别是采用工作量证明 PoW 的区块链）中的共识机制的攻击。在这种攻击中，一个区块链矿工或矿池故意隐藏新挖掘的区块，而不是立即将其广播到网络上。这样做的目的是，在没有竞争的情况下继续挖掘更多的区块，以便在公开其私有链时获得比其他诚实的区块链矿工更多的区块奖励。

自私挖矿攻击的过程：

①隐藏区块：攻击者挖掘到一个新区块后，不将其广播到网络上，而是继续在其后面挖掘更多的区块。

②构建私有链：攻击者在自己的私有链上继续挖掘，目标是使其比公共链更长。

③广播私有链：当攻击者的私有链比公共链长时，他们会将私有链广播到网络上，使其他矿工挖掘的区块被孤立（或弃用），从而获得更多的区块奖励。

自私挖矿攻击导致其他区块链矿工（节点）的工作被浪费，因为他们挖掘的区块可能被孤立，增加了其他矿工（节点）的收益不确定性，影响了网络的稳定性。这种攻击破坏了区块链的去中心化原则。

为防御自私挖矿攻击，可以采取如下措施：

①发布激励：通过奖励那些公开新区块的矿工（节点）来鼓励他们尽快广播区块。

②修改挖矿协议：调整区块链协议（例如：通过改变区块奖励的分配方式）以减少自私挖矿的激励。

③增加透明度：通过网络监测和分析工具提高区块链网络的透明度，以便及时发现和应对自私挖矿行为。

（5）Sybil 攻击

在区块链和点对点网络中，Sybil 攻击通常表现为攻击者创建大量伪造的节点，企图控制网络的一部分，从而影响网络的正常运行。例如，在一个去中心化的网络中，攻击者可能试图通过控制大量节点来影响共识过程，或者干扰网络中的数据传输。

Sybil 攻击将破坏共识机制，在基于投票或共识的网络中，攻击者通过使用伪造的身份来影响决策过程；攻击者通过尝试隔离网络中的真实节点，使它们无法相互通信；通过控制大量节点，攻击者可能能够篡改或阻止数据的传输。

为防御 Sybil 攻击，人们可以采取如下措施：

①身份验证：通过要求节点提供可验证的身份信息来限制虚假节点的创建。

②资源证明：使用像工作量证明（PoW）或权益证明（PoS）这样的机制，要求节点投入某种资源（如计算能力或资金）来参与网络。

③信任网络：建立基于已知和可信节点的网络，限制未知或不受信任节点的影响力。

④行为分析：监测网络中的节点行为，识别和隔离异常行为的节点。

7.7.4 智能合约安全

智能合约是自动执行合约条款的程序，它们在区块链上运行，提供了自动化、透明性和去中心化的优势。然而，智能合约也面临着一些安全风险和挑战。智能合约漏洞攻击是指攻击者利用智能合约中的安全漏洞来进行恶意操作或盗取资产。由于智能合约是自动执行的代码，因此一旦部署在区块链上，就无法修改，任何存在的漏洞都可能被恶意利用。

下面介绍一些常见的智能合约漏洞攻击类型、案例和防御措施。

(1)智能合约漏洞类型

①重入漏洞：当智能合约执行一个外部调用，但还没有更新其内部状态(如余额)之时，恶意合约可以在被调用时重新进入原合约并多次提取资金。

②整数溢出/下溢：当一个整数变量超过其类型所能表示的最大值时发生溢出，或者低于最小值时发生下溢，导致意外的行为。

③访问控制漏洞：如果合约中的关键功能没有适当的权限检查，那么攻击者可能利用此漏洞执行未授权的操作。

④时间戳依赖：一些合约可能依赖于区块的时间戳，但区块链矿工(节点)可以在一定范围内操纵时间戳，可能导致不公平的结果。

⑤逻辑错误：合约代码中的逻辑错误可能导致意外的结果，比如条件判断错误、循环逻辑错误等。

(2)智能合约攻击案例

下面列出的是近些年出现的智能合约攻击案例：

①The DAO Attack (2016)：一个名为“DAO”的去中心化自治组织遭受重入攻击，导致价值约5000万美元的以太坊被盗。

②Parity Wallet Freeze (2017)：智能合约中的一个漏洞，导致大约1.5亿美元的以太坊被永久冻结。

③BEC Token Attack (2018)：整数溢出漏洞，攻击者生成大量的BEC代币，导致代币价值暴跌。

(3)智能合约安全实践

为确保智能合约安全，可以实施如下办法：

①彻底测试：在部署之前，对智能合约进行包括单元测试、集成测试和模拟攻击测试在内的彻底的测试。

②代码审计：由专业的安全团队对智能合约代码进行审计，以发现和修复潜在的安全漏洞。

③使用已验证的代码库和模式：尽可能使用经过验证的代码库和模式，以避免重复造轮子。

④限制合约功能：避免在单个合约中包含过多的逻辑，以降低复杂性和潜在的风险。

⑤设置紧急停止机制：在合约中设置一个可以暂停合约功能的紧急停止机制，以便在发现问题时能够迅速响应。

⑥遵循安全开发生命周期：将安全考虑纳入智能合约的整个开发和维护过程中。

7.7.5 共识机制与安全

共识机制是区块链网络中用于实现节点间一致性的一组规则。它确保所有参与节点对网络状态(如交易的有效性和区块的顺序)达成共识。共识机制是区块链安全和去中心化特性的关键。每种共识算法都有其特点和适用场景。选择合适的共识机制对于区块链网络的安全性、效率和可扩展性至关重要。共识机制主要内容包括工作量证明(PoW)、权益证明 (PoS)、委托权益证明(DPoS)和实用拜占庭容错(PBFT)等 4 种机制。

(1)工作量证明(PoW)

工作量证明(PoW)机制的安全性特点是:要求节点(矿工)解决一个复杂的数学问题,以获得创建新区块的权利。第一个解决难题的矿工(节点)有权将新的区块添加到区块链上,并获得奖励(如:比特币)。工作量证明(PoW)机制可以抵御双花攻击,并通过激励公开新区块来减少自私挖矿的发生。工作量证明(PoW)机制已经应用于比特币、以太坊(目前正在从 PoW 转向 PoS)。

(2)权益证明(PoS)

权益证明(PoS)机制具有如下安全性特点:节点(验证者)根据其持有的货币数量和持有时间来获得创建新区块的权利,拥有更多货币的节点具有更高的概率被选中,这减少了对计算资源的依赖。

权益证明(PoS)机制可以抵御“无利害”攻击和长程攻击。“无利害”攻击,也称为无效块攻击,攻击者试图通过发送无效交易或块来影响区块链的正确性和完整性。长程攻击是攻击者创建了一条从创世区块开始的长区块链分支,并试图替换掉当前的合法主链的攻击方式。

权益证明(PoS)机制已经在 Cardano、Tezos、升级版的以太坊中得到应用。

(3)委托权益证明(DPoS)

委托权益证明(DPoS)机制的安全性特点:通过投票机制选出一组有限的代表(验证者),负责验证交易并创建新区块。这种机制旨在提高效率和降低能耗。

委托权益证明(DPoS)机制可以抵御中心化攻击和串谋攻击。委托权益证明(DPoS)机制已经应用于区块链操作系统 EOS 和区块链去中心化应用操作系统 Tron 等。

(4)实用拜占庭容错(PBFT)

实用拜占庭容错(PBFT)机制具有如下安全性特点:通过一系列投票阶段,允许网络在存在恶意节点的情况下达成共识,只要超过三分之二的节点是诚实的,区块链系统就能正确运行。这种机制适用于具有已知参与者身份的权限链。

实用拜占庭容错(PBFT)机制可以抵御拜占庭错误和消息泛滥。它在超级账本(hyperledger fabric)等领域得到应用。

每种共识机制都有其独特的特点和适用场景。在选择共识机制时,需要根据特定应用的需求和目标进行权衡。表 7.5 给出常见的 4 种区块链共识机制的特点、优点和缺点。

表 7.5 常见共识机制的特点、优点和缺点

共识机制	特点	优点	缺点
工作量证明(PoW)	矿工(节点)通过解决复杂的数学问题来验证交易和创建新区块	安全性高,去中心化	能耗高,交易速度慢
权益证明(PoS)	验证者根据其持有的代币数量和持有时间来验证交易和创建新区块	能耗低,交易速度快	可能导致财富集中,对“无利害”攻击较为脆弱

续表 7.5

共识机制	特点	优点	缺点
委托权益证明(DPoS)	代币持有者投票选出少数代表来验证交易和创建新区块	高效,适合大规模网络	可能导致权力过度集中,对代表的选择依赖投票机制
实用拜占庭容错(PBFT)	通过多轮投票达成共识,允许小于三分之一的恶意节点存在	适合小规模、私有或联盟链,快速达成共识	难以扩展到大规模网络,对节点身份有较高要求

7.7.6 区块链安全技术

本节讨论区块链的安全特性和相关技术。

(1)区块链的基本安全特性

区块链的基本安全特性包括以下几方面:

①去中心化:区块链采用去中心化的分布式架构,数据分散存储在网络中的多个节点上,每个节点都有完整的数据副本。这意味着即使部分节点受到攻击或出现故障,整个网络仍然可以正常运作,数据的完整性和可用性得以保障。此外,去中心化增强了网络的透明度和可信度,这是因为所有的交易记录都是公开且不可篡改的,任何人都可以验证交易的真实性。

②分布式账本:区块链使用分布式账本技术,数据不集中存储在一个中心服务器上,而是分布存储在网络的多个节点上。

③加密技术:区块链采用非对称加密技术和哈希算法,以确保数据的安全性、隐私性和完整性。

④共识机制:区块链网络中的节点需要达成共识才能验证和添加新的区块。常见的共识机制包括工作量证明(PoW)、权益证明(PoS)和拜占庭容错(BFT)等。这些机制通过网络中的多个节点参与验证和确认,增强了网络的安全性和抗篡改能力。

⑤不可篡改性:数据一旦被记录在区块链上,它就无法被轻易修改或删除。每个区块都包含前一个区块的哈希值,形成一个不断延伸的链条。任何试图篡改区块链上数据的行为都会导致哈希值的不匹配,从而被网络其他节点检测到并拒绝。

⑥智能合约:区块链平台上的智能合约是自动执行的程序,它们在满足特定条件时自动执行预设的操作。智能合约的使用增加了区块链的灵活性和自动化程度,同时提供了一种安全执行合约的方法,减少了人为错误和欺诈的可能性。

(2)区块链安全中的密码技术

①哈希函数:哈希函数是一种将输入数据转换为固定长度输出的单向函数。哈希函数的单向性(不可逆性)和抗碰撞性确保了区块链数据的不可篡改性,无法从哈希值反推原始数据,很难找到两个不同的输入产生相同的哈希值,具有确定性和高度敏感性,相同的输入总是产生相同的输出,任何对数据的微小改动都会导致哈希值的巨大变化,从而被网络中的其他节点检测到,哈希函数用于生成区块的唯一标识符。区块链中常用哈希算法 SHA-256、SHA-3 产生哈希函数值。

②非对称加密:在区块链中,用户的公钥相当于其地址,其他人可以使用公钥来验证签名者的真实性,而私钥用于签署交易,确保交易的发起者拥有相应资产的控制权。只有拥有私钥的用户才能解密用公钥加密的信息,这保证了交易的安全性和用户身份的真实性。区块链中的加密算法广泛使用椭圆曲线密码(ECC)算法。

③数字签名:数字签名用于验证交易的完整性和非否认性。用户使用私钥对交易进行签名,区

块链网络中的其他节点使用公钥来验证签名的有效性。

④零知识证明：零知识证明是一种允许一方（证明者）向另一方（验证者）证明某个陈述是真实的，而无须提供任何具体信息的加密技术。零知识证明具有 3 个基本属性：完整性，若陈述是真实的，则诚实的证明者总能说服诚实的验证者；可靠性，如果陈述是假的，那么任何欺诈的证明者都无法说服诚实的验证者；零知识，验证者除了知道陈述是真实的之外，无法获得任何其他信息。零知识证明在隐私币和区块链平台中具有重要应用。

图 7.28 展示了证明者（Prover）和验证者（Verifier）被一道障碍物分开，证明者拥有一个秘密，通过某种方式向验证者传递信息，但并未透露秘密本身。这个过程体现了零知识证明的核心特性：验证者能够确信证明者知道秘密，而无须了解秘密的具体内容。

图 7.28 简化的零知识证明（ZKP）概念图

【例 7.1】 零知识证明例：假设有一个洞穴，洞穴的形状是一个环，入口处有一扇门将洞穴分成了两部分。门上有一个锁，只有拥有钥匙的人才能打开。现在，爱丽丝声称她有这把钥匙，但她不想直接展示钥匙给鲍勃看，以免鲍勃复制钥匙。爱丽丝可以使用零知识证明技术向鲍勃证明她确实拥有钥匙，而不泄漏任何关于钥匙的信息。

爱丽丝证明其拥有钥匙的过程如下：

第一步：爱丽丝进入洞穴，并选择左边或右边的路径走到门处。

第二步：鲍勃在入口处等待，随后叫出“左边”或“右边”。

第三步：爱丽丝必须从鲍勃叫出的那边出来。如果她有钥匙，那么她可以打开门，从任何一边出来；如果没有，那么她只能从她进入的那边出来。

第四步：重复上述过程多次。如果爱丽丝每次都能从鲍勃指定的那边出来，那么鲍勃就越来越相信爱丽丝有钥匙，但他仍然不知道钥匙长什么样，也无法确定爱丽丝是怎么打开门的。

现代密码技术在区块链中发挥着至关重要的作用，它不仅保护了数据的安全，还保证了交易的匿名性和不可篡改性。

7.8 云计算安全

7.8.1 云计算受到的安全威胁

云计算是一种基于互联网相关服务按使用量付费的计算模式，是一种虚拟化的资源，这种模式提供可用、便捷、按需、高效的网络访问，使计算系统各种资源（数据、网络、服务器、存储、应用软件、信息服务等）实现共享，这些资源按需快速定制，响应快、成本低。但是，云计算用户的数据存储在远程的数据中心，可能存在数据泄漏、被非法获取的风险；如果云服务提供商的系统出现问题，那么用户的业务数据可能面临丢失或损坏的风险。此外，由于云计算环境基于虚拟化构建，因此在一个物理机上通常存在属于不同用户的云主机，这一特性使得云计算环境不仅需要考虑传统计算环境所面对的安全威胁，还需要考虑不可信的管理人员以及恶意的云用户所带来的安全威胁。

按照威胁针对的服务类型的不同，云计算存在的安全威胁包括外部安全威胁、内部安全威胁、针对基础设施即服务(IaaS)层的安全威胁、针对平台即服务(PaaS)层的安全威胁和针对软件即服务(SaaS)层的安全威胁。

(1)外部安全威胁

云服务非常依赖网络。云服务的外部安全多来源于网络的攻击。来自外部的攻击者通常利用云平台漏洞、网络防护不足等缺陷发起攻击,窃取机密信息、破坏数据的完整性以及服务的可用性。比如,攻击者在云计算环境中构建被植入恶意代码的网站、钓鱼网站以及分布式拒绝服务(DDoS)攻击载体实现多种网络攻击;利用 SQL 注入对云计算环境数据完整性的影响进行分析;利用漏洞来实现提权,进而对用户数据进行窃取、删除或篡改等。

(2)内部安全威胁

云计算通过虚拟化技术将物理资源池化,按需分配给用户,这涉及计算虚拟化、网络虚拟化、存储虚拟化。云服务商为用户提供虚拟化实体。随着公有云计算环境的普及,来自云计算环境内部的安全威胁不断增加。按照威胁来源,云计算内部安全威胁可分为源自不可信管理人员的安全威胁和源自恶意云用户的安全威胁。云环境中的责任主体更加复杂,云服务商为租户提供云服务,其接触到用户数据的机会多,因此云服务商内部窃密是一个重大的安全隐患。在云计算环境下,内部人员包括云服务商的内部人员、为云服务商提供第三方服务的厂商的内部人员,这也增加了内部威胁的复杂性。因此,需要采用更严格的权限访问控制来限制不同级别内部用户的数据访问权限。

在多租户云环境中,每个租户的应用和数据都运行在同一个基础设施平台上,这使得攻击者有了更多的入侵途径。来自恶意云租户的安全威胁通常有两种:共存攻击和资源窃取攻击。共存攻击通常利用虚拟机逃逸或侧信道攻击来获取邻近虚拟机的隐私信息。基于侧信道的虚拟机共存攻击利用不同虚拟机之间共享数据缓冲区这一特性,在服务器上构建了时序侧信道。在资源窃取攻击中,攻击者通过大量占用某类资源,使得相邻用户云主机中的任务因得不到足够资源而被迫停止执行,终止任务所获得的资源则被攻击者所获取。

(3)针对 IaaS 层的安全威胁

云计算在 IaaS 层所面临的安全威胁可分为传统安全威胁和云计算环境特有的安全威胁。云计算环境特有的安全威胁则分为恶意的管理人员带来的安全威胁和恶意的云用户带来的安全威胁。

(4)针对 PaaS 层的安全威胁

相比于 IaaS 层,用户对 PaaS 层服务的控制能力更小。因此,在 PaaS 模式中,云计算供应商需要保障云计算基础架构(防火墙、服务器、操作系统等)的安全,而用户需要承担控制和保证应用安全的任务。随着容器技术的成熟,基于容器技术的微服务模式成为 PaaS 层服务的主流模式,容器安全也逐渐成为 PaaS 层的核心安全问题。

1)针对 PaaS 层机密性的安全威胁

这类攻击来源于不可信的 PaaS 层供应商对用户数据的窃取和其他恶意用户对受害者数据的窃取。例如,基于侧信道的跨用户信息窃取攻击对 PaaS 层数据的保密性和用户隐私构成威胁。

2)针对 PaaS 层可用性的安全威胁

这类攻击通常是由处于同一虚拟机中的恶意用户对其他用户的服务发起攻击。随着容器技术的兴起,微服务模式开始在 PaaS 层应用。恶意用户对其他用户微服务的破坏或资源抢夺成为 PaaS 层云服务可用性的主要威胁。其中 Houdini 攻击就是利用同一虚拟机中各容器之间抢占 CPU、网络带宽等资源的一种拒绝服务(DoS)攻击,它使得受害者容器内的微服务无法正常执行。

针对 PaaS 平台的分布式拒绝服务(DDoS)攻击能绕过基于云的 IP 混淆防护,从而对受害者的真实主机进行 DDoS 攻击。

(5)针对 SaaS 层的安全威胁

SaaS 层服务需要面对的安全威胁主要包括对用户隐私的窃取以及对服务可用性的攻击。

1)针对 SaaS 层机密性的安全威胁

SaaS 层面对的主要安全威胁之一是用户隐私的泄漏。SaaS 层服务通常以终端应用的方式实现,不合理的访问控制机制使得应用获得远超服务所需的权限,进而窃取用户隐私。将云主机作为服务器后台的应用,可能会由于对用户认证信息不合理的管理以及对用户权限的错误配置而导致用户隐私泄漏。

2)针对 SaaS 层可用性的安全威胁

对 SaaS 层可用性的安全威胁主要来自不可信的服务提供商。不可信的服务提供商可能会篡改用户数据或为用户提供虚假服务。例如,恶意的搜索引擎会给用户返回错误、含有恶意文件的搜索结果。SaaS 层的安全威胁主要包括恶意应用通过网络攻击受害者终端、直接攻击受害者的底层终端和恶意代理窃取用户信息等,这些攻击均来源于不可信的服务提供商。

7.8.2 云计算安全防范策略

为了确保云计算安全,可以采取如下防范策略:

①建立有效的动态监控体系,对云服务器中的数据变化进行动态监控,防止第三方的恶意攻击与窃取,并建立一套完整的事前、事中及事后监控体系。云技术监控系统要确保对云攻击的探测与化解,防止信息泄漏。比如,建立配套的公钥基础设施,以防止数据在传输过程中出现被恶意篡改与盗窃,确保数据有效性,提升系统安全系数。

②建立完整的安全评估体系。云计算的效果评估必须建立在云系统对潜在安全的监测上。此外,采用用户认证系统及分级管理系统,以保证系统的完整性,从而确保数据的有效性与安全性。

③建立可靠的安全防护体系。为应对云计算环境下的流量模型变化,安全防护体系的部署需要有高性能计算支撑。此外,考虑到云计算环境的业务连续性,设备的部署必须考虑双机热备份、配置同步、电源风扇冗余、链路捆绑聚合、硬件容错等特性,以实现大流量汇聚情况下的云计算基础安全防护。

7.9 网络与分布式系统安全发展趋势

在计算机网络系统安全发展趋势方面,主要有如下研究方向:基于大数据的网络安全态势感知,基于机器学习的网络安全态势感知,基于深度学习的网络安全态势感知,基于攻防演化博弈的网络安全态势感知,网络安全态势感知数据融合,基于大数据的工业控制系统网络安全,内容和功能分发网络系统安全机制。

在区块链系统安全发展趋势方面,主要有如下一些研究方向:基于信誉的区块链安全,基于区块链的智能社区系统可信数据共享,区块链中智能合约漏洞检测和修复,区块链上隐私数据保护机制,基于区块链的安全多方计算,跨链接入的区块链安全,区块链的安全态势感知,后量子时代的区块链安全。

在分布式系统安全发展趋势方面,主要有如下研究方向:分布式系统的信息流控制模型、分布式系统新型认证技术、分布式系统的容错机制、云外包分布式计算安全、边缘计算环境的安全协议、移动边缘计算安全防护体系、移动边缘计算环境的位置信息安全、边缘计算环境的安全威胁与应对、基于边缘计算的工业控制系统安全、边缘智能协同计算的隐私保护。

本章小结

本章首先介绍了计算机病毒的概念、分类、特征等相关知识和病毒防范技术;其次分别对计算机网络协议、网络操作系统、电子邮件系统的安全性进行了分析讨论;然后介绍防火墙的分类、分析各类防火墙系统的优缺点,并讨论电子商务协议、区块链、云计算和分布式系统的安全性;最后对计算机网络与分布式系统安全发展趋势进行了展望。

习 题

一、简答题

1. 简述计算机病毒的概念及其特点。
2. 计算机病毒的防范方法有哪些?
3. 简述木马病毒的原理、特征和防范方法。
4. 恶意代码检测技术有哪些?
5. 请描述防火墙的基本工作原理,并列举常见的防火墙类型。
6. 简述防火墙状态检查技术的原理。
7. 描述分布式拒绝服务(DDoS)攻击的原理及防护措施。
8. 什么是网络钓鱼攻击? 列举常见的网络钓鱼手段及其防范措施。
9. Unix、Linux、Windows、Android 操作系统可能存在哪些安全漏洞?
10. TCP/IP 协议所面临的安全性威胁有哪些?
11. IPSec 安全体系结构包含哪些重要协议?
12. 常见的 Web 服务器攻击种类有哪些?
13. 电子邮件系统可能面临哪些安全问题?
14. 简述电子邮件 PEM、PGP、S/MIME 和 MOSS 等安全方案的主要思想。
15. 简述电子商务协议 SET 可能存在的安全问题。
16. 区块链系统有哪些安全特性?
17. 简述常见的攻击区块链网络的形式。
18. 简述区块链的共识机制。
19. 简述云计算可能存在的安全威胁及其防范策略。
20. 分布式计算系统可能存在哪些安全问题?

二、上机实验题

1. 电子邮件加密和解密实验。选择并安装支持邮件加密的软件(如 GnuPG、Enigmail 等),生成一对公钥和私钥,配置电子邮件客户端使其能够使用生成的密钥对邮件进行加密和解密,发送一封加密的电子邮件,并对接收到电子邮件密文进行解密还原。

2. 安装使用个人/单位防火墙系统实验。下载并安装个人/单位防火墙系统(如 pfSense、Comodo Firewall 等),配置防火墙的基本规则(如允许和阻止特定端口的流量),配置防火墙的高级功能(如状态检查、入侵检测等),通过模拟攻击测试防火墙的安全保障效果,并记录日志。

3. Web 页面安全漏洞扫描检测和修复实验。登录 OWASP ZAP 提供的测试网站"OWASP Juice Shop",使用 OWASP ZAP 对目标 Web 应用进行全面的漏洞扫描,分析扫描结果,识别常见的安全漏洞(如 SQL 注入、XSS 攻击等),给出相应的修复建议,并尝试修复部分漏洞。

4. 无线网络安全配置实验。配置一个无线网络，启用 WPA3 加密协议，设置强密码和隐藏 SSID，配置 MAC 地址过滤，仅允许特定设备连接无线网络，使用网络嗅探工具(如 Wireshark)监测无线网络流量，并分析是否存在异常行为。

5. 实践虚拟专用网络(VPN)的配置与使用。安装并配置一款 VPN 软件(如 OpenVPN、Cisco AnyConnect 等)，配置 VPN 服务器和客户端使其能够正常连接，通过 VPN 连接到远程网络，访问远程资源，分析 VPN 的加密流量，了解其保护数据传输的机制。

8 入侵检测系统

内容提要

随着网络攻击的日益复杂和网络功能的不断多样化，传统的入侵检测技术面临误报率高、适应性差和检测成功率低等问题。为适应这些挑战，新型入侵检测技术不断发展演进，以更好地抵御不断演变的网络安全威胁。

首先，本章介绍了入侵检测系统(IDS)的模型，包括IDES模型、IDM模型以及公共入侵检测框架CIDF。其次，从数据源、检测方法和响应机制三个不同角度对入侵检测系统进行了分类。基于这种分类方式，详细探讨了基于主机的IDS、基于网络的IDS、基于网关的IDS和分布式IDS的优缺点，并对若干重要的入侵检测方法进行了深入介绍。在对各类入侵检测技术进行深入剖析后，本章简要介绍了目前较为常见的一些入侵检测产品，并进行了比较。最后，对入侵检测系统的未来发展趋势进行了扼要概述，展望了该领域的创新方向和可能的技术趋势。

讲授要点

强调入侵检测系统的以下方面：①入侵检测专家系统(IDES)包括6个关键组成部分：主体、对象、审计记录、轮廓特征、异常记录和活动规则。与此不同，入侵检测模型(IDM)采用分层结构，包括数据、事件、主体、上下文、威胁和安全状态等6层。②入侵检测系统有多个类别，即基于主机的入侵检测系统、基于网络的入侵检测系统、基于网关的入侵检测系统、分布式入侵检测系统。③入侵检测方法包括异常检测、误用检测和混合检测方法。④现有入侵检测系统及其采用的检测技术的比较，常用入侵检测系统检测分析的数据来源。⑤入侵检测的发展趋势将朝着协同合作、高速化、智能化、标准化和轻量化等方向发展。

课程思政讲述要点

在当今社会，网络空间安全的保障直接关系到国家的安全。只有建立坚固的网络空间安全防线，才能够有效地维护国家安全。为实现这一目标，需要强化网络安全预警检测，实现全天候全方位的感知和有效的防护，实现关口前移，防患于未然。境外一些网络攻击组织多年来对我国航空航天、科研机构、石油行业、大型互联网公司以及政府机构等关键领域进行网络渗透攻击，这些网络渗透攻击严重损害了我国的国家安全、经济安全、关键信息基础设施安全以及广大民众的个人信息安全。因此，我们需要深刻认识到没有网络空间安全就没有国家安全，在网络时代、数字时代牢固树立信息安全理念；加强网络空间安全建设不仅是保障国家安全的需要，也是维护社会稳定和个人权益的基本要求。

8.1 入侵检测系统模型

8.1.1 IDES 模型

1984—1986 年，乔治敦大学的 Dorothy Denning 和 SRI/CSL（SRI 公司计算机科学实验室）的 Peter Neumann 提出了一个实时入侵检测系统模型，取名为 IDES（入侵检测专家系统），如图 8.1 所示。

该模型独立于特定的系统平台、应用环境、系统弱点以及入侵类型，为构建入侵检测系统提供了一个通用的框架。它由 6 个部分组成：主体（subject）、对象（object）、审计记录（audit records）、轮廓特征（profile）、异常记录（anomaly records）和活动规则（activity rules）。

①主体指系统操作中的主动发起者，例如计算机操作系统的进程、网络的服务连接等。

②对象指系统所管理的资源，如文件、命令和设备等。主体和客体有时是相互转变的。例如，当操作系统进程 A 去访问文件 B 时，进程 A 是主体，而从进程创建者的角度去看，则进程 A 为对象。因此，模型中的审计数据的对象是在不断变化的，具体取决于入侵检测系统的审计策略。

③审计记录指主体对对象实施操作时系统产生的数据（用户注册、命令执行和文件访问）等。

④轮廓是 IDES 模型用来刻画主体对对象的行为，并使用随机变量（metrics）和统计模型来定量描述观测到主体对象的行为活动特征。

⑤异常记录是指 IDES 动态更新轮廓并检测异常行为，当发现异常行为时产生异常记录信息。

⑥活动规则指明当一个审计记录或异常记录产生时应采取的动作。

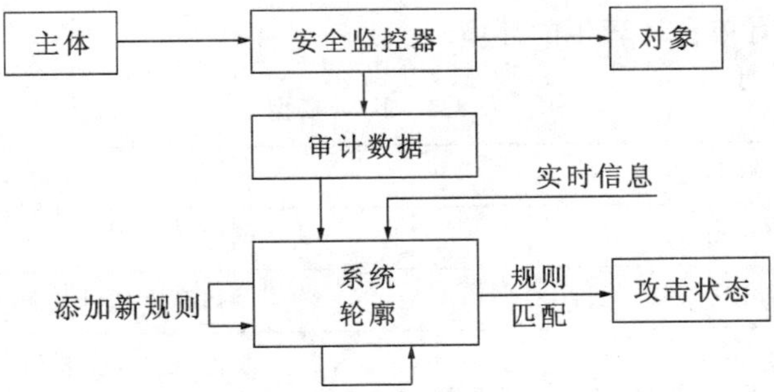

图 8.1 IDES 模型

由于 IDES 模型主要用于误用检测，它无法检测出新的攻击方法。1988 年，SRI/CSL 的 Teresa Lunt 等人改进了 Denning 的入侵检测模型，并开发出了一个入侵检测专家系统。该系统包括一个异常检测器和一个专家系统，分别用于基于行为的异常检测（anomaly detection）和基于知识的误用检测（misuse detection），由于这两种方法具有一定的互补性，因此在实际应用中经常将两者结合在一起。一种改进的入侵检测模型如图 8.2 所示。

对于误用检测，需要为模式匹配器准备好入侵的模式库。对于异常检测，则首先利用收集的数据，采取一定的统计方法建立相应的系统分析模型，作为系统正常运行的参考基准，这个过程由系统的分析引擎完成。而异常检测器则不断地计算相应统计量的变化情况，一旦系统偏移参考基准超过许可范围，就认为系统异常。

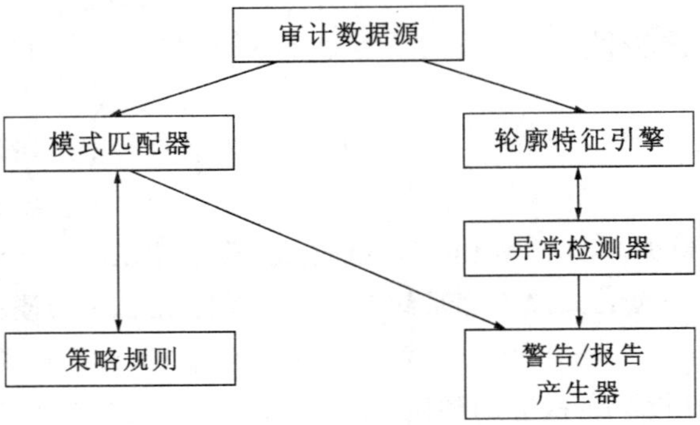

图 8.2 改进的 IDES 入侵检测模型

8.1.2 IDM 模型

1988 年的莫里斯蠕虫事件发生之后，网络安全才真正引起了军方、学术界和企业的高度重视。美国空军、国家安全局和能源部共同资助空军密码支持中心、劳伦斯利弗摩尔国家实验室、加州大学戴维斯分校和 Haystack 实验室开展对分布式入侵检测系统(DIDS)的研究，将基于主机和基于网络的检测方法集成到一起。入侵检测模型 IDM(intrusion detection model)采用了包括数据、事件、主体、上下文、威胁、安全状态等 6 层的分层结构，如表 8.1 所示。该模型展示了当网络中的计算机遭受攻击时，如何将捕获的数据流抽象加工成 IDS 可识别的形式。通过把收集到的原始数据进行加工抽象并进行数据关联操作，IDM 模型构造了一台虚拟的机器环境，这台虚拟机器由所有相连的主机和网络组成。将分布式系统看作一台虚拟的计算机的方法简化了入侵行为识别的过程。该模型也适用于只有单台计算机的环境。

表 8.1 IDM 模型

层次	名称	解释说明
6	安全状态(security state)	网络整体安全情况
5	威胁(thread)	动作产生的结果种类
4	上下文(context)	事件发生所处的环境
3	主体(subject)	事件的发起者
2	事件(event)	日志记录特征性质和表示动作描述
1	数据(data)	操作系统或网络访问日志记录

其中，第一层针对的客体(object)包括主机操作系统的审计记录、局域网监视器结果和第三方的审计软件包提供的数据。在该层次上，刻画客体的语法和语义与数据来源是相关联的，主机或网络上的所有操作都可以用这样的客体表示出来。

第二层处理的客体是对第一层客体的扩充，该层次的客体称为事件。事件描述第一层的客体内容所表示的含义和固有特征性质。用来说明事件的数据域有两个：动作(action)和领域(domain)。action 刻画了审计记录的动态特征，domain 给出了审计记录的对象的特征。action 包括会话开始、会话结束、读文件或设备、写文件或设备、执行进程、进程结束、创建文件或设备、删除文件或设备、移动文件或设备、改变权限、改变用户号等。domain 包括标签、认证、审计、网络、系统、系统信息、用户信息、应用工具、拥有者和非拥有者等。

第三层引入一个唯一标识号，即主体。主体用来鉴别在网络中跨越多台主机使用的用户。

第四层即上下文用来说明事件发生时所处的环境，或者给出事件产生的背景。上下文分为时间型和空间型两类。时间型上下文需要选取某个时间为参考点，然后利用相关的事件信息来检测入侵。空间型上下文说明事件的来源与入侵行为的相关性，它指出事件来源于哪个特别的用户或者哪台主机。

第五层考虑事件对网络和主机形成的威胁。当将事件和它的上下文结合起来分析时，就能够发现存在的威胁。可以根据误用的特征和对象划分威胁类型，即入侵者做了什么和入侵的对象是什么。

第六层用1～100来表示网络的安全状态，数字值越高，表示网络的安全性就越低。

分布式入侵检测系统在实现IDM模型时，采用了一个数据库保存各层次的信息，安全管理员可以根据需要查询详细的相关信息。

8.1.3 公共入侵检测框架 CIDF

公共入侵检测框架CIDF是一个入侵检测系统的通用模型，它将一个入侵检测系统分为以下4部分：事件产生器（event generator）、事件分析器（event analyzer）、响应单元（response units）和事件数据库（event database），如图8.3所示。

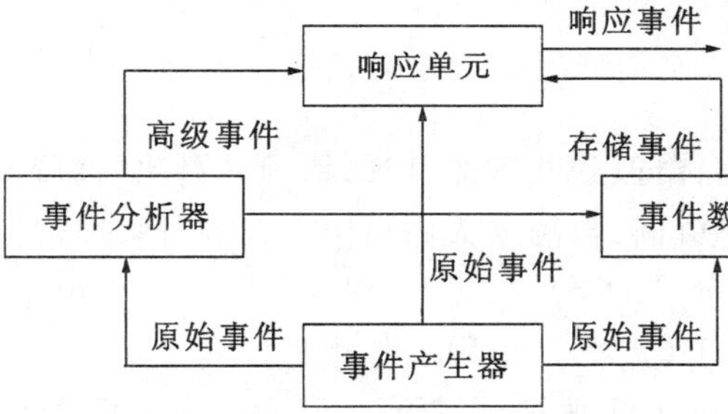

图 8.3 CIDF **体系结构**

在CIDF模型中，事件产生器、事件分析器和响应单元通常以应用程序的形式出现，而事件数据库则往往是以文件或数据流的形式存在，很多IDS系统都以数据收集部分、数据分析部分和控制台部分分别代替事件产生器、事件分析器和响应单元。CIDF将IDS需要分析的数据统称为事件，它可以是网络中的数据包，也可以是从系统日志或其他途径得到的信息。上述4个组件为逻辑实体，一个组件可能是某台计算机上的一个进程甚至线程，也可能是多个计算机上的多个进程，它们以GIDO（统一入侵检测对象）格式进行数据交换。GIDO是对事件进行编码的标准通用格式，由CIDF描述语言CISL定义，它可以是发生在系统中的审计事件，也可以是对审计事件的分析结果。

事件产生器的任务是从入侵检测系统之外的计算环境中收集事件，并将这些事件转换成CIDF的GIDO格式传送给其他组件。例如，事件产生器可以是读取C2级审计踪迹并将其转换成GIDO格式的过滤器，也可以被动地监视网络并根据网络数据流产生事件的另一种过滤器，还可以是SQL数据库中产生事件的应用代码。

事件分析器从其他组件收到的GIDO进行分析，并将产生的新GIDO再传送给其他部件。分析器可以是一个轮廓描述工具，统计并检查现在的事件是否可能与以前某个事件来自同一个事件序列，也可以是一个特征检测工具，用于在一个事件序列中检查是否有已知的误用攻击特征。此外，事件分析器还可以观察事件之间的关系，将有联系的事件分类到一起，以利于进一步分析。

响应单元处理收到的GIDO，并据此采取相应的措施，如杀死相关进程、将连接复位、修改文件权限等。事件数据库用来存储GIDO，以备系统需要的时候使用。由于CIDF模型有一个标准格式GIDO，所以这些组件也适用于其他环境，只需要将典型的环境特征转换成GIDO格式，这样就提高了组件之间的消息共享和互通。

8.2 入侵检测系统的分类

入侵检测是监视计算机网络系统中违背系统安全策略行为的过程。按照最为规范的形式来划分，可将入侵检测系统分为3个部分：①数据源（提供用于系统监视的审计记录流）；②分析引擎（用于对审计数据进行分析，发现入侵或异常行为）；③响应（根据分析引擎的输出结果，产生适当的反应）。

可以分别从数据源、分析引擎、响应这3个角度对入侵检测系统进行分类。根据数据源的不同，可以将IDS分为3类：①基于主机的IDS，它根据主机的审计数据和系统的日志发现可疑事件；②基于网络的IDS，它根据网络流量、网络数据包和协议来分析检测入侵；③分布式的IDS，它能够同时分析来自主机系统审计日志和网络数据流的入侵检测系统。根据分析引擎，可以将IDS划分为误用检测系统和异常检测系统。从响应的角度来看，IDS可分为主动响应、被动响应和混合响应这3种模式。

8.2.1 按数据源分类

数据源的选择取决于所要检测的内容。为了检测攻击计算机（网络）信息系统的行为，入侵检测系统必须能够发现攻击的证据。

(1)基于主机的入侵检测系统（HIDS）

基于主机的入侵检测系统（HIDS）是一种用于监测和检测单个计算机或主机上的异常活动和入侵行为的安全解决方案。HIDS关注主机内部的活动，监测主机操作系统、应用程序和文件系统等方面的行为，以便识别潜在的安全威胁。根据所要检测的内容的不同，基于主机的IDS的数据源的选择主要包括以下两种类型：操作系统审计记录（由专门的操作系统机制产生的系统事件记录）和系统日志（由系统程序产生的用于记录系统或应用程序事件的文件，通常以文本文件的方式存储）。除此之外，基于主机的IDS的数据源还包括基于应用的日志信息和基于目标的对象信息。

1)操作系统审计记录

最先被确认为具有重要安全意义的基于主机的IDS的数据源是操作系统的审计记录（audit trail），它由包含在操作系统内部的专门审计子系统产生。这些审计文件由审计记录组成，每条审计记录描述了一次单独的系统事件。当系统中的用户采取动作或调用进程时，将引起相应的系统调用或执行命令，此时审计系统就会产生对应的审计记录。每条审计记录又包含了若干个审计标记（audit token），分别用于描述审计记录的不同的域。

当前的操作系统大多都配备了安全审计功能或安全审计工具（比如Ubuntu 22.x、Solaris 11.x等）。Ubuntu是Canonical公司负责开发和维护的基于Debian的开源Linux操作系统。作为备受欢迎的Linux发行版之一，Ubuntu是当前最受欢迎和广泛使用的Linux发行版之一。尽管Ubuntu 22.04 LTS默认情况下没有专门的安全审计系统，但系统提供了Auditd这样的工具和机制，以协助管理员进行安全审计和监控。Auditd是Linux操作系统中功能强大的安全审计工具，用于记录系统的安全审计事件。该工具有助于系统管理员监测系统活动，识别潜在的安全威胁，并提供关键的审计信息，以支持故障调查和排除故障。

Auditd 主要分为以下几个组成部分：在用户空间，管理员使用 auditctl 配置审计规则，即定义审计系统需要监控的操作和事件类型；而 auditd 负责从内核中通过 netlink 获取审计日志，为后续的审计分析和处理提供数据；在内核空间，kaudit 加载预先配置的审计规则至内核，并由内核记录发生的事件；Auditd 将事件分为 task、exit 和 user 三大类，其中 task 事件涉及与进程相关的事件（如进程的创建、退出、切换等），user 事件与用户相关（例如用户的登录、注销等），exit 事件则与系统调用有关。

通常情况下，Auditd 的工作流程包括以下步骤：①管理员通过 auditctl 配置审计规则；②启动 auditd 守护进程；③内核中的 kauditd 获取配置好的审计规则并加载至内核；④内核监视系统活动并生成与审计规则相对应的审计事件；⑤auditd 守护进程接收内核生成的审计事件并按照预定的格式写入审计日志文件中。其具体工作流程如图 8.4 所示。

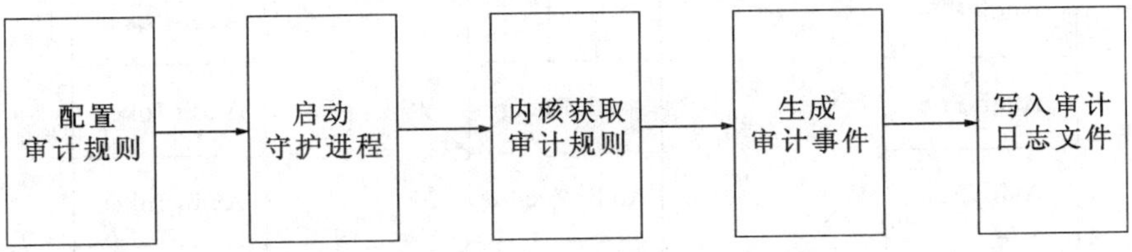

图 8.4 Auditd 的工作流程图

Solaris 11.4 的审计机制由基本安全模块（BSM）提供。引入的现代审计框架 Oracle Solaris Auditing 为系统提供强大且灵活的审计功能。Oracle Solaris Auditing 允许管理员对系统发生的文件访问、进程启动和停止以及系统调用等事件进行审计。管理员可配置审计规则以捕获所需事件，并将其记录到审计日志中以供审查和分析。为了方便对审计日志进行审查和分析，Solaris 11 提供了多个工具，包括 auditconfig 命令用于管理审计规则和配置，auditreduce 命令用于筛选和压缩审计日志，以及 praudit 命令用于解析和查看审计日志。

在 Solaris 11 系统启动时，创建一个名为 auditd 的审计守护进程，负责管理和处理审计事件。该守护进程负责读取系统的审计配置，实时监控系统中发生的事件，并将这些事件记录到审计日志中。审计配置文件位于/etc/security 目录下，主要包括 audit_control 和 audit_user 文件。

Solaris 11 的审计事件涵盖了系统调用和安全相关命令，按照功能相关性划分为若干审计类，具体见表 8.2。

表 8.2 Solaris 11 的审计类

审计类	描述性名称	说明
all	all	所有类（元类）
no	no_class	用于关闭事件预选的空值
na	non_attrib	无归属事件
fr	file_read	读取数据，打开进行读取
fw	file_write	写入数据，打开进行写入
fa	file_attr_acc	访问对象属性：stat、pathconf

续表 8.2

审计类	描述性名称	说明
fm	file_attr_mod	更改对象属性:chown、flock
lo	login_logout	登录和注销事件
am	administrative	管理操作(元类)
…	…	…

【例 8.1】 如果某用户的审计策略为:lo,－fr,＋ad,则分别表示记录有关该用户的所有登录退出事件、失败的文件读取事件及成功的系统管理事件。

审计文件的结构如图 8.5 所示。

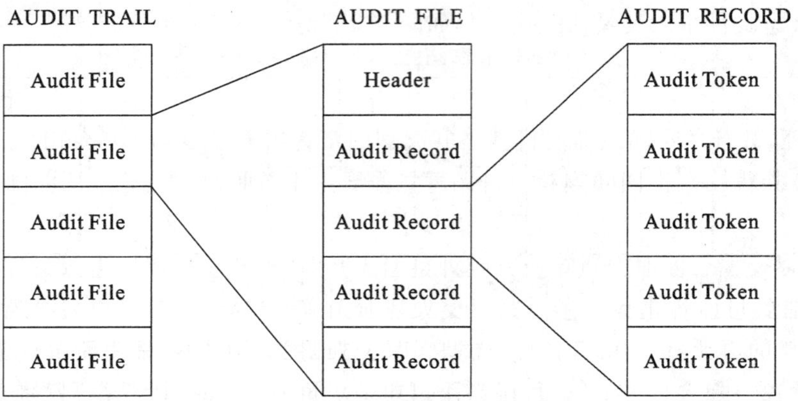

图 8.5 Solaris 11 **审计文件结构**

审计文件分为已完成状态和活动状态。已完成的审计文件命名格式为 start-time. end-time. system,其中 start-time 表示第一条审计记录生成的时间,end-time 表示最后一条审计记录写入文件的时间,system 表示生成文件的系统名称。活动状态的审计文件命名为 start-time. not_terminated. system。这样,多个审计文件按时间关系形成一条顺序链。每个审计文件由多个审计记录组成,审计记录是一系列审计标记(token)。每个标记包含用户 ID、时间、日期等事件信息。审计记录以 header 标记开头,以可选的 trailer 标记结尾,其他标记包含与审计事件相关的信息。图 8.6 展示了典型的审计记录结构。

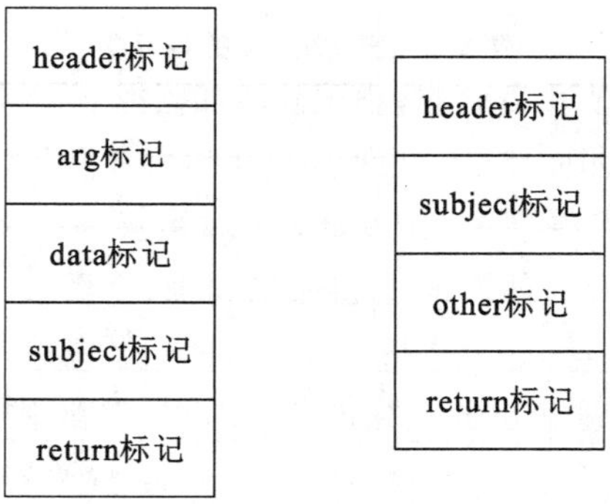

图 8.6 审计记录结构

Solaris 11 提供了一系列审计命令。其中，auditconfig 命令通过命令行界面检索和设置审计配置参数。audit 命令用于控制 auditd 守护进程的操作，通知其读取 audit_control 文件内容，并将当前审计目录重新初始化为 audit_control 文件中列出的第一个目录，或者在 audit_control 指定的当前审计目录中打开一个新的审计文件，由 auditd 守护进程最后读取。此外，audit 还可向 auditd 守护进程发送信号，关闭审计跟踪并禁用审计。auditreduce 命令可合并二进制格式存储的审计记录，可合并来自一个或多个输入审计文件的审计记录，可执行后选择审计记录，并将记录以二进制格式保留。praudit 命令从标准输入读取二进制审计记录，以可显示的格式呈现这些记录，可接收来自 auditreduce 命令或单个审计文件的管道输出。bsmrecord 命令显示/etc/security/audit_event 文件中定义的审计事件格式，包括审计 ID、审计类、审计标志和记录的审计标记。

【例 8.2】 praudit 命令输出示例：

```
header,101,2,AUE_rlogin,,example1,2010-10-13 11:23:31.050-07:00
subject,jdoe,jdoe,staff,jdoe,staff,749,749,195 1234 server1
text,successful login
return,success,0
sequence,1298
```

这个示例中记录了用户 jdoe 成功登录到名为 server1 的远程主机的事件，事件发生在 2010-10-13 11:23:31，登录操作是成功的，系统调用返回值为 0。

2)系统日志

系统日志是反映各种系统事件和配置的文件。Unix 系统提供了分类齐全的系统日志，并且提供通用的服务(syslog)，用于支持产生和更新事件日志，这项服务是通过 syslogd 守护程序来实现的。尽管可以采用多种多样的格式和定义来产生及解释系统日志，但是系统日志的安全性与操作系统的审计记录相比，仍然要差一些。原因在于：

①产生系统日志的软件通常作为应用程序而不是作为操作系统的子系统运行，相对于有操作系统内核或专门的审计子系统产生的审计记录来说，更容易遭到恶意的破坏和修改。

②系统日志通常存储在系统未经保护的目录中，并且以文本方式存储，而审计记录则经过加密和校验处理，为防止恶意的篡改提供了有效的保护机制。

尽管系统日志存在安全隐患，但由于系统日志与审计记录相比更加直观，仍然可以作为入侵检测系统的数据源。在某些特殊的环境中，操作系统的审计记录可能无法获取或无法正确解读，此时系统日志就成为系统安全管理必不可少的信息来源。此外，从法律的角度来看，当系统遭受外界的入侵攻击之后，如果需要使用受保护系统的数据源作为指控的证据，那么多种独立的数据源从不同角度反映出的同一个事件，要比单个数据源反映的事件更具说服力。

3)基于应用的日志信息

目前的应用系统越来越趋向于面向对象和分布式结构，要想在单一的操作系统层次上获取整个系统的完整信息，已经不太可能。而应用日志通常代表了系统活动的用户级抽象信息，相对于系统级的安全数据来说，去除了大量的冗余信息，更易于管理员浏览和理解。例如，数据库管理系统是典型的需要引入审计机制和入侵检测的应用环境；WWW 服务器的日志信息也是最为常见的应用级数据源，主流的 WWW 服务器都提供访问日志机制。

应用级的安全审计通常反映出若干入侵检测系统的管理问题。首先就是审计事件的时间顺序问题，如果希望从系统不同观察点收集到的事件数据流中发掘出有价值的“知识”，高效的信息组织是必不可少的。在入侵检测系统中，信息的组织工作通常是通过对产生的每个事件插入时间戳并依次对事件进行排序来完成。第二个重要的问题是审计记录的信息综合，目的是便于用户对审计数据更好地理解。信息综合包括组合(composition)与聚合(fusion)。组合通常是指针对不同来源的事件数据流的合并，聚合则是从人工智能的角度对原始的事件数据流进行更高层次的抽象，从而提取出原始数据背后隐藏的具有真正意义的重要信息。

4)基于目标的对象信息

在某些受保护的系统中，进行完全的内核级安全审计将消耗大量的系统资源。在这种情况下，提出了基于目标的安全监控理念。在确定审计目标之前，首先需要评估出系统中关键的或有特殊价值的对象并针对每一个对象制定信息收集和监视机制。受监视目标的每次状态变化都会与系统的安全策略进行对比，所出现的任何差异都记录为日志。

完整性校验是一种常见的基于目标的监控技术，主要用于监控系统对象(如关键文件)的状态变化。与动态的审计机制和系统日志不同，这种方法提供的是静态的安全检查。尽管静态的检查不能完全满足实时检测的目的，但由于占用系统资源少，检测成本低，其仍被视为是检测入侵行为的有效手段。完整性校验的基本方法是使用密码算法计算需要保护的系统对象的校验值，并将其存储在安全区域。校验值的计算通常使用消息摘要算法。

因为在 Unix 系统中，网络连接、设备、进程等都可以用文件表示，所以基于目标的监视机制非常适用于 Unix 系统。

基于主机的 IDS 具有如下优点：

①更精确地确定出攻击是否成功——由于基于主机的 IDS 使用含有已发生事件信息，相比基于网络的 IDS 可更加准确地判断攻击是否成功。

②监视特定的系统活动——基于主机的 IDS 监视用户访问文件的活动，包括文件存取、改变文件权限、试图建立新的可执行文件以及试图访问特殊的设备。例如，基于主机的 IDS 可以监督所有用户的登录及退出系统的情况，以及每位用户在连接到网络以后的行为。基于主机的 IDS 还可监视只有管理员才能实施的非正常行为。操作系统记录了任何有关用户账号的增加、删除、更改的情况，只要改动一旦发生，系统就能检测到这种不适当的改动，还可审计能影响系统记录的校验措施的改变。最后，基于主机的 IDS 可以监视主要系统文件和可执行文件的改变。系统能够查出那些欲改写重要系统文件、安装特洛伊木马或后门的尝试并将它们中断。

③基于主机的 IDS 可以检测到那些基于网络的 IDS 察觉不到的攻击。例如，来自网络内部的攻击可以躲开基于网络的 IDS。

④由于基于主机的 IDS 安装在企业的各种主机上，它们比基于网络的 IDS 更适合处理交换和加密的环境。交换设备可将大型网络分成许多小型网络部件加以管理，所以从覆盖足够大的网络范围的角度出发，很难确定配置基于网络的 IDS 的最佳位置。而基于主机的 IDS 可安装在所需的重要主机上，在交换的环境中具有更高的能见度。由于加密方式位于协议堆栈内，所以基于网络的 IDS 可能对某些攻击没有反应，基于主机的 IDS 没有这方面的限制。

⑤近于实时的检测和响应——尽管基于主机的 IDS 不能提供真正实时的反应，但如果措施得当，其反应速度可以非常接近实时。

⑥花费低廉。

(2)基于网络的入侵检测系统(NIDS)

在计算机网络系统中，局域网普遍采用的是基于广播机制的以太网(Ethernet)协议。该协议保证传输的数据包能被同一局域网内的所有主机接收。基于网络的入侵检测就是利用以太网这一特性来实现其功能。以太网卡通常有正常模式(normal mode)和杂收模式(promiscuous mode)两种工作模式。在正常模式下,网卡每接收到一个到达的数据包,就会检查该数据包的目的地址,如果是本机地址或广播地址,则将数据包放入接收缓冲区;若为其他目的地址,则直接丢弃。因此,在正常模式下,主机仅处理以本机为目标的数据包。在杂收模式下,网卡可以接收本网段内传输的所有数据包,无论这些数据包的目的地址是否为本机。基于网络的入侵检测系统必须启用网卡的混杂模式,以捕获经过本网段的所有数据信息,从而实现获取网络数据的读取。此外,由于不同操作系统的数据链路访问各不相同,因此需要根据操作系统的差异提供相应的数据链路访问接口,以便获取网络数据包。

Wireshark、Tcpdump 等网络嗅探工具被广泛应用于信息收集,这些工具能够直接捕获网络流量,为网络信息的获取提供了直观且有效的方式。

网络嗅探工具的一般工作过程如下:

①设置网络接口,用户选择需要监听的网络接口(例如计算机上的物理网卡或虚拟网卡),并指定在该接口上捕获数据流量。

②启动嗅探工具,通过命令行或图形界面启动嗅探工具,嗅探工具在启动的过程中初始化配置选项和捕获设置。

③数据包捕获,嗅探工具调用操作系统提供的网络抓包库工具(例如 libpap、winpap 等)捕获数据包。

④数据包处理,捕获的数据包被送入嗅探工具数据包处理引擎,数据包被分割成不同的层次结构(如以太网帧、IP 数据包、TCP/UDP 数据报等)。

⑤过滤,通过嗅探工具提供的接口设置过滤器以选择感兴趣的数据包,过滤器允许用户指定过滤条件,如源 IP 地址、目标端口号等。

⑥数据包解析,嗅探工具的解析引擎解析数据包的各个部分,解析包括检查以太网帧头、IP 头、TCP/UDP 头以及数据负载,并提取出其中的字段值。

⑦数据包显示,数据包解析之后,嗅探工具将解析之后的数据包以易读的方式呈现给用户,一般包括源 IP 地址、目标 IP 地址、源端口号、目标端口号、协议类型等信息,可以通过选择不同的显示模式来查看这些信息。

⑧数据包存储,嗅探工具将处理好的数据包保存到本地文件中以便进行离线分析,一般来说,保存的数据包文件格式为 pcap,这是通用的网络数据包保存格式。

此外,其他各种网络设备也可以提供用于入侵判别的有用信息。例如,网络管理系统可以对网络性能和使用状况进行统计。防火墙的审计信息也常成为网络入侵检测系统的重要辅助信息,常常可以用来分析入侵的类型。

许多用户在最初使用 IDS 时,通常会配置基于网络的入侵检测系统。基于网络的 IDS 有许多优点:

①检测基于主机的 IDS 漏掉的攻击——基于网络的 IDS 检查所有数据包的头部从而发现恶意的和可疑的行动迹象。基于主机的 IDS 无法查看数据包的头部,它无法检测出该数据包属于哪种网络协议的攻击。例如,许多来自 IP 地址的拒绝服务型(DoS)和碎片包型(Teardrop)的攻击只能在它们经过网络时,检查包的头部才能发现。但是这种类型的攻击都可以在基于网络的入侵检测系统中通过实时监测数据包流而被发现。基于网络的 IDS 可以检查有效负载的内容,查找用于特定攻击的指令。例如,通过检查数据包有效负载可以查到黑客软件,而使正在寻找系统漏洞的攻击者毫无察觉。

②攻击者不易转移证据——因为基于网络的IDS实时检测网络通信，所以攻击者无法转移证据。被捕获的数据不仅包括攻击的方法，而且还包括可识别黑客身份和对其进行溯源的信息。

③实时检测和响应——基于网络的IDS可以在恶意及可疑的攻击发生的同时将其检测出来，并做出更快的通知和响应。例如，一个基于TCP的对网络进行的拒绝服务攻击(denial of service)可以通过将基于网络的IDS发出TCP复位信号，在该攻击对目标主机造成破坏前将其中断。

④检测未成功的攻击和不良意图——基于网络的IDS增加了许多有价值的数据，以判别不良意图。即便防火墙拒绝这些尝试，位于防火墙之外的基于网络的IDS可以查出躲在防火墙后的攻击意图。

(3)基于网关的入侵检测系统(GIDS)

基于网关的入侵检测是一种安装在网络网关上的入侵检测系统，旨在监测进入和离开网络的流量，以识别可能的恶意活动、攻击和异常行为。这种入侵检测方法的重点是保护整个网络，而不仅仅是单个主机或设备。基于网关的入侵检测系统在网络流量进入和离开网络之前进行检测和分析，可以在攻击早期发现威胁，并采取必要的措施来阻止恶意流量进入网络。

基于网关的入侵检测系统(GIDS)实现上述功能的关键步骤如下：

①流量捕获

在网络网关上安装入侵检测系统，通常作为一个网络设备或应用程序运行。系统捕获通过网关进入和离开网络的所有流量，包括入站和出站流量。

②数据解析

捕获的网络流量被解析成可分析的数据包，包括源地址、目标地址、协议类型、端口号等信息。

③流量分类

数据包根据其特征和属性(协议类型、源IP地址、目标IP地址、端口号等)分类，这有助于将流量分成不同的类别，以便更有针对性地进行检测。

④检测引擎

基于网关的入侵检测系统通常包括多种检测引擎，每个引擎专门用于检测特定类型的入侵或恶意行为。这些引擎可以包括基于签名的检测(使用已知攻击的特征匹配)、基于异常的检测(检测不符合正常网络行为的行为)、基于机器学习模型的检测以及基于深度学习模型检测等。

⑤检测规则和特征

检测引擎使用预定义的规则、特征或算法来分析流量。基于签名的引擎使用已知攻击的签名进行匹配，基于异常的引擎检测不寻常的行为模式，基于机器学习和深度学习的引擎使用训练模型进行检测。

⑥警报生成

如果检测引擎发现流量中存在恶意活动或异常行为，它们会生成警报或事件。警报通常包括有关威胁的详细信息，例如攻击类型、源IP地址、目标IP地址、时间戳等。

⑦警报处理

生成的警报通常会被传送到管理控制台或安全信息和事件管理系统(SIEM)进行处理。管理员可以查看警报、分析威胁，采取必要的响应措施(如封锁攻击源、隔离受感染的主机等)。

⑧记录和报告

系统通常会记录所有检测事件，以便进行审计和后续分析。定期生成安全报告，以供管理层审查网络安全状态。

基于网关的入侵检测系统通过监视和分析流经网关的网络流量，有助于识别各种威胁，包括病毒、恶意软件、入侵尝试等，并帮助组织及早采取措施保护其网络资源。不同的入侵检测系统可能采用不同的检测引擎和算法，以满足特定网络环境和需求。基于网关的入侵检测系统具有如下优点：

①位置优势：部署在网络入口点，能够监视进出网络的包括入站和出站流量的所有流量，使其成为发现威胁的早期防线。

②实时监测：对网络流量进行实时监测和分析，以及时识别可能的恶意活动、攻击和异常行为。

③流量分析：对数据包(包括源 IP 地址、目标 IP 地址、协议类型、端口号等信息)进行深度分析，以识别不寻常的模式。

④恶意活动检测：基于预定义的规则、特征或行为模式，检测已知的攻击、病毒传播等行为。

⑤异常行为检测：通过监视正常网络行为模式，检测不符合这些模式的异常行为，以帮助发现未知的威胁。

⑥攻击阻止：根据检测结果，可以阻止恶意流量进入网络，从而遏制威胁的传播。

⑦报警和通知：生成警报和通知，将检测到的威胁信息通知安全团队，以便及时采取措施。

⑧日志和审计：记录所有的检测事件和活动，以进行后续的审计和分析。

⑨集中管理：能够集中管理和监控多个入口点的安全状况，简化安全管理。

⑩性能优化：优化系统性能，以保证高流量环境下的检测效率。

⑪灵活性：支持定制化规则和策略，以适应不同组织的需求和网络环境。

基于网关的入侵检测系统和基于网络的入侵检测系统都是网络安全领域中常见的入侵检测技术，都是对网络中的流量进行监控，但它们在部署位置和监测范围上存在差异。

1)部署位置

①基于网络的入侵检测系统部署在网络中的特定位置，通常在网络交换机、路由器、关键节点等网络中的监控点。它们通过监视流经网络的流量来检测潜在的入侵和异常活动。

②基于网关的入侵检测系统部署在网络的网关处，也就是网络的入口点。它们监视进出网络的所有流量，旨在阻止恶意流量进入网络，从而保护整个网络环境。

2)监测范围

①基于网络的入侵检测系统主要关注的是网络流量中的恶意流量、攻击和异常行为等威胁。它们可以检测到整个网络内部和外部的威胁，但无法直接阻止恶意流量进入网络。

②基于网关的入侵检测系统通过阻止恶意流量进入网络，能够更直接地保护网络环境。它们监视所有流入和流出网络的流量，能够保证威胁在进入网络时被阻止。

3)防御方式

①基于网络的入侵检测系统主要是识别威胁并生成警报，通知安全团队采取措施。

②基于网关的入侵检测系统无法在网关直接拦截和阻止恶意流量，该系统通常与入侵防御系统(intrusion prevention system，IPS)结合使用。基于网关的入侵检测系统负责检测和告警，入侵防御系统负责拦截和阻止恶意流量。

4)应用场景

①基于网络的入侵检测系统适用于发现网络内外的各种入侵和攻击，但不会直接影响流量进出网络。

②基于网关的入侵检测系统适用于保护整个网络环境，特别是位于入口点的网关，可以拦截和阻止恶意流量进入网络。

基于网络的入侵检测系统和基于网关的入侵检测系统都是用于保护网络免受威胁和攻击的技

术，但它们的重点和部署位置略有不同。在实际应用中，根据网络环境和需求，可以选择适合的方案或结合两者，并与其他安全解决方案（如入侵防御系统、防火墙等）组合使用，形成多层次的网络安全防御体系。基于网关的入侵检测系统对于保护企业网络免受各种网络威胁的攻击是至关重要的，可以及早发现并应对潜在的威胁，提高整体计算机（网络）系统的安全性。

(4)分布式入侵检测系统

入侵检测系统减轻了网络安全管理人员的压力，通过集中的、标准化的信息搜集和过滤，实时或定期地生成网络和系统遭受攻击的报告，管理员就可以从手工分析海量系统日志中解脱出来，入侵检测系统也提供了自动检测和响应机制，使安全专家摆脱了手工分析和反应可能不够及时和全面的情形。另外，入侵检测系统能够有效地弥补防火墙的缺陷，发现并阻断一些已经进入防火墙的攻击行为，还可以有效发现或制止源自网络内部的攻击行为。虽然入侵检测系统的功能日益增强，但它还不是解决网络安全问题的“一揽子”方案，像其他所有安全产品一样，目前的入侵检测系统普遍存在一些有待克服的问题：

①分散的漏洞和弱点：系统的弱点或漏洞分散在网络中各个主机上，这些弱点有可能被入侵者一起用来攻击网络，而仅依靠 HIDS 或 NIDS 不能发现更多的入侵行为。

②网络环境异构：由于互联网的广泛应用和互联网络的异构性，传统入侵检测技术越来越难以满足当前的安全需求。

③隐蔽、分布式和协同入侵攻击：入侵和攻击形式变得越来越隐蔽化、分布式、协同化和多样化（例如：分布式拒绝服务攻击，DDoS），传统的 HIDS 或 NIDS 无法充分理解和难以有效防范这些协同入侵行为。

④数据异质多源：入侵检测所需的数据来源多源且异质，原始检测数据的收集和分析变得困难，特别是在交换型网络等环境下，监听网络数据包受到限制。

⑤网络流量增大和实时性要求：随着网络传输速度的加快和网络流量的不断增大，集中处理原始数据的方式可能影响检测的实时性和有效性。需要更有效的处理方式（比如分布式并行处理方式）应对快速增长的网络流量。

为解决传统的入侵检测系统所存在的问题，便产生了分布式入侵检测系统（DIDS）。DIDS 综合了基于主机和基于网络的 IDS 的功能。DIDS 的分布性表现在两个方面：首先数据包过滤的工作由分布在各网络设备（包括联网主机）上的探测代理完成；其次探测代理认为可疑的数据包将根据其类型交给专用的分析层设备处理。各探测代理不仅实现信息过滤，同时对所在系统进行监视；而分析层和管理层则可对全局的信息进行关联性分析。这样对网络信息进行分流并行处理，既可以提高检测速度，解决检测效率低的问题，又增强了 DIDS 本身抗击拒绝服务攻击的能力。

DIDS 由主机代理（Host Agent）、局域网代理（LAN Agent）和控制器（DIDS Director）三大部分组成，如图 8.7 所示。主机代理负责监测某台主机的安全，依据搜集到这台主机活动的信息产生主机安全事件，并将这些安全事件传送到控制器。同样，LAN 代理监测局域网的安全，依据搜集到的网络数据包信息产生局域网安全事件，也把这些局域网安全事件传给控制器。控制器根据安全专家的知识、主机安全事件和网络安全事件进行入侵检测推理分析，最后得出整个网络的安全状态分析报告。主机代理并不是安装在 LAN 中的所有主机上，而是按照特定的安全需求做出决定。控制器还提供了 DIDS 与安全管理人员的用户接口。

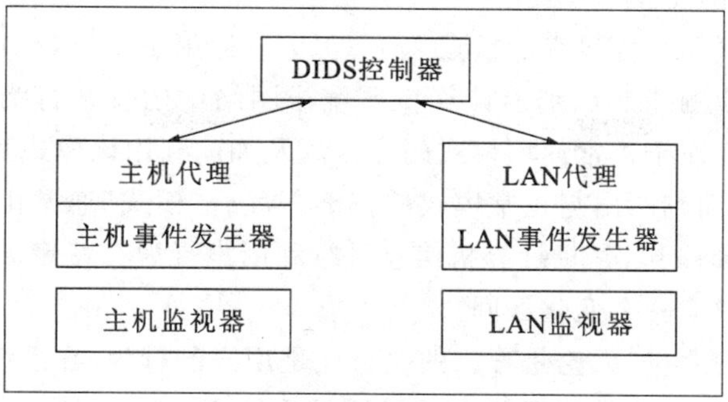

图 8.7 DIDS 结构图

8.2.2 按分析引擎分类

根据分析引擎所采用的技术，可以将入侵检测系统分为异常检测(anomaly detection)IDS 和误用检测(misuse detection)IDS 两大类。异常检测提取正常模式审计数据的数学特征，检查事件数据中是否存在与之相违背的异常模式。误用检测则搜索审计事件数据，查看是否存在预先定义的误用模式。

数学模型的建立有助于更精确地描述入侵问题，特别是异常检测。Denning 教授在其发表的题为"An Intrusion Detection Model"的论文中，提出了入侵检测专家系统模型(intrusion detection expert system，IDES)，并归纳了 4 种统计模型：

①操作模型(operational model)

操作模型主要针对计算机信息系统中的事件计数。例如，在一定时间段内统计口令错误的次数。该模型将得到的统计值与门限值进行比较，如果超出正常范围就触发异常响应。这种模型除了可以应用于异常检测之外，同样也适用于误用检测。

②均值与标准偏差模型(mean and standard deviation model)

该模型基于这样一个假设：分析器(分析程序、分析软件)根据均值和标准偏差这两个参量就可以了解计算机信息系统行为的度量。在检测过程中，如果观察到的计算机信息系统和用户行为超出了可以信任的范围，就认为是异常。信任区间(confidence interval)通常用与均值之间的标准偏差来表示。这种特征提取的方法适用于事件计数、内部定时以及资源使用状况等统计范畴。

③多元模型(multivariate model)

该模型是均值与标准偏差模型的扩展。这种模型对两个或多个参量之间的相关分析，摆脱了依赖单个参量来判断计算机信息系统异常的束缚。例如，在使用单个参量时，可能仅仅针对系统会话(session)的时间长短来进行判断，而引入多元模型之后，就可以在此基础上结合处理器(CPU)的使用率等进行判断，从而提高了判断的准确性。

④马尔可夫过程模型(markov process model)

该模型是最为复杂的模型。检测器(检测程序、检测软件)把每一种不同类型的审计事件看作是一个状态变量，使用状态转移矩阵表示在计算机信息系统状态转移的过程中存在的概率特征(不是状态本身的概率，而是状态转移的概率)。在检测过程中，使用正常情况下的状态转移矩阵，针对每一次系统的实际状态变化计算其发生的概率，若计算结果的值非常小，则认为是出现了异常(系统中出现了很少见的状态、操作)。基于马尔可夫模型的检测器可以发现异常的用户命令或事件序列，而不仅仅是发现单个异常事件。这种方法实际上提出了针对事件流进行状态分析的思想。

(1)异常检测(anomaly detection)

异常检测作为入侵检测系统研究的重点之一,它是一种用于识别计算机系统或网络系统中不寻常行为的技术。异常检测能够识别出计算机系统或网络中的反常行为,发现未知的攻击模式。异常检测的关键问题之一在于正常使用模式的建立以及如何利用该模式对当前的计算机信息系统和用户行为进行比较,从而判断出与正常模式的偏离程度。"模式"通常由一组计算机信息系统的"参量"来定义。所谓"metrics",是指计算机信息系统和用户行为在特定方面的衡量标准。每个参量都对应一个门限值或对应一个变化区间。

异常检测基于这样的假设:无论是程序的执行还是用户的行为,在系统特征上都呈现出紧密的相关性。例如,某些特权程序总是访问特定目录下的系统文件,而程序员则经常编辑和编译C语言程序,其正常活动与一个录入员的正常活动肯定不同。这样,根据各自不同的正常活动建立起来的模式便具有用户特性。入侵者即使使用正常用户的账号,其行为并不会与正常用户的行为相吻合,因而可以被检测出来。但事实上入侵活动集合并不完全等于异常活动集合,如图8.8所示。有两种可能性:①不是入侵的异常活动被标识为入侵,称为伪肯定,造成假报警。②入侵活动被误以为正常活动,称为伪否定,造成漏判,其严重性比第一种情况高得多。

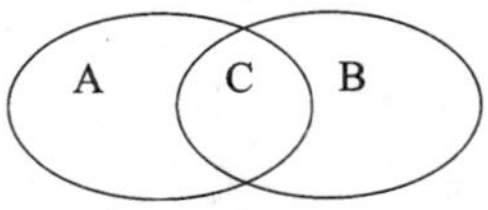

A: 异常行为集　　　假警报行为集: A−C

B: 入侵行为集　　　漏判行为集: B−C

C=A∩B: 正确检测的入侵行为集

图8.8　异常行为集与入侵行为集相交而不等时产生假警报和漏判的情形

1)统计异常检测方法

统计异常检测方法根据异常检测器观察主体(用户、应用程序、进程)的活动,然后产生刻画这些活动的行为的轮廓。每一个轮廓保存记录主体当前行为,并定时地将新的正常的行为轮廓加入行为轮廓库中,通过比较当前的轮廓与已存储的轮廓来判断异常行为,从而检测出入侵行为。

设 $M_1,M_2,\cdots,M_n$ 为轮廓模式的特征参量,这些参量可以是CPU、I/O和电子邮件的使用、文件访问数量以及网络会话时间等。用 $S_1,S_2,\cdots,S_n$ 分别表示轮廓中参量 $M_1,M_2,\cdots,M_n$ 对应的异常测量值。这些值表明了异常程度,S_i 的值越高,则表示 M_i 的异常性越大。将这些异常测量值平方后加权计算得出轮廓异常值:

$$a_1S_1^2+a_2S_2^2+\cdots+a_nS_n^2,a_i>0$$

其中,a_i 表示轮廓与参量 M_i 相关的权重,$\sum_{i=1}^{n}\alpha_i=1$。一般而言,参量 $M_1,M_2,\cdots,M_n$ 不是相互独立的,需要有更复杂的函数处理其相关性。

以Haystack(黑客)入侵检测系统为例,它的统计分析过程分为4步:

第一步,根据审计记录生成主体的会话向量:$<x_1,x_2,\cdots,x_n>$,向量中的每一项表示主体在会话过程中的各项统计参量(值)。

第二步,生成贝努利向量。设定阈向量:$T=<t_1,t_2,\cdots,t_n>$,其中 $t_i=<t_{i\min},t_{i\max}>$ 表示会话向量中各项的可信取值范围,在Haystack系统中取90%的属性值范围。所生成的贝努利向量 $B=<b_1,b_2,\cdots,b_n>$,其中

$$b_i=\begin{cases}0,t_{i\min}\leqslant x_i\leqslant t_{i\max}\\1,\text{其他}\end{cases}$$

第三步，生成加权入侵指数 Wis，定义权向量 $W=<w_1,w_2,\cdots,w_n>$，其中权向量是每个属性对入侵的影响程度，入侵指数 Wis 定义为：

$$Wis=\sum_{i=1}^{n}b_i\times w_i$$

第四步，生成嫌疑指标 SQ(Suspicion Quotitent)，SQ 用以表示计算机访问(网络通信)会话过程是入侵的可能性。令概率矩阵为 P，$P_{i,j}$ 为用会话前 i 个属性计算的 Wis 值为 j 的概率，$Pr_i(0)$ 表示第 i 个参数在阈值内的概率，即 $b_i\times w_i=0$ 的概率，$Pr_i(1)$ 为 $b_i\times w_i=w_i$ 的概率，Haystack 系统设 $Pr_i(0)$ 全部为 0.9。算法 8.1 是计算 $P_{n,j}$ 为会话的 Wis 等于 j 的概率的算法(简称 P-Sen 算法)。

算法 8.1　P-Sen 算法

```
Begin
  P0,0 = 1.0;
  for j = 1 to max_score do
    P0,j = 0.0;
  for i = 1 to n do
    for j = 0 to max_score do
    Pi,j = Pi,j × Pri(0) + Pi-1,j-wi × Pri(1);
  End.
```

利用 $P_{n,j}$ 定义指标 SQ：

$$SQ=\sum_{j=0}^{\max\_score}P_{n,j}$$

SQ 越大，表示事件为入侵的可能性越大。

统计异常检测方法具有一定的优势。使用该方法可以揭示某些可疑活动，从而发现违背安全策略的行为。此外，相较于误用检测系统，统计异常检测在维护上也较为方便，不需要像规则库那样不断更新和维护。

统计异常检测方法也存在一些明显的缺陷。首先，使用统计方法的大多数异常检测系统是以批处理的方式对审计记录进行分析的，它不能提供对入侵行为的实时检测和自动响应的功能。另外，统计异常检测方法的特性导致了它不能反映事件在时间顺序上的前后相关性，因此事件发生的顺序通常不作为分析引擎所考察的系统属性。然而，许多预示着入侵行为的系统异常都依赖于事件的发生顺序，在这种情况下，使用统计方法进行异常检测就有了很大的局限性。最后，如何确定合适的门限值(threshold)也是统计方法所面临的棘手问题。门限值如果选择不恰当，就会导致系统出现大量的错误报警。

2)基于神经网络的异常检测方法

人工神经网络(artificial neural network，ANN)模型力图模仿生物神经系统，通过接收外部输入的刺激，不断获得并积累知识，进而具有一定的判断预测能力。尽管神经网络模型的种类很多，但其基本模式都是由大量简单的计算单元(又称为节点或神经元)相互连接而构成的一种分布并行处理网络。基于神经信息传输的原理，节点之间以一定的权值进行连接，每个节点对 N 个加权的输入求和，当求和值超过某个阈值时，节点变成“兴奋”状态，有信号输出。节点的特征由其阈值、非线性函数的类型所决定，而整个神经网络则由网络拓扑、节点特征以及对其进行训练所使用的规则所决定。

将神经网络用于异常检测,其方法主要是通过训练神经网络,使之能在给定前 n 个动作或命令的前提下预测出用户下一个动作或命令。网络经过对用户常用的命令集进行一段时间的训练后便可以根据已存在网络中的用户特征文件来匹配真实的动作或命令。

神经网络有多种模型,在入侵检测系统中,一般采用前向神经网络,并采用反向(逆向)传播法(back propagation,BP)对检测模型进行训练。基于神经网络的入侵检测模型如图 8.9 所示。

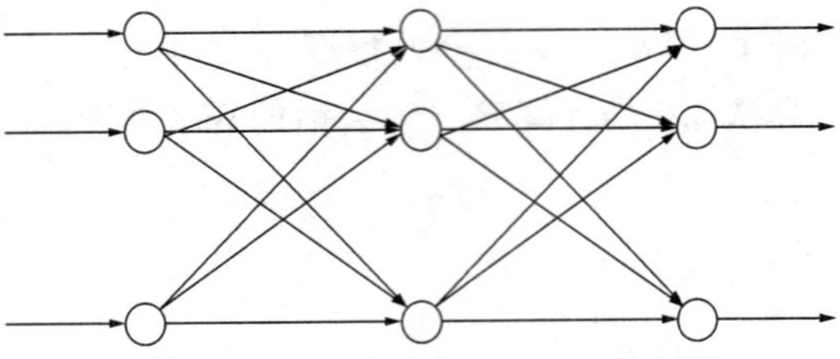

图 8.9 基于神经网络的入侵检测模型

此模型有一个输入层集,接受二进制输入信号。这些二进制输入信号对应于已经保存在信息库中的相关事件。神经网络的输出层用来指示可能的入侵。它根据问题相关事件的数量、规则数量和入侵行为的数量等,确定模型中需要多少个隐含层,隐含层神经元的数目则取决于训练用的样本数以及经验积累。神经网络的每一层由一个或者多个神经元组成,前一层的输出作为后一层的输入,每层神经元与其下一层的神经元相连,并赋以合适的权重值。

定义神经元 i 的网络输入 x_i 为:

$$x_i = \sum_j (w_{ji} \times y_j)$$

其中 w_{ji} 表示连接神经元 j(位于前一层)到神经元 i(位于当前层)之间连接权重值,y_j 表示来自神经元 j 的输入。

位于前一层偏置神经元的输入置为−1,而权值可以调节,实际上,位于前一层偏置边上的权值表示在当前层上每个神经元的门限值。每个神经元的输出由该神经元的网络输入通过激活函数 $f(\cdot)$ 变换得到。这里采用以下激活函数 $f(x)$:

$$f(x) = (1 + \mathrm{e}^{-x})^{-1}$$

神经网络的训练有两个过程:前向过程和反向过程。前向过程是指对于给定的输入和目前的权重值来估计神经网络的输出值。而在反向过程中,将求得的神经网络输出值与期望输出值相比较,并将比较所得差值作为误差输出反馈到神经网络中,以调整神经网络的权重值。

在反向过程中,假设对于输出层 k 上的某一神经元 i,其期望的输出值为 d_i^k,计算得到的输出值为 y_i^k,则反向传播误差 δ_i^k 为:

$$\delta_i^k = f'(x_i^k)(d_i^k - y_i^k)$$

其中 x_i^k 表示第 k 层上第 i 个神经元的网络输入;$f'(\cdot)$ 为激活函数 $f(x)$ 的一阶导数。

对于层 $l = 1, \cdots, (k-1)$,第 l 层上的每个神经元 i,误差值 δ_i^l 由下式求得:

$$\delta_i^l = f'(x_i^l) \sum_j (w_{ij}^{l+1} \times \delta_j^{l+1})$$

第 l 层上的神经元 i 和第 $(l-1)$ 层上的神经元 j 之间的连接权重 w_{ij}^l 的修正值由下式确定:

$$w_{ij}^l = w_{ij}^l + \eta \times \delta_i^l \times y_j^{l-1}$$

其中,η 为学习速率,取决于神经网络的期望收敛速度。

从以上的描述可知，该神经网络算法实质上是采用梯度下降法使神经网络的输出与期望输出之间的均方误差达到最小。

基于人工神经网络的入侵检测算法(简称 Ann-ID 算法)描述如下。

算法 8.2 Ann-ID 算法

Begin

1：构造由 1,2,…,l 层组成的神经网络，并对每一层选择与问题相适应的神经元数目；

2：将每一层上神经元的偏移置为 -1.0；

3：for all i 和 j do $w_{ji} \leftarrow \delta$，δ 是在(0,1)之间随机选取的某个值；

4：若 IDS 是离线模式，则从样本集中选择一种输入模式；反之，若是在线模式，则从信息库中选择相关事件作为输入；

5：通过神经网络将信号传播到输出层；

6：对输出层 k 上的每个神经元 i，计算反向传播误差 $\delta_i^k = f'(x_i^k)(d_i^k - y_i^k)$；

7：对于层 $l = 1,\cdots,(k-1)$，计算第 l 层上每个神经元 i 的反向传播误差 δ_i^l：

$$\delta_i^l = f'(x_i^l)\sum_j(w_{ij}^{l+1} \times \delta_j^{l+1})$$

8：修正层 $l = 1,\cdots,(k-1)$ 的权值 $w_{ij}^l = w_{ij}^l + \eta \times \delta_i^l \times y_j^{l-1}$

9：若输出层 k 的误差 $\sum_i (d_i^k - y_i^k)^2$ 在允许阈值范围内，则从离线训练操作模式转到在线检测模式，否则转至步骤 4 继续训练神经网络，直到入侵检测系统 IDS 变得灵敏为止；

End.

使用基于神经网络的异常检测系统的好处在于能够很好地处理噪声数据，并不依赖于对所处理的数据统计假设，不用考虑如何选择特征参量的问题，因此很容易适应新的用户群。

然而，基于人工神经网络的异常检测仍存在以下问题：

①小的命令窗口(即特征参量 n 的大小)将造成伪肯定，即造成假报警，而大的命令窗口则造成许多不相关的数据，同时增加伪否定的机会，即造成漏判。

②人工神经网络拓扑结构只有经过相当的训练后才能确定下来，相当费时。

③入侵者可能在网络学习阶段训练该神经网络，将其恶意行为训练伪装成正常行为。

3)基于规则的异常检测方法

该方法假设事件序列不是随机的而是遵循可辨别的模式。这种检测方法的特点是考虑了计算机(网络)系统上事件(操作)序列及相互联系。系统利用动态的规则集来检测入侵。归纳引擎根据已发生事件的情况来预测将来发生的事件的概率，根据此概率动态产生规则，归纳引擎为每一种事件设置可能发生的概率。其归纳出来的规则一般可写成如下形式：

$$E_1, E_2, \cdots, E_k, (E_{k+1}, P(E_{k+1})), \cdots, (E_n, P(E_n))$$

其含义是：若在输入事件流中包含事件序列 $E_1, E_2, \cdots, E_k$，则事件 $E_{k+1}, \cdots, E_n$ 会出现在将要到来的事件流的概率分别为 $P(E_{k+1}), \cdots, P(E_n)$。按照这种检测方法，在通常情况下，当规则的左边匹配，但右边的概率值与预测值相差较大时，该事件便被标识为异常行为。

基于规则的异常检测方法的优点：

①基于规则的序列模式能够检测出传统方法难以检测的异常活动。

②用该方法建立起来的系统具有很强的适应变化的能力。

③可以很容易检测到企图在学习阶段训练系统的入侵者。

但这种检测方法会使得不在规则库中的入侵被漏判。这可采用下面的方法来处理：将所有未知事件作为入侵事件，这样将增加伪肯定；将所有未知事件作为非入侵事件，这样将增加伪否定。

4)基于机器学习的异常检测方法

传统的计算机(网络)信息系统运维方式在监控、问题发现、告警以及故障处理等各个环节均存在明显不足，需要大量依赖人的经验。在数据采集、异常诊断分析和故障处理的效率等方面，存在提升的空间。机器学习为入侵检测系统提供了一种方法，可以检测已知的攻击以及新出现的攻击，而无需大量基于人工的训练或干预。它被定义为一组可以自动检测模式以预测未来数据趋势的方法。

尽管目前存在大量的机器学习技术，但所有这些技术的基本操作都依赖于最优特征选择，这些特征是用于检测模式和趋势的度量。以网络的数据包大小为例，机器学习技术可以监测数据包大小随时间的推移，并生成相应的分布，从中得出关于是否入侵的判断。

基于机器学习的异常检测智能分析技术基于多模态数据(如资源、告警、性能、拨测、日志等)，通过人工智能技术对计算机信息系统业务异常事件进行溯源和降噪。这些技术能够在第一时间向系统管理人员展示异常的原因和进行定位分析，从而提升系统管理人员故障处理效率，降低运维成本。

基于机器学习的异常检测使用传统的机器学习算法来建模正常数据的行为，然后通过检测与该模型不匹配的数据点来标识异常。基于机器学习的异常检测相关技术要点如下。

①特征选择：在机器学习异常检测中，特征选择是至关重要的。这涉及从原始数据中提取相关信息，用于训练模型以区分正常和异常行为。选择高质量的特征对于建立有效的异常检测模型至关重要。

②训练阶段：使用包含正常和异常样本的训练数据集来建立检测模型。检测模型的任务是学习正常数据的模式，以便在后续的测试阶段中识别异常。

③分类阶段：将经过训练的检测模型用于分类新的、未见过的数据。检测模型通过分析输入数据，然后标识其中是否存在异常。分类阶段结果的准确性直接受到训练阶段的影响。

④算法选择：选择适当的机器学习算法对于异常检测的性能至关重要。不同的机器学习算法(如支持向量机、聚类算法、决策树等)适用于不同类型的数据和问题。

⑤标签的获取：训练机器学习模型需要有标签的训练数据，即已知哪些数据是正常的、哪些数据是异常的。标签的准确性和完整性直接影响检测模型的性能。

⑥数据预处理：在训练检测模型之前，通常需要对数据进行预处理，包括去除噪声、处理缺失值、标准化等。预处理确保输入数据的质量和一致性。

⑦模型评估：使用合适的指标衡量基于机器学习的入侵检测模型的准确性、召回率、精确度等。

⑧实时性考虑：对于实时应用，检测模型的训练和推断速度也是一个关键因素。因此需要考虑模型的复杂性和计算效率。

上述技术要点共同影响了基于机器学习的异常检测系统的检测性能和适用性。

基于机器学习的异常检测方法具有广泛的适用性，可以应用于各种类型的数据，包括数值数据、文本数据、图像数据等。然而，选择合适的算法、特征和阈值等参数对于实现准确的异常检测至关重要。一些常用的机器学习算法如下：

①支持向量机(support vector machine，SVM)：SVM 是一种监督学习算法，通常用于二元分类问题。在异常检测中，SVM 可用于寻找正常数据的边界，从而识别超出该边界的异常。

②聚类算法(Clustering)：聚类算法将数据集划分为组或簇，其中 K 均值聚类是一种常见的方法。异常可能出现在不同的簇中，使得它们在数据中显得突出。

③随机森林(random forest,RF):随机森林是一种集成学习算法,通过构建多个决策树并综合它们的结果来提高模型的鲁棒性。在异常检测中,随机森林可以用于识别不符合正常模式的数据点。

④孤立森林(isolation forest,IF):孤立森林是一种基于树的算法,专门设计用于检测异常值。它通过构建树来隔离正常样本,从而更容易检测到异常值。

⑤深度学习(Deep Learning,DL):深度学习中的神经网络可以用于异常检测,特别是对于复杂的非线性关系。

⑥主成分分析(principal component analysis,PCA):PCA是一种降维技术,可以将高维数据映射到低维空间。在异常检测中,PCA可以用于提取数据的主要特征,并通过特征识别不符合正常模式的方向。

⑦局部异常因子(local outlier factor,LOF):LOF是一种基于密度的算法,用于衡量数据点相对于其邻域的异常程度。它能够发现数据分布中的局部异常。

⑧集成学习方法(integrating learning,IL):集成随机森林、集成支持向量机等通过结合多个模型的预测结果来提高整体性能。

这些机器学习算法可以单独或组合使用,具体选择取决于数据特征、问题类型和性能需求。在实际应用中,通常需要进行实验和调整,以确定最适合特定场景的机器学习算法和参数配置。

5)基于深度学习的异常检测方法

基于深度学习的异常检测是利用深度神经网络来识别计算机(网络)系统流量数据中的异常模式。深度学习模型可以自动地从原始数据中学习抽象的特征表示,因此,在处理复杂的非线性数据和大规模数据时,它具有显著优势。下面介绍一些常见的基于深度神经网络的异常检测方法和技术。

①自编码器(autoencoder):自编码器是一种神经网络架构,它包括编码器和解码器。编码器将输入数据映射到低维表示,解码器则可以将这个"低维表示"还原为原始输入数据。异常数据通常在解码步骤中表现出高重构误差,因为自编码器无法准确还原异常数据。

②变分自编码器(variational autoencoder,VAE):VAE是自编码器的一种扩展,它引入了潜在空间的概率分布。这使得深度学习网络模型更灵活,能够生成新的数据样本,并通过检测出与训练数据不一致的样本来识别异常。

③生成式对抗网络(generative adversarial network,GAN):GAN包括一个生成器和一个判别器,它们通过对抗训练来提高生成模型的性能。可以通过检测生成器生成的样本与真实数据的差异来实现检测异常。

④长短时记忆网络(long short-term memory,LSTM):LSTM是一种适用于序列数据的深度学习神经网络模型,可用于捕捉时间序列数据中的长期依赖关系。LSTM可以通过学习正常行为的模式,以识别出与正常行为(操作)不符的序列,从而检测出数据流中的异常。

⑤卷积神经网络(convolutional neural network,CNN):对于图像数据,CNN在捕捉局部和全局特征方面表现优异。在异常检测应用中,CNN可以通过学习图像中的特定模式来识别异常。

⑥生成式对抗自编码(generative adversarial autoencoder,GAE):GAE结合了自编码器和生成式对抗网络GAN的思想,通过对抗训练生成具有良好数据表示的模型,从而取得良好的异常检测效果。

⑦深度聚类(deep clustering,DC):它将数据分成多个簇,异常数据可能在孤立的簇中。深度聚类方法DC使用深度学习模型来执行聚类任务,并识别异常。

⑧图卷积神经网络(graph neural network,GCN)和图自编码器(graph autoencoder,GAE):对于图数据,图卷积神经网络(GCN)和图自编码器(GAE)可以用于检测图中的异常节点或边。

⑨深度卷积变分自编码器(deep convolutional variational autocoder, DCVAE):DCVAE结合了CNN与VAE的优点,通过学习正常网络流量或系统行为的潜在表示,能够高效识别出与这些正常模式显著不同的异常行为或攻击。

基于深度学习的异常检测方法在许多领域(网络安全、工业设备监测、金融欺诈检测和医疗诊断等)都有广泛应用。然而,成功应用这些方法通常需要大量的数据和适当的模型架构选择与调整。

(2)误用检测(misuse detection)

误用检测是指根据已知的入侵模式(序列模式)来检测计算机(网络)信息系统数据流中是否存在入侵行为(操作)。入侵者常常利用信息系统和应用软件中的弱点进行攻击,而这些弱点易组织成某种模式,若入侵攻击方式恰好与检测系统模式库中的模式匹配(序列匹配、字符串匹配),则入侵攻击被检测到。显然,误用检测依赖于模式库,如果没有构造好模式库,入侵检测系统就不能检测到入侵行为。误用检测将所有已知的入侵模式存储在检测系统的模式数据库中。

基于误用检测的入侵检测系统通过模式比较(序列比较、字符串比较)的方式进行入侵检测。其主要思想是:系统将接收到的计算机(网络)系统访问流量(访问序列)与模式数据库中存储的模式(模式串)进行比较,若当前访问计算机系统(网络系统)的流量与模式相似,则该流量被标记为入侵;否则,该流量被标记为正常。误用检测依赖于存储在模式数据库中的已知模式(已知的入侵模式、攻击模式)的类型、数量和准确性,因此,误用检测很难检测出已知攻击模式之外的入侵(新的入侵模式),尤其是0day攻击。同时,随着越来越多的渗透攻击模式被揭露,误用检测系统需要花费大量的存储构建模式数据库。

1)基于串匹配的误用检测方法

基于字符串匹配技术的入侵检测系统是最早使用的一种误用检测技术。著名的入侵检测系统Snort采用的技术就是基于串匹配技术的误用检测方法。下面以Snort系统为例,讲述基于字符串匹配的入侵检测方法的原理。

Snort系统的检测规则库采用了一种二维链表的结构。二维链表的横向节点称为Rule Tree Node(RTN节点),纵向节点称为Option Tree Nodes(OTN节点)。规则库中的每条规则由规则头和规则选项两部分组成。其中,规则头决定了该规则处于二维链表横向的哪一个RTN节点;规则选项决定了该规则处于二维链表纵向的哪一个OTN节点。RTN节点主要包括4部分内容:①规则头信息,包括数据包的源地址和目的地址、源端口和目的端口等;②处理函数集,它指的是一组用来检查数据包中的信息是否与该规则头信息相同(匹配)的函数集(按照链表的形式组织);③RTN指针,指向下一个RTN,用于构筑横向的链表;④OTN指针,指向下一个OTN,用于构筑纵向的链表。每个横向的RTN都对应一条由纵向OTN节点构成的链表。OTN节点的主要内容包括:①规则选项信息,负责描述规则的各种附加选项信息,例如报警时所给出的消息、登记的文件名等;②处理函数集;③OTN指针,指向下一个OTN,用于构筑纵向的链表。Snort系统的规则库二维链表结构如图8.10所示。

Snort系统的检测过程比较简单,它一次获取(读取)计算机(网络)上的一个数据包并解析数据包,产生相应的Packet结构。首先进行横向链表的检索。从二维链表的第一个RTN节点开始,依次调用该RTN节点所对应的处理函数,将该RTN节点所包含的规则头信息和当前数据包生成的Packet结构中的对应数据进行比较,如果有一个处理函数的返回值是“FASLE”,那么说明该数

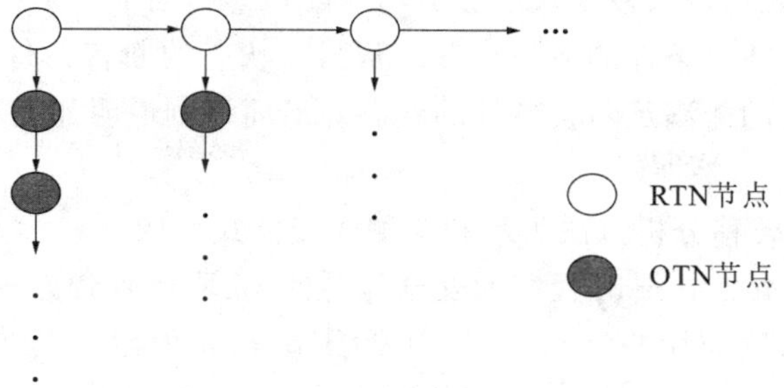

图 8.10　Snort 系统的规则库二维链表结构

据包和该 RTN 不符合，就定位到下一个 RTN，重复上述处理过程，直到在某个 RTN 上所有处理函数都返回“TRUE”，就开始进行纵向链表的检索。纵向链表检索的过程与 RTN 的检索类似，首先定位于该 RTN 指向的纵向链表的第一个 OTN 上，依次调用该 OTN 所对应的处理函数，如果该 OTN 中至少有一个处理函数返回“FASLE”，那么检索就继续下去，直到某个 OTN 的所有处理函数的返回值为“TRUE”为止，此时说明所检测的数据包具有该 OTN 对应的攻击特征，系统就根据预先定义的响应方式进行处理。

基于串匹配的入侵检测方法具有原理简单、扩展性好、检测效率高和实时性好等优点，但只适用于检测比较简单的入侵攻击方式，且误警率相对较高。

2)基于专家系统的误用检测方法

基于专家系统的误用检测方法是最早的误用检测方案之一。它首先使用类似于 if-then 的规则格式输入已有的知识(入侵、攻击模式)，然后输入检测数据包(审计事件记录)，系统根据知识库中的内容(入侵、攻击模式)对检测数据进行比较评估，判断是否存在入侵行为模式。专家系统进行检测的优点在于把系统的推理过程和问题的最终解答相分离，即用户不需要理解或干预专家系统内部的推理过程。当然，要达到该目的，用户必须把决策引擎和检测规则以编码的方式嵌入专家系统中。专家系统中的攻击知识通常使用 if-then 的语法规则表示。if 部分表示攻击发生的条件序列，当这些条件满足时，误用检测专家系统采取 then 部分所指明的动作。

当使用专家系统进行入侵检测时，存在以下一些实际问题：①处理海量数据时存在效率问题；②缺乏处理(时间)序列数据的能力，即缺乏分析数据前后的相关性问题；③专家系统的性能完全取决于设计者的知识和技能；④只能检测已知的攻击模式(误用检测的通病)；⑤无法处理判断的不确定性；⑥规则库的维护同样是一项艰巨的任务，更改规则时必须考虑到对知识库中其他规则的影响。

3)基于状态转移法的误用检测方法

状态转移法采用优化的模式匹配技术来处理误用检测问题，这种方法采用系统状态和状态转移的表达式来描述已知的攻击模式。基于状态转移的入侵检测方法主要有状态转移分析和着色 Petri 网两种方法。

状态转移分析法是一种使用状态转移图(state transition diagrams)来表示和检测已知攻击模式的误用检测技术。状态转移图中的节点表示系统的状态，弧线代表每一次状态的转变。所有入侵者的渗透过程都可以看作是从有限的特权开始，利用系统存在的脆弱性，逐步提升自身的权限的过程。图中的断言是在每种系统状态下得到的相应的、针对该状态的判断结果。

利用状态转移图检测入侵的过程如下：在任一时刻，当一定数量的入侵模式与数据包审计日志部分匹配时，一些特征动作已经使得检测系统到达各自状态转换图中的某些状态。若某一状态转换图到达了终止状态，则表示该入侵模式已经成功匹配；否则，当下一个特征动作到来时，推理引擎能把当前状态转变成满足断言条件的下一状态。若当前状态的断言条件不能满足，则状态转换图会从当前状态转换到最近的能满足断言条件的状态。下面举例说明如何利用状态转移分析方法表示和检测入侵模式。

【例 8.4】 利用状态转移分析方法表示和检测入侵模式示例。

本例利用 Unix BSD 4.2 中 mail 程序的安全脆弱性，获取所有者为 root、权限为 setuid 的所有人均可执行的 shell 程序，这样用户运行此 shell 就具有 root 权限。具体可以使用以下命令实施入侵：

```
cp /bin/sh /usr/spool/mail/root
chmod 4755/usr/spool/mail/root
touch x
mail root<x
```

第一条命令是拷贝一个 shell 文件到 usr/spool/mail/root，第二条命令是将该文件的权限修改为 setuid 使得所有人都可以运行，第三条命令生成一个空文件 x，第四条命令将该空文件 x 通过 mail 发送给 root。第四条命令使得 mail 程序将空文件加在 usr/spool/mail/root 之后，并将 usr/spool/mail/root 的所有者改为 root，却没有将 setuid 复位，使得 root 的 mailbox 成为 setuid 的 shell。检测该入侵的状态转移示例如图 8.11 所示。图 8.11 中最后一个状态转换所标识的特征动作是修改文件 usr/spool/mail/root 的所有者。

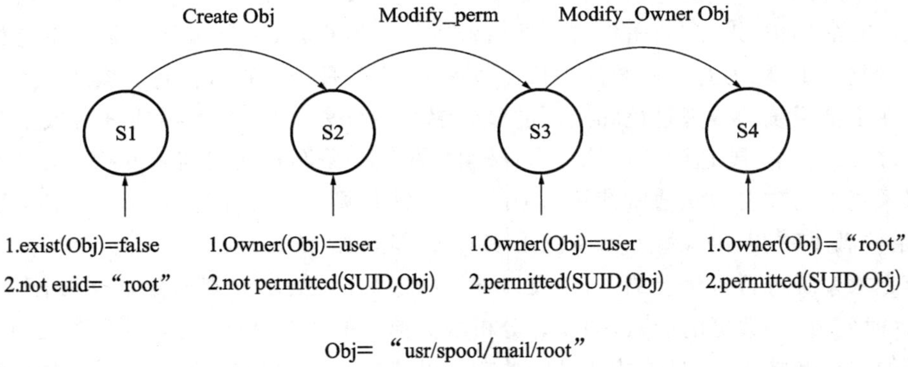

图 8.11 状态转移示例

基于网络的状态转移分析入侵检测系统 NetSTAT 所采用的入侵检测技术是状态转移分析方法，它是一个分布式应用程序，由网络事实库、状态转移脚本数据库、探测器(probe)和分析器组成。网络事实库存储和管理与网络有关的安全信息，该事实库只能由网络安全管理员创建、插入、浏览以及维护网络数据。状态转移脚本数据库管理已检测到的攻击状态转移图。NetSTAT 系统将状态转移技术用于描述计算机网络，以状态、断言和签名动作等概念刻画出网络特征。状态包括活动的网络连接(如面向连接的服务)、非交互的状态(如面向非连接的服务)、路由表和域名服务器 DNS 映射等网络配置表的信息。例如，建立的连接和安装的文件系统都是网络状态的组成部分。NetSTAT 系统扩展了状态转移技术中的断言，包括静态断言和动态断言。静态断言指的是已由网络事实证实的断言，而动态断言则是仅根据当前的网络状态证实的断言。例 8.5 给出了两种断言的描述示例，例 8.6 给出了签名动作刻画网络特征的示例。

【例 8.5】 NetSTAT 系统中两种断言的描述示例。

Service s in server. services|

s. name==“www” and s. application. name==“CERN httpd”

上述断言表示服务 s 是主机 server 提供的一种服务，它的名称为 www，应用程序名为 CERN httpd。

Interface i in gateway. interfaces| i. link. type==“Ethernet”

此断言表示主机网关的接口连接到以太网。

【例 8.6】 NetSTAT 系统中签名动作刻画网络特征的示例。

message m {i_x,i_y}| m. length>512

此签名动作表示接口 i_x 和 i_y 之间交换的链路层消息长度大于 512。

探测器是 NetSTAT 系统中最重要的部件，系统启动时，它按照从分析器接收到的系统配置的要求监控特定网段的网络数据。探测器由过滤模块、推理引擎和决策引擎组成。过滤模块负责对网络数据流进行过滤，即从大量的网络数据流中选取对签名动作和动态断言有用的信息。推理引擎就是入侵检测模块，它将攻击过程编码为推理引擎表，其数据项包括诸如与攻击相关的地址、服务和攻击时间等信息，但没有给出攻击的完整信息，在这些攻击信息的基础上，过滤器开始查找有关本次攻击的更进一步的信息。决策引擎监控推理引擎的状态，负责根据推理引擎的分析结果决定下一步要采取什么样的操作，并且在检测到攻击时通知网络管理员。

分析器利用网络事实库和状态转移脚本数据库中的数据自定义一些攻击模式，它还负责将自身分析得到的结果转化成配置信息送到各个探测器中。

基于状态转移分析的入侵检测方法的优点是：①状态转移图提供了一种直观的、独立于审计数据格式的入侵表示；②状态转换能够表达包含入侵模式特征动作的部分顺序；③它采用特征动作的最小可能子集来检测入侵行为，这样同一入侵的多个不同变种也能被检测出来。

状态转移分析方法也存在不足，它对特定状态断言的评估要用到一些审计日志中没有提供的信息(如：用户权限等)。因而，要求推理引擎必须实时同目标主机通信以获取所需信息，包括文件类型、文件属性等。推理引擎和目标主机的交互通信会造成推理引擎的性能降低。

在采用着色 Petri 网检测方法的入侵检测模型中，每个入侵都被表示成一个着色 Petri 网。整个特征匹配过程由标记(token)的动作构成，标记在审计记录的驱动下，从初始状态向最终状态(标识入侵发生的状态)逐步前进。处于不同状态时，标记的颜色用来代表事件所处的系统环境。当标记出现某种特定的颜色时，预示着目前的系统环境满足特征匹配(检测到入侵行为)的条件，此时就可以采取相应的响应动作，这种满足匹配条件时事件所处的系统环境定义为警戒点。

【例 8.7】 利用 Petri 网描述和检测入侵模式过程的示例。

图 8.12 中水平方向通路的含义如下：t1 对应于 cp /bin/sh /usr/spool/mail/root，t2 对应于 chmod 4755/ usr/spool/mail/root，t3 对应于将一个文件的所有者变为 root，即 mail root<x。

基于着色 Petri 网的入侵检测方法的优点主要有：①针对模式匹配过程，系统只需要指定匹配的内容，而无须关心匹配的方式；②多个攻击事件流分别与模式库中每个事件流的模式进行匹配，而无须合并事件流。③入侵特征具有跨平台的可移植性，当应用在不同信息系统中时，无须为了适应不同的审计记录格式而重新进行编写工作。

基于着色 Petri 网的入侵检测方法的不足是：尽管在定义入侵特征时可以尽可能地通用化，但对于检测未知的攻击仍然无能为力。

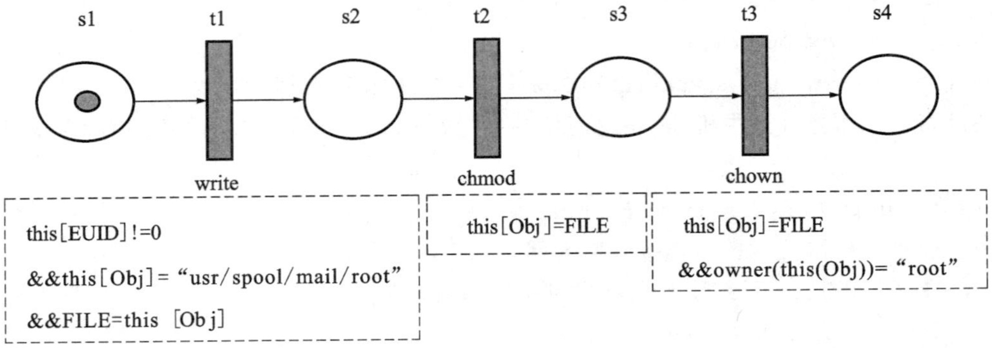

图 8.12　基于着色 Petri 网的入侵检测实例

4)基于模型的误用检测方法

基于模型的误用检测的原理:特定的入侵模式可以由特定的可观察的活动推导出来。通过观察,可以从特定入侵模式的一系列活动中推导、检测出入侵企图。基于模型的误用检测系统通常由3个模块组成:①预期模块:使用活动模型和模式模型来预测模式库中下一个期望发生的事件,模式模型是许多已知的入侵模式的知识库。②计划模块:将该预期事件转化成所在审计日志中应表示的格式,计划模块利用预期模块所预测的信息来计划下一步查找的数据。③解释模块:在审计日志中查找数据。按照上述原理,检测系统不断积累入侵企图的证据,直到达到某阈值,这时它便产生入侵报警。

这种模型的特点在于:计划模块和解释模块都知道自己在每一步中该去搜索什么,这样审计日志中的大量误用的噪声数据就被过滤掉了,因而性能得到明显的提高,而且系统可以根据入侵模式检测模型预测攻击者下一步要采取的动作。

5)基于 LSTM 的误用检测方法

深度学习技术在学习和检测网络异常方面得到了广泛应用。这些技术能够处理大规模和复杂的数据,从而极大地提高了入侵检测的效率和准确性。其中,长短时记忆网络(long short term memory,LSTM)作为一种循环神经网络,通过门控单元来调控记忆单元的信息流动,从而有效地捕捉数据序列中的长期依赖关系。基于 LSTM 的入侵检测方法的原理在于利用经过训练的 LSTM 网络对网络流量数据进行分析,以检测潜在的入侵行为。

基于 LSTM 的入侵检测系统通常包含 3 个关键部分:①预处理模块:将用于训练的网络流量数据集转换为适合 LSTM 模型输入的格式,以便有效地训练 LSTM 模型。②LSTM 模型:LSTM 模型作为基于 LSTM 的入侵检测系统的核心组件,用于对预处理后的网络流量数据进行深度分析和分类。该模型通常包括一个或多个 LSTM 层以及一个输出层,用于对入侵行为进行分类。一旦部署完成,LSTM 模型将持续监控网络流量,一旦检测到入侵行为,入侵检测系统将发出告警并自动阻止入侵。③日志记录和分析模块:该模块负责记录和分析入侵检测系统检测到的入侵行为,以便管理员进行后续审计和改进。

基于 LSTM 的入侵检测系统的优势在于:它可以自动学习和适应不断变化的网络环境和入侵模式。由于其端到端的训练方式,它可以根据最新的数据动态地调整模型参数,从而保持对新型入侵的有效检测能力。同时,基于 LSTM 的入侵检测系统本质上是一种时序模型,它能够有效地处理网络流量数据、时间序列数据等时序数据。这使得它在处理实时监测和分析任务时表现出色。

(3)混合检测方法

随着网络攻击手段的增加以及漏洞种类和数量的增多,单一检测方法的入侵检测系统已经无法有效地抵御入侵者的入侵行为。于是,人们提出了混合检测方法。所谓混合检测方法,是指将不同的入侵检测方法进行有机组合,使得它们能够相互协作以提高入侵检测的效率和准确性。

1)基于数据挖掘的异常检测方法

以数据为中心,把入侵检测过程看成一个数据分析过程,利用数据挖掘的方法从审计数据或数据流中提取出感兴趣的知识,这些知识是隐含的、事先未知的潜在有用信息,提取的知识表示为概念、规则、规律、模式等形式,并运用这些知识去检测异常入侵和已知的入侵。

通过数据挖掘从存储的大量数据中识别出有效的、新的、具有潜在用途及最终可以理解的知识。数据挖掘算法多种多样。目前主要的数据挖掘算法有以下 3 种:

①分类算法,它将一个数据集合映射成预先定义好的若干类别。这类算法的输出结果就是分类器,它可以使用规则集或决策树的形式表示。

②关联分析算法,它决定数据库记录中各数据项之间的关系,利用审计数据中各数据项之间的关系作为构造用户正常使用模式的基础。

③序列分析算法,它获取数据库记录在事件窗口中的关系,试图发现审计数据中的一些经常以某种规律出现的事件序列模式,这些频繁发生的事件序列模式有助于在构造入侵检测模型时选择有效的统计特征。

关联规则是表示数据库中一组对象之间某种关联关系的规则,基于关联规则的数据挖掘算法常用于入侵检测。

设 A 为一属性集合,$I=\{i_1,i_2,\cdots,i_m\}$ 为 A 上的值集,称为项集,项集中项的个数称为项集的长度。D 为具有 n 个属性的事务数据库,其中每个事务 T 是一个项集的子集($T\subseteq I$),如果 $X\subseteq T$,那么事务 T 包含项目集 X。关联规则是形如 $X\Rightarrow Y$ 的逻辑蕴含式,其中 $X\subset T$,$Y\subset T$ 且 $X\cap Y=\Phi$,X 称为规则的前提,Y 是结果。如果事务数据库中有 $s\%$ 的事务包含 $X\cup Y$,那么就说关联规则的支持度为 s;如果事务数据库中包含 X 的数据库中有 $c\%$ 的事务同时也包含 Y,那么就说关联规则 $X\Rightarrow Y$ 的信任度为 c。关联规则的支持度与信任度的转化关系为:

$$\text{Confidence}(X\Rightarrow Y)=\text{Support}(X\cup Y)/\text{Support}(X)。$$

最著名的关联规则挖掘算法是 Apriori 算法,其处理步骤如下:

第一步:识别所有的频繁项集,即支持度不低于用户最低支持度的项集。

第二步:从频繁项集中构造其信任度不低于最低信任度的规则。对于一个频繁项集 L 和它的子集 $S(S\subset L)$,如果 $\text{support}(L)/\text{support}(L-S)\geqslant$最小信任度,那么关联规则 $L-S\Rightarrow S$ 就是有效规则。识别和发现所有的频繁项集是关联规则算法的核心,其计算量最大。如果有 m 个项,那么就有 2^m 个可能频繁项集。它构成了项集 I 上的可能解空间。

为了生成频繁项集,Apriori 算法首先遍历数据库,收集每个项集的支持度,取其支持度不低于最低支持度的项集构成频繁 1-项集的集合 L_1;然后,两两连接 L_1 中的项目集,形成候选的 2-项集的集合 C_2,再次遍历数据库,收集每个候选项集的支持度,取其支持度不低于最低支持度的项集构成频繁 2-项集的集合 L_2;如此不断地迭代,直到新的候选集 C_k 为空时停止。注意,由 L_i 生成 C_i 时,参与连接的两项集的前$(i-2)$个项是相同的。显然,该方法要对数据库作多次遍历。若频繁项集的长度最长为 p,则需要遍历 p 次。因此,Apriori 算法运行的时间代价一般较高。

下面介绍将数据挖掘技术应用于异常检测的方法。

IBM 公司向全球范围内的客户提供实时入侵检测的服务。客户网络中使用的传感器是 Cisco

公司的 NetRanger。所有的入侵警报通过互联网发送往设在美国科罗里达州 Boulder 市的 IBM 公司网络操作中心(NOC)。Boulder 的警报数据库所收集的入侵信息是最大的入侵数据库之一,这些数据对研究入侵检测非常有意义。NOC 的工作人员每天都利用复杂的过滤和汇总工具对每个传感器搜集到的警报信息进行处理,实时地确定潜在攻击的范围和来源。自动决策引擎在屏幕上显示决策规则知识库的内容,这样方便将接收到的警报告知工作人员。数据挖掘引擎对数据和从解决方法反馈回来的信息进行分析,在此基础上更新知识库。

该检测方法的基本思想如下:一段时间内频繁发生的行为被认为是正常行为。若干特定类型的警报组在一段时间内(通常是几秒)交替发生,并且按照一定的顺序在以后的时间里每隔几分钟发生一次,这些警报是可疑行为的可能性要比一个从未见过的突发警报小。使用关联分析方法来发现警报中所有的频繁项集。根据频繁项集和关联规则将正常的警报行为特征化:首先,把连续的警报流划分成若干个警报段,每一段使用关联分析语言来表示一个事务,项表示警报。频繁项集指的是在多个段中的警报。关联规则描述了在一个段中所发生的彼此有关联的警报。传感器收集到的正常行为模型包括若干频繁项集和高可信度的关联规则。

算法 8.3 是利用数据挖掘方法如何通过正常行为模式检测出网络数据流中异常行为的算法(简称 DM-AD 算法)。

算法 8.3 DM-AD 算法

输入:传感器搜集到的正常行为模式(频繁项集 F、规则集 B),警报段

输出:偏离正常行为的警报段

```
Begin
  Loop
    B=read_next_burst_of_alarms;
    if (s ∈ F 使得 s =B) then
      check_rules(R),report_frequent(B);
    else
      M=most_specific_supported_itemsets(B,F);
      D=B- ∪_{m_i∈M} m_i ;
      Check_rules (R) and report_infrequent (B,M,D);
  End Loop
End.
```

算法 8.3 的主要工作是:对于给定的一组频繁项集 F、高可信度规则集 R 以及输入的警报段 B,检查所输入的警报是否为频繁项集。如果确定为频繁项集,那么该警报可能为正常行为,且期望的出现频率与项集的支持度相等;反之,如果频繁项集是警报段中的一个警报子集,那么它就受该脉冲警报的支持。如果受支持的频繁项集不存在受支持的父集,就将该频繁项集称为最详细的频繁项集。集合 M 表示已发生的已知警报,这些警报之间相互独立,它们在警报段中频繁出现,但不能确定它们是否同时出现。集合 D 中的警报是由输入警报中未出现在 M 中的警报组成。如果 D 不为空,便得到一个包含发生频率低于最小支持度门限值的警报段。

另一种类型的异常是指期望发生的警报未出现。对于任何高可信度规则(A 受警报段 B 支持,但 C 不受 B 支持),它表示在特定的上下文中频繁发生的那些警报 C 被漏报,通常用漏报事件发生的概率 1-Confidence($A \Rightarrow C$)来衡量漏报事件出现的可能性。

将任意已知正常警报发生的频率设置为最小支持度门限值,该值越高,则频繁项集越小,这样

就能更精确地预测警报的发生频率。将更多的警报段记为异常便会提高误报率，但伪否定便会随之减少。最小支持度门限值越高，则规则可信度也就越高。可信度门限值越高，则被标记为异常的警报段越少，这时误警率降低而伪否定率增大。

2）基于生物免疫的入侵检测方法

生物免疫系统由多种免疫细胞组成，它通过区分"自我"和"非自我"来实现机体的防卫功能。"自我"是指自身的细胞，"非自我"是指病原体、毒性有机物和内源的突变细胞（致癌）或衰老细胞。免疫细胞能对"非自我"成分产生应答，以消除它们对机体的危害；但对"自我"成分，则不产生应答，以保持机体内环境动态稳定、维持机体健康。免疫系统的功能由这些免疫细胞的交互作用来实现。在免疫学研究的基础上，研究人员提出了计算机免疫模型。这些模型的主要思想是区分"自我"和"非自我。"自我"指正常的行为，而"非自我"指异常的行为。基于生物免疫的入侵检测系统遵循分布式保护、多样性、适应性、记忆性和可扩充性等原则。图 8.13 给出了一个基于生物免疫原理的入侵检测系统模型。

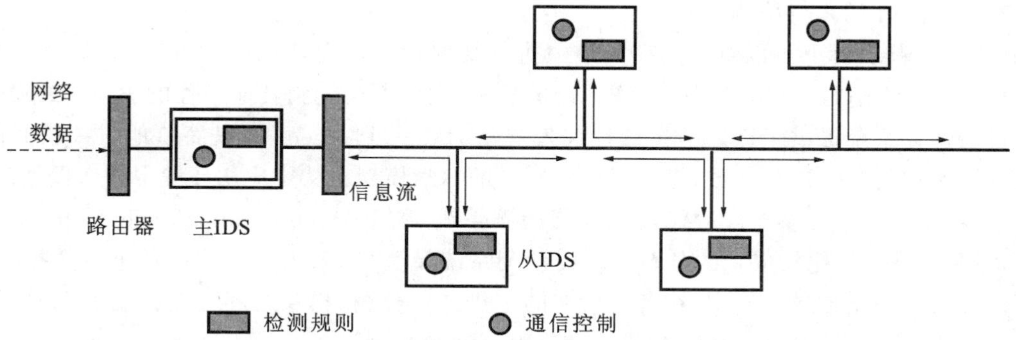

图 8.13 基于生物免疫原理的 IDS 模型

该模型包括一个主 IDS 和若干个从 IDS。主 IDS 扮演人体免疫系统中骨髓和胸腺的角色，负责生成若干检测规则集。检测规则集描述了网络数据包的异常通信模式。每个检测规则集都是唯一的，并且被传送给一个从 IDS。从 IDS 位于本地主机上，它使用检测规则集来发现"非自我"的网络通信模式。主 IDS 和所有从 IDS 之间不断地进行信息交互。在人体中，骨髓和胸腺不断地产生各种被称为抗体的检测细胞并将这些细胞输送到淋巴结。抗体在淋巴结处对所有的活细胞进行监视，从而发现被称为抗原的入侵淋巴结的细胞。在基于生物免疫原理的入侵检测模型中，本地主机、检测规则集和网络入侵行为分别被看作人体的淋巴结点、抗体和抗原。检测规则集在本地主机上对网络通信模式进行监视，以便及时识别并防止入侵。

新墨西哥大学的研究人员 Forrest 等通过大量的实验研究发现：对一个特定的程序来说，其系统调用序列是相当稳定的，使用系统调用序列来识别"自我"，应该可以满足入侵系统的需求。在这个假设的前提下，该研究小组做了大量的工作。他们对系统调用数据的各项属性进行了详细的研究，包括所需的数据量、检测误用的能力、合适的编码方式、是否适用于模式匹配技术等，最后确定为使用系统调用的短序列来设计入侵检测系统，并且忽略调用时传递的参数，只考虑调用的时间顺序。在检测过程中，收集各个特权进程所产生的系统调用序列，与正常的行为模式相比较，偏离了正常模式的系统进程被认为出现了异常。

Forrest 领导的研究小组提出了短序列匹配算法，它用于计算实际系统调用序列与正常序列模式的相似程度。该算法的主要思想是：对于训练数据中所包含的系统调用序列，全部采用长度为 k 的窗口进行分割，得到正常的调用模式所对应的短序列集。为了提高系统的效率，可以将得到的短序列以树的形式存储，形成一个正常调用模式数据库。对于实际检测过程中得到的系统调用序列，同样用长度为 k 的窗口来划分，对划分出的每一个短序列，在正常模式数据库中查找，计算出不匹配的短序列数占总数的百分比。这个比值可以作为判断一串序列是否正常的依据。

【例 8.8】 系统调用序列划分示例

假设观察到这样的系统调用序列为：

open-read-mmap-mmap-open-read-mmap

那么使用长度为 $k=3$ 的窗口对序列进行划分，得到以下系统调用序列：

open-read-mmap；

read-mmap-mmap；

mmap-mmap-open；

mmap-open-read；

open-read-mmap。

3）基于 Agent 的入侵检测方法

Agent（代理）实际上可以看作是在网络中执行某项特定监视任务的软件实体，通常以自治的方式在目标主机上运行，它本身只受操作系统的控制，因此不会受到其他进程的影响。Agent 的独立性和自治性为系统提供了良好的扩展性和发展潜力。一个 Agent 可以简单地对一段时间之内某条命令被调用的次数进行计数，也可以应用复杂的数学模型对特定应用环境中的入侵做出判断。

Purdue 大学设计的基于自治代理的入侵检测系统 AAFID（autonomous agents for intrusion detection）系统是一种比较成功的分布式入侵检测系统模型，它采用分布式部件进行数据收集，各检测部件按层次型结构进行组织，在各自所在的主机进行检测，相互之间可交换信息，并在检测到入侵时进行响应。AAFID 体系结构如图 8.14 所示。

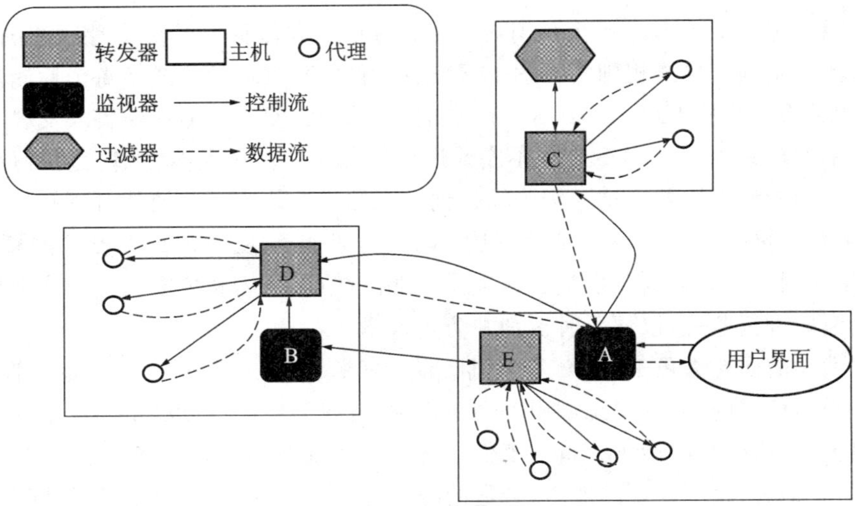

图 8.14 AAFID 体系结构

AAFID 系统由 5 部分组成：代理（agent）、转发器（transition）、监视器（monitor）、过滤器（filter）和用户界面（interface）。此外，AAFID 系统中用于各实体之间信息交换的通信机制也是系统功能的重要组成部分。基于不同的通信要求需要选择适当的通信机制，例如，主机内实体通信和网络间实体通信所选择的通信机制就有所不同。

图 8.15 给出了 AAFID 系统结构的逻辑组织形式，它直接映射出通信机制的层次模型。

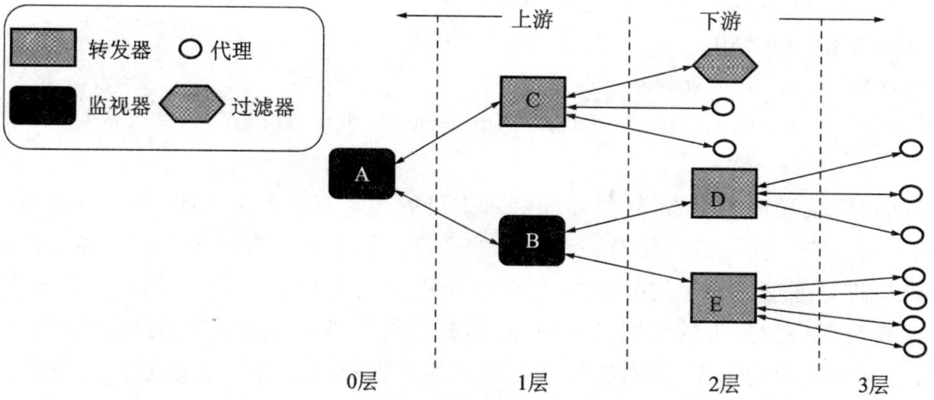

图 8.15 AAFID 系统的通信模型

图 8.15 中的箭头表示实体间的通信信道(包括数据流和控制流)。代理是负责监视主机某个方面的独立实体，它将收集到的信息向转发器报告。例如，一个代理可以监视一个主机的许多 Telnet 连接，收集可疑的信息。代理向指定的转发器报告它发现的情况，但它无权直接产生报警，通常是转发器或监视器根据代理送来的信息产生报警。算法 8.4 是描述了 AAFID 系统代理工作过程的算法(简称 Agent-AAAFI 算法)。

算法 8.4 Agent-AAAFI 算法

Begin
  {Instantiation of the agent}
  {*Instantiation-time initialization*}
  Set event handlers;
  {Execution of the agent}
  Run-time initialization;
  Set move event handlers;
  Contactnecessary filters
  Enter Event loop
End.

在 AAFID 系统的初始版本中，代理在注册机制的基础上具有较为严格的结构，该结构由生成代理注册结构算法给出。

算法 8.5 生成代理注册结构的算法

Begin
  {Instantiation of the agent}
  {*Instantiation-time initialization*}
  {Execution of the agent}
  Run-tine initialization;
  Loop
    Perform checks;
    If [abnormal condition detection] then

```
        Generate STATUS_UPDATE with new status information;
    If [STOP message was received] then
        Cleanup and exit;
    Process other inputs;
    Sleep for a certain amount of time (inter-check period);
End.
```

通过不同代理发送来的报告，转发器能够对主机的状态有一个全面的了解；监视器通过不同的转发器发送来的报告对监视的网络有一个全面的了解。转发器负责收集主机上各个代理提供的信息，并且和外界进行通信。每个被分布式 IDS 监视的主机上都有一个转发器，它既要控制相应代理的工作，又要对代理发送来的数据进行处理，还要对监视器发送来的请求进行响应。

监视器控制转发器的工作，并对转发器发送来的数据进行处理。监视器和转发器最大的区别是：监视器控制不同主机上的转发器，而转发器控制一个主机上的代理。监视器与用户界面通信，从而为整个分布式 IDS 提供了管理的入口。此外，高级控制是通过公共的 API 函数进行的，API 方法包括访问监视器的信息、操作使用监视器、发送命令给低层实体。若两个监视器控制同一个转发器，则存在如何确保信息和行为的一致性问题。

过滤器可以看作是代理的一个数据选择和抽象的层次。代理在收集主机信息时，遇到两个问题：①一个系统中可能有多个代理使用同一个数据源，例如，在 Unix 中使用同一个日志文件，每个代理都对数据源处理一遍便意味着重复劳动；②可能有一种代理在不同的 Unix 版本中都要用到，但不同的 Unix 版本日志文件的存放位置可能不同，文件格式也可能不同，这就意味着要编写几个代理来适应不同的版本。而过滤器的提出正是为了解决这两个问题。代理向过滤器提出条件，过滤器返回符合条件的记录。过滤器还将处理与系统版本相关的问题，使得实现同一功能的代理能用于不同的操作系统。

用户界面为用户提供可视化的图形来进行管理，并将用户的指令传达给监视器。

基于 Agent(代理)的入侵检测技术具有以下优点：①系统结构的扩展非常方便；②多个 Agent 可以被配置成一个 Agent 组，每个 Agent 执行各自的功能，通过将各 Agent 的功能融合起来得出最终入侵检测结果。

基于 Agent 的入侵检测技术的缺点是：①如何根据具体的网络系统环境，设计相应的检测系统结构、设置合适的 Agent、选择及配置 Agent 检测模型和运行参数，都是需要综合考虑的问题；②如果多个监视器对同一问题做出不一致的报告，此时就需要一种协调机制对信息的一致性做出判断；③在 Agent 发现入侵到监视器接收到入侵报告这段时间的时延问题也是入侵检测系统需要解决的问题。

4)基于区块链框架的混合入侵检测方法

区块链是一种为分布式网络节点之间的数据交换提供安全性的平台，它构建了分布式和共享的数据结构，用于在对等网络中进行数据交换。同时，区块链允许网络中的多个节点对数据进行复制，这种数据复制机制提高了区块链的整体安全性。

Khonde 和 Ulagamuthalvi 提出了一个基于区块链的混合入侵检测系统 BC-HyIDS (blockchain-based hybrid intrusion detection system)。该系统中每个节点以分布式方式连接到其他节点，每个节点通过分析进入网络的数据包来检测入侵行为。当数据包到达节点时，系统捕获该数据包，节点使用基于签名的入侵检测方法对其进行恶意检测。如果数据包被认为是入侵行为，节点将直接拒绝该数据包；否则，该数据包将被传递到下一阶段进行异常检测。如果数据包内包含的入侵模式在签名检测阶段未被分析出来，该数据包将在异常检测阶段经历第二轮检测。这两轮检测的结合很大程度上保障了数据包的正常。若数据包在异常检测阶段被识别为入侵行为，该数据包将传递至区块链阶段。在区块链阶段中，区块链网络中的节点负责提取和加密上一阶段检测出的入侵模式，创建新的签名，随后将该入侵模式上传到区块链的区块中。所有节点同步更新该入侵模式，以确保在下一次签名检测阶段能够迅速检测出该入侵模式。这种方式有效减少了节点的检测和处理时间。该系统的特点是完全分布式和高容错，即使网络中某个节点受到攻击而失效，失效节点仍能通过复制其他节点的数据集来完成恢复或重置。

基于区块链的混合入侵检测系统 BC-HyIDS 的架构如图 8.16 所示。

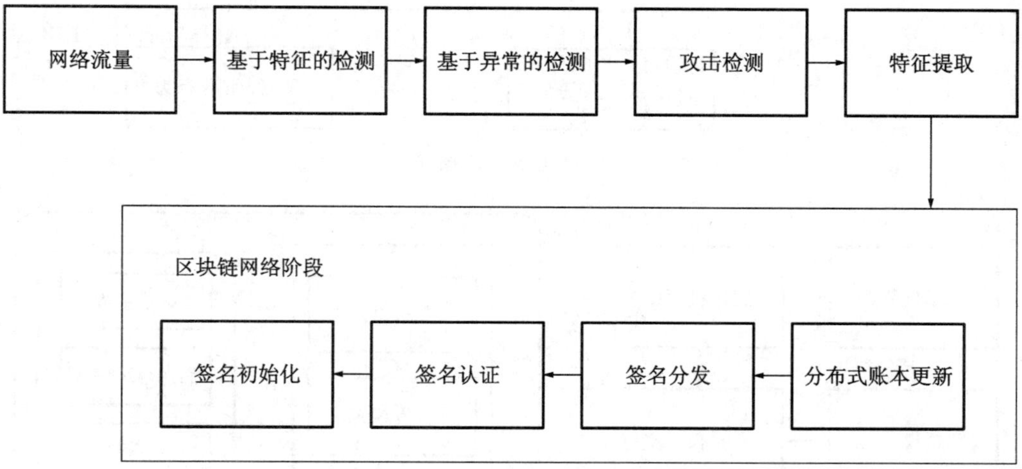

图 8.16 BC-HyIDS **架构**

BC-HyIDS 第一阶段的处理逻辑如图 8.17 所示。

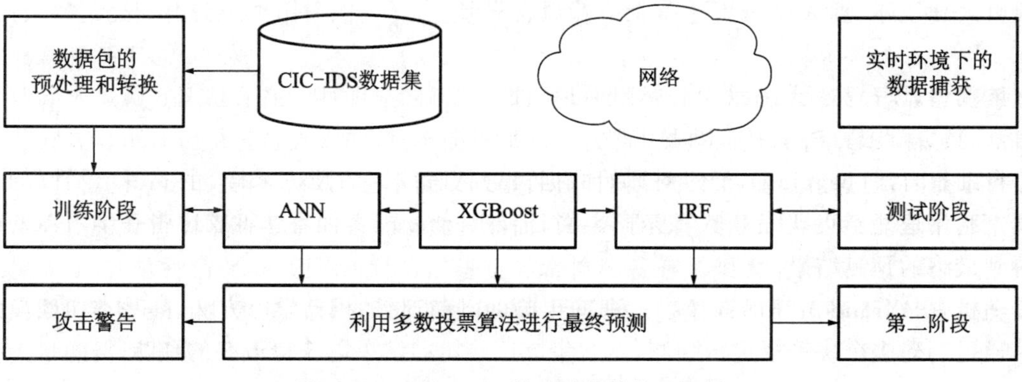

图 8.17 BC-HyIDS **第一阶段的处理逻辑**

BC-HyIDS 第二阶段的处理逻辑如图 8.18 所示。

BC-HyIDS 系统中的区块链框架如图 8.19 所示，其中图 8.19(a)为区块链网络结构，(b)为区块链网络中单个节点的结构。

5)基于集成学习的入侵检测方法

集成学习(ensemble learning)是一种机器学习方法，通过整合多个独立模型的预测结果，以提升整体模型的性能。其核心思想是“三个臭皮匠，顶一个诸葛亮”，即通过组合多个模型构建一个强

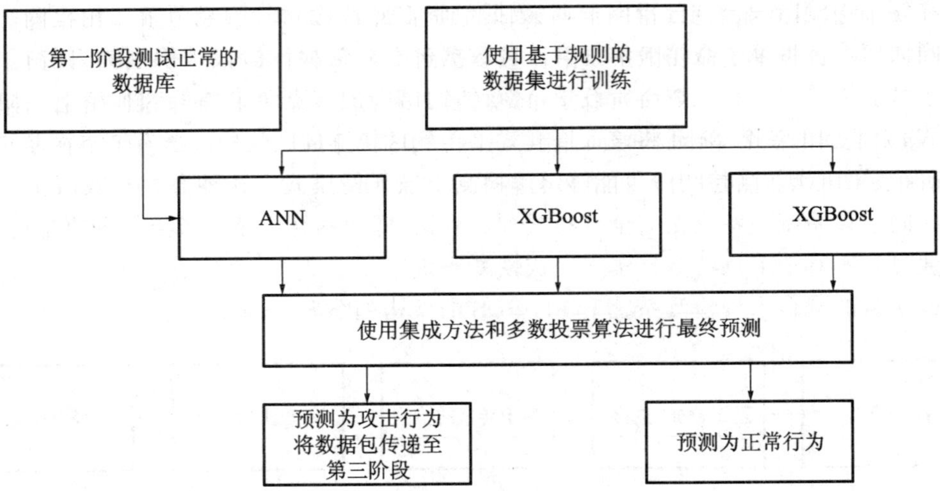

图 8.18　BC-HyIDS 第二阶段的处理逻辑

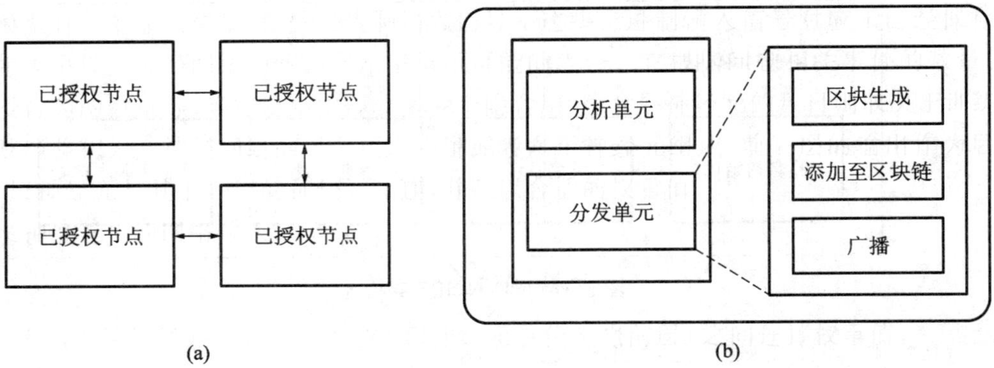

图 8.19　BC-HyIDS 系统中的区块链框架

(a)区块链网络结构；(b)区块链网络中单个节点的结构

大的整体模型，以提高泛化能力、鲁棒性和准确性。

目前，集成学习方法主要有以下几种：

①自助聚合法(bagging)，通过对原始数据集进行有放回的随机采样，生成多个不同的训练数据子集。利用这些子集训练出多个基学习器(base learner)，然后通过集成这些基学习器的预测结果来得到最终的预测结果。

②随机森林(random forest)，是一种基于 bagging 思想的机器学习方法，其基本构建单元为决策树。通过构建多个决策树进行预测，然后集成这些树的结果以获得最终的预测。

③提升法(boosting)，是一种迭代训练基学习器的方法，其核心在于根据前一轮的结果调整数据样本的权重，以关注先前被错误预测的样本。

利用集成学习技术，将多个独立训练的入侵检测模型融合，通过投票、权衡等方式进行综合判断，以提高入侵检测性能。这种方法可以有效降低误报率，增强整体检测效能。

采用随机森林的方法涉及使用经过预训练的决策树对数据包进行入侵检测，随机森林通过综合多个决策树的检测结果，以投票的方式确定最终结果，即判断该数据包是否属于入侵样本。

通过提升(boosting)法的迭代方式，可以逐步提升入侵检测模型的性能，使得集成的入侵检测模型能够获得更高的检测准确度。

下面介绍一个将集成学习技术应用于入侵检测的方法。

Jabbar 等人提出的基于随机森林分类器的入侵检测系统模型，它的基本思想：训练好的决策树通过识别特征来检测数据包，随机森林集成多棵决策树的识别结果并通过投票的方式确定最终结果（即确定该数据包是否属于入侵样本）。该模型的框架如图 8.20 所示。

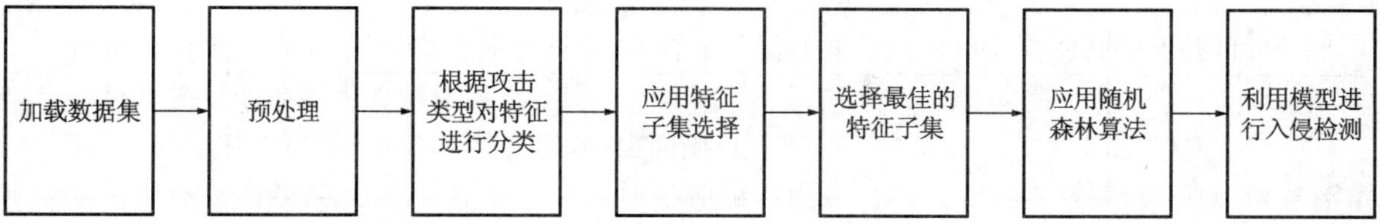

图 8.20 基于随机森林分类器的 IDS 模型

基于随机森林分类器的入侵检测系统模型的处理过程如下：对加载好的 NSL-KDD 数据集进行预处理并拆分为 4 个数据集，然后将数据集划分为训练数据集和测试数据集，利用特征子集选择度量确定最佳特征集，将训练数据集交给随机森林进行训练，并将测试数据集输入随机森林进行分类。训练好的随机森林将应用于入侵检测。

8.3 现有入侵检测系统的介绍与比较

自从 Denning 提出入侵检测模型以来，许多机构和研究人员不断设计开发入侵检测系统 IDS。已有的入侵检测系统包括商业产品、开源软件以及学术研究项目。表 8.3 列出了若干入侵检测系统的开发单位、名称和所采用的技术，其中缩写词含义：ES—专家系统、SA—签名分析、PN—Petri 网、STA—状态转移分析、Stat—统计分析、NN—神经网络。表 8.4 对若干常用入侵检测系统所分析的数据来源进行了比较。

表 8.3 现有的一些入侵检测系统及其采用的检测技术

IDS 开发单位	入侵检测系统名称	采用误用检测技术的 IDS				采用异常检测技术的 IDS		
		ES	SA	PN	STA	Stat	ES	NN
AT&T	Computer Watch						√	
USAF	Haystack					√		
Purdue	IDIOT			√				
UCDivas	NSM		√			√		
	GrIDS						√	
LANL	W&S						√	
	Nadir	√					√	
Cisco/Wheel group	NetRanger		√					
ISS	RealSecure		√					
UCSB	STAT				√			
	USTAT				√			

续表 8.3

IDS 开发单位	入侵检测系统名称	采用误用检测技术的 IDS				采用异常检测技术的 IDS		
		ES	SA	PN	STA	Stat	ES	NN
Stanford	Swatch	√						
MCNC－NCSU	JiNao	√				√		
CrowdStrike	Falcon							
SourceFire	Snort		√					
OISF	Suricata		√			√		
Trendmicro	OSSEC		√			√		
Quadrantsec	Sagan		√			√		
SolarWinds	SecurityEventManager					√		
SecurityOnion	SecurityOnion		√			√		
Trellix	IDPS		√					√
AlertLogic	MDR		√					√
绿盟	IDS－ICS		√					√
东软 NetEye	东软 IDS		√			√		
安恒信息	明御 IDS		√			√		
启明星辰	天阗 IDS		√			√		

表 8.4 若干常用入侵检测系统检测分析的数据来源

开发机构	入侵检测系统名称	主机系统审计数据	网络信息	与应用程序相关的信息	其他入侵检测系统报警信息
AT&T	Computer watch	UNIXC2 级安全审计数据			
USAF	Haystack	Unisys 系统审计数据			
	DIDS				Haystack 和 NSM 系统的报警信息
SRI	IDES	DECTOP20 的日志文件			
	NIDES	UNIXC2 级安全审计数据			
	Emerald		网络分组数据		
UCDavis	NSM		以太网数据帧		
	GrIDS				网络业务统计

续表 8.4

开发机构	入侵检测系统名称	主机系统审计数据	网络信息	与应用程序相关的信息	其他入侵检测系统报警信息
Cisco	NetRanger		TCP/IP 数据包		
ISS	RealSecure	Windows NT 事件日志	TCP/IP 数据包		
Stanford	Swatch	Syslog 信息			
IBM 公司	Web Watcher			Web 服务器日志数据	
SolarWinds	Security Event Manager (SEM)	系统日志文件	TCP/IP 数据包	事件日志文件	
CrowdStrike	Falcon	系统日志文件	网络流量	应用程序日志	系统进程
SourceFire	Snort		TCP/IP 数据包	应用程序日志	
OISF	Suricata		网络流量数据包		
Trendmicro	OSSEC	系统日志文件	网络流量	应用程序日志	
Quadrantsec	Sagan	系统日志文件	网络流量	应用程序日志	
SecurityOnion	SecurityOnion	系统日志文件	网络流量数据包	应用程序日志	
Trellix	IDPS		网络流量		威胁情报
AlertLogic	MDR		网络流量		
绿盟	IDS-ICS		网络流量	进程文件	
东软 NetEye	东软 IDS	系统日志	网络流量	应用程序日志	
安恒信息	明御 IDS	系统日志	网络流量	应用程序日志	
启明星辰	天阗 IDS	系统日志	网络流量	应用程序日志	

8.4 入侵检测系统面临的挑战与发展趋势

入侵检测系统是网络安全防御体系中的核心组成部分。未来，入侵检测系统将朝着智能化、自适应性、多维度检测、多平台支持和零信任安全模型等方向发展。随着网络威胁的不断进化，入侵检测系统必须持续创新和优化，增强抵御入侵攻击能力，为计算机和网络信息系统安全提供强大的力量。

8.4.1 入侵检测系统面临的挑战

当前，入侵检测技术与系统取得了显著进展，但仍然面临以下挑战，需要研究相应的解决方案。

①入侵手段复杂多变：入侵攻击手段不断变化和演化，使得入侵检测系统难以及时识别新型攻击。解决方案包括采用先进的人工智能和机器学习技术，加强威胁情报共享和分析，以及及时更新与优化检测规则和特征。

②大规模数据分析：入侵检测系统需要连续处理大量的网络流量和日志数据，这导致分析和响应延迟。解决方案包括使用高性能硬件和优化算法，采用分布式并行计算和存储技术系统，以提高数据处理及分析效率。

③隐私和合规性问题：入侵检测系统需要监控和分析网络流量和用户行为，这可能引发对用户隐私泄漏和合规性方面的担忧。解决方案包括采用加密和匿名化技术保护用户隐私信息，制定和实施严格的数据使用政策和合规性规范。

④误报率和漏报率：入侵检测系统可能面临误报和漏报的问题，导致安全事件得不到及时响应处理或者误认为合法行为。解决方案包括优化检测模型及参数、检测算法，加强多维度的威胁分析，以降低误报率和漏报率。

⑤复杂网络环境：采用混合云和多云架构建设的计算机网络信息系统，其网络环境复杂多样，入侵检测系统需要适应不同的网络环境。解决方案包括提供跨平台和跨系统的支持，实现一致的安全策略和检测能力。

8.4.2 入侵检测系统的发展趋势

未来，入侵检测系统将有如下发展趋势：

(1)协同合作式防护

诸如分布式拒绝服务 DDoS 攻击、勒索病毒攻击、零日(0day)攻击等新型网络攻击技术不断出现，这预示着网络入侵行为变得多样化、复杂化。传统的入侵检测系统多用于防护特定主机和单一网络，无法同时防护多个异构网络中的入侵攻击。为此，需要研究发展基于异构网络、异构平台的入侵防护技术，以使得部署于异构网络的多个入侵检测系统能够协同合作，从而有效应对各种网络攻击。

(2)高速化处理与响应

随着光纤和 5G 及 6G 网络的出现，网络速度不断提高，网络数据包的数量也日益增多。面对日益增加的网络宽带和网络数据，低效率的入侵检测系统难以满足大型网络(如政府网、企业网、工控网)等网络安全防护需求。因此，未来的入侵检测系统需要具有高速化的处理速度和瞬时的事件响应能力，这需要分布式并行高性能计算技术与系统支撑。

(3)检测系统智能化

人工智能技术的发展将给入侵检测系统提供一种新的发展契机。大模型 ChatGPT 的出现引起了普通民众对人工智能技术的学习研究兴趣。从入侵检测系统的主动属性出发，人们期望未来的入侵检测系统能够像 ChatGPT 那样进行主动学习。因此，未来的新型入侵检测系统将通过人工智能技术赋能，能够进行自学习，从而实现智能化。

(4)系统检测标准化

当前入侵检测系统种类多，然而不同的机构厂商有不同的入侵检测标准。统一这些标准将有利于各机构厂商研发的入侵检测系统进行适配，从而加快市场流通，方便用户使用。

(5)检测系统轻量化

入侵检测系统的使用从有线网络到无线网络，从政府网络系统、企事业单位网络系统等大型网络扩展到家庭网、个人计算机和智能手机等。新一代的入侵检测系统应能够设计开发出满足家庭网、无线网等小型用户的需求。因此，入侵检测系统轻量化将是未来的发展趋势之一。

(6)支持云端和边缘环境

随着云计算和边缘计算的发展普及，入侵检测系统也需要支持这些新的计算环境。云环境和边缘设备具有诸如大规模的分布式系统、虚拟化环境、快速变化的资源分配等特点和挑战。入侵检测系统需要针对这些环境进行优化和适配，提供可扩展性、灵活性和高效性。此外，云端和边缘环境动态性比较强，云端和边缘环境的入侵检测系统需要具备更好的适应性和自适应能力，以应对动态变化的网络拓扑和安全需求。

本章小结

本章首先介绍了入侵检测系统的模型，包括最早的入侵检测系统模型 IDES、分布式 IDM 模型以及公共入侵检测框架 CIDF。从入侵检测系统的数据源、检测方法和响应机制 3 个不同角度对其进行分类；按照数据源的不同，入侵检测系统可分为基于主机的入侵检测系统、基于网络的入侵检测系统和分布式入侵检测系统。基于主机的 IDS 主要优点是可以监视特定系统的活动，其检测响应速度较快；基于网络的 IDS 可以检测出基于主机的 IDS 可能漏检的攻击，且攻击者不易转换证据；分布式 IDS 的主要特点是通过对网络信息进行分流，从而可以提高检测速度、增强系统本身抗击拒绝服务攻击的能力。按照分析引擎的不同，入侵检测系统又可分为基于异常检测方法、基于误用检测方法以及基于异常和误用检测混合的入侵检测系统；基于异常检测方法的特点是，通过对系统异常行为的检测来发现未知(新)的攻击模式，基于误用检测方法的特征是根据已知的入侵模式来检测入侵行为。按照响应机制不同，又可将入侵检测系统分为主动响应和被动响应的入侵检测系统。然后，较为详细地介绍了各种入侵检测系统的技术原理和方法。最后，简要介绍了目前较为常见的一些入侵检测系统产品。

未来入侵检测系统将朝着协同合作式、高速化、智能化、标准化、轻量化等方向发展，体现其智能化、自适应性、多维度检测、多平台支持和零信任安全模型等能力。随着网络威胁的不断进化，入侵检测系统必须持续创新和优化。入侵检测系统已成为网络安全防御体系中的核心组成部分，为网络系统安全提供强大的力量。

习 题

一、简答题

1. 什么是入侵检测系统？
2. 简述入侵检测系统的发展过程。
3. 入侵检测系统分为几类？
4. Solaris 操作系统安全审计文件结构中各项的作用是什么？
5. 比较异常检测和误用检测方法的异同。
6. 简述基于神经网络异常检测方法的原理。
7. 描述利用有色 Petri 网对 TCP 的握手协议。
8. 试对基于串匹配的误用检测方法进行算法的形式化描述。
9. 简述基于数据挖掘的异常检测方法的过程。
10. 基于数据挖掘的异常检测方法的思想是什么？
11. 阐述基于 Agent 的异常检测方法中各个代理的作用。
12. 阐述基于区块链框架的混合入侵检测方法使用区块链获得的优势。
13. 基于集成学习的入侵检测方法有哪些特点？

二、上机实验题

1.安装运行开源 Snort 入侵检测系统的实验。提示:在安装 Snort 之前需要先安装 Snort daq,否则 Snort 的安装编译会出现错误。

2.通过 Snort 系统使其在记录模式下抓取一个 telnet 数据包的实验。提示:若实验环境缺少 telnet 服务。则需要事先安装 telnet 服务。建议实验两台主机处于同一局域网或使用虚拟机。

3.请编写 Snort 规则和修改其配置文件,使 Snort 系统在检测模式下能够产生关于 sudo id 的告警的实验。提示:建议实验两台主机处于同一局域网或使用虚拟机。

4.安装运行开源 OSSEC 入侵检测系统的实验。提示:运行 OSSEC 安装脚本时,不建议启用邮件告警。

5.使用 OSSEC 系统进行日志监控、分析的实验。提示:OSSEC 产生的告警需要在 alert.log 里查看。

6.使用 OSSEC 系统完成关于 SSH 密码爆破的实时告警的实验。提示:SSH 密码爆破推荐使用 Hydra 进行。

7.编程实现一个基于统计的异常检测程序的实验。

9 数字内容安全与人工智能安全

内容提要

本章回顾内容安全的发展现状，剖析数字内容安全所面临的威胁和保护需求，阐述数字内容安全领域的文本过滤、话题发现与追踪、内容分级管理以及多方安全计算等关键技术。然后，介绍敏感数据识别、数据加密、数据脱敏、数据追踪溯源、身份与访问管理基本知识，重点阐述个人隐私敏感信息、生物医学敏感信息保护技术。最后，讨论人工智能技术在社会伦理方面的行为规范以及人工智能算法安全、数据安全和应用安全等三大安全问题，分析人工智能安全现状，展望未来的发展趋势。

讲授要点

讲述文本过滤的原理、手段和应用，话题发现与追踪的目标、关键技术和处理逻辑，以及数字内容安全分级管理遵循互联网内容选择平台标准 PICS (platform for internet content selection)；安全多方计算基础知识，包括半诚实、恶意和隐蔽攻击模型，秘密共享、不经意传输和混淆电路等关键技术；个人敏感信息和生物医学敏感信息保护技术，身份与访问管理策略；人工智能法规与伦理，人工智能安全的算法、数据和应用。

课程思政讲述要点

强调确保数字内容安全和人工智能安全对国家、社会和个人的重要性，强调敏感信息泄漏不仅对个人、单位构成潜在威胁，而且更可能对整个社会造成不良影响；强调人工智能研发与应用需要遵守人工智能伦理和法律法规；强调保护机构和个人的敏感信息、确保人工智能安全既是个体的责任，也是社会共同的责任；介绍我国科学家、研发机构在数字内容安全与人工智能安全领域的贡献和成就。

9.1 数字内容安全

数字内容安全是指在网络和数字媒体环境中，采取一系列措施来防范、管理和控制不良或有害信息的传播，以确保计算机系统、网络空间的安全、清洁和积极向上。数字内容安全的范围涉及文本、图片、音频、视频等形式的数字内容。

数字内容安全涵盖了两个关键方面：一是对数字内容的全方位保护，防止数字内容被窃取、被篡改等，这涉及数字内容的保密性、隐藏性、隐私保护和知识产权保护等多个方面；二是数字内容安全要求数字内容符合政治、法律法规和道德等多层次的标准和要求。

数字内容安全通过多个维度对国家、机构单位和个人产生深远影响。从影响国家安全的高危内容(如反动、敌对、暴恐内容等),到影响社会民生的风险内容(如谣言、色情、赌博、虚假新闻内容等),再到影响企业业务和个人生活的垃圾内容(如垃圾邮件、营销广告内容等),这些都是数字内容安全关注的方面、数字内容安全治理需要解决的问题。

数字内容安全技术分为被动内容安全技术和主动内容安全技术两类。被动内容安全技术是指不预先处理被监管的数字内容,通过分析获得的数字内容本身判断内容的性质,并实施相应的控制处理策略。主动内容安全技术是指对被监管的数字内容进行预处理,向数字内容添加验证信息,在以后的监管中,通过分析所获得数字内容中添加的验证信息来判断内容的性质,并实施相应的控制处理。

9.1.1 文本过滤

在信息安全领域,文本过滤是一项重要的数字内容安全技术,它旨在识别和过滤掉文本中不良、有害或违规的内容,以维护计算机系统、网络环境的数字内容安全和健康。本小节将讨论文本过滤的原理、技术以及应用。

文本过滤的核心原理是通过计算机算法自动检测文本中的违法信息、不当言论、广告骚扰等敏感信息。常见的文本过滤原理包括关键词匹配、机器学习、自然语言处理等。关键词匹配主要基于预定义的关键词库,而机器学习和自然语言处理则借助算法模型从大量文本中学习和推断。

关键词过滤是数字内容安全领域中最基础的一种技术,通过构建关键词库并利用精准匹配的方式来判断文本中是否包含敏感信息。它包括构建关键词库和关键词匹配两个阶段。

①构建关键词库。可通过手动方式和自动方式构建关键词库。手动构建方式通过人工收集、整理、分类敏感词汇,构建关键词库。这种构建方式可以确保词库包含领域特定的敏感词,但需要不断更新维护关键词库。自动构建方式利用爬虫技术和大数据分析,自动收集互联网上的敏感词汇,构建和更新关键词库。这种构建方式具有时效性,但可能会收集到一些误判的关键词。

②关键词匹配。它主要有 3 种方式。一是“全词匹配”:要求文本中的完整单词与关键词库中的词汇完全相同。二是“部分匹配”:要求文本中的部分内容与关键词库中的词汇相匹配,适用于一些可能存在变形或拼写错误的情况。三是“多关键词匹配”:文本中只要包含关键词库中的一个或多个关键词即视为匹配,提高了对复杂语境的适应性。

关键词过滤容易受到文本上下文、多义词等因素的影响,有时候可能导致误判。为此,应在匹配方法中引入上下文分析、语境判断等技术。随着网络语言的不断变化,关键词库需要定期更新。可以结合自动化工具和人工审核来完成关键词库更新,并且通过机器学习算法对历史数据进行学习,以提高关键词过滤的准确性,降低误判率。

文本过滤技术在电子邮件、社交媒体平台、在线论坛和教育平台等领域得到了广泛应用。

(1)文本过滤在电子邮件过滤方面的应用

电子邮件过滤是确保用户收件箱安全、减少垃圾邮件、防范欺诈的关键环节之一。文本过滤技术可拦截垃圾邮件,通过事先构建的垃圾邮件关键词库,对邮件主题、正文等内容进行关键词匹配,以迅速识别并拦截垃圾邮件。用户可以维护一个黑名单列表,将不想接收邮件的发件人邮箱地址添加进去,文本过滤系统会自动拦截黑名单中发件人的邮件。

文本过滤系统利用机器学习和自然语言处理技术,能够检测邮件中的欺诈性内容和常见语言特征。它可以分析邮件中的链接和附件,检查是否关联欺诈性质的网站或文件。不仅如此,文本过滤系统还能够识别邮件中包含的手机号、身份证号、银行账号等个人敏感信息,并自动屏蔽或标记这些信息,以防止信息泄露;同时,文本过滤系统支持邮件的加密和解密功能,确保敏感信息在传输过程中的安全性,文本过滤系统还可以检测电子邮件中是否包含可能的恶意代码,通过扫描附件和嵌入的链接防范和阻止恶意软件的传播,拦截可能携带恶意代码的文件类型,降低恶意软件通过电子邮件传播的风险。

此外,可以通过自定义电子邮件过滤规则,以增加个性化的过滤体验,通过黑白名单、关键词匹配、自适应学习等多层次过滤策略,提高过滤的准确性和全面性。

(2)文本过滤在社交媒体平台的应用

社交媒体平台作为人们在线交流、分享信息的主要场所,面临着大量用户生成内容的挑战。文本过滤在社交媒体平台的应用主要集中在识别、过滤、屏蔽和清理不法不当言论,过滤暴力、色情、粗俗等方面内容,检测并遏制谣言的传播,通过事实核实和对比,识别并过滤潜在的虚假信息、具有误导性的信息,以维护平台的秩序、创造积极和谐的交流氛围,提高用户体验和确保信息质量。

(3)文本过滤在在线论坛的应用

在线论坛作为用户自由交流观点、分享经验的平台,需要处理好内容管理和言论自由的平衡。通过事先构建的特征词库与敏感词库,结合黑名单机制、文本过滤技术实时进行关键词匹配。这种方法有助于维护在线论坛良好的社区氛围、防范不法不当言论以及过滤垃圾信息等,确保用户在论坛中交流时遵守法律法规、彼此尊重,从而提高用户体验。

(4)文本过滤在在线教育平台的应用

在线教育平台的文本过滤应用旨在确保学习环境的纯净、过滤不法不适当言论、过滤广告和虚假信息等,保护学生免受有害信息、商业广告的侵扰,提供更个性化的学习体验,提高信息的真实性和可信度,提高在线教育的质量和安全性。

9.1.2 话题发现与追踪

1996年,人们首次提出话题发现与追踪(topic detection and tracking,TDT)技术。它旨在通过自动化的方式从大规模的文本数据中发现并追踪特定话题的演变。该技术任务主要关注如何有效地分析和理解海量文本信息,以保持对特定话题的持续追踪和监测。话题发现与追踪技术的提出和发展为信息检索、情报分析以及对实时事件关注等领域提供了有力工具,助力人们更有效地管理和理解大规模文本数据中的关键信息。

(1)话题发现与追踪的目标

话题发现(topic detection)的目标是识别出在文本数据中突然出现或持续存在的新话题。它包括对文本中突发事件、热门话题或新兴问题的自动识别,以使得决策者能够及时了解和回应重要事件。话题追踪(topic tracking)的目标则是持续追踪话题的演变过程,了解话题的发展趋势、变化以及相关性。它有助于人们更全面地理解话题的复杂性和演化过程,为决策者提供更多深入的信息。

(2)话题发现与追踪的关键技术

①文本分析:利用自然语言处理和文本挖掘技术,识别和抽取文本中的关键信息,确定可能的话题。

②时序分析:针对大量文本数据,通过时间序列分析发现话题的出现、持续和消退的趋势,以便有序地追踪话题。

③事件关联:将相关的文本片段组织在一起,形成更完整的事件描述,以便更好地理解和分析话题的上下文关系。

④信息过滤和去重：从大量文本中过滤出与特定话题相关的信息，避免冗余和噪声，以使得生成的话题追踪报告更为准确和有用。

(3)话题发现与追踪系统的框架结构

话题发现与追踪系统包括信息采集、文本预处理、话题检测与追踪三大部分，其系统处理框架如图 9.1 所示。

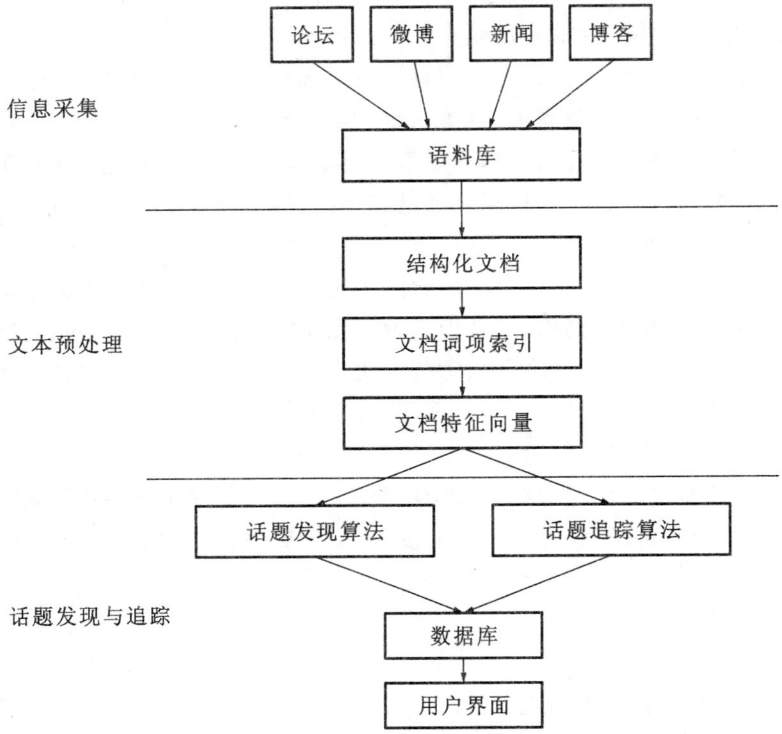

图 9.1 话题发现与追踪系统处理框架

话题发现与追踪系统的处理过程是：信息采集模块源源不断地从网络上爬取论坛、微博、新闻及博客等方面的信息，并将其存入本地语料库。然后，对语料库中的文本信息进行中文分词、冗余词过滤等处理，经过这样处理后的文档信息即为结构化的文档信息。统计文档中词项的词频、位置等信息，构建文档中词项的索引。按照规则从词项中抽取特征信息作为文档特征，构建文档的特征向量。最后，使用话题发现与追踪算法处理构建的文档特征信息，将分析处理后的结果写入数据库中，并将处理结果以多种形式呈现给用户。

9.1.3 数字内容安全分级管理

数字内容安全分级管理是一种主动应对互联网上的不法不良信息泛滥的技术方案。它通过在内容发布前嵌入分级标识，实现对信息的主动分类和管理，从而提高信息的合规性、透明性和用户体验。相较于传统的关键词过滤和基于黑名单的被动监测与过滤技术，主动内容安全技术在信息发布阶段采取先发制人的策略，通过分级标识的嵌入提前进行分类和标记，以使得后续的监管措施更具灵活性和高效性。

万维网联盟（world wide web consortium，W3C）提出的互联网内容选择平台（platform for internet content selection，PICS）标准是一个比较完整的互联网内容分级标准体系，是互联网上普遍使用的技术标准。它提供了一个对互联网上的信息内容进行标记的开放平台,以及有关内容分级的元数据和方便于任何独立群体开发自己特有的元数据词汇机制。元数据包括互联网内容选择平台 PICS 标记词汇和 PICS 分级服务描述词汇。利用 PICS 分级服务元数据来描述娱乐软件咨询委员会(recreational software advisory council,RSAC)提供的内容分级标准。这个标准类似于电影分级审查制度,它将互联网上的信息大致分为 4 个方面,每方面的信息又分为 0～4 级。0 级表示无害,级别越高,危害越大。用户可设定"过滤"标准,如果计算机在调阅网络内容时遇到超过这一标准的信息则拒绝显示,从而保证用户所获取信息的安全无害,且达到监管过滤的目的。基于分级标签的内容分级管理框架如图 9.2 所示。

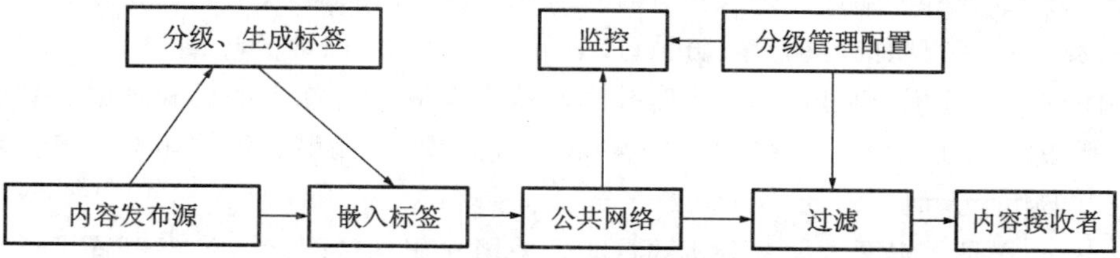

图 9.2 基于分级标签的内容分级管理框架

9.1.4 数字内容安全

数字产品易于实现无损拷贝和分发。如果不做相关技术处理,那么人们借助数字技术和互联网,容易批量复制和传播受知识产权保护的数字产品和内容。大量未经授权的访问、复制、分发受知识产权保护的数字产品将导致数字行业遭受巨大的损失。大量数字作品的盗版和非授权使用严重影响数字产业的进步,阻碍数字文化产业的健康发展,对文化安全构成了严峻的挑战。在开放的网络环境下,数字产业急需有效的技术手段来保护知识产权,维护数字内容的创作者、出版者、发行者的权益。因此,如何对数字产品进行有效的权利管理和保护,维护数字内容的安全,防范未经授权的访问、复制和分发,成为迫切需要深入研究的课题。数字内容安全技术包括主动和被动技术。

被动数字内容安全技术是指对数字内容进行监测、过滤、识别等处理,以有效处置数字内容中可能含有的不法不良或盗版内容。它主要包括数字内容发现和分析两大技术,如图 9.3 所示。

- 被动数字内容安全技术
  - 数字内容发现
  - 数字内容分析
- 主动数字内容安全技术
  - 数字水印
  - 分级标签
  - 数字权益管理

图 9.3 数字内容安全技术类型

(1)被动数字内容安全技术

1)数字内容发现

数字内容发现是指使用技术方法来搜索、检测和获取数字文本、图像、音频和视频等多种媒体的数据。以下是一些常见的技术方法。

①网络爬取:使用网络爬虫程序,遍历互联网上的各网站,获取其中的数字内容。爬虫程序按照一定的规则和算法,自动访问网页,下载数字文本、图片、音频、视频等媒体数据。

②网络监测和嗅探:利用网络监测工具和嗅探技术,实时监测网络流量,通过深度包检测、流量分析识别并提取其中的数字媒体内容。

③元数据和标签：利用元数据和标签信息，通过搜索引擎或特定的数据库，挖掘发现网络上的数字内容。

④社交媒体监测：在遵守相关法规的前提下，通过应用程序接口 API 或其他技术手段，监测并获取发布的数字内容。

⑤站点地图和索引：利用互联网上的站点地图和索引服务，获取网站的结构信息，以挖掘其中的数字内容。

2)数字内容分析

数字内容分析是一种通过计算机算法和技术对互联网上的数字内容进行深入研究和理解的过程，用于识别、分类、理解和描述数字文本、图像、音频和视频等媒体数据。下面分别介绍针对数字图像、数字音频和数字视频内容的分析方法。

①数字图像内容分析：通过计算机视觉技术对数字图像进行深入解析和理解。它通过学习模型和计算机算法，自动识别数字图像中的对象、场景或人物，并提供图像的相关信息。数字图像内容分析涵盖以下几个方面：

a. 图像识别：它是数字图像内容分析的核心。采用卷积神经网络(CNN)等深度学习模型学习和理解图像中的特征，从而准确地辨别出图像中的对象(如人物、汽车、建筑物、动物等)，并为每个对象赋予相应的标签。

b. 图像标注：它对数字图像内容进行语义化描述。通过结合自然语言处理技术，生成与图像相关的标签或描述，使得搜索引擎更加智能。例如，对于一张包含自然风景的图像，图像内容分析系统可以生成“山脉”“湖泊”“蓝天白云”等标签，以提高搜索的准确性。

c. 颜色分析：提取图像中的颜色信息，并通过聚类分析识别主导颜色或颜色组合，从而推断图像所传达的主题或情感。例如，一张色彩鲜艳的图像可能与欢快、积极的情感相关联。

②音频内容分析：对音频数据进行深入解析和理解，从音频数据中提取关键信息，以实现对声音的识别、分类以及对语音内容的理解。音频内容分析涵盖以下几个方面：

a. 语音识别：通过应用自然语言处理技术、深度学习中的循环神经网络(RNN)或长短时记忆网络(LSTM)等模型，将音频数据中的语音信息转化为可理解的文本。

b. 音频特征提取：从音频数据中提取频谱、节奏、音高等特征，以分类和识别音频内容。通过傅里叶变换等技术将时域的音频信号转换为频域表示，从而提取音频的频谱特征。

c. 情感分析：通过声音信号来判断语音中的情感倾向，结合语音特征和情感分析模型理解说话者的情感状态，为更智能的交互和服务提供基础。

③视频内容分析：通过计算机视觉技术对视频数据进行深入解析和理解，从视频数据中提取关键信息，以实现对图像、动作和场景的识别、分析及理解。

a. 视频识别：利用深度学习模型学习和理解视频数据中的物体、人物和动作等要素，以实现对视频数据内容的准确识别，并为每个要素赋予相应的标签。

b. 行为分析：通过对视频数据序列的逐帧分析，以识别出人物的走动、交通车辆的流动等行为模式。

c. 场景分析：分析视频数据中出现的场景元素，以理解视频的整体背景和情境，更全面地把握视频的内容和意义。

(2)主动数字内容安全技术

主动数字内容安全技术着眼于在数字内容发布前采取主动措施，采用嵌入标识(如数字水印、分级标签)、权限控制和使用规则(如数字权益管理)等手段，以使得后续的监管更加灵活、高效。

1)数字水印

数字水印技术将不可见的数字信息嵌入数字内容中,以实现对该内容的唯一标识。这种数字标识不会干扰原始内容的感知,但能够在需要时被检测和提取出来。

数字水印可以被嵌入图像、音频、视频等类型的数字媒体中。数字水印的嵌入可以通过频域转换、量化调整、差值编码等算法和技术来实现。

通过数字水印技术可以实现对知识产权的保护和追踪。通过在数字内容中嵌入唯一的数字标识,内容创作者和权利所有者能够在需要时追踪到其内容的来源和去向,从而有效应对盗版和未经授权的传播。数字水印技术还可以在法律纠纷中提供证据,因为这些数字标识为数字内容的真实性和来源提供了可靠的佐证。

数字水印技术涉及数字信号处理、数字图像处理、信息论、编码理论、密码学、检测理论、数字通信和网络技术等。有关数字水印系统技术的内容,请参见第 6.1.4 节的介绍。

2)分级标签

分级标签是一种在数字内容中嵌入的标识系统,用于对数字内容进行分类和管理。这种标签通常在数字内容发布前被嵌入,以提供关于内容性质的信息。使用分级标签的目的是帮助数字系统和用户更好地理解和控制数字媒体的内容,从而实现更有针对性的访问和管理。

分级标签可以涵盖主题性质、内容类型、适宜性等信息。例如,一个视频内容可以包含特定主题或类型的内容,或者被标记为适合特定年龄段观看。这些标签的设置通常遵循一定的行业规范和标准,以确保在不同平台和系统中的一致性和可理解性。

对于用户而言,分级标签提供了一种自主选择和控制所浏览或接触的数字内容的方式。用户也可以根据个人喜好和兴趣选择相应的数字内容。可以根据分级标签决定哪些数字内容适合哪些年龄段的人群观看。这种分类和标记的数字系统有助于提高数字内容的合规性,同时也为创作者提供一种方式来明确表达其数字内容的特点和目的。

利用分级标签为数字内容添加附加信息,将为人们提供更智能、有序、个性化的内容浏览和传播方式。

香港互联网内容评级协会 ICRA 从 2008 年 6 月起正式推出"互联网内容标签制度",数字内容提供商可申报其网站的内容,然后经审核之后取得适当的标签。互联网使用者免费下载具备对应标签功能的过滤软件后,便可根据相关安全标准,决定是否登录某一个网站,此举有效降低了不良信息的传播。

3)数字权益管理

数字权益管理(digital rights management,DRM)是一种通过技术手段对数字内容进行管理和保护的系统,以确保数字内容只被授权用户使用,防止未经授权的复制、传播和修改,从而保护数字内容创作者、发行者和权利所有者的合法权益。

DRM 的核心功能包括授权管理、访问控制和内容加密。授权管理确保只有经过合法授权的用户才能访问数字内容。这一功能通过数字签名、加密密钥的分发和授权验证等机制来实现。访问控制用于限制用户对数字内容的使用权限,例如防止复制、打印或分享等。内容加密是通过密码技术对数字内容进行加密保护,以防止未经授权的访问和使用。

DRM 技术广泛应用于数字音乐、数字电影、电子书等数字媒体领域。音乐和视频平台常常使用 DRM 来防止盗版,电子书出版商则通过 DRM 控制读者对电子书的访问和使用。DRM 不仅为数字内容提供了强大的安全保障,也为数字内容创作者和产业链上的相关环节提供了更可控的商业模式。

另一方面，在应用 DRM 技术的同时，需要研究解决用户隐私权、开放性和互操作性等方面的问题，因为在数字内容保护和用户权利之间需要取得平衡。

9.2 安全多方计算

安全多方计算(secure multi-party computation，SMPC)的核心目标在于实现多个参与方在共享数据的同时进行计算，以确保数据的隐私和安全性。安全多方计算依赖于密码学原语和协议，涉及隐私保护、安全数据分析和联邦学习等多方协作，其关键技术包括零知识证明、同态加密、秘密共享等。

9.2.1 安全多方计算的概念

安全多方计算是指，对于相互之间不信任的 n 个参与者 $P_1, P_2, \cdots, P_n$，x_i 是 P_i 的输入($i=1,2,\cdots,n$)，$P_1, P_2, \cdots, P_n$ 一起执行协议安全，共同计算函数 $f(x_1,\cdots,x_n)$，使得 P_i 获得输出 y_i($i=1,2,\cdots,n$)，但 P_i 无法获取其他参与者的输入 x_j 和输出 y_j($j \neq i$ 且 $1 \leqslant j \leqslant n$)。

安全多方计算框架如图 9.4 所示。

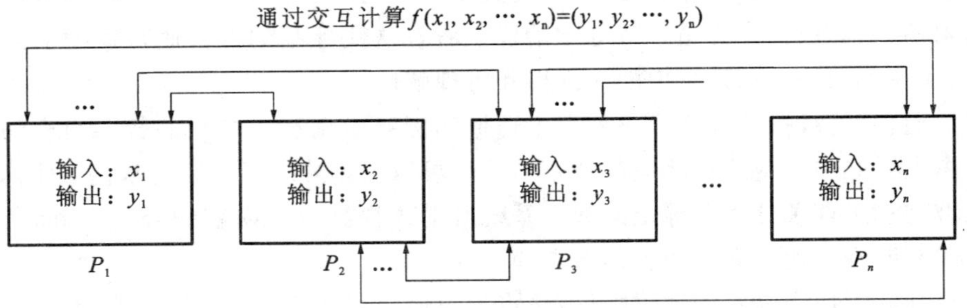

图 9.4 安全多方计算框架

下面介绍由中国计算机科学家、2000 年图灵奖获得者姚期智教授于 1982 年在其论文中提出的百万富翁问题(Millionaires' Problem)。它是密码学中一个经典的计算问题，通常用来说明安全多方计算的概念和应用。

所谓百万富翁问题(Millionaires' Problem)是指，假设有两个富翁 Alice 和 Bob，他们想要知道谁更富有，但又不想相互透露自己具体的财富金额。使用安全多方计算，可以让他们在不泄漏具体财富数据(隐私数据保护)的情况下，得出比较结果：

①比较财富多寡：Alice 和 Bob 希望比较他们的财富多寡，但又不想向对方及第三方透露具体金额。

②隐私数据保护：安全多方计算确保在计算过程中，参与方的私密数据不会被其他人获取，只有计算(比较)的结果会被公开。

下面描述的是求解百万富翁问题的简化方案步骤：

(1)初始化阶段

Alice 和 Bob 分别选择一个代表各自财富的随机数 x 和 y。

Alice 和 Bob 分别向计算服务器 S 发送随机数 x 和 y。

(2)比较阶段

计算服务器 S 接收到 x' 和 y'。

计算服务器 S 使用安全多方计算协议对 x' 和 y' 执行比较操作，该操作返回一个比特结果，用于表示 x 是否大于 y。这一步通常使用混淆电路(garbled circuits)等协议实现。

(3)结果传递阶段

计算服务器 S 将比特结果返回给 Alice 和 Bob。

(4)解释结果阶段

Alice 和 Bob 解释比特结果。若结果为 1，则表示 Alice 拥有的财富多于 Bob；若结果为 0，则表示 Bob 拥有的财富多于等于 Alice。

在这个过程中，计算服务器 S 的角色是执行一个安全的比较操作，而不泄漏 Alice 和 Bob 的具体随机数(财富值)。计算过程中，安全多方计算的协议确保参与者无法获得对方的明文信息。

需要注意的是，实际的安全多方计算协议可能更为复杂，将会涉及密钥协商、同态加密、零知识证明等密码学技术，以确保计算的隐私性和安全性。

9.2.2 安全多方计算模型

安全多方计算涉及百万富翁问题、保密数据排序问题以及保密比较相似度问题等。这些问题的共同特点是，涉及两个或多个参与者，他们不愿意公开自己的个人敏感信息，但却需要在协作中进行某种计算，并最终以独立的方式获取计算结果。例如，在百万富翁问题中，多方希望在不暴露自身财富具体数值的前提下，获知自己在财富排行榜中的位置；在保密数据排序问题中，参与者需要对各自的数据进行排序，而不揭示具体数值；保密比较相似度问题涉及判断两方信息的相似性，而双方又不希望直接分享信息。

安全多方计算模型如图 9.5 所示，其中 P_i 代表第 i 个参与者，x_i 代表参与者的输入，$f(x_i)$ 代表第 i 个参与者得到的数据，$i=1,2,\cdots,n$，$f(x_1,\cdots,x_n)$ 代表安全多方计算过程。

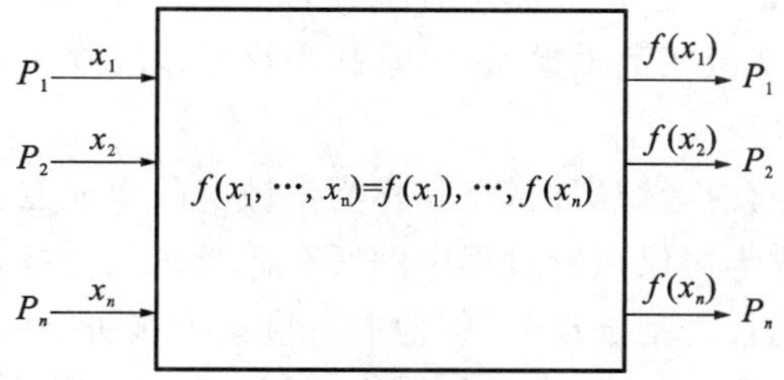

图 9.5 安全多方计算模型

(1)参与者分类

安全多方计算中每个参与者被抽象为具有概率多项式级时间复杂度算法的图灵机，根据参与者在协议中的行为将其分为以下 3 类：诚实参与者、半诚实参与者以及恶意参与者。

①诚实参与者：诚实参与者完全按照协议要求完成执行过程中的各个步骤，同时对自己的所有输入、输出及中间结果保密。诚实参与者也会根据自己的输入、输出以及中间结果来推导其他参与者的信息。诚实参与者不会与攻击者合谋或被攻击者利用，这确保了攻击者无法通过诚实参与者获取到其他参与者的信息。

②半诚实参与者：半诚实参与者在协议的执行过程中，完全按照协议的要求完成协议的各步骤，但同时可能将自己的输入、输出及中间结果泄漏给攻击者。

③恶意参与者：恶意参与者在协议的执行过程中，完全按照攻击者的意志执行协议的各步骤，不但将自己的所有输入、输出及中间结果泄漏给攻击者，还可能根据攻击者的意图改变输入信息、

伪造中间及输出信息,甚至终止协议。

(2)攻击者分类

除参与者外,安全多方计算协议中还存在会破坏协议安全性或正确性的攻击者,其通过控制恶意参与者的一个子集对协议进行攻击。根据攻击者对恶意参与者的控制程度、攻击者的计算能力、网络同步与异步状态、自适应性等准则,可以对攻击者做不同的分类。按照对恶意参与者的控制程度,将攻击者分为以下3类:

①被动攻击者:又称为半诚实攻击者,这类攻击者的行为主要表现为被动监听(passively eavesdropping),攻击者窃听参与者之间的通信,观察计算的中间步骤,但在计算的过程中不能对数据进行主动篡改或影响。设计安全多方计算协议时需要考虑防范被动攻击者的策略,以确保计算过程中的隐私保护和安全性。

②主动攻击者:指的是那些不仅能够监听通信、计算过程以及中间结果,还具备主动干扰、修改或破坏数据和计算的能力的参与者。与被动攻击者相比,主动攻击者的行为更为恶意,可能违反协议规则,试图引导计算结果走向错误的方向。

这类攻击者的行为是主动干扰(active interference),其试图修改或者破坏通信过程中的数据,以及篡改计算的中间步骤,以达到其目的。在安全多方计算中,对主动攻击者的防范是至关重要的,需要采用适当的技术手段和协议规则来保障计算的可靠性、隐私性和完整性,防范潜在的恶意攻击。

③隐蔽攻击者:指的是试图在不引起怀疑或暴露自身的情况下,对目标系统、网络、数据或信息进行攻击的攻击者。与明显攻击者(overt attacker)相比,隐蔽攻击者的主要目标是采取技术方法(恶意软件、侧信道攻击、隐蔽通信、数据隐写术、低频攻击等)隐藏其攻击活动,以逃避检测和追踪。

(3)恶意模型分类

在安全多方计算的参与者中,存在可能持有恶意的个体,因此引入不同的恶意模型来描述潜在的威胁行为。恶意模型包括半诚实敌手模型、恶意敌手模型以及隐蔽攻击模型。

①半诚实敌手模型

当所有参与者都是半诚实或者诚实的,将其称为半诚实敌手模型。在半诚实敌手模型中,每个成员都完全遵守协议,但会收集协议执行过程中的所有记录信息,并试图推断其他成员的输入。在半诚实敌手模型下,攻击者的行为是被动的,即他们不直接干扰协议的正常执行。

协议的安全性是指各参与方不泄漏自己的输入,因此安全性就是保密性。

半诚实敌手模型的理想模型:存在一个诚实的第三方 T,该第三方 T 具备与所有参与者进行保密通信的能力,对参与者发送的所有信息进行加密。在这种情况下,攻击者无法获取诚实参与者与 T 之间交换的任何明文信息,从而保障了数据通信的隐私性和安全性。

半诚实敌手模型协议如下:

输入:参与者 Alice 拥有 x,参与者 Bob 拥有 y。

参与者发送输入至第三方 T:参与者 Alice 和 Bob 按要求分别将 x 和 y 发送至 T。

第三方 T 回应参与者:T 收到输入 (x,y) 后,计算 $f(x,y)$。T 发送 $f_1(x,y)$ 至参与者 Alice,发送 $f_2(x,y)$ 至参与者 Bob。

输出:诚实的参与者总是输出从 T 接收到的信息;恶意的参与者会输出任意一个多项式函数值,该多项式函数值与初始输入及从 T 得到的信息有关。

在上述协议中,Alice 仅知道 x 和 $f_1(x,y)$,而 Bob 仅知道 y 和 $f_2(x,y)$。即每一方除了自己的输入和应得的输出外,没有获得其他任何信息。

②恶意敌手模型

恶意敌手模型涉及存在恶意参与者的情况，而恶意参与者可能任意违背协议的指令。恶意参与者不仅将自己的所有输入、输出以及中间结构泄漏给攻击者，还可能根据攻击者的意图改变输入信息、伪造中间结果和输出信息，甚至有可能终止协议。在恶意敌手模型中，攻击者是主动的，意味着其采取主动干扰和破坏的行为，而不仅仅是监听或收集信息。

恶意敌手模型的理想模型：存在一个诚实的第三方 T，T 具备与所有参与者进行安全通信的能力，能够接收参与者发送的信息并执行必要的计算，然后返回计算结果。T 不受恶意攻击者的影响，确保通信和计算的安全性。在这种情况下，攻击者无法获取到诚实参与者与 T 之间交换的任何信息，从而保障了通信和计算的隐私和安全。

恶意敌手模型协议如下：

输入：参与者 Alice 和 Bob 都拥有一个输入 w。

参与者发送输入至 T：恶意参与者根据当前的输入 w，决定是否将当前信息发送给 T，或者将不完整的错误信息发送给 T。

T 回应参与者 Alice：如果 T 收到一对输入(x,y)，那么计算 $f(x,y)$，并将 $f_1(x,y)$发送给参与者 Alice；否则，T 就向两个参与者 Alice 和 Bob 都发送一个终止符$\perp$，终止协议。

T 回应参与者 Bob：如果参与者 Alice 是恶意的，参与者 Bob 可根据自己的输入以及诚实第三方 T 的回应，决定是否让 T 终止协议。如果要求 T 终止协议，T 就将终止符$\perp$发送给参与者 Bob 来终止协议；否则，T 将发送 $f_2(x,y)$给参与者 Bob。

输出：诚实的参与者总是输出从 T 接收到的信息；恶意的参与者会输出一个多项式函数值，该多项式函数值与初始输入及从 T 得到的信息有关。

③隐蔽攻击模型

隐蔽攻击者模型是一种特殊的攻击模型，隐蔽攻击者能够控制一部分参与者实施攻击，这些参与者称为被腐蚀的参与者。被腐蚀的参与者在较低概率暴露的情况下遵循攻击者的指示实施攻击。与恶意敌手模型不同的是，若隐蔽攻击者没有被检测到，那么它可能会通过篡改输入以影响计算结果，然后根据结果推断出诚实一方的输入。

9.2.3　安全多方计算关键技术

安全多方计算在隐私保护、数据共享和安全计算等领域发挥着重要作用。自 1986 年姚期智教授提出第一个通用的安全多方计算框架（常被称为 Yao's GC，姚氏加密电路）以来，人们提出了多个安全多方计算框架。这些框架涵盖了混淆电路、秘密共享、同态加密、不经意传输等多种密码学技术。

(1)秘密共享

秘密共享（secret sharing，SS）是密码学中的一种技术，用于将一个秘密信息拆分成多个部分，并分发给不同的参与者，以确保只有在满足特定条件时才能恢复出原始的秘密。秘密共享的核心思想是，将秘密信息分割成多个“秘密份额”，然后分发给多个参与方，使得单个参与方仅凭自己无法恢复出原始的秘密信息，只有在足够数量的参与方聚集他们的秘密份额时，才能重构出原始的秘密信息。这种技术方法在一定程度降低了风险，并实现了对秘密信息的有效访问控制。通过秘密共享技术，人们能够更安全地处理敏感信息，从而在数字时代更好地平衡隐私保护与数据合作的需求。

一个秘密共享方案包括秘密分割算法和秘密重组算法两部分，并涉及秘密分发者、秘密份额持有者和接收者 3 种角色。秘密分发者持有秘密信息,负责执行秘密分割算法,并将得到的秘密份额分发给秘密份额持有者。接收者是试图重组秘密信息的一方。在接收者希望重组秘密信息时,需从一组已授权的秘密份额持有者中收集秘密份额,并执行秘密重组算法以计算出原始秘密信息。只有在拥有足够数量的秘密份额时,接收者才能成功地恢复出秘密信息。一个参与方可以扮演多个角色,这样的灵活性使得秘密共享方案更加适用于不同场景和需求。

秘密共享方案通常由以下关键元素构成:

①秘密:指需要在多个参与者之间共享的敏感信息。

②秘密份额:将原始秘密信息分割后的各部分,每个参与者持有一个或多个秘密份额。

③阈值:恢复原始秘密信息所需的最小秘密份额数量。只有在收集到足够数量的秘密份额后,才能成功恢复出原始秘密信息。

④共享生成算法:用于将秘密信息分割成秘密份额的算法,以确保每个秘密份额都包含足够的信息,使其单独并不能透露原始秘密信息。

秘密共享方案:将原始秘密信息 S 在参与者集合 $P_1, P_2, \cdots, P_n$ 中分享,P_i 持有子秘密 $S_i(1 \leqslant i \leqslant n)$,只有特定个数(阈值)及以上的参与者集合才能够从他们的子秘密中恢复出秘密 S,否则不能获得秘密 S 的任何信息。图 9.6 为秘密共享方案的示意图。

下面以 Shamir 秘密共享方案为例进行介绍。Shamir 秘密共享方案是一种基于多项式插值的阈值秘密共享方案——(t,n)门限秘密共享方案,它通过多项式的构造和取点操作完成生成秘密份额,再利用拉格朗日插值法恢复秘密,其处理步骤如下:

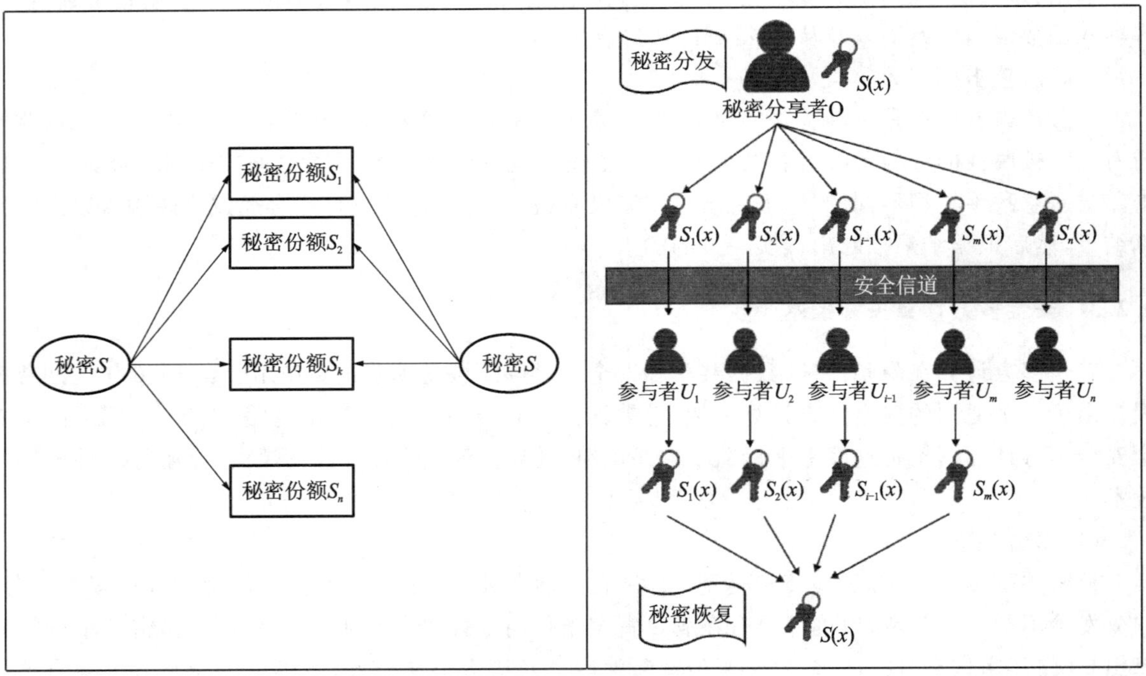

图 9.6 秘密共享方案示意图

①秘密分割阶段

首先,选择一个 $t-1$ 次多项式函数 $f(x)$,其中的常数项 a_0 即为原始秘密。

假设 q 为素数,且 $q > n$,$P = \{P_1, P_2, \cdots, P_n\}$ 为参与者集合。秘密分发者随机选取 $t-1$ 个元

素 $a_1, a_2, \cdots, a_{t-1}$，并以 x 为变元构造 t 阶多项式 $f(x)=S+a_1x+\cdots+a_{t-1}x^{t-1} \bmod q$，$S$ 即为 a_0，所有的运算均在有限域中进行。

然后，随机选取 n 个非零且不相等的 x_i 代入多项式 $f(x)$ 求得 $f(x_i)$，第 i 个秘密份额信息为 $(x_i, f(x_i))$，$i=1,2,3,\cdots,n$。

最后，秘密分发者通过安全信道将秘密份额 $(x_i, f(x_i))$ 分发给参与方 P_i，$i=1,2,3,\cdots,n$。

这一阶段确保了原始秘密的安全分割，通过将多项式的不同点分发给各个参与者，实现了对秘密信息的分散存储。

②秘密重构阶段

接收者（秘密恢复者）从至少任意 t 个参与方收集数据（秘密片段），这 t 个秘密片段可通过拉格朗日插值法恢复秘密多项式 $f(x)$。

假设这 t 个秘密份额为 $(x_i, f(x_i))$，$i=1,2,\cdots,t$ 且 $i \neq j$ 时 $x_i \neq x_j$。接收者利用 $P_1, P_2, \cdots, P_t$ 的 t 个秘密份额，按照式(9.1)计算多项式 $f(x)=\sum_{i=1}^{t} f(x_i) \prod_{j\neq i, j=1}^{t} \frac{(x-x_j)}{(x_i-x_j)} \bmod q$。

$$f(x)=f(x_1)\frac{(x-x_2)(x-x_3)\cdots(x-x_t)}{(x_1-x_2)(x_1-x_3)\cdots(x_1-x_t)}+\cdots+ f(x_t)\frac{(x-x_1)(x-x_3)\cdots(x-x_{t-1})}{(x_t-x_1)(x_t-x_2)\cdots(x_t-x_{t-1})} \bmod q \tag{9.1}$$

显然，$f(x)$ 是一个 $t-1$ 次多项式，且因为 $i \neq j$ 时 $x_i \neq x_j$，所以加式的分母始终不为 0。根据多项式性质，若存在两个多项式的最高次项均为 $t-1$，则这两个多项式在 t 个互不相同的点取值均相同，那么这两个多项式相同，接收者计算 $f(0)=S$，即可恢复秘密 S。

【例 9.2】 假设共享的秘密 $S=2$，共享参与者 P_1, P_2, P_3, P_4，即 $n=4$，恢复的门限 $t=3$，即至少有 3 个参与者的秘密份额才能恢复秘密，选择 $q=23$。

①秘密分发过程

构造多项式：

随机取 $a_1=3, a_2=2, a_0=S=2$。产生多项式 $f(x)=2+3x+2x^2$。

计算 4 个参与者的秘密份额：

任取 $x_1=1, x_2=2, x_3=3, x_4=4$，则

$y_1=2+3\times1+2\times1^2 \bmod 23=2+3+2 \bmod 23=7$

$y_2=2+3\times2+2\times2^2 \bmod 23=2+6+8 \bmod 23=16$

$y_3=2+3\times3+2\times3^2 \bmod 23=2+9+18 \bmod 23=6$

$y_4=2+3\times4+2\times4^2 \bmod 23=2+12+32 \bmod 23=0$

即产生 4 个秘密份额(1,7)、(2,16)、(3,6)、(4,0)。

秘密份额分发：

通过安全信道分别将(1,7)、(2,16)、(3,6)、(4,0)分发给参与者 P_1, P_2, P_3, P_4。

②秘密重构过程

假设收集了 P_1, P_3, P_4 的秘密份额(1,7)、(3,6)和(4,0)来恢复秘密。代入式(9.1)，并且求 $f(0)$ 的值，即

$f(0)=7\times(0-3)\times(0-4)\times((1-3)\times(1-4))^{-1}+6\times(0-1)\times(0-4)\times((3-1)\times(3-4))^{-1}+0\times(0-1)\times(0-3)\times((4-1)\times(4-3))^{-1} \bmod (23)=2$

即，$S=f(0)=2$。

除了 Shamir 秘密共享方案之外，还有如下一些著名的秘密共享方案：

①Blakley 方案：该方案使用几何对象（如超平面）的概念，通过确定在该几何对象上的点来生成秘密共享。

②Adi Shamir 可视化秘密方案：该方案使用图像分割的方式，通过合并多个秘密分享来还原秘密。

③基于 Boneh-Franklin 等式加密方案：该方案不仅用于秘密共享，而且也是一种基于身份的加密方案。

④Pedersen 门限秘密方案：该方案基于离散对数计算问题，通过多方共享密钥来执行加密和解密操作。

⑤基于 Cocks 等式加密方案：该方案类似于基于 Boneh-Franklin 等式的加密方案，也可用于秘密共享。

上述这些方案在秘密共享领域都有不同的应用和特点，选择合适的方案通常取决于具体的应用场景和安全需求。

(2)不经意传输

不经意传输(oblivious transfer,OT)，又称为茫然传输，是一种用于从一个消息集合中秘密获取部分消息的协议。在该协议执行完毕后，接收方知道自己是否收到了特定的秘密，但发送方则不知道。不经意传输是密码学中的基本构件，被广泛应用于比特承诺、零知识证明、安全多方计算和电子支付等协议中。

下面介绍基于大整数分解问题的不经意传输协议。

该协议用于实现一种特殊形式的不经意传输，其中发送者（通常称为 Alice）向接收者（通常称为 Bob）发送一条消息，但 Bob 以概率 0.5 接收到该消息，而 Alice 在协议结束后并不知道 Bob 是否成功接收。

该协议基于如下事实：已知某数在模 n 下两个不同的平方根，就可分解 n。

①Bob 随机选取一个数 x，将 $x^2 \bmod n$ 发送给 A。

②Alice（掌握 $n=pq$ 的分解）计算 $x^2 \bmod n$ 的 4 个平方根 $\pm x$ 和 $\pm y$，并将其中之一发送给 Bob。由于 Alice 只知道 $x^2 \bmod n$，并不知道 4 个平方根中哪一个是 Bob 选的 x。

③Bob 检查第②步接收到的数是否与 $\pm x$ 在模 n 下同余，如果是，则 Bob 没有得到任何新信息；否则，Bob 就掌握了 $x^2 \bmod n$ 的两个不同的平方根，从而能够分解 n。而 Alice 却不知究竟是哪种情况。显然，Bob 得到 n 的分解的概率是 0.5。

此外，还有“多传一”的不经意传输协议。

设 Alice 有多个秘密，想将其中一个传递给 Bob，使得只有 Bob 知道 Alice 传递的是哪个秘密，设 Alice 的秘密是 $x_1,x_2,\cdots,x_k$，每个秘密是一个比特序列。协议如下：

①Alice 告诉 Bob 一个单向函数 f，但对 f 保密。

②设 Bob 想得到秘密 s，Bob 在 f 的定义域内随机选取 k 个值 $x_1,x_2,\cdots,x_k$，将 k 元组$(y_1, y_2,\cdots,y_k)$发送给 Alice，其中

$$y_j=\begin{cases}x_j, j\neq i;\\ f(x_j), j=i\end{cases}$$

③Alice 计算 $z_j=f^-(y_i), j=1,2,\cdots,k$，并将 $z_j\oplus s_j$ 发送给 Bob，$j=1,2,\cdots,k$。

④由于 $z_j=f^-(y_i)=f^-(f(x_i))=x_i$，所以 Bob 知道 z_i，因此可从 $z_i\oplus s_i$ 获得 s_i。

由于 Bob 没有 $z_j(j\neq i)$的信息，因此无法得到 $s_j(j\neq i)$，而 Alice 不知道 k 元组$(y_1,y_2,\cdots,$

y_k)中哪个是 $f(x_i)$,因此无法确定 Bob 得到的是哪个秘密。

(3)混淆电路

混淆电路(garbled circuit,GC)又称杂交电路、加密电路,是由图灵奖获得者、中国科学院院士姚期智教授提出的针对半诚实敌手模型的两方安全计算协议。混淆电路的核心思想是将任何函数的计算问题转化为由“与门”“或门”和“非门”组成的布尔逻辑电路,再利用加密技术构建加密版本的布尔逻辑电路。混淆电路包含布尔逻辑电路构建和布尔逻辑电路计算两部分。图 9.7 给出一个“与门”及其所对应的真值表。

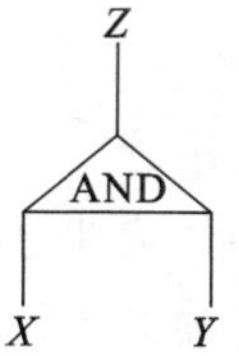

X	Y	Z
0	0	0
0	1	0
1	0	0
1	1	1

图 9.7　AND 门及对应真值表

混淆电路是安全多方计算中一个非常实用的工具,电路可以通过与或非门实现任意一个函数,而多方计算的目标就是在保护各方输入信息的情况下进行目标函数的计算。通过将目标函数的电路转换为混淆电路,可以在实现保护隐私信息的情况下进行目标函数的计算。

考虑这样的场景:假设有两个竞标者 Alice 和 Bob,他们想要在保护彼此竞价金额的同时进行竞拍,可以使用混淆电路实现一个隐私保护的竞拍系统,具体步骤如下:

①输入编码:Alice 和 Bob 分别选择他们的竞价金额,并对这些金额进行编码,使其不可辨认。为了实现竞拍过程,构建一个混淆电路,其中包括比较逻辑门。这些逻辑门将两个编码的竞价金额进行比较,并确定哪个竞标者的竞价更高。

②电路混淆:构建的电路会被混淆,使其难以被解析和分析。这可以通过同态加密、零知识证明等密码学技术实现。

③电路执行:在保护输入隐私的情况下执行混淆电路,根据输入的竞价金额进行比较,计算出竞拍结果。

④结果解密:计算完成后,只有竞拍结果会被解密,揭示出哪个竞标者赢得了竞拍,但具体竞价金额仍然保持加密状态。

通过这种方式,Alice 和 Bob 可以在不暴露竞价金额的情况下进行竞拍,保护了他们的隐私。

上述示例展示了混淆电路在隐私保护场景中的应用,使得参与方可以在不暴露私密输入的情况下进行协同计算。

9.3　敏感信息保护

在网络信息安全中,敏感信息通常指那些不应被公开或泄漏的信息,包括但不限于个人身份信息(如姓名、身份证号码、地址、社会保险号码)、财务信息(如银行账号、信用卡号码、账户金额)、医疗记录、商业秘密以及其他机密信息。一旦此类信息被泄露,可能对个人或组织造成严重的损害(包括财务损失、信誉损失),甚至需承担相关法律责任。因此,保护敏感信息的安全成为网络信息安全的重要组成部分。

敏感信息保护涵盖了许多方面,主要包括:

①数据加密:对敏感信息进行加密,以防止未经授权的访问。采用先进的加密算法可以有效地保护数据的机密性。

②访问控制:限制对敏感信息的访问,只允许经过授权的人员访问。通过设定严格的访问权限,确保只有有权限人员能够获取相关信息。

③网络安全:采取措施保护网络安全,防止黑客攻击和数据泄漏。使用防火墙、入侵检测系统等工具,及时发现并阻止潜在的网络威胁

④物理安全:采取措施保护计算机和存储设备,防止未经授权的人员接触。这包括设备放置在安全区域、使用实体锁等物理层面的保护手段。

⑤隐私政策:制定并遵守隐私政策,明确规定如何收集、使用、存储和分享个人信息。合规的隐私政策有助于建立用户信任,同时确保组织在法律框架内运营。

上述措施共同构成了一个综合性的敏感信息保护体系,有助于防范数据泄漏和隐私侵犯。不同的组织和个人会根据具体情况选择合适的方法,并需持续关注最新的技术和法律法规,以确保敏感信息得到充分保护。

9.3.1 敏感信息保护技术

敏感信息保护技术可具体分为敏感数据识别技术、数据加密技术、数据脱敏技术、数据追踪溯源、身份与访问管理。

(1)敏感数据识别技术

敏感数据识别技术(sensitive data detection technology)是一种自动识别和分类敏感信息或隐私数据的技术。在许多应用场景中,组织和个人需处理大量数据,其中可能包含敏感信息(如个人身份信息、银行账号、密码、健康记录等)。敏感数据识别技术的目标是通过自动识别和标记敏感数据,有效协助组织管理和保护其数据资产,从而减少数据泄漏的风险。

敏感数据识别技术通常基于自然语言处理(NLP)和机器学习方法,融合了文本分析、模式匹配、正则表达式、深度学习等技术,用于识别文本、图像、音频和视频等多种类型的敏感数据。利用预定义的规则或模型,敏感数据识别技术能够自动检测和分类敏感数据,并采取脱敏、加密、删除或访问限制等措施。通过这种方式,组织和个人能够更加主动地保护其数据隐私,应对潜在的安全风险。

敏感数据识别技术在应用上主要涉及以下几个方面:

①数据隐私保护:在大数据环境下,自动辨识和保护敏感信息,以确保遵守数据隐私法规和政策。

②网络信息安全:辨识和阻止包含敏感信息的网络数据通信,以防范数据泄漏和恶意攻击。

③合规性:协助组织确保其数据处理流程符合合规性标准,如通用数据保护条例(GDPR)、健康保险便利和责任法案(HIPAA)等。

④数字取证:在法律和法规合规调查中,识别和获取涉及敏感信息的证据。

⑤社交媒体监控:自动监测社交媒体平台上的敏感内容,以及时采取措施。

⑥电子邮件过滤:识别和拦截包含敏感信息的电子邮件,以降低泄漏风险。

⑦智能文档管理:自动分类和标记文档中的敏感数据,以便进行适当的保护和处理。

通过这些应用,敏感数据识别技术有效地支持组织和个人处理数据的安全与合规需求。

(2)数据加密技术

数据加密技术将数据转化为一种难以理解的形式,以确保即使在数据被盗或遭到非法访问的

情况下，也能保持数据的机密性。以下是几种常见的数据加密技术：

①对称加密：对称加密使用相同的密钥进行加密和解密。发送方使用密钥将敏感数据转换为加密文本，接收方使用相同的密钥将其解密。常见的对称加密算法包括高级加密标准(AES)、数据加密标准(DES)等。

②非对称加密：非对称加密使用一对密钥，分别为公钥和私钥。发送方使用接收方的公钥对数据进行加密，接收方使用其私钥进行解密。RSA 是一种常见的非对称加密算法。

③哈希函数：哈希函数将输入数据转换为固定长度的哈希值。这种技术主要用于验证数据的完整性和生成唯一的标识符，不可逆的哈希函数通常被用于存储密码散列值。

④数字签名：数字签名使用非对称加密技术，发送方使用私钥对数据进行签名，接收方使用发送方的公钥验证签名的真实性，从而确认数据的来源和完整性。

⑤端到端加密：端到端加密确保只有通信的两个最终参与方可解密消息，中间的任何节点都无法解密。这种加密方式通常用于保护通信应用程序中的消息内容。

⑥数据库加密：数据库加密技术用于保护存储在数据库中的敏感数据。可以对整个数据库、特定字段或特定记录进行加密。

⑦标记化：标记化技术将敏感数据替换为随机生成的令牌，这些令牌与实际数据没有直接关联，从而降低了敏感数据泄漏的风险。

⑧同态加密：同态加密允许在加密状态下对数据进行计算，并在解密后获得计算结果，从而保证数据的机密性。这种技术应用于在加密状态下对数据进行分析和计算。

上述加密技术可以根据应用场景的需求进行组合和使用，以提供多层次的数据保护和隐私保障。

(3)数据脱敏技术

数据脱敏技术通过对敏感数据进行一系列的处理，使得数据在保持部分特征的情况下不再能够直接关联到个体身份，旨在保护敏感数据的隐私同时仍然保留数据的可用性。常见的数据脱敏方法包括：

①替换(substitution)：将敏感数据替换为伪随机生成的值，例如使用数字或字母替代真实姓名、地址、手机号码等。这种方法可以保护数据隐私，但仍保留了数据的部分特征。

②扰动(perturbation)：对数值型数据进行微小的扰动，例如添加随机噪声。这可在一定程度上保护数据隐私的同时保持数据的统计属性。

③屏蔽(masking)：在敏感数据中使用掩码字符来隐藏一部分信息，例如可用星号替代一部分信用卡号码。

④哈希函数(Hashing)：将敏感数据通过哈希函数转换为固定长度的哈希值，从而隐藏原始数据。这种方法广泛应用于密码等敏感信息的存储。

⑤加密(encryption)：使用加密算法对敏感数据进行加密，只有具有相应解密密钥的用户才能解密获得原始数据。

数据脱敏被广泛应用于医疗保健、金融、科研等领域。然而需要注意的是，脱敏并不是一种绝对安全的方法，高级的攻击技术和数据分析仍然有可能识别出一些敏感信息。因此，在实施数据脱敏时，需要综合考虑安全性和数据可用性，并采取适当的技术和管理措施来最大限度地降低潜在的风险。

(4)数据追踪溯源

数据追踪溯源技术主要用于追踪和记录数据在流动、传输和处理过程中的轨迹，旨在确保敏感信息的安全性、合规性和完整性。这种技术使组织或个人能够追踪敏感数据在整个生命周期中的流动，了解数据的来源、去向和处理过程，以便进行监督、审计和合规性检查。通过数据追踪溯源技术，用户可以实时监控数据的流向，识别异常活动，及时发现潜在的安全威胁和合规性问题。

数据追踪溯源技术包括日志记录、审计轨迹、标签或元数据的添加等方式，以记录数据的传输、存储和处理的关键信息。数据追踪溯源技术在网络安全、隐私合规、数字取证等方面都发挥着关键作用，特别是在敏感信息管理和保护方面。

通过数据追踪溯源技术，组织和个人能够更好地了解其数据处理过程，提高对数据安全和合规性的管理水平，同时及时发现和应对潜在的风险。这种技术有助于建立可追溯、透明的数据管理机制，对于保护用户隐私、遵守法规以及应对数据泄漏事件都具有积极的作用。

(5)身份与访问管理

身份与访问管理(identity and access management，IAM)是一种用于管理和控制用户对系统、应用程序和数据的访问权限的综合性解决方案。其目标是确保只有经过授权的用户能够访问其需要的资源，从而有效地保护敏感信息免受未经授权的访问和泄漏。

身份与访问管理包括以下关键功能：

①身份认证(authentication)：身份认证是确认用户身份的过程，通常需要用户名和密码，以及可能的多因素身份验证(MFA)方式。这确保只有合法用户可以访问系统。

②授权(authorization)：一旦用户通过身份认证，授权确定用户能够访问哪些资源以及执行哪些操作。授权可基于用户角色、职务、部门等信息进行定义。

③账户管理(account management)：管理用户账户的创建、修改、暂停和删除，确保只有合法用户拥有访问权限。

④访问控制(access control)：确保用户只能访问其需要的资源，以最小化数据的泄漏风险。访问控制可以基于用户的属性、资源的敏感性等进行设置。

⑤单点登录(single sign-on，SSO)：SSO 允许用户一次登录后访问多个应用程序，减少了多次登录的需要，同时也有助于管理用户的访问权限。

⑥审计和监控(auditing and monitoring)：记录用户的访问活动，监控系统中的异常行为，以便检测和响应潜在的安全事件。

⑦密码策略管理：管理和执行密码策略(如密码复杂性要求、更改频率等)，以增加密码的安全性。

有效的身份与访问管理对于敏感信息保护和安全性至关重要，它有助于确保只有授权用户可以访问和操作敏感数据，提高用户管理效率，有助于及时发现和应对恶意活动，降低安全事件的风险。

9.3.2 个人敏感信息保护

个人隐私敏感信息包括个人身份证信息、联系方式、家庭住址、金融信息、社交账户信息、民族、血型等信息。一旦这些信息丢失或泄漏，可能给个人带来极大的安全隐患和经济损失。特别是金融账户信息，包括账户密码、账户号码、短信口令、KYC(了解您的客户：Know Your Customer)信息等，不仅能够唯一识别个体身份，还涉及个体的财务状况。一旦这些信息泄漏，可能导致金融欺诈和盗窃，进而带来经济上的严重损失。

随着机器学习、深度学习等人工智能算法在网络平台的广泛应用，社交账户的内容信息也被看作是个人隐私的一部分。社交账户的内容及密码等信息，具有一定的经济效益，存在被不法分子窃取的风险。一旦这些信息泄漏或被非法使用，不仅对个人产生负面影响、造成损失，还可能对社会公众产生一定的影响。因此，对于个人隐私敏感信息的保护尤为迫切。

9.3.3 生物医学敏感信息保护

生物医学敏感信息包括生物识别、基因和医疗健康等信息。这些高度敏感的用户个人信息与个人身份直接绑定，一旦泄漏或被非法使用将给个人带来直接的安全隐患和权益损失。

生物识别信息是指与自然人的身体、生理或行为特征有关的特定技术处理操作所产生的个人数据，它允许或确认对该自然人的明确识别。生物识别信息包括指纹、面部识别、虹膜识别、声纹、步态等。这些信息作为高度敏感的用户个人信息，一旦泄漏或被非法使用，可能会导致身份盗窃和其他形式的欺诈。此外，生物识别信息也可能被用于非法监控和追踪个人活动，对个人隐私构成威胁。

基因信息是指生物的遗传特征，决定着生物体的结构和功能，包括基因型、表型和家族史等。这类信息可以用来预测一个人的健康风险和疾病易感性。此外，基因信息还支持生命的基本构造和性能，储存生命的种族、血型、孕育、生长、凋亡等过程的全部信息。一旦基因信息被泄漏，可能会导致被歧视、隐私被侵犯，甚至可能涉及种族安全的风险。

人类基因组测序获得了海量的基因组数据。人类基因组数据具有以下性质和特点：基因组数据可以被用来唯一标识个体；不同于社交数据，基因组数据具有不随时间而变化的特点，更改或替换个体基因组数据不可能实现；基因组数据含有祖先、兄弟姐妹和子孙后代的血缘关系信息；基因组数据与易感疾病、表型和遗传等密切关联；基因组数据含有未被提取或未获得的敏感信息内容；基因组数据可以被用于医疗服务和法医学鉴定，不恰当的使用可能会引发伦理道德问题。因此，如果人类基因组数据没有得到有效的保护，那么将会带来很大的个人隐私信息泄漏风险。已有的研究表明，通过短串联重复序列(short tandem repeats，STRs)和单核苷酸多态性(single nucleotide polymorphism，SNPs)，可以根据个人基因组数据和个人公开信息发起重识别攻击(re-identification attack，RIA)，从而导致个人隐私数据泄露。技术上，基因组数据敏感序列识别是解决个人基因组数据隐私敏感问题的一个重要手段。所谓敏感序列识别是指从人类基因组原始测序数据中识别出以上两类易受隐私攻击影响的短串联重复序列和单核苷酸多态性敏感序列。通过设计实现敏感序列识别算法和软件，对敏感序列片段给予保护，可以避免个人基因组数据中隐私数据的泄漏。

医疗健康敏感信息是指与个人健康状况相关的信息，包括个人基本信息(如姓名、身份证号码、个人住址、联系方式等)以及医疗相关信息(如电子病历、检查结果、用药选择、诊疗路径记录等)。这些信息旨在帮助医生诊断和治疗疾病，同时也可用于评估个人健康风险和预防疾病。医疗健康信息的泄漏可能导致个人隐私受到侵害，包括个人信息被用于欺诈或盗窃，甚至被用于非法监控和追踪个人活动等违法行为，严重者甚至会威胁生命安全。

目前，生物医学敏感信息面临着以下几个方面的问题：①泄漏风险：生物医学敏感信息的泄漏有可能会导致个人信息的泄漏并产生身份盗用的问题。②安全威胁：生物医学敏感信息大多存储在设备或云端中，设备或云端易遭受到网络攻击等安全威胁，导致敏感信息被窃取、篡改和破坏。③数据滥用：生物医学敏感信息可能会被非法企业随意滥用，例如未经授权的病例信息被用于药品营销等。

为解决上述的问题，人们提出了数据加密、访问控制、数据匿名化等安全技术措施，通过这些安全技术措施可确保信息的机密性、完整性以及安全性。同时，国家颁布了《中华人民共和国民法典》

和《中华人民共和国个人信息保护法》等法律法规和标准来保护个人相关信息。

9.4 人工智能伦理与安全

随着人工智能技术的广泛应用，社会正迎来巨大的变革和价值再造。在网络空间中，人、机、物三者的交互和融合成为一种新型的生态体系。然而，伴随而来的是一系列挑战和问题。在这些挑战中，人工智能的发展应用引发了重要的社会伦理和安全问题，尤其是对隐私信息保护的关切变得尤为突出。

9.4.1 人工智能伦理

人工智能各类活动应遵循的基本伦理规范涉及隐私、公正、透明度、安全等。为了将伦理道德融入人工智能全生命周期，并为从事人工智能相关活动的自然人、法人和其他相关机构提供明确的伦理指引，各类人工智能活动应遵循以下通用的基本伦理原则：

①增进人类福祉：坚持以人为本，遵循普遍的人类价值观，尊重人权和人民的根本利益。遵守国家或地区的伦理道德准则，强调公共利益优先。通过促进人机和谐，提高生活质量，提升人们的获得感和幸福感，共同推动经济、社会和生态的可持续发展，建立人类命运共同体。

②确保透明性：透明的系统操作不仅有助于建立用户对人工智能系统的信任，还减少了对技术的不确定性。透过清晰展示系统的内部运行，用户能够更准确地评估系统的可靠性和公正性。透明性同时也为技术开发者提供了机会，使其更容易回应用户的关切和反馈，从而促进人工智能的健康发展。在透明的基础上，构建一个共赢的人工智能生态，推动技术的社会融合，并确保其对人类产生积极而可持续的效用。

③促进公平公正：坚持普惠性和包容性，切实保护各方的合法权益。推动全社会公平共享人工智能的益处，促进社会公平正义和机会均等。在提供人工智能产品和服务时，应充分尊重和帮助弱势群体、特殊群体，并提供相应替代方案。

④保护隐私安全：全面尊重个人信息知情权、同意权等权利，秉持依法、正当、必要和诚信的原则处理个人信息。确保保护个人隐私与数据安全，禁止以非法方式收集、利用个人信息，杜绝窃取、篡改、泄漏等违法行为，维护个人数据权益。

⑤确保可控可信：保障人类拥有充分的自主决策权，包括选择是否接受人工智能服务、随时退出与人工智能的交互以及随时中止人工智能系统的运行。确保人工智能系统始终处于人类的控制之下。

⑥强化责任担当：确定人类为最终的责任主体，明确各利益相关方的责任。全面增强责任意识，自省自律，在人工智能全生命周期各环节建立问责机制，勇于接受责任审查，绝不回避应负的责任。

⑦提升伦理素养：积极学习和普及人工智能伦理知识，客观认识伦理问题，既不低估也不夸大伦理风险。主动参与或组织人工智能伦理问题的讨论，深入推动人工智能伦理治理实践，提升人们应对伦理挑战的能力。

近些年来，国家陆续出台了一系列互联网安全相关的法律法规，如《中华人民共和国个人信息保护法》《中华人民共和国网络安全法》《中华人民共和国数据安全法》《关键信息基础设施安全保护条例》《信息安全技术——个人信息安全规范》《电信和互联网用户个人信息保护规定》《网络数据安全管理条例》《个人信息和重要数据出境安全评估办法》等，从法律法规角度强调了网络和数据安全的处理和防护。这为确保人工智能在法律框架内合理运行提供了指导。

9.4.2 人工智能安全

人工智能的安全秩序涉及算法安全、数据安全以及应用安全等。人工智能的算法安全强调确保机器学习和深度学习模型的稳健性和抗攻击性，人工智能的数据安全关注对于训练和运行模型所使用的数据的隐私和完整性的保护，而人工智能的应用安全则涵盖了在实际应用中系统和软件的安全性。这些方面共同构建了一个全面的人工智能安全框架，以确保人工智能系统在各个层面都能够安全可靠地运行。

(1)人工智能算法安全

尽管人工智能技术在多个领域取得了成功，但其固有的脆弱性和不完整性使得人类在人工智能应用中面临传感器欺骗、软件缺陷、数据投毒、系统安全和网络安全等多方面的安全威胁。

人工智能算法存在的安全风险主要体现在以下几个方面：

①算法设计或者实施有误，如算法目标函数有误、目标函数计算成本过高或者算法模型表达能力有限，可能导致算法性能不稳定。

②算法对数据的依赖，如算法模型性能对训练数据与质量存在较强依赖性、含有噪声或偏差的训练数据，这可能影响模型的准确性和稳定性。

③对抗样本攻击，算法在面对特定的对抗样本时可能出现误判和漏判，是一种针对模型的潜在攻击。

④算法潜藏偏见和歧视，决策结果可能存在不公，如算法可能受到设计者的价值观和训练数据的影响，导致决策结果存在不公平和歧视。

⑤算法黑箱造成监管困境和决策争议，如算法拥有者不愿公开、社会公众不能理解或者开发者无法解释。

(2)人工智能数据安全

人工智能的快速发展不仅依赖海量数据，而且需要对这些数据进行全方位的安全保护。这些数据涵盖了来自网络世界的各种结构化和非结构化数据，其中部分数据可能包含敏感的个人隐私信息。这一情况存在潜在的风险，可能导致对个人隐私权、知情权和选择权的侵犯，以及窃取、篡改、泄漏个人信息等非法行为。

以金融和医疗等敏感领域的个人隐私为例，企业为提高智能管理水平，往往将这些信息上传至云存储或存储在企业数据库中。然而，许多企业对信息安全的认识较为薄弱，缺乏专门的安全防护管理和技术措施。

在确保数据安全方面，有必要考虑以下几个方面：

①数据完整性：确保数据在传输和存储过程中不被篡改，以维护数据的完整性。

②合规性与法律遵循：保障数据处理活动符合相关法律法规，包括但不限于数据隐私法规和数据保护法律，以防范法律风险。

③访问控制与权限管理：实施有效的访问控制措施，确保只有授权人员能够访问、修改或使用特定数据，降低未授权访问的风险。

④容灾与恢复：制定完备的数据安全灾备计划，确保在数据丢失或损坏时能够迅速、有效地恢复数据。

⑤审计监管：建立数据审计和监控机制，对数据处理活动进行定期审查，及时发现异常行为并采取相应的安全措施。

上述方面的全面考量将为人工智能的数据安全性提供全面的支持，以确保数据在处理和应用的过程中既能得到有效利用，又能保持安全可控。

(3)人工智能应用安全

人工智能的应用安全问题直接关系到其在实际场景中的可行性和可信度。只有在确保系统和软件的安全性的前提下，人工智能技术才能得到广泛应用。随着数字社会的发展，个人和组织的行为日益数字化，人工智能凭借强大的算力和先进的算法模型可以轻松获取和分析数据，从中挖掘出隐藏的社会、经济规律。与传统信息技术不同，人工智能具备一定的逻辑分析能力，这带来了一定的不可控性。

尽管人工智能技术已经应用于一些生产过程中，如新能源汽车的自动驾驶系统，但安全问题一直是自动驾驶系统普及的制约因素。完全依赖自动驾驶意味着将所有驾驶操控工作交给人工智能系统，这要求系统在复杂的路况、车况、天气和行驶路线等情况下做出综合决策。在此过程中，一旦出现判断失误，可能导致严重的交通事故。尽管在正常路况下，自动驾驶系统相对安全，但在突发情况下可能存在决策失误的风险，因此，目前自动驾驶更多是作为辅助驾驶功能存在。

人工智能技术尚未十分完善，对于复杂逻辑问题和突发情况的处理还没有成熟的解决方案。因此，人工智能在生产和生活中的应用存在一些潜在风险。这表明，在人工智能技术产品的应用中，安全问题不仅是基础问题，更是决定其最终市场前景的重要因素。建立健全的应用安全标准和技术解决方案将对人工智能的可持续发展起到关键作用。

本章小结

人工智能技术及应用飞速发展的同时带来了新的风险挑战，比如可能对个人隐私权、知情权、选择权的侵犯，以及窃取、篡改、泄漏等非法收集利用个人信息的行为等。因此，人工智能伦理与安全在未来需要应对不断变化的威胁和挑战。未来人工智能伦理与安全所需解决的关键内容包括以下几个方面：

(1)更多隐私保护算法和技术需要被开发

人工智能安全面临多项挑战，其中之一是隐私信息保护，其核心在于发展可以在不泄漏原始数据的前提下进行学习和预测的技术。目前，差分隐私和同态加密等技术是隐私保护领域中被广泛采用的手段。差分隐私技术通过在数据发布时引入噪声来保护个人信息，而同态加密技术允许在加密数据上进行计算，以维护数据的隐私性。

在未来人工智能的发展趋势下，联邦学习和安全多方计算等技术备受关注和研究。联邦学习是一种分布式的机器学习方法，其目标在于多方同时训练模型而无须将原始数据集中化存储。这种方法有助于解决大数据应用中的数据隐私和安全性问题，同时减少了数据传输的需求。安全多方计算则是一种密码学技术，使得多个参与方在不共享私密数据的情况下进行计算，以维护数据隐私，尤其适用于合作计算和数据共享的场景。

这些算法和技术的不断发展将有助于更全面地保护个人隐私，推动人工智能安全领域的进步。

(2)网络攻防对抗朝人工智能方向发展演化，相关网络防御手段需增强

人工智能在网络攻防领域的应用已经成为网络攻防的核心关键技术之一。由于人工智能具备自学习和自适应能力，因此可以为自动化网络攻防提供有力支持。人工智能驱动的网络防御拥有强大的自主学习和数据分析能力，大幅缩短了发现网络威胁与响应处理的时间，实现自动化智能化

快速识别、检测和处置安全威胁，在应对各类安全威胁方面发挥着重要作用。

在网络攻击方面，利用人工智能开展的网络攻击方式包括但不限于：定制绕过杀毒软件的恶意代码或通信流量、智能口令猜解、攻破验证码技术实现未经授权访问、鱼叉式网络钓鱼、对攻击目标的精准定位与打击、自动化渗透测试等。

在网络防御方面，人工智能已经应用于恶意软件及流量检测、恶意域名及URL检测、钓鱼邮件检测、网络攻击检测、软件漏洞挖掘、威胁情报收集等方面。具体应用研究包括：恶意软件检测、未知加密恶意流量检测、恶意网络流量检测、基于人工智能检测恶意域名的方法、运用机器学习检测恶意URL、新型网络钓鱼电子邮件检测等。这些技术的发展将对提升网络防御的效力产生积极影响。

(3)信息采集范围需要根据应用场景的不同被更清晰地划分

在未来，随着数字空间的高度发展，对于隐私信息的概念范畴需要进行更清晰的界定。机构对于用户的信息收集内容需要更加透明，用户对于自身信息的采集和使用应当具有充分的知情权。然而，智能化数据存在过度采集的问题，例如智能穿戴、智能门锁等智能设备广泛应用于家庭、办公、社交等场景。这些设备在未经个人同意的情况下过度采集个人信息和环境信息，以分析用户喜好并提升产品的智能化水平。在未来智能设备应用更加广泛的前景下，信息采集的范围需要根据应用场景进行更细致的划分，以更大限度保证用户信息的安全。

(4)相关法律法规及行业标准需要完善

随着数据安全相关法律的出台，为加速完善数据与个人信息保护体系，需要进一步强化人工智能安全治理。要在网络安全、数据安全、生物安全等领域需要加速提升治理能力，尤其要在人工智能安全治理能力方面亦应加快提升。同时，要加强人工智能相关法律法规、伦理和社会问题等方面的研究。引导社会公众正确认识人工智能，加强宏观战略研究与风险防范，坚持正确的价值导向，避免可能存在的数据与算法偏见。努力实现人工智能系统的普惠性、公平性和非歧视性。这一系列措施将有助于确保人工智能的健康发展，同时保护个人隐私和数据安全。

习　题

一、简单题

1.搜索查看热门社交平台提供服务前对于信息采集的范围的声明，思考是否存在隐私信息被收集使用的可能以及如何应对风险。

2.数字内容安全技术分为哪几种？

3.数字内容安全分为几级进行管理？每一级管理什么内容？

4.请列举出一些主要的数字内容发现技术，并说明这些技术是如何获取数据的。

5.什么是多媒体内容安全技术？

6.什么是文本过滤？文本过滤技术有哪些？

7.除了本章所提到的文本过滤的应用场景之外，文本过滤还可以在哪些场景中使用？

8.采用安全多方计算思想解决百万富翁问题：设有A、B两个大企业家，A资产i亿元，B资产j亿元，i、j均在0到10范围内，在互不让对方知道自己资产的情况下，比较A和B的资产谁多谁少。

9.列举一些具体的生物医学敏感信息实例。

10.数据脱敏技术能够与哪些安全技术相结合？请列举并说明其应用场景。

11.简述人们开展人工智能活动应遵循哪些基本伦理原则。

12.人工智能安全目前正面临着什么挑战？

二、上机实验题

1.敏感词过滤实验。设计一个敏感词检测程序以实现敏感词过滤,可以设置跳字长度,默认全角转半角、忽略大小写、跳词、重复词、黑名单,返回结果包含关键字、关键字起始位置、结束位置、关键字序号等信息。

2.编程实现机器学习中简单线性回归模型的实验,其中数据集及模型实现内容自行选择。

3.搭建环境并使用 Python 或者其他编程语言编程,实现智能爬取网页数据(文本、图片、音频以及视频数据等)。

参考文献

[1] BIERMANN E. ,CLOETE E. ,VENTER L. M. A comparison of intrusion detection systems[J]. Computers & Security,2001,20(8):676-683.

[2] MELL P. , MARKS D. , MCLARNON M. A denial-of-service resistant intrusion detection architecture[J]. Computer Networks,2000,34(4):641-658.

[3] LIPPMANN R. P, CUNNINGHAM R. K. Improving intrusion detection performance using keyword selection and neural networks[J]. Computer Networks,2000,34(4):597-603.

[4] HELMER G. ,WONG J. S. K. ,HONAVAR V. ,et al. Automated discovery of concise predictive rules for intrusion detection[J]. The Journal of System and Software,2002,60(3):165-175.

[5] ANCHOR K. P. ,WILLIAMS P. D. ,GUNSCH G. H. ,et al. The Computer Defense Immune System: Current and Future Research in Intrusion Detection[C] // Proceedings of the 2002 congress on evolutionary computation,2002,2,1027-1032.

[6] KIM J. ,BENTLEY P. J. Towards an Artificial Immune System for Network Intrusion Detection: An Investigation of Dynamic Clonal Selection [C] // Proceedings of the 2002 congress on evolutionary computation,2002,2,1015-1020.

[7] COIT C. J. ,STANIFORD S. ,MCALERNEY J. . Towards Faster String Matching for Intrusion Detection or Exceeding the Speed of Snort [C] // Proceedings of 2001 DARPA Information Survivability Conference & Exposition II,2001,1,367-373.

[8] SCHWARTZ D. G. ,STOECKLIN S. ,YILMAZ E. . A Case-Based Approach to Network Intrusion Detection[C] // Proceedings of 5th International Conference on Information Fusion,2002,2,1084-1089.

[9] HE J. ,WANG M. Cryptography and Relational Database Management Systems [C] // Proceedings of 2001 Internet Symposium on Database Engineering and Applications,2001,273-284.

[10] BERTINO E. . Data security[J]. Data and Knowledge Engineering,1998,25(1-2): 199-216.

[11] LOTHIAN P. ,WENHAM P. Database Security in a Web Environment[J]. Information Security Technical Report,2001,6(2): 12-20.

[12] MILLER E. ,LONG D. ,FREEMAN W. ,et al. Strong Security for Distributed File Systems[C] // Proceedings of 2001 IEEE International Conference on Performance, Computing and Communications,2001,34-40.

[13] KOHL U. ,LOTSPIECH J. ,NUSSER S. Security for the Digital Library -Protecting Documents Rather Than Channels [C] Proceedings of Ninth International Workshop on Database an Export Systems Applications,1998,316-321.

[14] BIRGET J. -C. ,ZOU X. ,Noubir Guevara,et al. Hierarchy-based Access Control in Distributed Environments[C] // Proceedings of 2001 IEEE International Conference on Communications, 2001,vol. 1,229-233.

[15] HOUSLEY R. ,POLK W. ,FORD W. ,et al. RFC 3280,Internet X. 509 Public Key Infrastructure Certificate and Certificate Revocation List (CRL)Profile [OL]. http://www. ietf. org/rfc/rfc3280. txt? number=3280,2002.

[16] WU T. C, HUANG C. C., GUAN D. J. Delegated multisignature scheme with document decomposition[J]. The Journal of Systems and Software, 2001, 55: 321-328.

[17] HSU C.-L., WU T.-S., WU T.-C. New nonrepudiable threshold proxy signature scheme with known signers[J]. The Journal of Systems and Software, 2001, 58: 199-124.

[18] MOTOMI S., MIYAJI A. A general model of multisignature schemes with message flexibility, order flexibility, and order verifiability[J]. IEICE Transactions on Fundamentals of Electronics, Communications and Sciences, 2001, 10: 2488-2499.

[19] CHANG Y.-S., WU T.-C., HUANG S.-C. ELGamal-like digital signature and multisignature schemes using self-certified public keys[J]. The Journal of Systems and Software, 2000, 50: 99-105.

[20] LEE N.-Y., HWANG T., WANG C.-H. The security of two ID-based multisignature protocols for sequential and broadcasting architectures[J]. Information Processing Letters, 1999, 70: 79-81.

[21] CAELLI W. J, DAWSON E. P., REA S. A. PKI, Elliptic Curve Cryptography, and Digital Signatures[J]. Computers & Security, 1999, 18: 47-66.

[22] Digital Signature Standard (DSS)[OL]. http://csrc.nist.gov/cryptval/dss.htm, 2002.

[23] ANDERSON J. P. Computer security threat monitoring and surveillance[R]. Technical report, Fort Washington, Pennsylvania: James P Anderson Company, 1980.

[24] DENNING D. E. An Intrusion-Detection Model[J]. IEEE Transactions on Software Engineering, 1987, 13(2): 222-232.

[25] SPAFFORD E. H., ZAMBONI D. Intrusion detection using autonomous agents[J]. Computer Networks, 2000, 34: 547-570.

[26] SNAPP S. R., BRENTANO J. DIDS (Distributed Intrusion Detection System)-Motivation, Architecture, and An Early Prototype[OL]. http://seclab.cs.ucdavis.edu/papers/DIDS.ncsc91.pdf, 2001.

[27] VIGNA G., KEMMERER R. A. NetSTAT: A Network-based Intrusion Detection Approach[C] // Proceedings of the 14th Annual Computer Security Conference, Scottadale, Arizona, 1998.

[28] LEE W. A data mining framework for building intrusion detection Models[C] // Proceedings of 1999 IEEE Symposium on Security and Privacy, Berkeley, California, 1999, vol. 5, 120-132.

[29] MANGANARIS S., CHRISTENSEN M., ZERKLE D., et al. A data mining analysis of RTID alarms[J]. Computer Networks, 2000, 34: 571-577.

[30] SNAPP J. P., BRENTNAO J., DIAS G. V., et al. A system for distributed intrusion detection [C] // Proceedings of the 36th IEEE International Computer Conference, 1991, 170-176.

[31] STALLINGS W. Cryptography and Network Security: Principles and Practice (Second Edition) [M]. Prentice-Hall Inc., 2001.

[32] RIVEST R., SHAMIR A., ADLEMAN L. A method for obtaining digital signatures and public-key cryptosystems [J]. Communications of the ACM, 1978, 21(2): 120-126.

[33] ZHONG C., CHEN G., HE J. Parallel Computing for the Longest Common Subsequence in Network Intrusion Detection System[C] // Proceedings of the Third International Conference on Machine Learning and Cybernetics, IEEE Press, 2004, 2553-2557.

[34] TERESA F. L. A survey of intrusion detection techniques[J]. Computers & Security, 1993, 12

(4): 405-418.

[35] PREETI M., VIJAY V., UDAY T., et al. A Detailed Investigation and Analysis of Using Machine Learning Techniques for Intrusion Detection[J]. IEEE communications surveys & tutorials, 2018, 21(1): 686-728.

[36] STEVEN R. S., JAMES B., GIHAN V. D., et al. DIDS (distributed intrusion detection system)-motivation, architecture, and an early prototype[C] / Proceedings of the 14th National Computer Security Conference, 1991, Washington, DC, USA, 167-176.

[37] EARUM M., ANEELA Z., MUHAMMAD U., et al. A two-stage intrusion detection system with auto-encoder and LSTMs[J]. Applied Soft Computing, 2022, 121: 108768.

[38] JAI S. B., JOSE O. G.-F., DAVID I., et al. An Architecture for Intrusion Detection using Autonomous Agents[C] // Proceedings 14th annual computer security applications conference, IEEE, 1998: 13-24.

[39] KHONDE S. R., ULAGAMUTHALVI V. Hybrid intrusion detection system using blockchain framework[J]. EURASIP Journal on Wireless Communications and Networking, 2022, 2022 (1): 58.

[40] FARNAAZ N., JABBAR M. A. Random Forest Modeling for Network Intrusion Detection System[J]. Procedia Computer Science, 2016, 89: 213-217.

[41] ANNA J., MARCELLO I., EFFY V. The global landscape of AI ethics guidelines[J]. Nature machine intelligence, 2019, 1: 389-399.

[42] LUCIANO F., JOSH C., MONICA B., et al. AI4People-An Ethical Framework for a Good AI Society: Opportunities, Risks, Principles, and Recommendations[J]. Minds and Machines, 2018, 28: 689-707.

[43] 卢开澄. 计算机密码学——计算机网络中的数据保密与安全[M]. 3 版. 北京:清华大学出版社,2003.

[44] BRUCE S. 应用密码学——协议、算法与 C 语言程序[M]. 吴世忠,等译. 北京:机械工业出版社,2000.

[45] 刘尊全. 刘氏高强度公开加密算法设计原理与装置[M]. 北京:清华大学出版社,1998.

[46] 黄元飞,陈麟,唐三平. 信息安全与加密解密核心技术[M]. 上海:浦东电子出版社,2001.

[47] 樊窥丰,林东. 网络信息安全 &PGP 加密[M]. 北京:清华大学出版社,1998 .

[48] STEVE B., STEPHEN P. 密码工程实践指南[M]. 冯登国,等译. 北京:清华大学出版社,麦格劳-希尔教育出版集团,2001.

[49] 刘启原,刘怡. 数据库与信息系统的安全[M]. 北京:科学出版社,2000.

[50] 戴英侠,连一峰,王航. 系统安全与入侵检测[M]. 北京:清华大学出版社,2002.

[51] 徐超汉. 计算机网络安全与数据完整性技术[M]. 北京:电子工业出版社,1999.

[52] Merike Kaeo. 网络安全性设计[M]. 潇湘工作室译. 北京:人民邮电出版社,2000.

[53] 黄月江. 信息安全与保密[M]. 北京:国防工业出版社,1999.

[54] 聂元铭. 网络信息安全技术[M]. 北京:科学出版社,2001.

[55] 胡昌振. 面向 21 世纪网络安全与防护[M]. 北京:希望电子出版社,1999.

[56] 陈爱民,于康友,管海明,等. 计算机的安全与保密[M]. 北京:电子工业出版社,1992.

[57] 张焕国. 计算机安全保密技术[M]. 北京:机械工业出版社,1995.

[58] 李海泉,李健.计算机系统安全技术[M].北京:人民邮电出版社,2001.
[59] 苏德富,钟诚.计算机算法设计与分析[M].2版.北京:电子工业出版社,2005
[60] 李昭原.数据库技术新进展[M].北京:清华大学出版社,1997
[61] 沈昌祥,张焕国,冯登国,等.信息安全综述[J].中国科学(E辑:信息科学),2007,37(2):129-150
[62] 王尚平,王育民,张亚玲.基于 DSA 及 RSA 的证实数字签名方案[J].软件学报,2003,14(3):588-593
[63] 刘瑞祯,谭铁牛.数字图像水印研究综述[J].通信学报,2000,21(8):39-48.
[64] 刘军,陶树平.SYBASE 数据库的安全及安全的应用程序设计[J].计算机工程与应用,1998,34(4):3-5.
[65] 秦拯,吴中福,廖晓峰,等.一种新型的入侵检测模型的研究与实现[J].计算机科学,2001,28(11):96-99.
[66] 赵翔,郝林.数字水印综述[J].计算机工程与设计,2006,27(11):1946-1950.
[67] 白小冰,曹阳,张维明,等.基于人工免疫模型的网络入侵检测系统[J].计算机工程与应用,2002,38(9):133-135.
[68] 宋献涛,芦康俊,李祥和.入侵检测系统的分类学研究[J].计算机工程与应用,2002,38(8):132-135.
[69] 李金库,张德运,张勇.身份认证机制研究及其安全性分析[J].计算机应用研究,2001,(2):126-128.
[70] 唐益慰,孙知信.数字签名标准(DSS)的理论研究与实现[J].计算机技术与发展,2006,16 (9):233-235,239.
[71] 骆子铭,许书彬,刘晓东.基于机器学习的 TLS 恶意加密流量检测方案[J].网络与信息安全学报,2020,6(1):77-83.
[72] 吴金海,林福宗.基于数字水印的图像认证技术[J].计算机学报,2004,27(9):1153-1161.
[73] 卿斯汉.安全协议的设计与逻辑分析[J].软件学报,2003,14(7):1300-1309.
[74] 吴文玲,冯登国,卿斯汉.简评美国公布的 15 个 AES 候选算法[J].软件学报,1999,10(3):225-230.
[75] 陆向艳,钟诚.一种基于椭圆曲线密码体制的两阶段密钥恢复方案[J].计算机工程与科学,2001,23(1): 24-26,34.
[76] 肖立国,钟诚,陈国良. 基于椭圆曲线密码体制的动态秘密共享方案[J].微电子学与计算机,2002,19(1): 30-31.
[77] 石润华,钟诚. 基于椭圆曲线密码体制的大型动态多播组的分层二级密钥管理[J].计算机工程与科学,2003,25(6):22-24.
[78] 石润华,葛丽娜,钟诚. 基于椭圆曲线密码体制上的一种快速算法[J].计算机工程与科学,2003,26(4):55-58.
[79] 莫英红,钟诚,唐金辉,等. 基于功能信任的无线传感器网络安全数据融合方法. 小型微型计算机系统,2011,32(1):80-84.
[80] 陈建奇,张玉清,李学农,等.安全电子邮件的研究与实现[J]. 计算机工程,2002,28(6):121-122,134.
[81] 张学智,曾辉.Unix 系统的安全研究[J]. 通信技术,2002(3):82-84.
[82] 舒敏,徐小秋.Unix 系统的安全问题[J]. 计算机应用,1999,19(3):27-30.

[83] 钟诚,杨锋,陈国良.基于概率模糊认知图的混合入侵检测方法[J].小型微型计算机系统,2006,27(5):783-787.

[84] 杨锋,钟诚,李智.基于概率模糊认知图的 Mstream 攻击检测方法[J].计算机工程,2006,32(10):125-127.

[85] 葛丽娜,钟诚.基于人工免疫的入侵检测系统负选择并行算法[J].计算机工程,2005,31(12):138-140.

[86] 葛丽娜,钟诚.基于人工免疫入侵检测检测器生成算法[J].计算机工程与应用,2005,41(23):149-152.

[87] 米爱中,钟诚,李智.基于动态分类器选择的网络入侵检测方法[J].计算机工程与应用,2005,41(27):123-125.

[88] 罗程,钟诚,李智.网络入侵检测系统中无导师学习分析器的设计[J].计算机工程与科学,2006,28(7):28-29,38.

[89] 钟诚,罗程.无监督异常检测的核聚类和序列分析方法[J].计算机研究与发展,2008,45(s1):326-331.

[90] 罗淇方,钟诚,李智,等.基于合作过滤机制的 ICMP 回溯 DDoS 攻击源方法[J].计算机技术与发展,2006,16(9):240-242.

[91] 冯艳华,钟诚,李智.一种基于多级否定选择的入侵检测器生成算法[J].计算机技术与发展,2006,16(4):234-236.

[92] 钟诚,陈国良.量子计算技术及其应用[J].广西大学学报(自然科学版),2002,27(1):83-86.

[93] 李承祖,黄明球,陈平形,等.量子通信与量子计算[M].长沙:国防科技大学出版社,2000.

[94] 苏晓琴,郭光灿.两种典型的量子通信技术[J].广西大学学报(自然科学版),2005,30(1):30-39.

[95] 张军,彭承志,包小辉,等.量子密码实验新进展[J].物理,2005,34(10):701-707.

[96] 陈晖,朱甫臣.量子密码实验系统分析[J].信息安全与通信保密,2005,(7):185-187.

[97] 刘传才.量子密码学的研究进展[J].小型微型计算机系统,2003,24(7):1202-1206.

[98] 张宏莉,翟健宏,胡铭曾.信息内容安全的主要技术及国内外对比[J].计算机教育,2005,(1):74-76.

[99] 赵仲孟,陈剑,张选平,等.网络内容安全分析与对策[J].计算机工程,2002,28(5):41-43.

[100] 史艾武.内容安全威胁与过滤技术[J].计算机安全,2005,(6):7-10.

[101] 张强.互联网的内容安全及其保护措施的探讨[J].网络安全技术与应用,2005,(8):30-32.

[102] 卢丹华,钟诚,杨锋. 基于多核多线程的 AES 保密模式. 计算机应用,2011,31(4):1003-1005.

[103] 刘九,钟诚,彭江泉,等.基于保护程序设计类图的代码迷惑算法[J].计算机工程,2012,38 (14):44-46.

[104] 钟诚.各专业信息安全技术知识点与教学方法探讨[J].计算机教育,2008,(24):82-83.

[105] 毛云飞,刘笑凯,郑连清.TCP/IP 协议的安全性分析及对策[J].计算机应用研究,2003,(4):88-90.

[106] 洪帆,陈卓,王瑞民.IPSec 安全机制的体系结构与应用研究[J].小型微型计算机系统,2002,23(8):946- 949.

[107] 黄智,龚向阳,阙喜戎,等.IPsec 协议的研究和分析[J].计算机工程与应用,2002,(11):160-162.

[108] 孙林红,叶顶锋,吕述望,等.传输层安全协议的安全性分析及改进[J].软件学报,2003,14(3):518-523.

[109] 戴英侠,左英男,许剑卓. SSL 协议的安全缺陷与改进[J]. 中国科学院研究生院学报,2000,17(1):86-92.

[110] LUNT T. F. IDES: An intelligent system for detecting intruders[C] // Proceedings of 1990 symposium on computer security,threat and countermeasures,1990,30-45.

[111] SNAPP S. R, BRENTANO J., DIAS G. V., et al. DIDS (distributed intrusion detection system)-Motivation,Architecture,and an Early Prototype[C] // Proceedings of the 14th National Computer Security Conference,Washington,1991,167-176.

[112] MUSHTAQ E.,ZAMEER A.,UMER M.,et al. A two-stage intrusion detection system with auto-encoder and LSTMs[J]. Applied Soft Computing,2022,121: 108768.

[113] BALASUBRAMANIYAN J. S., GARCIA-FERNANDEZ J. O., ISACOFF D., et al. An architecture for intrusion detection using autonomous agents[C] // Proceedings 14th annual computer security applications conference (Cat. No. 98EX217),IEEE,1998: 13-24.

[114] CHANDOLA V., BANERJEE A., KUMAR V. Anomaly detection: A survey[J]. ACM computing surveys,2009,41(3): 1-58.

[115] KHONDE S R., ULAGAMUTHALVI V. Hybrid intrusion detection system using blockchain framework[J]. EURASIP Journal on Wireless Communications and Networking, 2022, 2022 (1): 58.

[116] FARNAAZ N., JABBAR M. A. Random forest modeling for network intrusion detection system. Procedia Computer Science,2016,89: 213-217.

[117] YAO A. C. Protocols for secure computations[C] // Proceedings of 23rd Annual Symposium on Foundations of Computer Science,IEEE,1982,160-164.

[118] GOLDREICH O. Secure multi-party computation. Manuscript. Preliminary version,1998,86-97.

[119] SHAMIR A. How to share a secret[J]. Communications of the ACM,1979,22(11): 612-613.

[120] RABIN M. O. How to exchange secrets with oblivious transfer[R]. Technical Report No. TR-81,Aiken Computation Lab,Harvard University,Cambridge,MA,2005.

[121] ZHONG C., LIU L., ZHAO J.. Privacy-preserving Location-based Query Using Location Indexes and Parallel Searching in Distributed Networks[J]. The Scientific World Journal,2014, 2014(1):1-7.

[122] KUHN M. G., ANDERSON R. J. SoftTempest: Hidden Data Transmission Using Electromagnetic Emanations[C] // Proceedings of Second International Information Hiding Workshop,Portland,Oregon,USA,1998,124-142.

[123] BELL D. E., LAPADULA L. J. Secure computer system: Unified exposition and mastics interpretation[R]. MA: The Mitre Corporation,1976.

[124] YANG F., ZHONG C., LU D., et al. Trust Model Based on Correlation Probabilistic Fuzzy Cognitive Map for MANET[J]. Journal of Convergence Information Technology,2012,7(14): 243-251.

[125] YANG F.,ZHONG C.,LU D. Cross message authentication code based on multi-core computing technology[J]. Advances in Intelligent and Soft Computing,2012,AISC,vol. 1,181-186.

[126] HUA B., ZHONG C., YANG L., et al. Collusion-resistance Privacy-preserving Distributed Sequential Pattern Mining[J]. International Journal of Advancements in Computing Technology,

2012,4(21): 204-212.

[127] ZHONG C. ,MO Y. ,ZHAO J. ,et al. Secure clustering and reliable multi-path route discovering in wireless sensor networks[C]// Proceedings of 6th International Symposium on Parallel Architectures,Algorithms,and Programming. IEEE Computer Society,2014:130-134.

[128] SATOSHI N. Bitcoin: A Peer-to-Peer Electronic Cash System [EB/OL]. http://bitcoin.org,2008.

[129] 谭运宝,钟诚,张尊国.一种基于邻居合作监测的移动 Ad hoc 网络信任模型,微电子学与计算机,2008,25(10):227-230.

[130] 杨锋,钟诚,尹梦晓.高速网络入侵检测系统中基于 Hash 函数的分流算法[J].计算机工程与设计,2009,30(2):321-323.

[131] 滕金芳,钟诚.基于聚类的敏感属性 L-多样性匿名化算法[J].计算机工程与设计,2010,31(20):4378-4381.

[132] 华蓓,钟诚,黄肇明,等.通过计算影响权值实现敏感序列模式隐藏[J].小型微型计算机系统.2010,31(8):1647-1651.

[133] 张小萍,钟诚. 高效无可信私钥生成中心部分盲签名方案[J]. 计算机应用,2011,31(4):992-995.

[134] 谭运宝,钟诚,玉易,等.链路守卫节点合作监测检测恶意合谋攻击[J].微电子学与计算机.2011,28(9): 179-182.

[135] 贡晓静,钟诚,华蓓.基于等距变换的聚类挖掘敏感信息保护方法[J].计算机工程,2011,37(19): 122- 125.

[136] 林瑞,钟诚,李效鲁. 隐私保护的跨多表频繁项集挖掘[J].计算机工程与应用,2012,48(2):66-68.

[137] 林瑞,钟诚,华蓓. 隐私保护的一站多表跨多表频繁项集挖掘[J].计算机应用,2013,33(12):3437-3440.

[138] 唐印浒,钟诚. 基于变长聚类的多敏感属性概率 k-匿名算法[J].计算机工程与设计,2014,35(8): 2660-2665.

[139] 张莹,钟诚.隐私保护的多数据源高投票率序列模式挖掘[J].小型微型计算机系统,2015,36(1):100 -105.

[140] 李道丰,张小萍,钟诚,等.格 LWE 难题下分层的基于身份的签名方案[J].小型微型计算机系统,2016,37(1):96-99.

[141] 王瑞袁,勤俭.数字时代背景下国家信息安全管理研究的关键问题[J]. 图书与情报,2022,(1):32-38.

[142] 袁祁刚,国伟. 军用电子设备电磁信息防护技术[J].装备环境工程,2006,3(5):7-11,20.

[143] 范伟,黄伟庆. 利用电源线脉冲注入的电磁信息防护方法研究[J]. 保密科学技术,2013,(6):37-41.

[144] 张连仲. 军队信息安全标准体系研究[J]. 国防技术基础,2007(12):26-29.

[145] 邹彧,曹硕,吴迎,等. 基于软件可信度量的全方位软件运行安全保障体系研究[J]. 保密科学技术,2022,(11):23-33.

[146] 陈雪鸿,柳彩云,杨帅锋.工业信息安全标准体系研究与思考[J].保密科学与技术,2019,(7):25-28.

[147] 顾兆军,王蕊莉,王帅卿.基于GMM改进的信息系统安全态势实时预测研究[J].计算机应用与软件,2017,34(2):272-279.
[148] 李明,曲洁.《信息系统安全等级保护定级指南》修订要点解析[J].信息网络安全,2016,(增刊):19-21.
[149] 王梓菲.《快递电子运单》国标强化个人信息保护[J].中国物流与采购,2023,(9):26-27.
[150] 王乐东,涂航,侯文瑞.打印机安全风险分析与信息防护框架研究[J].网络安全技术与应用,2023,(6):140-142.
[151] 徐涤.电子政务系统电磁信息防护问题浅析[J].信息化建设,2011,(10):59-60.
[152] 尹琥人,唐玲."等保2.0"重要信息系统安全等级保护与整改[J].信息记录材料,2021,22(2):174-175.
[153] 杨一波,杨沁雨.政府网站信息公开与个人信息保护探析[J].信息安全,2023,(5):136-138.
[154] 程渤,浮花玲,杨国纬,等.面向服务的企业集成体系中信息安全模型研究[J].计算机集成制造系统,2005,11(8):1088-1095.
[155] 赵鑫,马潇潇,毛少杰,等.军事信息系统安全控制模型[J].指挥信息系统与技术,2016,7(5):67-72.
[156] 胡玉鹏.基于云计算的信息安全模型[J].信息技术与标准化,2014,(3):28-31.
[157] 黄益民,王维真.基于BLP的安全操作系统信息安全模型[J].计算机工程,2005,31(19):133-135.
[158] 司天歌,张尧学,戴一奇.局域网络中的L-BLP安全模型[J].电子学报,2007,35(5):1005-1008.
[159] 薛海伟,徐长醒,林劼,等.局域网中的EL-BLP安全模型[J].清华大学学报(自然科学版),2009,49(S2):2228-2232.
[160] 袁勇,王飞跃.区块链技术发展现状与展望[J].自动化学报,2016,42(4):481-494.
[161] 刘懿中,刘建伟,张宗洋,等.区块链共识机制研究综述[J].密码学报,2019,6(4):395-432.
[162] 孙晓明.量子计算若干前沿问题综述[J].中国科学:信息科学,2016,46(8):982-1002.
[163] 尹存燕,谢俊元.一个公平、有效的安全电子交易协议[J].计算机应用研究,2002,(1):58-60,63.
[164] 冯登国,张敏,张妍,等.云计算安全研究[J].软件学报,2011,22(1):71-83.
[165] 俞能海,郝卓,徐甲甲,等.云安全研究进展综述[J].电子学报,2013,41(2):371-381.
[166] 谢希仁.计算机网络[M].北京:电子工业出版社,2008.
[167] 曾贵华.量子密码学[M].北京:科学出版社,2006.
[168] 张敏,徐震,冯登国.数据库安全[M].北京:科学出版社,2005.
[169] Josh Shaul,Aaron Ingram. Oracle安全实践——来自第三方的关系型数据库安全指南[M].李桢译.北京:科学出版社,2009.
[170] 陈越,寇红召,费晓飞,等.数据库安全[M].北京:国防工业出版社,2011.
[171] 何清法,王澍丰,顾云苏.国产神通数据库教程[M].西安:西安交通大学出版社,2012.
[172] 贺桂英,周杰,王旅,等.数据库安全技术[M].北京:人民邮电出版社,2018.
[173] 祝烈煌,董健,胡光俊,等.网络攻防实战研究——MySQL数据库安全.北京:电子工业出版社,2020.
[174] 张海粟,朱明东,王龙,等.达梦数据库应用基础[M].2版.北京:电子工业出版社,2021.
[175] 张守帅,戴明明,陈琦,等.达梦数据库运维实战[M].北京:电子工业出版社,2021.
[176] 许建辉,陈元熹.SequoiaDB分布式数据库权威指南[M].北京:电子工业出版社,2021.

[177] William Staillings. 密码编码学与网络安全——原理与实践[M]. 8 版. 陈晶，杜瑞颖，唐明，等译. 北京：电子工业出版社，2021.

[178] 张焕国，唐明. 密码学引论[M]. 4 版. 武汉：武汉大学出版社，2023.

[179] 潘森杉，仲红，潘恒，等. 现代密码学概论[M]. 2 版. 北京：清华大学出版社，2023.

[180] 张平武. 商用密码发展历程与展望[J]. 中国信息安全，2018，(8)：51-53.

[181] 王榕，谢玮，曹珩，等. 我国商用密码管理现状与发展对策建议[J]. 信息安全与通信保密，2020(3)：83-90.

[182] 卢秋如. 国密算法应用研究综述[J]. 软件，2023，44(1)：123-125.

[183] 张敏. 数据库安全研究现状与展望[J]. 中国科学院院刊，2011，26(3)：302-309.

[184] 唐成华，刘鹏程，汤申生，等. 基于特征选择的模糊聚类异常入侵行为检测[J]. 计算机研究与发展，2015，52(3)：718-728.

[185] 孙海丽，龙翔，韩兰胜，等. 工业物联网异常检测技术综述[J]. 通信学报，2022，43(3)：196-210.

[186] 刘奇旭，陈艳辉，尼杰硕，等. 基于机器学习的工业互联网入侵检测综述[J]. 计算机研究与发展，2022，59(5)：994-1014.

[187] 何英哲，胡兴波，何锦雯，等. 机器学习系统的隐私和安全问题综述[J]. 计算机研究与发展，2019，56(10)：2049-2070.

[188] 余正飞，闫巧，周鋆. 面向网络空间防御的对抗机器学习研究综述[J]. 自动化学报，2022，48(07)：1625-1649.

[189] 刘晗，李凯旋，陈仪香. 人工智能系统可信性度量评估研究综述[J]. 软件学报，2023，34(8)：3774-3792.

[190] 孙辉，钟诚. 融合过滤和相似度计算的高错误率基因组数据敏感序列识别[J]. 小型微型计算机系统，2023，44(6)：1227-1235.

[191] 钟诚，孙辉. 高错误率长序列基因组数据敏感序列识别并行算法[J]. 通信学报，2023，44(2)：160-171.

[192] 李登辉，葛丽娜，王哲，等. DCVAE 与 DPC 融合的网络入侵检[J]. 小型微型计算机系统，2024，45(4)：998-1006.

[193] 葛丽娜，栗海澳，王捷. 基于多级代理许可区块链的联邦边缘学习模型[J]，通信学报，2024，45(4)：201-215.

[194] 葛丽娜，胡雨谷. 云计算环境基于客体属性匹配的逆向混合访问控制方案[J]，计算机应用，2021，41(6)：1604-1610.

[195] 葛丽娜，徐婧雅，王哲，等. 区块链在供应链应用中的研究现状与挑战[J]. 计算机应用，2023，43(11)：3315-3326.

[196] 葛丽娜，陈园园，王捷，王哲. 改进的密度峰值聚类算法的差分隐私保护方案[J]. 郑州大学学报(工学版)，2023，44(6)：19-24.

[197] 颜亮，葛丽娜，胡政. 基于区块链的属性基多关键词排序搜索方案[J]，计算机应用研究，2023，40(7)：1952-1956，1963.

[198] YAN L.，GE L.，WANG Z.，et al. Access control scheme based on blockchain and attribute-based searchable encryption in cloud environment[J]，Journal of Cloud Computing，2023，12(1)：1-16.

[199] LI H.，GE L.，TIAN L. Survey：federated learning data security and privacy-preserving in

edge—Internet of Things[J]. Artificial Intelligence Review，2024，57:130.

[200] LI Y.，GE L.，JIANG M. Fine-Grained Personalized Federated Learning via Transformer in the Transformer Framework[J]，Knowledge—Based Systems，2024，301:112276.

[201] 蚂蚁集团. OceanBase 数据库[EB/OL]. https://www. oceanbase. com/docs/oceanbase-database-cn,2024 07 16/2024 07 20.

[202] 国家市场监管总局,国家标准化管理委员会. GB/T 39786—2021《信息安全技术信息系统密码应用基本要求》[S],2021.

[203] 国家密码管理局. GM/T 0009—2023《SM2 密码算法使用规范》[S],2023.

[204] 国家密码管理局. GM/T 0001—2012《祖冲之序列密码算法》[S],2012.

[205] 国家密码管理局. GM/T 0002—2012《SM4 分组密码算法》[S],2012.

[206] 国家密码管理局. GM/ T0004—2012《SM3 密码杂凑算法》[S],2012.

[207] 全国人民代表大会常务委员会. 中华人民共和国国家安全法[Z]. 北京:中国法制出版社,2015.

[208] 全国人民代表大会常务委员会. 中华人民共和国网络安全法[Z]. 北京:中国法制出版社,2017.

[209] 全国人民代表大会常务委员会. 中华人民共和国数据安全法[Z]. 北京:中国法制出版社,2021.

[210] 全国人民代表大会常务委员会. 中华人民共和国个人信息保护法[Z]. 北京:中国法制出版社,2021.